计算机技术入门丛书

虚拟现实开发基础

AR版

杨承磊 关东东 盖伟 卞玉龙 刘娟 ◎ 编著

清华大学出版社

北京

内 容 简 介

本书首先简单介绍虚拟系统实现所需的基本知识,涉及虚拟现实技术的基本概念、特点、应用等内容,以及感知基础、硬件基础、数学基础、编程基础以及建模基础等内容;然后侧重对各类系统的技术实现进行讲解,包括基于 HTC VIVE 的虚拟现实系统、基于智能手机的移动虚拟现实系统、基于投影的虚拟现实系统、混合现实系统以及全息显示系统等各类应用系统;最后介绍虚拟现实系统的评价方法。通过本书的学习,读者可以较好地掌握虚拟现实的基本知识和相关开发技术,并学以致用。

本书适合作为高等学校或高职高专院校相关专业的教材,也可作为虚拟现实研究人员或应用开发人员的参考用书。

图书在版编目(CIP)数据

虚拟现实开发基础:AR 版/杨承磊等编著. —北京:清华大学出版社,2021.8
(计算机技术入门丛书)
ISBN 978-7-302-56987-9

Ⅰ. ①虚…　Ⅱ. ①杨…　Ⅲ. ①虚拟现实－程序设计－高等学校－教材　Ⅳ. ①TP391.98

中国版本图书馆 CIP 数据核字(2020)第 231948 号

责任编辑:付弘宇　薛　阳
封面设计:刘　键
责任校对:徐俊伟
责任印制:杨　艳

出版发行:清华大学出版社
　　　　网　　　址:http://www.tup.com.cn,http://www.wqbook.com
　　　　地　　　址:北京清华大学学研大厦 A 座　　　　　　邮　　编:100084
　　　　社 总 机:010-62770175　　　　　　　　　　　　　　邮　　购:010-83470235
　　　　投稿与读者服务:010-62776969,c-service@tup.tsinghua.edu.cn
　　　　质量反馈:010-62772015,zhiliang@tup.tsinghua.edu.cn
　　　　课件下载:http://www.tup.com.cn,010-83470236
印　刷　者:北京富博印刷有限公司
装　订　者:北京市密云县京文制本装订厂
经　　销:全国新华书店
开　　本:185mm×260mm　　　印　张:24.5　　　　　字　　数:588 千字
版　　次:2021 年 8 月第 1 版　　　　　　　　　　印　　次:2021 年 8 月第 1 次印刷
印　　数:1~1500
定　　价:69.00 元

产品编号:071764-01

前 言
FOREWORD

虚拟现实(Virtual Reality,VR)技术主要是通过计算机模拟产生一个 3D 虚拟世界,让用户在其中通过视觉、听觉、触觉等感知体验,产生身临其境的感觉。虽然虚拟现实技术已有几十年的发展历史,但由于设备昂贵、交互体验不理想、内容生成成本高等原因,其应用一直比较有限。直到 2014 年,Facebook 公司收购 Oculus,被认为是虚拟现实成为未来计算平台的标志性事件。几乎同时,日本索尼公司也宣布了自己的虚拟现实项目 Morpheus。微软公司也于 2015 年 1 月发布了增强现实头戴设备 HoloLens。2015 年 6 月,迪士尼互动娱乐公司宣布正将传统游戏拓展至虚拟现实世界,打造虚拟现实乐园。目前,虚拟现实已经成为国内外学术界研究的热点,也成为产业界投资的重点领域,使得虚拟现实技术在教育、航天、医疗、娱乐等众多领域得到广泛应用。

2016 年,国务院在《"十三五"国家信息化规则》《国家创新驱动发展战略纲要》等文件中就明确指出加强 VR 等新技术的研发和前沿布局。2017 年国务院印发的《新一代人工智能发展规划》提出大力发展虚拟现实,建立虚拟现实的技术、产品、服务标准和评价体系,推动重点行业融合应用。2018 年工信部发布《关于加快推进虚拟现实产业发展的指导意见》,提出加快我国 VR 产业发展。国家发改委在《产业结构调整指导目录(2019 年本)》中将虚拟现实列入鼓励类产业,这意味着国家已经将这项技术归入新一轮世界科技革命和产业变革之中。教育部则在《普通高等学校高等职业教育(专科)专业目录》中设置虚拟现实应用技术专业,从 2019 年开始实行,并于 2020 年 2 月将虚拟现实技术本科专业纳入《普通高等学校本科专业目录(2020 年版)》。

山东大学是国内较早研究虚拟现实技术并开设"虚拟现实"课程的高校之一。在"十三五"国家重点研发计划"云端融合的自然交互设备与工具(2016YFB1001403)""面向服刑人员心理矫治的 VR 训练装备及系统研发(2018YFC0831003)"以及国家自然科学基金"面向头盔式虚拟现实系统的人体移动交互技术研究(61972233)""基于多道生理信号的心流体验识别及心流调节型 VR 系统研发(6180070421)"的资助下,结合多年来的教学实践,作者将近年的工作进行归纳整理,形成本书。

本书的特色之一是侧重虚拟现实技术的实际应用,比较全面地介绍与虚拟现实开发相关的基础知识,及各种类型的虚拟现实系统的实现方法。本书首先简单介绍系统实现所需的基本知识,然后侧重对各类系统的技术实现进行讲解,涉及虚拟现实技术的基本概念、特点、应用等,以及感知、硬件、数学、编程、建模等基础知识。然后介绍了头盔式虚拟现实系统、基于投影的虚拟现实系统、混合现实系统以及 VR 全景视频系统等各类 VR 应用系统,也对全息显示系统进行了介绍。最后针对虚拟现实系统的评价方法进行了系统的整理和介绍,也具有实战操作指南的性质。希望通过本书的学习,读者可以比较全面地了解、掌握虚拟现实的基本知识和相关开发技术,能够学以致用。本书适合作为高等学校或高职高专院校相关专业的教材,也可作为虚拟现实研究人员或应用开发人员的参考用书。

本书的另一特色是采用 AR 技术演示书中部分内容,使得读者在阅读本书的时候,通过手机扫描书中相应部分图片即可看到以 2D/3D 动画、普通视频、VR 视频或 VR 系统演示的形式对相关内容的讲解,从而加深对书中知识的理解。

本书主要由杨承磊、关东东、盖伟、卞玉龙、刘娟执笔撰写,刘娟设计了 AR 演示内容。本书第 1 章由杨承磊、盖伟编写,第 2 章由关东东、杨承磊编写,第 3 章由卞玉龙、杨承磊编写,第 4 章由杨承磊、关东东编写,第 5 章由关东东编写,第 6 章由关东东、刘娟编写,第 7 章由刘娟、杨承磊编写,第 8 章由盖伟、卞玉龙编写,第 9 章由盖伟、杨承磊编写,第 10 章由盖伟、刘娟编写,第 11 章由刘娟、关东东编写,第 12 章由卞玉龙编写。孙维思、秦溥、周士胜、赵思伟、李慧宇、王秋晨、邢欢、孙千慧、马鸣聪、陈叶青、宋英洁、靳新培、耿文秀、郑雅文等研究生参与了书中程序的开发和部分内容的编写工作,上海恒润文化集团有限公司副总裁王宇、济南奥维信息科技有限公司总经理李军提供了部分素材。书中部分图片和内容引自互联网,有些难以确定作者或出处,故在本书中没有标注,请相关作者海涵。

本书由杨承磊、关东东、盖伟统稿、修改和审定。由于时间仓促,编者水平有限,书中内容或有局限、欠妥之处,恳请读者和同行不吝指正。

本书的配套课件、教学大纲、书中程序代码及 Unity3D、Maya 操作演示视频等资源可以从清华大学出版社官方网站 www.tup.com.cn 或清华大学出版社官方微信公众号"书圈"(itshuquan)下载。读者如有关于本书及资源使用的问题与建议,请发邮件至 404905510@qq.com。

编　者

2020 年 12 月

观看视频说明

本书配套视频 300 分钟,一部分视频是扫图片观看(用 AR 技术实现),一部分视频是扫二维码观看,还有部分视频更适合在计算机上观看,因此作为网络资源直接提供下载。本书视频目录可通过图 1 所示的二维码获取。

(1) 用手机扫描如图 2 所示的二维码,下载"文泉云盘"APP,安装后用微信账号登录。

(2) 登录后,扫描本书封底"文泉云盘"涂层下的二维码,绑定微信账号,即可获得观看视频权限。

(3) 书中部分图的旁边有如图 3 所示的标识,在"文泉云盘"APP 中扫描这些图片(打开"扫一扫"窗口,先单击窗口左下角的、如图 4 所示的图标,再扫描图片),即可观看视频。

在"文泉云盘"APP 中或微信中扫描书中二维码(用 APP 扫码时,先单击窗口右下角的二维码图标再扫码),即可观看视频。

　　图 1　　　　　　图 2　　　　　　图 3　　　　　　图 4

目 录
CONTENTS

第 1 章

概述

本章简要介绍虚拟现实技术的基本概念、发展历史和主要应用领域等内容。

 ## 1.1 基本概念

1.1.1 什么是虚拟现实

虚拟现实（Virtual Reality，VR）技术诞生于 20 世纪 60 年代，目前已经在医学、教育、航空航天、军事、房地产、考古、艺术、娱乐等诸多领域得到广泛的应用。特别是 2014 年 Facebook 收购 Oculus 之后，VR 技术再次受到学术界和产业界的高度关注。

虚拟现实这一概念的英语表述，即 Virtual Reality，在《韦氏大学英语词典》中的解释为："一种人工生成的环境，用户通过计算机产生的感官刺激（视觉刺激与听觉刺激）来对其进行体验，用户的行为可以部分决定这个环境中将要发生的事情"。随着计算机技术与传感器技术的发展，虚拟现实环境中除了传统的视觉刺激与听觉刺激外，还逐步引入了触觉刺激、体感刺激、嗅觉刺激，乃至味觉刺激等。同时现代的虚拟现实技术所集成的技术门类和涉及的学科领域也越来越广。汪成为院士、高文院士、王行仁教授等在其著作《灵境（虚拟现实）技术的理论、实现及应用》中将虚拟现实称为灵境，并将其定义为："一种可以创建和体验虚拟世界（Virtual World）的计算机系统。虚拟世界是全体虚拟环境（Virtual Environment，VE）或给定仿真对象的全体。虚拟环境是由计算机生成的，通过视、听、触觉等作用于用户，使之产生身临其境的感觉的交互式视景仿真。"赵沁平院士将其定义为：以计算机科学和相关科学技术为基础，在一定范围内产生与实际环境的视觉、听觉、触觉高度相似的数字环境，借助必要的设备与数字环境中的物体进行交互和接触，用户可产生与实际环境相对应的感受和体验。总而言之，虚拟现实作为一门综合学科，主要采用计算机图形学、人机交互、传感器、人工智能、动力学、光学及社会心理学等理论与技术，根据特定需求生成具有逼真的视觉、听觉、触觉、味觉、嗅觉等感觉的虚拟环境，支持用户借助一定的交互设备以自然的方式与虚拟环境互动，从而产生身临其境的感觉。其中，虚拟现实中的对象既可以是按照现实世界中存在的物体设计的，也可以是完全虚构出来的，这些对象只要能够在感官上带来足够的真实感即可。

对于虚拟现实系统而言，沉浸感（Immersion）、交互性（Interaction）与想象力（Imagination）是其三个重要特征。其中，沉浸感要求所构造的虚拟环境对人的刺激在物理上和认知上符合人的已有经验,让人产生身处真实世界的感觉。沉浸感的提升建立在传感系统和交互输入设备的基础之上。用户通过头盔显示器、动捕设备等传感系统和交互输入设备,置身并融于虚拟环境中,与虚拟环境中的各种对象相互作用,就如同在现实世界中一样。因此,实现虚拟环境的视觉、听觉、力觉和触觉等感知信息的有效合成,以及保证合成信息的高保真性和实时性,可以提高虚拟现实系统的沉浸感,得到更好的用户体验。

为了实现更好的真实体验这一目标,构造虚拟世界是基础,而实现自由交互则是关键所在。如果交互输入设备还是采用鼠标、键盘、手柄,用户体验将大打折扣。因此,在虚拟现实系统中,常用数据手套、跟踪器、触觉和力反馈等装置和语音、动作、姿态等识别技术,支持用户通过头、手、眼、身体的运动及语言等自然技能,对虚拟环境中的任何对象进行观察或操作,来调整系统呈现的图像画面及声音等,从而支持用户以自然方式与虚拟世界进行交互。

另外,在VR体验中,发挥用户的创造性与想象力也十分重要。由于用户在虚拟环境中可获得视觉、听觉、触觉、动觉等多种感知,因而得到身临其境的感受。VR的交互性使得用户的想象力被进一步激发,进而增强用户在感受环境时的沉浸感。

除了狭义的虚拟现实的定义,在实际应用中人们也常将增强现实(Augmented Reality,AR)、混合现实(Mixed Reality,MR)笼统地称为虚拟现实。但与狭义的虚拟现实不同的是,增强现实通过将计算机生成的虚拟物体或其他信息叠加到真实场景中,从而实现对现实的"增强",而不是把用户与真实世界隔离开。因此,增强现实与虚拟现实的区别是:虚拟现实是用虚拟的世界取代现实世界,而增强现实是给现实世界加入虚拟信息作为补充。VR和AR可以从显示硬件方面加以区分:VR的显示硬件主要有Oculus、索尼(PlayStation VR)、HTC(Vive)和三星(Gear VR)的头盔显示器(HMD),而AR的显示硬件如Google(谷歌)眼镜等。前者是不透明的头戴设备,使用户沉浸在虚拟世界里,而后者则是穿透式的头戴设备,使用户既能看清真实世界,又可以看到叠加在真实世界上的信息和图像。

另一相关概念是混合现实。它是由真实现实和虚拟现实共同组成,其涵盖了增强现实的情形。增强现实可以看作是对现实环境的扩展。混合现实还涵盖了另一种情形,即对虚拟环境的扩展,其通过在虚拟环境中加入真实物体来实现。微软公司称其HoloLens为头戴式MR设备(人们一般也将其看作AR设备)。

1.1.2 虚拟现实系统分类

目前已存在众多的VR应用系统,也存在着不同的分类方法,如《灵境(虚拟现实)技术的理论、实现及应用》中根据应用的要求,将VR系统分为佩戴型和非佩戴型。本书中,从其采用的硬件设备来分,常见的类型有:基于桌面显示器的VR系统(桌面式VR系统)、基于HMD的VR系统(头盔式VR系统)和基于投影的VR系统等。

1. 桌面式VR系统

该类系统是利用个人计算机等进行仿真,将计算机屏幕作为用户观察虚拟世界的窗口。如图1.1所示分别给出了基于一般立体显示器和VisionStation桌面式VR系统。用户通过各种输入设备与虚拟环境进行交互。这些外部设备包括鼠标、追踪球、力矩球等。该类系统虽欠缺沉浸效果,但它已具备VR技术的要求,并兼有成本低、易于实现等特点。

2. 头盔式VR系统

该类系统采用头盔显示器来实现单用户的立体视觉、听觉输出,使其完全沉浸在场景中。常见的头盔显示器有Facebook Oculus VR、Google Cardboard、三星Gear VR、HTC Vive、索尼Project Morpheus等。其中,Google Cardboard、三星Gear VR是基于智能手机组成的头盔

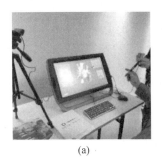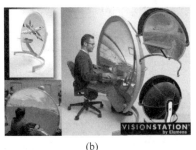

(a)   (b)

图 1.1　桌面式 VR 系统

显示器。HoloLens 等 HMD 可用于 MR 系统。图 1.2(a)为一个基于 VR HMD 的虚拟射击游戏,图 1.2(b)为基于 HoloLens 的 MR 系统示意图。

(a)   (b)

图 1.2　基于 HMD 的 VR/MR 系统

3. 基于投影的 VR 系统

该类系统由投影机、幕布等组成,采用一个或多个投影仪进行大屏幕投影来实现大幅面画面的立体视觉和听觉效果,使多个用户可以同时产生完全沉浸的感觉。常见的有 CAVE 式虚拟现实系统、互动 VR 影院以及 360°全景球影院系统等。CAVE 系统(见图 1.3(a))是基于多通道视景同步和立体显示等技术构造的房间式的投影环境,可供多人参与互动。所有参与者均沉浸在一个被立体投影画面包围的虚拟仿真环境中,借助相应的 VR 交互设备获得身临其境的交互体验。图 1.3(b)给出的消防演练仿真训练系统是一个典型的基于投影的 VR 系统。该系统可以营造出自然、逼真的火灾现场,模拟出真实的灭火过程,支持用户佩戴立体眼镜观看高分辨率立体投影,手持仿真水枪与大屏展示的虚拟场景进行交互。由于其使用多个投影仪进行投影,所以需要多个投影的拼接融合来形成一个大幅面的投影画面。

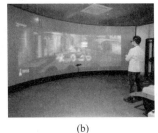

AR 图标

(a)   (b)

图 1.3　基于投影的 VR 系统(山东大学)

还有文献将 VR 系统分为桌面 VR 系统(含立体显示器和屏幕投影)、沉浸式 VR 系统(含头盔式 VR 和 CAVE 系统)和分布式 VR 系统等。虽然类型不同,但这些 VR 系统一般都涉及如下关键技术:虚拟场景建模技术,立体视觉、听觉等实时渲染技术,三维定位、方向跟踪、触觉反馈等传感技术,以及三维自然交互技术等。除上述技术,AR/MR 系统还涉及跟踪注册、虚实融合显示等关键技术。

1.2　发展历史与趋势

虚拟现实作为一门计算机技术,可以追溯到 20 世纪 60 年代 Morton Heilig 研制发布的全传感仿真器 Sensorama Simulator。该仿真器具有三维显示、立体声效果,能产生振动、气味和风吹等感觉效果并支持简单互动。1968 年,出现了世界上第一台头盔显示器(The Sword of Damocles)。目前,大多数 VR 头盔显示器都能看到其影子。

到了 20 世纪 80 年代,美国的 Jaron Lanier 正式提出了"Virtual Reality"一词。美国宇航局(NASA)的 VIVED 系统和 VIEW 系统等 VR 系统也相继研制成功。特别是雏形 VIEW 系统得到成功应用后,又装备了数据手套、头部跟踪器等硬件设备,并提供了语音、手势等交互手段,使之成为一个 VR 系统典范——目前大多数都受其影响,参照其硬件体系结构进行设计。当时对 VR 技术的系列研究及取得的成果,使得 VR 技术开始得到较广泛的关注。

进入 20 世纪 90 年代,VR 得到蓬勃发展,在科学计算可视化、建筑设计、产品设计以及教育、培训和娱乐等各领域得到更广泛的应用。这得益于计算机硬件、3D 动画、人机交互等技术的不断创新发展,包括 VPL 公司的头盔显示器 EyePhones 和数据手套 DataGlove 等实用的输入输出设备的商业化,以及出现了虚拟现实建模语言 VRML、WorldToolKit(WTK)、Virtual Reality Toolkit(VRT3)、QuickTime VR 等 VR 开发环境和软件。第一个虚拟现实领域的国际会议——Interfaces for Real and Virtual Worlds 于 1992 年在法国蒙彼利埃召开。美国电气和电子工程师协会 IEEE 的第一次 VR 会议也于 1993 年在美国西雅图召开。这一时期,我国在 VR 技术研究中获得积极进展,如大连海事大学研制了航海模拟器,浙江大学搭建了 CAVE 环境并研发了相关应用系统,北京航空航天大学等单位研发了分布式虚拟现实系统 DVENET,以及后续研发了 BH_RTI 和三维图形平台 BH_GRAPH 两个虚拟现实开发软件。20 世纪 90 年代中后期开始,我国开始了增强现实技术的研究,如北京理工大学研制了数字圆明园增强现实系统,以及研发了透视式头盔显示器等,并在军事、医疗、教育等领域得到应用。北京大学、山东大学等也开展了虚拟博物馆等系统的研发。1996 年,汪成为院士、高文院士、王行仁教授等出版了《灵境(虚拟现实)技术的理论、实现及应用》一书,对于我国 VR 技术的发展起到了积极的推动作用。另外,第一届全国虚拟现实会议于 2000 年在北京成功召开。

2014 年,Facebook 收购 Oculus,使得 VR 技术再次成为热点。Oculus、HTC VIVE、Sony、微软 HoloLens 等相对成熟的 HMD 产品技术,在许多领域得到成功应用。基于投影的 VR 系统也开始成为主题公园、科技馆等场所的主要娱乐、展示方式。这是因为在过去的几年中,高性能计算、3D 动画、传感器、人工智能、人机交互、社会心理学等理论与技术得到快速发展,且相互融合与促进,使得呈现的画面和声音更加逼真、清晰,显示更加实时,交互更加自然,HMD 设备更加轻便和移动化,或可以支持多人共场协同,使得 VR 体验越来越好。

目前,VR 系统也存在一些问题需要进一步解决,如立体显示与头部跟踪精度、延迟感知等。这些问题处理不好会引发用户眩晕,影响用户舒适度,降低用户体验效果。另外,虽然各类人机交互设备取得了很多进步,涌现出头盔、眼镜、手套、数字服装等各式各样的交互设备,但是仍缺少统一有效的交互范式。又如在 VR 内容显示上,为了达到实时性,渲染算法还主要采用光栅化算法,光线跟踪算法在 VR 中的应用才刚起步,影院级的渲染效果仍值得期待。且目前 VR 内容多为专业人员设计,如何让一般用户自己设计内容并体验,以及怎么设计 VR 内容中的故事,也是一种新的需求。

随着计算机硬件技术的快速发展,计算能力的不断提高,人工智能、传感器技术等的不断进步,VR技术也将得到更大的发展,在如下方面尤其值得期待。

(1)为了使VR系统达到影院级的实时渲染效果,在计算性能更好的设备的支持下,更多的光线跟踪算法和沉浸声场技术将被深入研究和应用,以得到更好的视觉和听觉体验。

(2)交互技术更加适人化。在眼球追踪、姿态捕捉、语音交互、触觉反馈、手势交互、脑机接口等方向上,将结合人工智能、心理学和生理计算实现更自然的交互。提升VR精确性和沉浸感的统一交互范式和交互设备值得期待。

(3)5G网络的建设与普及将为VR应用提供良好的基础设施,有望解决数据传输导致的延迟等问题,为云端VR服务提供支持,使得移动VR、远程与分布式VR等类型的VR应用更加广泛。因此,不同地点的多人间的社交互动也会更流行。

(4)用户体验是最重要的因素。目前缺少统一、可信的用户体验评估方法。结合人工智能、心理学和生理计算实时检测用户的心流体验状态,并实时反馈于VR系统,是一个值得期待的研究课题。

最后,人工智能与虚拟现实的融合发展值得期待。除了人体跟踪定位和自然交互技术已经与人工智能有了比较深入的融合之外,采用深度学习优化渲染也成为当前的研究热点。另外,为进一步增进与虚拟现实内容的互动性与社交性,以真实用户为对象的虚拟化身成为发展重点。为了进一步提高现有虚拟化身的真实感,语音口型适配、面部表情追踪以及人体3D建模等方面都需要完善,而这离不开人工智能技术的强力支持。像虚拟世界中的化身一样,机器人也将成为现实世界中的一种物理化身。机器人如何用于社会,以及它们如何最终成为人类的替身,通过虚拟现实界面可以探索真实世界,也是值得研究的一个课题。

因此,未来的VR系统将提供具有更高真实感的视觉、听觉、触觉等感知效果的内容,更加适人化的自然交互方式,提供给用户更好的沉浸感和最佳用户体验,从而使得VR在更多领域得到更广泛、有效的应用。

1.3 应用领域

VR技术的应用前景非常广阔,目前遍及文化娱乐、工业训练及安防训练、教育、医学、体育、旅游、商业等诸多领域。

1. 文化娱乐

文化娱乐是VR技术最主要的商业应用领域之一。其中,VR类游戏借助各种输入输出设备,将VR技术的互动性、沉浸感与想象力表现得淋漓尽致,可让玩家在其中得到各种感官上的满足,获得全方位的良好互动体验。图1.4给出的是两种借助特殊设备的VR体验类游戏。

图1.4 2017年深圳高交会展示的VR体验类游戏系统

　　近年来,VR技术在主题公园的文化展现与娱乐体验方面也得到迅速推广。在VR主题公园里,玩家不再是观察者,而是参与者,可以在现实世界中体会到游戏世界的乐趣。其中,XD影院备受欢迎,特别是支持观众与影片内容互动的7D影院更受欢迎。图1.5(a)为一个7D影院——VR射击影院的宣传画。另外,VR技术和娱乐设施的结合可以提供更加惊险的刺激体验。图1.5(b)为秦岭国家植物园的720VR乘骑设备,用户戴上VR眼镜坐在乘骑设备上面,可以虚拟漫游秦岭大川;图1.5(c)为贵阳东方科幻谷主题公园的VR过山车,用户戴上VR眼镜坐在过山车上,可以穿越明日科幻世界。美国犹他州的VR主题公园"The VOID"则为用户提供了物理和虚拟融合的独特环境,营造出更具沉浸感的体验(见图1.6),穿戴VR设备的玩家可以自由漫游探索各种游戏场景,与其他玩家进行交流、协同作战等。

　　　　　(a)　　　　　　　　　　　　(b)　　　　　　　　　　(c)

图1.5　主题公园中的VR体验系统(上海恒润)

图1.6　The VOID游戏场景

2. 军事与航空航天

　　军事与航空航天是VR技术成功应用的又一个主要领域,包括从早期的飞机驾驶员培训到今天的军事战略和战术演习仿真等。使用VR技术不仅降低了成本而且可方便地改变环境和条件,适用于特殊、危险等环境。例如,F-35是第一种在座舱里取消了平视显示器的量产战斗机,其飞行员可在头盔综合显示器面罩的虚拟屏显上读取所有数据(见图1.7(a))。通过与安装在F-35机身不同位置上的红外传感器阵列相交联,HMD还赋予了F-35战斗机飞行员全方位的夜视能力。又如,2016年我国航天员景海鹏、陈冬在33天的"太空之旅"中,借助我国首套登陆太空的VR眼镜,他们像观看3D电影一般,实现与家人隔空"团聚"。NASA与微软合作,借助HoloLens辅助宇航员完成任务(见图1.7(b))。2016年,NASA宇航员还使用HTC VIVE体验了VR里的国际空间站。

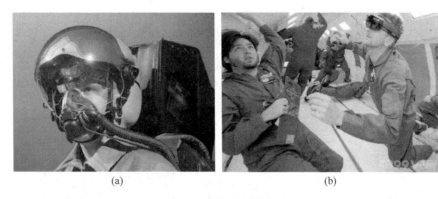

图 1.7 VR/MR 在军事与航空航天的应用

3. 工业

在工业领域方面，VR 技术多用于产品论证、设计、装配、人机工效和性能评价等。例如，20 世纪 90 年代美国约翰逊航天中心使用 VR 技术对哈勃望远镜进行维护训练；波音公司利用 VR 技术辅助波音 777 的管线设计；法国标志雪铁龙公司利用 CAVE 系统构建其工业仿真系统平台，进行汽车设计的检视、虚拟装配与协同项目的检测等（见图 1.8(a)）；在福特汽车公司位于密歇根州迪尔博恩的沉浸式实验室中，员工可以带上 VR 头盔来检查汽车的内部和外部，也可以在汽车被生产出来之前坐在车里进行体验。图 1.8(b) 显示的则是上海曼恒研发的一个汽车虚拟开发环境。

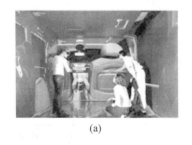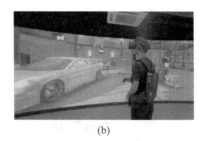

图 1.8 工业领域 VR 应用

4. 教育科普

VR 技术具备的三个特点使其在教育领域的应用中具有独特优势。目前，已有一些科研机构研发出虚拟课堂等 VR 教学系统，通过和谐自然的交互操作手段，让学习者在虚拟世界自如地探索未知世界，激发他们的想象力，启迪他们的创造力。例如，由伊利诺伊大学芝加哥校区的 EVL 实验室和 CEL 实验室合作完成的沉浸式协同环境 NICE 系统，可以支持儿童们建造一个虚拟花园，并通过佩戴立体眼镜沉浸在一个由 CAVE 显示的虚拟场景中，进行播种、浇水、调整光照，以及观察植物的生长等，学习相关知识，并进行观察思考（见图 1.9(a)）。图 1.9(b) 和图 1.9(c) 分别为山东大学研发的基于 HoloLens 的故事创作与演讲系统和基于投影式 VR 的地图拼图系统。图 1.10(a) 和图 1.10(b) 给出的分别是山东大学考古数字博物馆漫游系统和与德国魏玛-包豪斯大学开发的博物馆漫游系统。

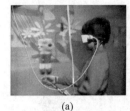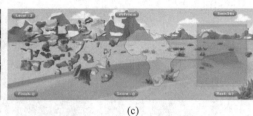

(a)	(b)	(c)

图 1.9　VR/AR 学习系统

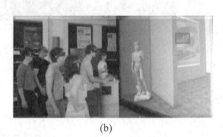

(a)	(b)

图 1.10　VR 博物馆与艺术馆漫游系统

5. 医学康复

在医学领域,VR 技术已初步应用于虚拟手术、远程会诊、医疗康复等方面,且某些应用已成为医疗过程中的重要手段和环节。在虚拟手术训练方面,典型的系统有瑞典 Men-tiee 公司研制的 proeedieusMIST 系统、SurgiealSeience 开发的 Lapsim 系统(见图 1.11(a))、德国卡尔斯鲁厄研究中心开发的 SeleetITVEST System 系统等。在国内,北京黎明视景科技和解放军总医院虚拟仿真实验室合作开发了虚拟心脏血管手术模拟系统,用于制定手术计划、训练手术技能等(见图 1.11(b))。北京航空航天大学和北京大学口腔医学院开发了虚拟现实牙科手术培训系统,为医生提供力觉和视觉同步反馈显示的训练环境。

(a)	(b)

图 1.11　虚拟手术仿真系统

目前,VR 技术在孤独症、多动症、老年痴呆症与帕金森等疾病的治疗与康复方面得到了成功应用。在欧洲,中风和脑损伤的病人现在可以使用 MindMaze 创造的沉浸式虚拟现实疗法恢复运动和认知能力(见图 1.12(a))。新泽西州立罗格斯大学开发了一个 VR 平台,通过让患者专注于观察眼前浮动的彩色卡片的游戏,以训练其短期视觉和听觉记忆(见图 1.12(b))。

另外,VR 技术在心理和情绪调节方面也有广阔的应用前景。目前已开始出现一些利用虚拟现实技术进行心理和情绪调节的系统。如山东大学研发的用于心理放松减压训练的 VR 系统(见图 1.13),已经用于淄博武警中队,在疫情期间对武警战士进行了有效的心理疏导训练。

(a)　　　　　　　　　　　　　　　　(b)

图 1.12　认知康复训练 VR 系统

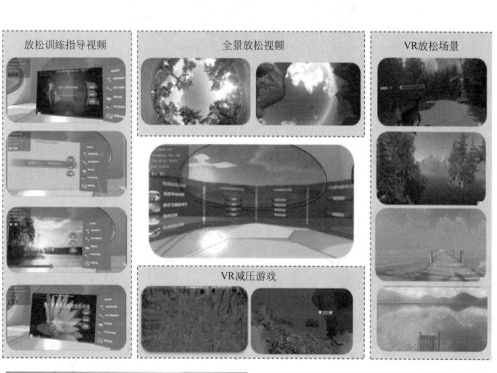

AR 图标

图 1.13　山东大学研发的用于心理放松减压训练的 VR 系统

AR 图标

山东大学研发的虚拟面试系统(见图 1.14)则是一款融合了情感识别、脑机交互、动作识别、人脸识别、3D 立体显示等技术的、基于不同人格的虚拟代理的模拟面试系统,支持用户与虚拟代理面试官进行面试交互,实现公务员、研究生以及企业面试的模拟训练。在模拟面试过程中,系统对用户姿态、表情、生理数据等进行采集与分析,并将分析结果反馈给用户,以提高其面试技能,克服面试时的焦虑情绪。

图 1.14　基于代理的虚拟面试系统

6. 体育

VR 技术具有的高度沉浸感、实时交互等特点正是现代体育发展与科技进步相结合所需要的。因此,VR 技术已经广泛应用于田径、高尔夫、曲棍球、举重、铁饼、赛艇等项目的仿真训练。如图 1.15(a)所示的曲棍球训练系统能够为教练员和运动员以及科研人员展示平常很难用肉眼看见的曲棍球运动的动作。如图 1.15(b)所示的为山东大学开发的网球训练系统,该系统能够根据玩家的位置实时渲染正确的画面,能够提供更好的真实感体验。

AR 图标

(a)　　　　　　　　　　　　　　　　(b)

图 1.15　体育训练仿真系统

7. 旅游

VR 技术在旅游行业的应用,为游客带来了许多便利,能够为旅游者呈现逼真的三维场景,使旅游者足不出户就能体验一次完美的景区畅游。图 1.16(a)和图 1.16(b)分别是上海恒润研发建设的福建平潭海坛古城的 VR 全景球影院和荆门极客公园的 VR 全景球影院,可以让游客体验虚拟飞越台湾海峡等旅游场景。从外部看,全景球影院是一个直径 20m 的球,内部有直径 14m 的内球,内球表面是 360°全景的巨幕投影画面。球的中部是一条约 1.45m 宽、17.5m 长的钢化玻璃走廊,可以同时容纳超过 50 名游客参观。游客可以从一侧的楼梯进入球幕影院,球幕由 16 台高清激光投影投满画面。大约 5 分钟的 VR 影片内容,让游客能够真正地在影片呈现的场景中进行身临其境地漫游,或驰骋宇宙,或飞越名山大川,或在光怪陆离的光影中任思绪飞扬。

|(a)|(b)|

图1.16 VR全景球影院

目前,国内外很多著名旅游景点也陆续推出了自己的虚拟旅游系统。"虚拟紫禁城"是中国第一个在互联网上展现重要历史文化景点的虚拟旅游系统。这座"紫禁城"用高分辨率、精细的3D建模技术虚拟呈现宫殿建筑、文物和人物,并设计了6条观众游览路线(见图1.17(a))。圆明园也借助VR/AR技术实现了环境再现(见图1.17(b)),可提供游线导航,展现特定方向的3D复原效果。

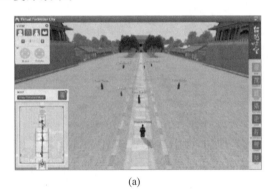

|(a)|(b)|

图1.17 VR/AR在旅游业的应用

8. 商业与生活

VR技术在商业界也越来越受到青睐。如沃尔沃利用微软HoloLens眼镜销售汽车;Matterport每周可向Apartments.com提供3D模型的VR效果体验(见图1.18);苏富比拍卖行已开始用VR技术来展示豪宅;居家环境改善产品零售商劳氏公司(Lowe's)旗下零售店已采用VR技术来帮助消费者虚拟化其重新设计的项目;2015年,NextVR利用VR直播了金州勇士队对新奥尔良鹈鹕队的比赛。此外,NextVR还与CNN合作,通过VR视频流,面向全球121个国家直播民主党总统候选人竞选辩论等。我国2020年召开的两会也进行了VR直播。图1.19则是一个VR垃圾分类学习系统,表明VR技术已经进入人们生活的各个方面。

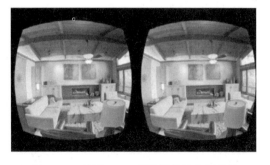

图1.18 利用HMD观看提供的房间效果

图 1.19　VR 垃圾分类学习系统(华锐视点)

 ## 习题

1. 简述什么是虚拟现实。
2. 分别列举一个生产生活中的 VR、AR 和 MR 的具体应用例子。

第 2 章

数学基础

虚拟现实系统中经常需要进行坐标系变换与空间变换。其中,在空间坐标系中点的坐标位置常用矢量来表示,坐标系之间的变换用矩阵运算来实现。本章主要介绍这些常用的相关数学基础知识,首先介绍坐标系、矢量与矩阵的基本概念与运算,然后介绍空间旋转变换的表示与计算方法,以及局部坐标系与世界坐标系的变换等内容。

 ## 2.1　坐标系、矢量与矩阵

2.1.1　坐标系

在虚拟现实系统中,虚拟环境中的物体、角色等的位置与方位都通过空间坐标系来表示。空间坐标系有多种形式,例如极坐标、球坐标、柱坐标等。其中,最常用到的空间坐标系是笛卡儿坐标系。对于笛卡儿直角坐标系,二维的直角坐标系由两个互相垂直的坐标轴(通常分别称为 x 轴和 y 轴)设定。两个坐标轴的相交点,称为原点。扩展到三维空间,由相交于原点且相互垂直的 x 轴、y 轴、z 轴形成空间笛卡儿直角坐标系。

在虚拟现实系统中,还常用到世界坐标系、局部坐标系、屏幕坐标系以及相机坐标系等。下面通过图 2.1 中的一个虚拟漫游探宝场景来说明这几个概念。

1. 世界坐标系与局部坐标系

当我们在 3D 软件平台中建立一个虚拟场景时,每个场景就是"整个世界",都有一个世界坐标系。根据世界坐标系可以决定场景中的角色模型和物体模型摆置在什么位置、朝向什么方位,不同模型之间的位置关系也是通过世界坐标系来确定的。定义世界坐标系的作用就是用来构造这个虚拟世界。

在虚拟场景,即整个世界构造好了之后,场景中的每个角色和每个物体都需要定义一个局部坐标系。观察一下图 2.1 中的人物角色和小船模型,它们在进行运动时,不论是朝场景的东南方向还是西北方向(世界坐标系)前进,从角色和模型自身角度看,总是向着自身的前方即自身 z 轴方向前进(局部坐标系);且不论是上坡还是下坡,自身 y 轴总是指向头顶或车顶方向;而不论如何转向,自身 x 轴总是指向右手或右车门方向。定义物体的局部坐标系的作用就是:方便地控制这个物体在世界坐标系中进行运动等操作。

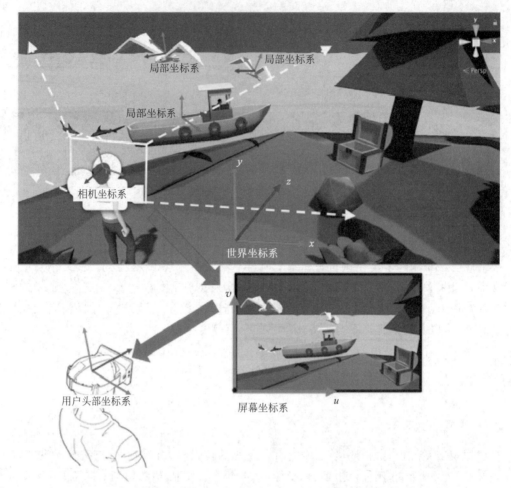

图 2.1　世界坐标系、局部坐标系、相机坐标系、图像坐标系与用户头部坐标系

2. 相机坐标系与图像坐标系

在虚拟现实应用中,相机坐标系是虚拟场景中的一种特殊的局部坐标系,一般放置在用户虚拟化身角色的眼部位置,并与实际用户的身体移动与头部转动保持同步变化。相机坐标系的作用就是决定用户如何观看虚拟场景。相机坐标系中相机在原点,x 轴向右,z 轴向后(屏幕里侧),y 轴向上(不是世界的上方而是相机本身的上方)。为符合人类识图习惯,相机坐标系是一个左手坐标系。

相机以等时间间隔拍摄渲染场景画面,送至屏幕或显示设备供用户观看。在进行场景渲染时,场景中的所有物体模型的位置和方位都要由世界坐标系转换到相机坐标系,然后场景中的所有物体都向相机的图像平面进行投影,得到渲染结果图像,并将图像显示在屏幕上。屏幕坐标系是一个二维平面坐标系,为了适应不同尺寸、不同分辨率的屏幕设备,屏幕坐标系的水平(u 方向)与垂直(v 方向)的取值范围都规一化为 0~1,水平轴的正方向为从左到右,而垂直轴方向的规定则在不同的底层图形软件中存在两种不同的规定:在 OpenGL 中,屏幕坐标系的垂直轴正方向由下向上,坐标系原点位于屏幕左下角;在 DirectX 中,屏幕坐标系的垂直轴正方向由上向下,坐标系原点位于屏幕左上角;在 Unity3D 中,则按照前者规定屏幕坐标系。

3. 左手坐标系与右手坐标系

在应用中,需要说明所用的某一坐标系是左手系还是右手系。左手坐标系是 x 轴向右、y

轴向上、z 轴向前，即 z 轴指向屏幕里面（x，y 轴在屏幕上）；右手坐标系的 z 轴正好相反，是指向屏幕外部。

图 2.1 中的虚拟场景是在 Unity3D 中搭建的，除了相机物体外，其他物体都采用了左手坐标系，相机与 OpenGL 相同，采用了右手坐标系。不同的软件平台会采用不同的坐标系。表 2.1 中列出了几种常见的软件平台中所采用的坐标系模式。

表 2.1 不同软件平台采用不同的坐标系

软 件 平 台	所采用坐标系模式	软 件 平 台	所采用坐标系模式
Unity3D	左手坐标系	OpenCV	右手坐标系
Direct3D	左手坐标系	MATLAB(Computer Vision 工具箱)	右手坐标系
Maya	右手坐标系	微软 Kinect	右手坐标系
3ds Max	右手坐标系	微软 HoloLens	左手坐标系
OpenGL	右手坐标系		

因此，在使用不同坐标系模式的软件平台中互相导出导入 3D 模型时，需要注意坐标系模式的差异。如图 2.2(a) 中显示的为 Maya 中的模型，其坐标系为右手坐标系。而在图 2.2(b) 中，同样的模型导入 Unity3D 后则变为左手坐标系。

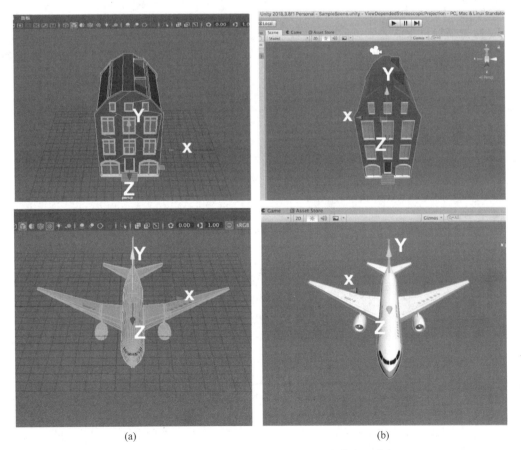

(a) (b)

图 2.2 Maya 中的右手坐标系与 Unity3D 中的左手坐标系

2.1.2　向量与向量运算

向量是有大小和方向的量。所谓向量就是将 n 个标量 $a_1,a_2,\cdots,a_n$ 按顺序排成的一个数列,其中每个标量都是向量的一个分量或元素,分量或元素的个数 n 称为向量的维数。

按照各分量排列的顺序,向量可以表示为行向量形式 $\boldsymbol{a}=[a_1,a_2,\cdots,a_n]$,或者表示为列向量形式 $\boldsymbol{a}=\begin{bmatrix}a_1\\a_2\\\vdots\\a_n\end{bmatrix}$ 两种形式。向量中的每个分量表达了其在每个维度上的有向位移。因此常用向量描述物体的相对位置。

从几何意义上说,向量是有大小和方向的有向线段。线段的长度就是向量的长度,n 个分量的方向描述的是空间中矢量的指向。相同向量的方向和长度是相同的,但它们的位置可以不同。和原向量大小相等但方向相反的向量为其负向量,如 $[a_1,a_2,\cdots,a_n]$ 的向量是 $[-a_1,-a_2,\cdots,-a_n]$。向量的大小也常被称作向量长度或向量的模,计算公式为:$\|\boldsymbol{a}\|=\sqrt{(a_1^2+a_2^2+\cdots+a_n^2)}$。

如果向量 $\boldsymbol{a}$ 的各个分量都为零,则 $\boldsymbol{a}$ 为零向量。对任意一个非零向量,都能计算出一个和 $\boldsymbol{a}$ 方向相同的单位向量:$\boldsymbol{a}/\|\boldsymbol{a}\|$。

下面介绍几个常用的向量运算。

1. 向量与标量乘法

一个标量 k 与向量 $\boldsymbol{a}$ 相乘,可以得到一个方向与原向量的方向相同或相反、大小为 $\boldsymbol{a}$ 的 k 倍的向量:$k\boldsymbol{a}=\begin{bmatrix}ka_1\\ka_2\\\vdots\\ka_n\end{bmatrix}$。

2. 向量的加法和减法

两个向量 $\boldsymbol{a}$ 和 $\boldsymbol{b}$ 的加法和减法如下。

$$\boldsymbol{a}+\boldsymbol{b}=\begin{bmatrix}a_1+b_1\\a_2+b_2\\\vdots\\a_n+b_n\end{bmatrix}$$

$$\boldsymbol{a}-\boldsymbol{b}=\begin{bmatrix}a_1-b_1\\a_2-b_2\\\vdots\\a_n-b_n\end{bmatrix}$$

如图 2.3 所示,向量的加法与减法的几何意义(三角形法则)为:将向量 $\boldsymbol{a}$ 与向量 $\boldsymbol{b}$ 首尾相连,即将向量 $\boldsymbol{a}$ 的终点与 $\boldsymbol{b}$ 的起点重合,那么以 $\boldsymbol{a}$ 的起点为起点、$\boldsymbol{b}$ 的终点为终点的向量即为 $\boldsymbol{a}+\boldsymbol{b}$;使向量 $\boldsymbol{a}$ 的起点与 $\boldsymbol{b}$ 的起点重合,从 $\boldsymbol{b}$ 的终点向 $\boldsymbol{a}$ 的终点画一个向量,该向量就是 $\boldsymbol{a}-\boldsymbol{b}$。向量的加

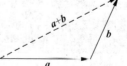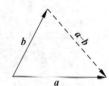

图 2.3　向量相加或相减的几何解释
（三角形法则）

法的几何意义也可以用平行四边形法则来解释。

3. 向量的点乘

向量 $\boldsymbol{a}$ 与 $\boldsymbol{b}$ 的点乘(又称为内积)的结果是一个标量,其定义为:

$$\boldsymbol{a} \cdot \boldsymbol{b} = \begin{bmatrix} a_1 \\ a_2 \\ \vdots \\ a_n \end{bmatrix} \cdot \begin{bmatrix} b_1 \\ b_2 \\ \vdots \\ b_n \end{bmatrix} = a_1 b_1 + a_2 b_2 + \cdots + a_n b_n$$

从几何意义上来讲,点乘等于向量大小与向量夹角的余弦值的积。

$$\boldsymbol{a} \cdot \boldsymbol{b} = \|\boldsymbol{a}\| \|\boldsymbol{b}\| \cos\theta$$

如图 2.3 所示,如果向量 $\boldsymbol{a}$ 与 $\boldsymbol{b}$ 之间的夹角 $\theta \leqslant \frac{\pi}{2}$,则 $\boldsymbol{a} \cdot \boldsymbol{b} \geqslant 0$;反之,如果向量 $\boldsymbol{a}$ 与 $\boldsymbol{b}$ 之间的夹角 $\theta \geqslant \frac{\pi}{2}$,则 $\boldsymbol{a} \cdot \boldsymbol{b} \leqslant 0$。

可以通过向量的点乘计算两个向量之间的夹角:$\cos\theta = \dfrac{\boldsymbol{a} \cdot \boldsymbol{b}}{\|\boldsymbol{a}\| \|\boldsymbol{b}\|}$,而夹角 $\theta \in [0, \pi]$,所以得到 $\theta = \arccos\left(\dfrac{\boldsymbol{a} \cdot \boldsymbol{b}}{\|\boldsymbol{a}\| \|\boldsymbol{b}\|}\right)$。

可以通过向量的点乘判断两个向量是否垂直:如果向量 $\boldsymbol{a}$ 与 $\boldsymbol{b}$ 的点乘 $\boldsymbol{a} \cdot \boldsymbol{b} = 0$,意味着二者的夹角 $\theta = \arccos(0)$,可以判断夹角 $\theta = \frac{\pi}{2}$,即两个向量相互垂直;反之,则可以判断两个相互垂直的向量的点乘等于 0。同时可以通过点乘 $\boldsymbol{a} \cdot \boldsymbol{b}$ 的正负符号判断 $\boldsymbol{a}$ 与 $\boldsymbol{b}$ 之间的夹角 θ 是否小于 $\frac{\pi}{2}$,如果 $\boldsymbol{a} \cdot \boldsymbol{b} \geqslant 0$,可以判断夹角 $\theta \leqslant \frac{\pi}{2}$,向量 $\boldsymbol{a}$ 与 $\boldsymbol{b}$ 同向;反之,如果 $\boldsymbol{a} \cdot \boldsymbol{b} \leqslant 0$,则可以判断夹角 $\theta \geqslant \frac{\pi}{2}$,向量 $\boldsymbol{a}$ 与 $\boldsymbol{b}$ 反向。

通过向量点乘运算可以计算一个向量在另一个向量上的投影,如图 2.4 所示。向量 $\boldsymbol{a}$ 在向量 $\boldsymbol{b}$ 上的投影 $\boldsymbol{a}' = \|\boldsymbol{a}\| \cos\theta = \|\boldsymbol{a}\| \dfrac{\boldsymbol{a} \cdot \boldsymbol{b}}{\|\boldsymbol{a}\| \|\boldsymbol{b}\|} = \dfrac{\boldsymbol{a} \cdot \boldsymbol{b}}{\|\boldsymbol{b}\|}$。同时得到差向量 $(\boldsymbol{a} - \boldsymbol{a}') \perp \boldsymbol{b}$。这表明,给定一个参考向量 $\boldsymbol{b}$,就可以把任意向量 $\boldsymbol{a}$ 分解为 $\boldsymbol{a} = \boldsymbol{a}' + (\boldsymbol{a} - \boldsymbol{a}')$,其中向量 $\boldsymbol{a}' = \dfrac{\boldsymbol{a} \cdot \boldsymbol{b}}{\|\boldsymbol{b}\|}$ 与向量 $\boldsymbol{b}$ 平行,而向量 $(\boldsymbol{a} - \boldsymbol{a}')$ 与向量 $\boldsymbol{b}$ 垂直。

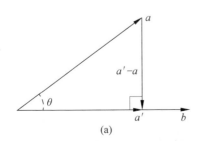
(a)

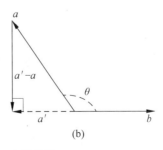
(b)

图 2.4　向量 $\boldsymbol{a}$ 在向量 $\boldsymbol{b}$ 上的投影

4. 向量的叉乘

两个向量 a 和 b 的叉乘(又称为外积)为:

$$a \times b = \begin{bmatrix} a_1 \\ a_2 \\ a_3 \end{bmatrix} \times \begin{bmatrix} b_1 \\ b_2 \\ b_3 \end{bmatrix} = \begin{bmatrix} a_2 b_3 - a_3 b_2 \\ a_3 b_1 - a_1 b_3 \\ a_1 b_2 - a_2 b_1 \end{bmatrix}$$

两个向量叉乘得到一个向量,但叉乘不满足交换律,即 $a \times b \neq b \times a$。向量的叉乘仅可用于三维向量。

如图 2.5 所示,从几何意义上来讲,两个向量 a 和 b 的叉乘向量 $a \times b$ 同时垂直于 a 和 b,其方向通过事先指定左手螺旋法则或右手螺旋法则来确定。法则取决于坐标系类型,如在 Unity 中的左手坐标系,则采用左手螺旋法则。例如图 2.5 中采用左手螺旋法则,则向量 $a \times b$ 指向上方,而向量 $b \times a$ 指向下方,即向量 $a \times b$ 与向量 $b \times a$ 相反,但模相等。

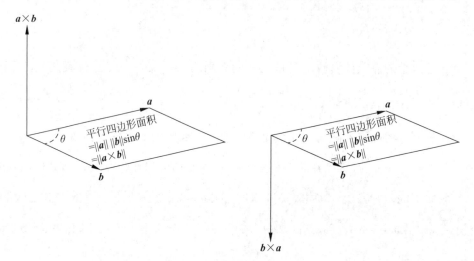

图 2.5 矢量叉乘的几何解释

叉乘向量 $a \times b$ 的模 $\|a \times b\| = \|a\| \|b\| \sin\theta$,其中 θ 是向量 $a \times b$ 之间的夹角,所以 $\|a \times b\|$ 的取值实际上等于两个向量 a 和 b 张成的平行四边形面积。如果两个向量 a、b 满足右手螺旋法则,面积取正值;如果二者满足左手螺旋法则,则面积取负值。

一个向量与自身的叉乘等于 0 向量,即 $a \times a = \begin{bmatrix} 0 \\ 0 \\ 0 \end{bmatrix}$。如果两个向量 a 和 b 的叉乘 $a \times b$ 为 0 向量,或者 $\|a \times b\| = 0$,则表明向量 a 和 b 平行。

5. 向量的混合积

向量的点乘(内积)与向量的叉乘(外积)都是两个向量 a 和 b 之间的运算,对于空间中的三个向量 a、b 与 c,则可以定义如下运算 $(a \times b) \cdot c$,称为三个向量之间的混合积。

三个向量 a、b 与 c 的混合积是一个标量,是叉乘运算与点乘运算的组合,其绝对值等于以向量 a、b 与 c 为长、宽、高的平行六面体的体积(见图 2.6)。如果三个向量 a、b 与 c 满足右手螺旋法则,则混合积取正值,如果三者满足左手螺旋法则,则混合积取负值,因此也称为有向体积。

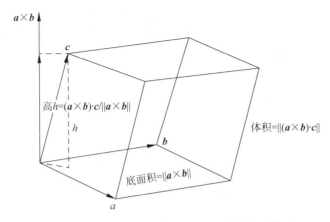

图 2.6 向量的混合积表示平行六面体的有向体积

6. 向量使用示例

由于在虚拟现实中，矢量一般表示空间方向或空间角度，因此一般使用的都是三维矢量。Unity3D 中结构体 Vector3 对三维矢量提供了支持和相关运算函数。

```
Vector3 vec_a = new Vector3(2, 3, 5);
Vector3 vec_b = new Vector3(7, 11, 13);
float num = 2.3f;

Vector3 Result_1 = num * vec_a;
Vector3 Result_2 = vec_a / num;
Vector3 Result_3 = vec_a + vec_b;
Vector3 Result_4 = vec_a - vec_b;
float DotResult = Vector3.Dot(vec_a, vec_b);
Vector3 CrossResult = Vector3.Cross(vec_a,vec_b);
```

下面将介绍 Unity3D 中对矢量的常用操作。

在第 1 行和第 2 行声明了两个矢量并分别对其进行了赋值操作。第 3 行声明了一个浮点数，该数值用于后续的运算。空行之后的第 5 行是矢量和标量的乘法操作。第 6 行是矢量和标量的除法操作。第 7 行是矢量之间的加法运算。第 8 行是矢量之间的减法运算。第 9 行是矢量之间的点乘运算，其最终运算结果为浮点数。第 10 行是矢量之间的叉乘运算，其最终运算结果为新的矢量。

Unity3D 中三维矢量的常用操作如上所述，对于其他函数及属性，可在结构体 Vector3 中查询。需要注意的是，除了三维矢量外，Unity3D 同样对二维矢量和四维矢量提供了支持，其使用方法、属性、函数等与三维矢量大致相同，故不再赘述。

2.1.3 矩阵与矩阵运算

在虚拟现实系统中，常用矩阵运算描述两个坐标系之间的关系，以及实现几何变换等操作。由 $m \times n$ 个数 a_{ij} 组成的矩阵 $\mathbf{A}$ 的表示形式为：

$$\mathbf{A} = \begin{bmatrix} a_{11} & a_{12} & \cdots & a_{1n} \\ a_{21} & a_{22} & \cdots & a_{2n} \\ \cdots & \cdots & \cdots & \cdots \\ a_{m1} & a_{m2} & \cdots & a_{mn} \end{bmatrix}$$

该矩阵有 m 行 n 列,这 $m \times n$ 个数称为矩阵 A 的元素。行数和列数相同的矩阵称为方阵。方阵中行号和列号相同的元素称为对角线元素,其他元素为非对角线元素。如果一个方阵的所有非对角线元素都为 0,那么该矩阵称为对角矩阵。

下面介绍几种常用的矩阵运算。

1. 矩阵的转置运算

将 $m \times n$ 矩阵 $A = \begin{bmatrix} a_{11} & a_{12} & \cdots & a_{1n} \\ a_{21} & a_{22} & \cdots & a_{2n} \\ \cdots & \cdots & \cdots & \cdots \\ a_{m1} & a_{m2} & \cdots & a_{mn} \end{bmatrix}$ 的行列互换,称为矩阵的转置运算,得到的 $n \times m$

矩阵记为 A^{T}, $A^{\mathrm{T}} = \begin{bmatrix} a_{11} & a_{21} & \cdots & a_{m1} \\ a_{12} & a_{22} & \cdots & a_{m2} \\ \cdots & \cdots & \cdots & \cdots \\ a_{1n} & a_{2n} & \cdots & a_{mn} \end{bmatrix}$。

2. 矩阵与矩阵的加法运算

A 与 B 两个矩阵的加法可通过将 A、B 对应的分量相加即可得到。该运算要求 A、B 的行数、列数均对应相等。

$$A + B = \begin{bmatrix} a_{11} + b_{11} & a_{12} + b_{12} & \cdots & a_{1n} + b_{1n} \\ a_{21} + b_{21} & a_{22} + b_{22} & \cdots & a_{2n} + b_{2n} \\ \cdots & \cdots & \cdots & \cdots \\ a_{m1} + b_{m1} & a_{m2} + b_{m2} & \cdots & a_{mn} + b_{mn} \end{bmatrix}$$

3. 矩阵与矩阵的乘法运算

A 与 B 两个矩阵进行乘法运算时,第一个矩阵 A 的列数必须和第二个矩阵 B 的行数相同。$m \times n$ 矩阵 A 与 $n \times k$ 矩阵 B 相乘的计算如下。

$$A \cdot B = \begin{bmatrix} a_{11} & \cdots & a_{1n} \\ \vdots & \ddots & \vdots \\ a_{m1} & \cdots & a_{mn} \end{bmatrix} \begin{bmatrix} b_{11} & \cdots & b_{1k} \\ \vdots & \ddots & \vdots \\ b_{n1} & \cdots & b_{nk} \end{bmatrix}$$

$$= \begin{bmatrix} a_{11}b_{11} + a_{12}b_{21} + \cdots + a_{1n}b_{n1} & a_{11}b_{12} + a_{12}b_{22} + \cdots + a_{1n}b_{n2} & \cdots & a_{11}b_{1k} + a_{12}b_{2k} + \cdots + a_{1n}b_{nk} \\ a_{21}b_{11} + a_{22}b_{21} + \cdots + a_{2n}b_{n1} & \ddots & & a_{21}b_{1k} + a_{22}b_{2k} + \cdots + a_{2n}b_{nk} \\ \vdots & & & \vdots \\ a_{m1}b_{11} + a_{m2}b_{21} + \cdots + a_{mn}b_{n1} & a_{m1}b_{12} + a_{m2}b_{22} + \cdots + a_{mn}b_{n2} & \cdots & a_{m1}b_{1k} + a_{m2}b_{2k} + \cdots + a_{mn}b_{nk} \end{bmatrix}$$

需要指出的是,矩阵之间的乘法运算不满足交换律,即使在两个 n 阶方阵相乘的情况下也不满足交换律,即 $AB \neq BA$。

4. 矩阵与向量的乘法运算

由于向量能够被看作是一行或者一列的矩阵,所以能够与矩阵相乘。这里需要注意的是:在应用中需要区别采用的是行向量还是列向量。所采用方式不同,它们的结果往往会不一样。一种方式是矩阵右乘以行向量:

$$\begin{bmatrix} x & y & z \end{bmatrix} \begin{bmatrix} a_{11} & a_{12} & a_{13} \\ a_{21} & a_{22} & a_{23} \\ a_{31} & a_{32} & a_{33} \end{bmatrix}$$

$$= \begin{bmatrix} xa_{11} + ya_{21} + za_{31} & xa_{12} + ya_{22} + za_{32} & xa_{13} + ya_{23} + za_{33} \end{bmatrix}$$

另一种方式是矩阵左乘以列向量：

$$\begin{bmatrix} a_{11} & a_{12} & a_{13} \\ a_{21} & a_{22} & a_{23} \\ a_{31} & a_{32} & a_{33} \end{bmatrix} \begin{bmatrix} x \\ y \\ z \end{bmatrix} = \begin{bmatrix} xa_{11} + ya_{12} + za_{13} \\ xa_{21} + ya_{22} + za_{23} \\ xa_{31} + ya_{32} + za_{33} \end{bmatrix}$$

可以从向量点乘的角度来理解矩阵与向量的乘法。矩阵与向量相乘就是该向量与矩阵的每个行向量（或列向量）进行点乘运算，将点乘运算所得的标量按顺序组合成新的向量，得到运算结果。以上式矩阵左乘以列向量为例，设 $\boldsymbol{p} = \begin{bmatrix} x \\ y \\ z \end{bmatrix}$，矩阵的三个行向量分别记为 $\boldsymbol{a}_1$、$\boldsymbol{a}_2$ 与 $\boldsymbol{a}_3$，则

$$\begin{bmatrix} a_{11} & a_{12} & a_{13} \\ a_{21} & a_{22} & a_{23} \\ a_{31} & a_{32} & a_{33} \end{bmatrix} \begin{bmatrix} x \\ y \\ z \end{bmatrix} = \begin{bmatrix} \boldsymbol{a}_1 \cdot \boldsymbol{p} \\ \boldsymbol{a}_2 \cdot \boldsymbol{p} \\ \boldsymbol{a}_3 \cdot \boldsymbol{p} \end{bmatrix}$$

结合向量点乘的意义，可以将矩阵左乘以列向量理解为向量分别在矩阵的各个行向量上进行投影。

5. 矩阵的行列式

矩阵的行列式是一种函数映射，将一个 n 阶方阵 $\boldsymbol{A}_{n \times n}$ 映射为一个标量，将这个标量记为 $|\boldsymbol{A}|$，或者记为 $\det(\boldsymbol{A})$。2 阶方阵的行列式代表了平行四边形的有向面积，3 阶方阵的行列式代表了平行六面体的有向体积，而 n 阶方阵的行列式则可以看作是代表了 n 维空间中的有向"体积"的概念。

先给出 n 阶方阵 $\boldsymbol{A}$ 的行列式的一般性公式：

$$|\boldsymbol{A}| = \sum_{\sigma \in S_n} \left(\text{sgn}(\sigma) \prod_{i=1}^{n} a_{i,\sigma_i} \right)$$

其中，集合 S_n 表示数列 $(1, 2, \cdots, n)$ 的所有排列，即集合 S_n 共有 $n!$ 个元素，每个元素都是一个数列，是 $(1, 2, \cdots, n)$ 的一种排列；任取集合 S_n 中一个元素 σ，就可以选取出矩阵 $\boldsymbol{A}$ 的 n 个元素 a_{i,σ_i}（$i = 1, 2, \cdots, n$），将这 n 个元素连乘起来就得到 $\prod_{i=1}^{n} a_{i,\sigma_i}$，遍历集合 S_n 中的每个元素 σ，就得到 $n!$ 个连乘；每个连乘都要再乘以一个加权系数 $\text{sgn}(\sigma)$。函数 $\text{sgn}(\sigma)$ 的具体定义是：对于数列 σ 中的任意两个元素 σ_i 与 σ_j，当同时满足条件 $1 \leqslant i < j \leqslant n$，及 $\sigma_i > \sigma_j$ 时，就称 σ_i 与 σ_j 构成一个逆序，如果数列 σ 中所有逆序的总数是一个偶数，则 $\text{sgn}(\sigma) = 1$，反之 $\text{sgn}(\sigma) = -1$；最后将 $n!$ 个加权后的连乘累加起来就得到了 n 阶方阵 $\boldsymbol{A}$ 的行列式 $|\boldsymbol{A}|$。

上述 n 阶方阵行列式的定义并不直观，但具体到 2 阶与 3 阶方阵的情况，行列式的计算就变得非常直观了，即恰好是每条主对角线（左上到右下）元素乘积之和减去每条副对角线（右上到左下）元素的乘积之和。

$$\begin{vmatrix} a_{11} & a_{12} \\ a_{21} & a_{22} \end{vmatrix} = a_{11}a_{22} - a_{12}a_{21}$$

$$\begin{vmatrix} a_{11} & a_{12} & a_{13} \\ a_{21} & a_{22} & a_{23} \\ a_{31} & a_{32} & a_{33} \end{vmatrix} = a_{11}a_{22}a_{33} + a_{12}a_{23}a_{31} + a_{13}a_{21}a_{32} - a_{13}a_{22}a_{31} - a_{11}a_{23}a_{32} - a_{12}a_{21}a_{33}$$

特别地,对于3阶矩阵情况,矩阵的行列式实际上等于矩阵的三个列向量的混合积,即 A 的三个行向量分别记为 a_1、a_2 与 a_3,则行列式 $|A| = (a_1 \times a_2) \cdot a_3$,表示了由三个行向量张成的平行六面体的体积。

矩阵的行列式还满足如下两个性质。

$|A| = |A^T|$,即一个矩阵的行列式与其转置矩阵的行列式相等。

$|AB| = |A||B|$,即两个矩阵乘积的行列式等于两个矩阵的行列式的乘积。

6. 单位矩阵

如果一个 $n \times n$ 矩阵对角线上的元素都为1,而其他元素都为0,则称这个矩阵为 n 阶单位矩阵 I,例如,3阶单位矩阵 $I = \begin{bmatrix} 1 & 0 & 0 \\ 0 & 1 & 0 \\ 0 & 0 & 1 \end{bmatrix}$。

7. 逆矩阵

对于 n 阶方阵 M,如果存在一个 n 阶方阵 N,使 $MN = I$,I 是单位矩阵,则称方阵 M 是可逆的(简称 M 可逆),并称 N 是 M 的逆,记作 M^{-1},其也是一个矩阵。

8. 正交矩阵

如果一个 $n \times n$ 矩阵的逆矩阵就是自身的转置矩阵,即如果满足 $M^T = M^{-1}$,$MM^T = M^TM = I$,则矩阵 M 就是一个 n 阶正交矩阵。

如果矩阵 M 是一个正交矩阵,则转置矩阵 M^T 同样也是一个正交矩阵。特别的,单位矩阵 I 也是一个正交矩阵。

如果 M_1 与 M_2 都是 n 阶正交矩阵,那么二者相乘得到的矩阵 $M = M_1M_2$ 也是一个 n 阶正交矩阵。这是因为 $M^T = (M_1M_2)^T = M_2^TM_1^T$,故有 $MM^T = M_1M_2M_2^TM_1^T = M_1M_1^T = I$ 成立。由此也可推出任意多个 n 阶正交矩阵相乘仍然是一个正交矩阵。

下面以3阶正交矩阵为例分析一下正交矩阵的特性。设矩阵 $M = \begin{bmatrix} m_{11} & m_{12} & m_{13} \\ m_{21} & m_{22} & m_{23} \\ m_{31} & m_{32} & m_{33} \end{bmatrix}$ 是一个正交矩阵,它的三个行矢量分别记为 m_1、m_2 与 m_3,则有:

$$MM^T = \begin{bmatrix} m_{11} & m_{12} & m_{13} \\ m_{21} & m_{22} & m_{23} \\ m_{31} & m_{32} & m_{33} \end{bmatrix} \begin{bmatrix} m_{11} & m_{21} & m_{31} \\ m_{12} & m_{22} & m_{32} \\ m_{13} & m_{23} & m_{33} \end{bmatrix} = \begin{bmatrix} \|m_1\|^2 & m_1 \cdot m_2 & m_1 \cdot m_3 \\ m_2 \cdot m_1 & \|m_2\|^2 & m_2 \cdot m_3 \\ m_3 \cdot m_1 & m_3 \cdot m_2 & \|m_3\|^2 \end{bmatrix} = \begin{bmatrix} 1 & 0 & 0 \\ 0 & 1 & 0 \\ 0 & 0 & 1 \end{bmatrix}$$

由此可知,正交矩阵 M 的三个行向量满足 $\|m_1\|^2 = \|m_2\|^2 = \|m_3\|^2 = 1$,同时任意两个行向量之间的点乘为0,即 $m_1 \cdot m_2 = m_2 \cdot m_3 = m_3 \cdot m_1 = 0$。根据向量点乘的几何意义,可得到如下特性:正交矩阵 M 的所有行向量都是单位向量,而且相互之间两两垂直,以每一个行矢量作为一个坐标轴就张成了一个直角坐标系,给出一个正交矩阵就相当于给出了一个直

角坐标系,这正是正交矩阵的特殊之处。

前面提到,正交矩阵 M 乘以矢量 p 相当于向量 p 分别在正交矩阵 M 的行向量上进行投影,即在对应直角坐标系的各个坐标轴上进行投影,得到了在该直角坐标系下的坐标向量,也就是说,任意一个正交矩阵的各个行向量可以构成一个直角坐标系。如图 2.7(a)所示为单位矩阵对应标准直角坐标系,如图 2.7(b)所示为正交矩阵对应直角坐标系。

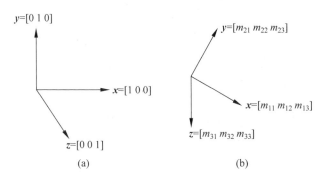

图 2.7　任意一个正交矩阵的各个行向量可以构成一个直角坐标系

最后分析一下正交矩阵的行列式取值。给定一个正交矩阵 M,有 $MM^{\mathrm{T}}=I$,根据矩阵行列式的性质可以得到 $|M||M^{\mathrm{T}}|=|I|=1$,同时又有 $|M|=|M^{\mathrm{T}}|$,因此正交矩阵 M 的行列式 $|M|$ 只有 $+1$ 与 -1 两种取值。例如,正交矩阵 $\begin{bmatrix} -1 & 0 & 0 \\ 0 & 1 & 0 \\ 0 & 0 & 1 \end{bmatrix}$、$\begin{bmatrix} 1 & 0 & 0 \\ 0 & -1 & 0 \\ 0 & 0 & 1 \end{bmatrix}$、$\begin{bmatrix} 1 & 0 & 0 \\ 0 & 1 & 0 \\ 0 & 0 & -1 \end{bmatrix}$ 及 $\begin{bmatrix} -1 & 0 & 0 \\ 0 & -1 & 0 \\ 0 & 0 & -1 \end{bmatrix}$ 的行列式都为 -1,其意义是如果对三维空间中任意一个坐标轴取反或者三个坐标轴同时取反,则同一物体的有向体积值(行列式)就会取反。而正交矩阵 $\begin{bmatrix} -1 & 0 & 0 \\ 0 & -1 & 0 \\ 0 & 0 & 1 \end{bmatrix}$、$\begin{bmatrix} -1 & 0 & 0 \\ 0 & 1 & 0 \\ 0 & 0 & -1 \end{bmatrix}$、$\begin{bmatrix} 1 & 0 & 0 \\ 0 & -1 & 0 \\ 0 & 0 & -1 \end{bmatrix}$ 的行列式都为 $+1$,其意义是如果对三维空间中任意两个坐标轴取反,则同一物体的有向体积值(行列式)不变。

正交矩阵的特性归纳如下。

(1) 正交矩阵的转置矩阵仍是正交矩阵。

(2) 任意多个 n 阶正交矩阵相乘仍然是一个正交矩阵。

(3) 一个正交矩阵的行(或列)矢量可以张成一个直角坐标系。

(4) 一个正交矩阵的行列式只有 $+1$ 和 -1 两种取值。

9. 矩阵使用示例

由于在虚拟现实中,矩阵一般表示空间变换关系,因此 Unity3D 中常用的是四维齐次矩阵,并由结构体 Matrix4×4 提供了支持和相关运算函数。由于涉及矩阵的操作较多,因此在代码示例中使用注释分别说明该部分代码的用处。

Unity3D 中矩阵的常用操作如上所述,对于其他函数及属性,可在结构体 Matrix4×4 中查询。可以看到,该部分代码中使用了四维矢量,其用法和 2.1.2 节中的三维矢量类似。

```
//用于赋值操作的四维矢量
Vector4 vec_1 = new Vector4( 1, 2, 3, 4);
Vector4 vec_2 = new Vector4( 5, 6, 7, 8);
Vector4 vec_3 = new Vector4( 9,10,11,12);
Vector4 vec_4 = new Vector4(13,14,15,16);
//齐次矩阵的声明及赋值方法 A,声明同时为所有元素赋值
Matrix4x4 mat_a = new Matrix4x4(vec_1,vec_2,vec_3,vec_4);
//齐次矩阵的定义及赋值方法 B,声明后逐列赋值
Matrix4x4 mat_b = new Matrix4x4();
mat_b.SetColumn(1, vec_1);
mat_b.SetColumn(2, vec_2);
mat_b.SetColumn(3, vec_3);
mat_b.SetColumn(4, vec_4);
//齐次矩阵的定义及赋值方法 C,声明后逐行赋值
Matrix4x4 mat_c = new Matrix4x4();
mat_c.SetRow(1, vec_1);
mat_c.SetRow(2, vec_2);
mat_c.SetRow(3, vec_3);
mat_c.SetRow(4, vec_4);

//以下为矩阵常用操作
//矩阵与矢量的运算
Vector4 Result_1 = mat_a * vec_1;
//矩阵乘法运算
Matrix4x4 Result_2 = mat_a * mat_b;
//得到单位矩阵
Matrix4x4 Restult_3 = Matrix4x4.identity;
//得到零矩阵
Matrix4x4 Restult_4 = Matrix4x4.zero;
//求矩阵的逆矩阵
Matrix4x4 Restult_5 = mat_a.inverse;
//求矩阵的转置矩阵
Matrix4x4 Restult_6 = mat_a.transpose;
```

2.2　空间旋转变换表示与计算

　　虚拟漫游控制中,除了需要计算物体的位置,还需要知道它的方位。方位的变化可以由旋转变换来实现。旋转变换不仅在虚拟现实中起到了重要的作用,其在计算机动画及游戏开发中也扮演了不可或缺的角色,这是计算机图形学中最为基本,也是最为重要的一种变换。本节就继续深入讲述旋转变换的表示及运算方面的知识。

　　本节将深入介绍使用旋转矩阵和欧拉角作为数据结构表述旋转关系的方法,并在2.3节中针对局部坐标系与世界坐标系的变换问题,给出欧拉角和旋转矩阵表述旋转关系的实例及代码。

　　除了欧拉角及旋转矩阵,旋转变换还有轴角表示及四元数表示这两种形式,这些都是方位的表示方法。特别是通过四元数进行旋转变换,可以避免万向节死锁问题并且能提供平滑插值,因此在游戏引擎及动画软件中,都是通过四元数来完成旋转变换的后台计算。虽然四元数很不直观,无法用来在前台进行旋转交互控制,但却一直扮演着"幕后英雄"的角色。

2.2.1　旋转矩阵

首先对旋转矩阵的概念进行介绍,并分析旋转矩阵与坐标系转换之间的关系。

在 2D 平面绕 y 坐标轴旋转 α 角的旋转矩阵为 $\begin{bmatrix} \cos\alpha & -\sin\alpha \\ \sin\alpha & \cos\alpha \end{bmatrix}$。

在 3D 空间中,绕 x 轴旋转 α 角的旋转矩阵为 $\boldsymbol{R}_x = \begin{bmatrix} 1 & 0 & 0 \\ 0 & \cos\alpha & -\sin\alpha \\ 0 & \sin\alpha & \cos\alpha \end{bmatrix}$,绕 y 轴旋转 β 角的

旋转矩阵为 $\boldsymbol{R}_y = \begin{bmatrix} \cos\beta & 0 & \sin\beta \\ 0 & 1 & 0 \\ -\sin\beta & 0 & \cos\beta \end{bmatrix}$,绕 z 轴旋转 γ 角的旋转矩阵为 $\boldsymbol{R}_z = \begin{bmatrix} \cos\gamma & -\sin\gamma & 0 \\ \sin\gamma & \cos\gamma & 0 \\ 0 & 0 & 1 \end{bmatrix}$。

3D 空间中的任意一种旋转变换都可以通过按顺序执行这三个基本旋转而得到。例如,在 Unity3D 中规定先绕 z 轴旋转 r 角,再绕 x 轴旋转 α 角,最后绕 y 轴旋转 β 角,对应的旋转矩阵为 $\boldsymbol{R}_{zxy} = \boldsymbol{R}_y \boldsymbol{R}_x \boldsymbol{R}_z$;而在 Maya 中的默认模式是先绕 x 轴旋转 α 角,再绕 y 轴旋转 β 角,最后绕 z 轴旋转 γ 角,则对应旋转矩阵 $\boldsymbol{R}_{xyz} = \boldsymbol{R}_z \boldsymbol{R}_y \boldsymbol{R}_x$。这三个旋转角度 (α, β, γ) 称为欧拉角。

旋转矩阵乘以一个矢量 $\boldsymbol{p}$ 就是对这个矢量进行旋转变换,例如 $\boldsymbol{R}_{xyz}\boldsymbol{p} = (\boldsymbol{R}_z\boldsymbol{R}_y\boldsymbol{R}_x)\boldsymbol{p}$。需要注意的是,在旋转矩阵顺序相乘的过程中,靠右的旋转先执行,靠左的旋转后执行。由于矩阵相乘不满足交换律,所以欧拉角的旋转顺序不同,得到的旋转矩阵也不相同,对应的旋转结果也不相同,关于这一特性将在 2.2.2 节中详细讨论。

下面重点分析一下旋转矩阵与坐标系变换之间的关系。通过简单的运算就可以验证上面给出的三个基本旋转矩阵都是正交矩阵。根据前面介绍的正交矩阵相乘的特性可知,三者相乘得到的旋转矩阵仍然是一个正交矩阵。因此,任意一个旋转矩阵的三个行矢量都张成了一个新的直角坐标系。旋转矩阵乘一个矢量,就是这个矢量在新坐标系的三个坐标轴上进行投影,从而得到新的坐标矢量。从这个角度看,对旋转变换就有两种等价的理解方式:一种是"坐标系固定而目标旋转",另一种则是"目标固定而坐标系旋转"。如图 2.8 所示,在虚拟现实应用中,通过一台虚拟相机来观察整个场景,第一种理解是相机坐标系固定不变,场景中的矢量 $\boldsymbol{p}$ 进行旋转变为矢量 $\boldsymbol{p}'$;第二种理解是矢量 $\boldsymbol{p}$ 固定不动,但相机的坐标系旋转到一个新的视角,在新视角下观察,原矢量 $\boldsymbol{p}$ 就变成了 $\boldsymbol{p}'$,这两种理解是等价的。

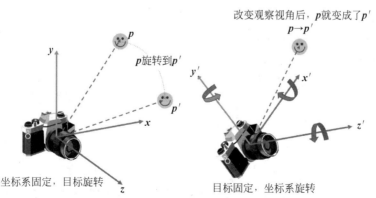

图 2.8　对旋转变换的两种等价理解

　　根据对旋转变换的第二种理解,一个旋转矩阵 $\boldsymbol{R}$ 可以看作在坐标系原点固定的情况下,对直角坐标系的三个坐标轴 $\boldsymbol{x}=\begin{bmatrix}1\\0\\0\end{bmatrix}$、$\boldsymbol{y}=\begin{bmatrix}0\\1\\0\end{bmatrix}$ 及 $\boldsymbol{z}=\begin{bmatrix}0\\0\\1\end{bmatrix}$ 分别转动相同的角度,从而得到三个新的坐标轴 $\boldsymbol{x}'$、$\boldsymbol{y}'$ 与 $\boldsymbol{z}'$,构成旋转后的新的直角坐标系,把三个新的坐标轴 $\boldsymbol{x}'$、$\boldsymbol{y}'$ 与 $\boldsymbol{z}'$ 作为三个列向量从左到右排列,就得到了对应的旋转矩阵 $\boldsymbol{R}$。

　　旋转矩阵 $\boldsymbol{R}$ 表示从旧坐标系到新坐标系之间的转换。由旧坐标系的坐标计算新坐标系的坐标的公式为:$\boldsymbol{p}'=\boldsymbol{R}\boldsymbol{p}$。而由新坐标系的坐标计算旧坐标系的坐标的公式为 $\boldsymbol{p}=\boldsymbol{R}^{-1}\boldsymbol{p}'=\boldsymbol{R}^{\mathrm{T}}\boldsymbol{p}'$。

　　在更一般的坐标系变换中,不仅三个坐标轴进行了旋转 $\boldsymbol{R}$,同时坐标系原点也发生了位移 t,即不仅改变了观察视角,同时也改变了观察位置,如图 2.9 所示。此时,旧坐标系至新坐标系的坐标转换公式为:$\boldsymbol{p}'=\boldsymbol{R}(\boldsymbol{p}-t)$。新坐标系至旧坐标系的坐标转换公式为:$\boldsymbol{p}=\boldsymbol{R}^{-1}\boldsymbol{p}'+t=\boldsymbol{R}^{\mathrm{T}}\boldsymbol{p}'+t$。

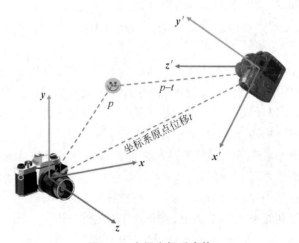

图 2.9　空间坐标系变换

　　上面给出的新旧坐标系之间的转换公式,只是进行了一步坐标系变换。而在虚拟现实应用中,虚拟角色在用户的控制下不断进行移动和转向,虚拟模型的局部坐标系也相应地不断发生积累变化,关于这一内容将在 2.3 节中详述。

　　最后再分析一下旋转矩阵的性质。空间旋转矩阵 $\boldsymbol{R}$ 是一个 3×3 正交矩阵,含有 9 个元素,用户通过指定绕三个坐标轴的欧拉角 (α,β,γ) 就可以确定一个空间旋转变换,这意味着空间旋转变换具有 3 个自由度,而对应的 3×3 空间旋转矩阵含有 9 个元素,这说明一个矩阵必须满足一定约束条件才能成为旋转矩阵。

　　由于空间旋转矩阵 $\boldsymbol{R}$ 是一个 3×3 正交矩阵,它的三个行矢量 $\boldsymbol{m}_1$、$\boldsymbol{m}_2$ 与 $\boldsymbol{m}_3$ 张成了一个直角坐标系,这意味着三个行矢量都是单位向量,并且两两垂直。于是可以列出 6 个约束方程:第一个行矢量模为 1,$\|\boldsymbol{m}_1\|^2=1$;第二个行矢量模为 1,$\|\boldsymbol{m}_2\|^2=1$;第三个行矢量模为 1,$\|\boldsymbol{m}_3\|^2=1$;第一、二两行垂直,$\boldsymbol{m}_1\cdot\boldsymbol{m}_2=0$;第二、三两行垂直,$\boldsymbol{m}_2\cdot\boldsymbol{m}_3=0$;第一、三两行垂直,$\boldsymbol{m}_1\cdot\boldsymbol{m}_3=0$;每一个约束方程都消除了旋转矩阵中的一个自由度,共消除 6 个自由度,因此作为 3×3 正交矩阵,旋转矩阵 $\boldsymbol{R}$ 只有 $9-6=3$ 个自由度。

旋转矩阵一定是正交矩阵,反之正交矩阵却不一定是旋转矩阵。例如,矩阵 $S_x =$ $\begin{bmatrix} -1 & 0 & 0 \\ 0 & 1 & 0 \\ 0 & 0 & 1 \end{bmatrix}$ 是一个正交矩阵,但却不是一个旋转矩阵,实际上该矩阵的作用是对 x 轴坐标取反,即以 y-x 平面进行对称变换。

在讲述正交矩阵时提到过,一个正交矩阵的行列式取值只有 $+1$ 和 -1 两种情况,即经过一个正交矩阵变换之后物体的有向体积绝对值不变,而符号可能取反。在进行旋转变换之后,物体的有向体积不会发生变化,因此旋转矩阵的行列式取值为 $+1$。有了这个约束之后就可以给出如下表述:"**空间旋转矩阵是一个行列式为 1 的三阶正交矩阵**。"

方位的旋转矩阵表示形式具有可以立即进行矢量的旋转、便于多个角位移连接、便于进行"反"角位移等优点。特别的,图形 API 使用矩阵来描述角位移,程序中可以根据需要以不同方式保存方位。但若选择了非矩阵形式来描述,则必须在渲染管道的某处将其转换成矩阵。矩阵表示形式的缺点主要有占用内存多、使用并不直观、可能是病态的情况等。

2.2.2　欧拉角

我们可以用旋转矩阵形式来表示空间的任意一种旋转变换,但旋转矩阵并不是一种直观的表示方式,人们无法通过一个旋转矩阵来想象出对应的旋转变换是如何进行的。在日常生活中人们习惯于使用一种非常直观的形式来操控物体旋转,例如先沿垂直方向旋转 $45°$,再沿水平方向旋转 $60°$,最后沿纵深方向旋转 $30°$,这种直观表示旋转变换的形式称为欧拉角形式,其基本思想为:让物体开始与"标准"方位对齐,然后按一定顺序分别沿三个坐标轴方向进行旋转,最后达到想要的物体方位。

直观而明了的欧拉角表示形式,在数学上的某些属性却不够完美,因此在自动飞行驾驶及计算机动画等软件平台中,旋转变换的后台计算需要通过 2.2.4 节中所介绍的四元数形式来进行,但在人机交互界面中却无一例外地使用了欧拉角形式。下面分析一下欧拉角表示形式的特性。

旋转顺序:使用欧拉角表示旋转变换时一定要注意顺序,不同的旋转顺序将导致不同的旋转结果。我们把绕 x 轴的旋转角度记为 α,把绕 y 轴的旋转角度记为 β,把绕 z 轴的旋转角度记为 γ。在旋转过程中,即使 α,β,γ 三个旋转角度完全相同,但如果旋转顺序不同,所得到的旋转结果就完全不同。在 3D 动画软件 Maya 中,欧拉角旋转默认为 xyz 顺序,即先绕 x 轴旋转,再绕 y 轴旋转,最后绕 z 轴旋转。而在 Unity3D 中,欧拉角旋转固定设置为 zxy 顺序,即先绕 z 轴旋转,再绕 x 轴旋转,最后绕 y 轴旋转。通过下面两个式子能够看到,在 Maya 和 Unity3D 两种软件中,即使给定相同的 α,β,γ 三个旋转角度,但由于旋转顺序不同,对应的旋转矩阵也不相同。

Maya 中(xyz 顺序)欧拉角(α,β,γ)对应的旋转矩阵为:

$$R_{Maya} = R_z R_y R_x$$

$$= \begin{bmatrix} \cos\beta\cos\gamma & \sin\alpha\sin\beta\cos\gamma - \cos\alpha\sin\gamma & \cos\alpha\sin\beta\cos\gamma - \sin\alpha\sin\gamma \\ \cos\beta\sin\gamma & \sin\alpha\sin\beta\sin\gamma - \cos\alpha\cos\gamma & \cos\alpha\sin\beta\sin\gamma - \sin\alpha\cos\gamma \\ -\sin\gamma & \sin\alpha\cos\beta & \cos\alpha\cos\beta \end{bmatrix}$$

在 Unity3D 中(zxy 顺序)欧拉角(α,β,γ)对应的旋转矩阵为:

$$\boldsymbol{R}_{\text{Unity}} = \boldsymbol{R}_y \boldsymbol{R}_x \boldsymbol{R}_z$$

$$= \begin{bmatrix} \cos\beta\cos\gamma + \sin\alpha\sin\beta\sin\gamma & \cos\beta\sin\gamma + \sin\alpha\sin\beta\cos\gamma & \cos\alpha\sin\beta \\ \cos\alpha\sin\gamma & \cos\alpha\cos\gamma & -\sin\alpha \\ -\sin\beta\cos\gamma + \sin\alpha\cos\beta\sin\gamma & \sin\beta\sin\gamma + \sin\alpha\cos\beta\cos\gamma & \cos\alpha\cos\beta \end{bmatrix}$$

对比一下两个旋转矩阵 $\boldsymbol{R}_{\text{Maya}}$ 与 $\boldsymbol{R}_{\text{Unity}}$，即使在欧拉角 (α,β,γ) 完全相同的情况下，由于旋转顺序不同，对应的旋转矩阵也不相同，得到的旋转结果也不相同，产生这一现象的本质原因是矩阵相乘**不满足交换律**。如图 2.10 所示，左图为飞机模型在 Maya 中按 xyz 顺序旋转 $(30°,45°,60°)$ 的结果，右图为飞机模型在 Unity3D 中按 zxy 顺序旋转 $(30°,45°,60°)$ 的结果。

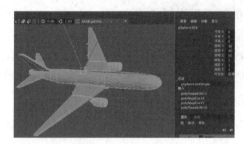

图 2.10　Maya 与 Unity3D 中因欧拉角旋转顺序不同，对应的旋转效果也不同

最后需要说明的是，许多文献在讨论欧拉角性质与运算时，习惯地采用了飞行控制中的术语来命名欧拉角。如图 2.10 所示，在飞行控制中习惯将绕 x 轴的旋转角 α 称为俯仰角（Pitch），将绕 y 轴的旋转角 β 称为偏航角（Yaw），将绕 z 轴的旋转角 γ 称为滚转角（Roll）。另外还有一种习惯称呼，将绕 x 轴的旋转角 α 称为俯仰角（Pitch），将绕 y 轴的旋转角 β 称为航向角（Heading），将绕 z 轴的旋转角 γ 称为倾斜角（Banking）。在飞行控制中欧拉角的旋转顺序为 yxz 顺序，称为 Yaw-Pitch-Roll 顺序，或称为 Heading-Pitch-Banking 顺序。

万向锁（Gimbal Lock）：欧拉角表示形式具有易使用、直观易理解、表达简洁等优点，但是欧拉角形式也有其缺陷，其中最著名的是所谓"万向锁"问题（Gimbal Lock），即当旋转顺序中的第二个角度，也就是中间层级的旋转角为 $\pm90°$ 时，欧拉角表示会失去一维自由度，使旋转系统无法正确调整控制物体的姿态。

万向锁现象的原因就是欧拉角旋转过程中，高层级旋转可以改变低层级旋转轴，反之则不行。首先，通过图 2.11 来形象地解释一下万向锁现象，其中，图 2.11(a) 为万向节装置，图 2.11(b) 是万向节旋转的情况，图 2.11(c) 则是出现万向锁的情况。在 Unity3D 中欧拉角按 zxy 顺序对飞机模型进行旋转，当绕 x 轴（中间层级）的旋转角 $\alpha = \pm90°$ 时，导致 y 轴（最低层级）与 z 轴（最高层级）相重合，使得绕 y 轴与绕 z 轴的旋转效果是一样的，飞机模型的旋转被锁住，失去了一维自由度，这就是万向锁现象。

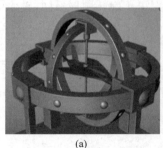

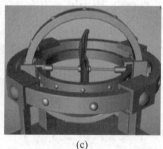

(a)　　　　　　　　　　(b)　　　　　　　　　　(c)

图 2.11　万向节装置与万向锁

下面再通过旋转矩阵来解释一下万向锁的形成原因。我们知道在 Unity3D 中欧拉角 (α,β,γ) 按照 zxy 顺序旋转,对应的旋转矩阵为:

$$\boldsymbol{R}_{\text{Unity}}=\boldsymbol{R}_y\boldsymbol{R}_x\boldsymbol{R}_z$$

$$=\begin{bmatrix} \cos(\beta) & 0 & \sin(\beta) \\ 0 & 1 & 0 \\ -\sin(\beta) & 0 & \cos(\beta) \end{bmatrix}\begin{bmatrix} 1 & 0 & 0 \\ 0 & \cos(\alpha) & -\sin(\alpha) \\ 0 & \sin(\alpha) & \cos(\alpha) \end{bmatrix}\begin{bmatrix} \cos\gamma(\gamma) & -\sin(\gamma) & 0 \\ \sin(\gamma) & \cos(\gamma) & 0 \\ 0 & 0 & 1 \end{bmatrix}$$

当 $\alpha=90°$ 时,中间的 x 轴旋转矩阵变为 $\begin{bmatrix} 1 & 0 & 0 \\ 0 & 0 & -1 \\ 0 & 1 & 0 \end{bmatrix}$,此时利用三角函数的和差公式,可

知旋转矩阵为 $\boldsymbol{\gamma}-\boldsymbol{\beta}$。

$$\boldsymbol{R}_{\text{Unity}}=\begin{bmatrix} \cos(\beta) & 0 & \sin(\beta) \\ 0 & 1 & 0 \\ -\sin(\beta) & 0 & \cos(\beta) \end{bmatrix}\begin{bmatrix} 1 & 0 & 0 \\ 0 & 0 & -1 \\ 0 & 1 & 0) \end{bmatrix}\begin{bmatrix} \cos\gamma(\gamma) & -\sin(\gamma) & 0 \\ \sin(\gamma) & \cos(\gamma) & 0 \\ 0 & 0 & 1 \end{bmatrix}$$

$$=\begin{bmatrix} \cos(\gamma-\beta) & 0 & \sin(\gamma-\beta) \\ -\sin(\gamma-\beta) & 0 & \cos(\gamma-\beta) \\ 0 & 1 & 0 \end{bmatrix}$$

此时在旋转矩阵中,除了指定的 x 轴旋转角 $\alpha=90°$ 外,余下的两个自由度 β 与 γ 已经退化成一个自由度 $(\gamma-\beta)$,即在 $\alpha=90°$ 时,欧拉角失去了一维自由度,这时就发生了万向锁情况。此时不论调整 β 角度取值,还是调整 γ 角度取值飞机模型总是绕 z 轴方向旋转,却无法绕 y 轴旋转了。

而且当 β 与 γ 之差固定时,得到的旋转效果是相同的。例如,欧拉角 $(90°,0°,30°)$、$(90°,5.8°,35.8°)$ 及 $(90°,15.2°,45.2°)$ 所表示的旋转变换是相同的,即发生了"重名问题",或者称为欧拉角形式的奇异性(Singularity of Euler Angle)。同样地,读者可自行验证当 $\alpha=-90°$ 时,同样会发生万向锁与重名情况。

下面总结一下万向锁问题。

(1) 当欧拉角旋转顺序中的第二个角度为 $\pm90°$ 时,欧拉角形式会丢失一维自由度,即出现万向锁情况。

(2) 欧拉角的旋转顺序是可以任意指定的,但每一种旋转顺序都会在特定情况下出现万向锁。在欧拉角形式中,万向锁是不可避免的。

(3) 出现万向锁情况时物体的旋转受限,要打破万向锁使物体旋转到任意指定方位,一般需要同时改变三个欧拉角的数值。

(4) 出现万向锁情况时,欧拉角会出现"重名问题",即同一个旋转变换对应于多种欧拉角表示,这对旋转插值与姿态控制都会造成问题。

线性插值无法保证均匀旋转:这是欧拉角在数学性质上的第二个缺陷。在动画制作及 VR 漫游中经常会遇到这样一个问题,如何让一个角色或物体匀速旋转,从而均匀地改变自身的方位,这是角色控制的一个基本功能。为实现这一功能,一个直观而自然的思路是,如果让欧拉角的取值等间隔地进行线性变化,似乎就可以实现物体的匀速旋转,但这一想法有时并不可行。

实际上,如果目标物体在旋转过程中只有一个轴的旋转角度发生变化,那么是可行的。如果物体在旋转过程中有两个轴的旋转角度发生变化,也是可行的。但如果物体在旋转过程中,

三个旋转轴的旋转角度都发生变化,那么欧拉角线性插值所产生的结果就不一定能产生均匀旋转了。

图 2.12 中给出了一个实际例子,通过改变角色右肩关节的欧拉角旋转,让右臂发生旋转。图 2.12 中各个方位对应的欧拉角取值如下。

$t=0$ 时刻:右肩关节欧拉角 $(-30°,-10°,-45°)$。

$t=\dfrac{1}{3}$ 时刻:右肩关节欧拉角 $(-20°,-35°,-30°)$。

$t=\dfrac{2}{3}$ 时刻:右肩关节欧拉角 $(-10°,-60°,-15°)$。

$t=1$ 时刻:右肩关节欧拉角 $(0°,-85°,0°)$。

在整个旋转过程中,绕 x 轴、y 轴及 z 轴的旋转角分别以 $-10°$、$-25°$ 及 $-15°$ 的间隔均匀线性变化,可是在图 2.12 中可以看到,实际旋转情况却是很不均匀的,右臂的旋转呈现出先快后慢的减速旋转过程,也就是说,欧拉角的线性插值无法保证目标物体产生匀速的旋转变换。

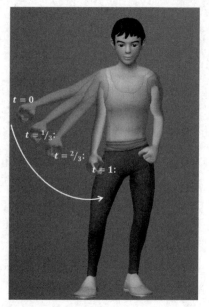

图 2.12　欧拉角线性插值无法获得均匀旋转效果

万向锁与线性插值无法保证均匀旋转,这是欧拉角在数学性质上的两个重要缺陷。为了解决这两个问题就需要使用 2.2.4 节中讲述的四元数形式,但欧拉角作为最直观的旋转表示方式,是人机界面中用户进行旋转操作的唯一选择。

2.2.3　旋转轴-旋转角表示

本节介绍旋转变换的另外一种表示方式:旋转轴-旋转角表示方式,作为 2.2.4 节中四元数表示的基础知识。

旋转变换不仅可以按照指定顺序依次绕三个坐标轴进行旋转来完成,实际上旋转变换还可以等效为如下形式:指定一条经过原点的旋转轴 $\boldsymbol{n}=(n_x,n_y,n_z)$,让目标物体绕该旋转轴旋转一定的角度 θ。举一个实例来说明,图 2.13 中通过 Unity3D 的 Transform. Rotate (Vector3 axis,float angle)语句实现了这一功能,其中三维向量 axis 表示空间旋转轴,而浮点数 angle 表示对应的旋转角度,在图 2.13 的实例中旋转轴指定为 $\boldsymbol{n}=(n_x,n_y,n_z)=(0,0.7071,0.7071)$,旋转角为 $\theta=45°$,图 2.13(a)为旋转前状态,图 2.13(b)为旋转后状态。空间任意一种旋转变换都可以表示为目标物体绕着某一条过原点的旋转轴 $\boldsymbol{n}$ 旋转 θ 角来实现。

可以用一个四元向量 (θ,n_x,n_y,n_z) 来记录旋转轴-旋转角的信息,但旋转轴向量 $\boldsymbol{n}$ 的模长并不影响旋转结果,旋转结果只受旋转轴方向的影响,所以可以约定轴向量 $\boldsymbol{n}=(n_x,n_y,n_z)$ 是一个单位向量,即添加约束条件 $\|\boldsymbol{n}\|=\sqrt{n_x^2+n_y^2+n_z^2}=1$。所以旋转轴-旋转角表示形式中虽然需要使用 4 个数量,但实际上只有 3 个独立的自由度。因此,在数学表示和软件开发中习惯于采用 $(\theta n_x,\theta n_y,\theta n_z)$ 形式对旋转轴-旋转角进行编码表示。

旋转轴-旋转角形式中,目标物体绕指定的一条轴旋转,而不是像欧拉角形式中那样,需要依次绕三条坐标轴旋转。采用这种方式可以避免万向锁现象,同时只要对旋转角 θ 进行线性插值就可以实现方位旋转的均匀插值。但如何根据给定的旋转轴-旋转角进行旋转变换运算呢?一种方法是将旋转轴-旋转角形式转换为旋转矩阵的形式(具体推导见附录 A):

图 2.13　模型绕指定旋转轴旋转

$$R = \begin{bmatrix} n_x^2(1-\cos\theta)+\cos\theta & n_xn_y(1-\cos\theta)-n_z\sin\theta & n_xn_z(1-\cos\theta)+n_y\sin\theta \\ n_xn_y(1-\cos\theta)+n_z\sin\theta & n_y^2(1-\cos\theta)+\cos\theta & n_yn_z(1-\cos\theta)-n_x\sin\theta \\ n_xn_z(1-\cos\theta)-n_{xy}\sin\theta & n_yn_z(1-\cos\theta)+n_x\sin\theta & n_z^2(1-\cos\theta)+\cos\theta \end{bmatrix}$$

并通过旋转矩阵实现旋转变换的运算,但这种方法不仅要完成旋转轴-旋转角到旋转矩阵的转换运算,还要完成矩阵与向量的乘法,运算量大,而且转换为旋转矩阵后也不方便完成方位旋转的均匀插值。因此在旋转轴-旋转角的基础上,进一步发展出了四元数的表示形式。

2.2.4　四元数

四元数(Quaternion)是旋转轴-旋转角表示形式的一种扩展,通过四元数乘法运算可以方便地完成空间旋转变换。采用四元数形式可以避免出现万向锁,更重要的是通过四元数的“球面线性插值(Slerp)”可以实现旋转方位的均匀插值。在计算机动画与游戏软件及虚拟现实开发平台中,旋转变换在后台都是通过四元数形式进行运算的。但四元数也有一个重要的缺陷,就是它的表示形式很不直观,人们无法通过四元数的取值想象出对应的旋转变换趋势。因此,在软件平台的人机界面中采用直观的欧拉角形式供用户调整物体方位,而四元数则在后台运算中扮演着幕后英雄的角色。

1843 年,英国数学家哈密尔顿发明了四元数形式。四元数是在旋转轴-旋转角表示基础上的一种扩展:称一个**单位四元数** $q = (w, x, y, z) = \left(\cos\left(\dfrac{\theta}{2}\right), \sin\left(\dfrac{\theta}{2}\right)n_x, \sin\left(\dfrac{\theta}{2}\right)n_y, \sin\left(\dfrac{\theta}{2}\right)n_z\right)$,表示绕旋转轴 $\boldsymbol{n} = (n_x, n_y, n_z)$ 旋转 θ 角。四元数是一个四元向量,定义四元数的模为:

$$\|q\| = \sqrt{w^2 + x^2 + y^2 + z^2}$$

由 于 旋 转 轴 $\boldsymbol{n} = (n_x, n_y, n_z)$ 是 一 个 单 位 向 量,因 此 $\|q\| = \sqrt{\cos\left(\dfrac{\theta}{2}\right)^2 + \sin\left(\dfrac{\theta}{2}\right)^2(n_x^2 + n_y^2 + n_z^2)} = 1$,这也是单位四元数名称的来源。单位四元数实际上是对旋转轴-旋转角表示的一种编码表示,在进行如此编码之后,可以通过定义四元数乘法及四元数的逆来进行旋转运算。

四元数在表示形式上可以用另外一种等效方式写出：四元数的第一个分量仍然作为标量,而后面三个分量组合写作一个向量 $v=(x,y,z)$,即

$$q=(w,x,y,z)=(w,v)$$

1. 四元数的乘法

四元数的乘法是通过复数形式定义的,并通过复数乘法实现的。为便于理解,首先看一下二维平面中的旋转表示,我们知道在平面上点 $p=(x,y)$ 绕原点旋转 θ 角的公式是 $p'=\begin{bmatrix}\cos\theta & -\sin\theta \\ \sin\theta & \cos\theta\end{bmatrix}\begin{bmatrix}x \\ y\end{bmatrix}=\begin{bmatrix}x\cos\theta-y\sin\theta \\ x\sin\theta+y\cos\theta\end{bmatrix}$,借用复数形式可以把旋转变换写成一个单位复数 $r=\cos\theta+\sin\theta i$,将目标点 p 也写成一个复数形式 $p=x+yi$,则旋转后的点 $p'=rp=(\cos\theta+\sin\theta i)(x+yi)=(x\cos\theta-y\sin\theta)+(x\sin\theta+y\cos\theta)i$。对比一下两种运算方式,可以看出二维平面中的旋转变换可以用复数乘法来实现(见图 2.14)。

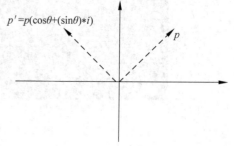

图 2.14　复数看作矢量,表示旋转

三维空间中的旋转变换也可以通过复数乘法来实现,但所采用的复数表示形式更加复杂一些。首先将四元数表示为具有一种特殊的复数,具有一个实部及三个虚部。

$$q=(w,x,y,z)=w+xi+yj+zk$$

其中,i、j 与 k 为单位复数,满足如下三组基本运算性质。

$$i^2=j^2=k^2=-1$$
$$ij=k,\quad jk=i,\quad ki=j$$
$$ji=-k,\quad kj=-i,\quad ik=-j$$

根据上述运算性质,可以定义两个四元数的乘法运算。

给定两个四元数 $q_1=(w_1,x_1,y_1,z_1)=w_1+x_1i+y_1j+z_1k$ 与 $q_2=(w_2,x_2,y_2,z_2)=w_2+x_2i+y_2j+z_2k$,它们相乘的结果 $q=(w,x,y,z)$ 仍是一个四元数。

$$\begin{aligned}q&=q_1q_2 \\ &=(w_1+x_1i+y_1j+z_1k)(w_2+x_2i+y_2j+z_2k) \\ &=(w_1w_2-x_1x_2-y_1y_2-z_1z_2)+(w_1x_2+x_1w_2+y_1z_2-z_1y_2)i+ \\ &\quad (w_1y_2-x_1z_2+y_1w_2+z_1x_2)j+(w_1z_2+x_1y_2-y_1x_2+z_1w_2)k\end{aligned}$$

也就是说,
$$w=w_1w_2-x_1x_2-y_1y_2-z_1z_2,$$
$$x=w_1x_2+x_1w_2+y_1z_2-z_1y_2,$$
$$y=w_1y_2-x_1z_2+y_1w_2+z_1x_2,$$
$$z=w_1z_2+x_1y_2-y_1x_2+z_1w_2。$$

现在观察一下一个特殊的四元数：$I=(1,0,0,0)=1+0i+0j+0k$。可以验证,任意一个四元数 $q=(w,x,y,z)$ 与 I 相乘,所得结果还是自身,即 $qI=Iq=q$。这个特殊的四元数 I 称为四元数的幺元或零元(Neutral Element)。

需要注意的是,四元数乘法并不满足交换律,即对于任意两个四元数 q_1q_2 而言,$q_1q_2\neq q_2q_1$。这一性质与矩阵乘法运算是相同的(1843 年 4 月 16 日哈密尔顿在都柏林的布鲁姆桥上散步时突发灵感,想出了四元数的基本公式,在这些公式中哈密尔顿放弃了乘法的交换律,

这是一个超前的想法,当时矩阵表示还没有发明出来,四元数是第一种不满足交换律的代数形式。后来四元数不仅在工程学上广泛应用,同时对法国数学家伽罗瓦创建近世代数理论也有很大的启发作用,至今布鲁姆桥上仍然镌刻着哈密尔顿当年写下的公式,这已成为都柏林市的一处名胜古迹)。

根据四元数的等效定义方式 $q=(w,x,y,z)=(w,\boldsymbol{v})$,并结合向量点乘与向量叉乘的定义,两个四元数 $q_1=(w_1,x_1,y_1,z_1)=(w_1,\boldsymbol{v}_1)$ 与 $q_2=(w_2,x_2,y_2,z_2)=(w_2,\boldsymbol{v}_2)$ 的乘积还可以表示为:

$$q=q_1q_2=(w,\boldsymbol{v})=(w_1w_2-\boldsymbol{v}_1\cdot\boldsymbol{v}_2,\boldsymbol{v}_1\times\boldsymbol{v}_2+w_2\boldsymbol{v}_1+w_1\boldsymbol{v}_2)$$

这种表示方式便于进行四元数相关运算公式的表示与推导,在附录 B 的相关推导中采用这种方式表示四元数的乘积。

通过四元数乘法实现空间旋转,要比二维平面中更为复杂。为此,接下来定义四元数的共轭与四元数的逆。

2. 四元数的共轭

将四元数的三个虚部的符号都取反,就得到了四元数的共轭,即对于四元数 $q=(w,x,y,z)=w+x\boldsymbol{i}+y\boldsymbol{j}+z\boldsymbol{k}$,它的共轭定义为:

$$q^*=(w,-x,-y,-z)=w-x\boldsymbol{i}-y\boldsymbol{j}-z\boldsymbol{k}$$

可以验证 $qq^*=q^*q=(w^2+x^2+y^2+z^2,0,0,0)=\parallel q\parallel^2(1,0,0,0)=\parallel q\parallel^2 I$。

由此可以引申定义出四元数的逆。

3. 四元数的逆

对于四元数 $q=(w,x,y,z)$,称如下的四元数为四元数 q 的逆。

$$q^{-1}=\frac{q^*}{\parallel q\parallel^2}$$

可以验证 $qq^{-1}=q^{-1}q=I$。

特别地,对于单位四元数而言,有 $\parallel q\parallel=1$。所以对于单位四元数而言,自身的逆就等于自身的共轭:$q^{-1}=q^*$。

一个单位四元数总可以写成如下形式:

$$q=(w,x,y,z)=\left(\cos\left(\frac{\theta}{2}\right),\sin\left(\frac{\theta}{2}\right)n_x,\sin\left(\frac{\theta}{2}\right)n_y,\sin\left(\frac{\theta}{2}\right)n_z\right)$$

代表绕旋转轴 $(\boldsymbol{n}_x,\boldsymbol{n}_y,\boldsymbol{n}_z)$ 旋转 θ 角,那么 $q^{-1}=(w,-x,-y,-z)=\left(\cos\left(-\frac{\theta}{2}\right),\right.$ $\left.\sin\left(-\frac{\theta}{2}\right)n_x,\sin\left(-\frac{\theta}{2}\right)n_y,\sin\left(-\frac{\theta}{2}\right)n_z\right)$,就代表绕旋转轴 $(\boldsymbol{n}_x,\boldsymbol{n}_y,\boldsymbol{n}_z)$ 旋转 $-\theta$ 角,二者相乘等于幺元 I,意味着二者所代表的旋转变换恰好相互抵消。

4. 用四元数执行旋转变换

使目标点(向量)$\boldsymbol{p}=\begin{bmatrix}x\\y\\z\end{bmatrix}$ 绕坐标轴 $\boldsymbol{n}=(\boldsymbol{n}_x,\boldsymbol{n}_y,\boldsymbol{n}_z)$ 旋转 θ 角的旋转变换,用四元数形式表示为:

$$p'=qpq^{-1}$$

其中单位四元数 $q=\left(\cos\left(\dfrac{\theta}{2}\right),\sin\left(\dfrac{\theta}{2}\right)n_x,\sin\left(\dfrac{\theta}{2}\right)n_y,\sin\left(\dfrac{\theta}{2}\right)n_z\right)$，四元数 $p=(0,x,y,z)$。

此处需要注意的是，在进行四元数乘法之前，需要把目标向量 $\boldsymbol{p}=\begin{bmatrix}x\\y\\z\end{bmatrix}$ 转换为四元数形式。转换的方法很简单，将三个坐标分量 x,y,z 作为四元数的虚部，而实部 w 取 0，即 $p=(0,x,y,z)$。运算所得的结果 p' 也是一个四元数，但其实部一定为 0，即 $p'=(0,x',y',z')$。将其三个虚部转换为空间向量 $\boldsymbol{p}'=\begin{bmatrix}x'\\y'\\z'\end{bmatrix}$，就是目标向量 $\boldsymbol{p}$ 进行旋转后的结果。关于此公式的推导与理解见附录 B。

任意单位四元数都对应于一个旋转变换。现在来分析一下两个单位四元数 q_1 与 q_2 相乘的结果 $q=q_2q_1$。首先 q 仍然是一个单位四元数，对应于一个旋转变换。对于任意一个点(向量)p 而言有：

$$qpq^{-1}=(q_2q_1)p(q_2q_1)^{-1}=q_2q_1pq_1^{-1}q_2^{-1}=q_2(q_1pq_1^{-1})q_2^{-1}$$

从上式可知，单位四元数 $q=q_2q_1$ 是两个旋转变换的组合，相当于先进行 q_1 对应的旋转变换，再进行 q_2 对应的旋转变换。需要注意的是，由于四元数乘法不满足交换律，q_1q_2 与 q_2q_1 两个单位四元数进行旋转变换的顺序不同，因此结果也不同。

根据上面的分析可知，单位四元数顺序相乘，相当于将多个旋转变换按顺序组合起来，在单位四元数连乘的过程中，先进行旋转变换的四元数在右，后进行旋转变换的四元数在左，变换顺序在连乘式中是从右向左的，即 $q=q_nq_{n-1}\cdots q_2q_1$ 相当于依次对目标进行 q_1 旋转变换—q_2 旋转变换—……q_n 旋转变换。

5. 两种四元数插值算法——Lerp 与 Slerp

四元数表示的一个重要优点就是可以实现方位旋转的均匀插值。在图 2.12 的示例中，曾试图通过对欧拉角进行线性插值的方式，实现角色手臂的均匀旋转效果，但所得到的旋转效果显然不是均匀的。实现这一目的就需要通过四元数插值算法来实现。通过四元数的线性插值(Lerp)算法，可以近似地实现方位旋转的均匀插值。而通过复杂一些的四元数球面线性插值(Slerp)算法，可以精确地实现方位旋转的均匀插值。使用 Lerp 插值算法进行旋转均匀插值结果存在一定误差，但其计算量比 Slerp 算法小。当旋转跨度较小时可以采用 Lerp 算法以获取较快的运行速度，当需要进行精确的旋转均匀插值时，则可以使用 Slerp 算法。

1) 四元数的线性插值(Lerp)

首先，我们已经知道一个单位四元数对应于一个空间旋转变换，那么每个单位四元数都表示空间中的一个方位。例如，图 2.12 中可以称手臂的初始方位为单位四元数 q_0，而称手臂的终止方位为单位四元数 q_1。实现手臂的均匀旋转插值就是在起始单位四元数 q_0 与终止单位四元数 q_1 之间进行插值，即中间时刻 $t(t\in[0,1])$ 的插值结果 $q_t=\alpha q_0+\beta q_1$，插值系数 α 与 β 都是 t 的函数，满足 $\alpha+\beta=1$，并且 $t=0$ 时 $\alpha=1$ 而 $\beta=0$，在 $t=1$ 时 $\alpha=0$ 而 $\beta=1$。插值系数不同的取法对应了不同的插值方法。

一种直观的四元数插值方法就是直接对四元数的取值进行线性插值，使四元数各个分量的取值等间隔变化，即 $\alpha=t,\beta=1-t$，对应的插值结果为：

$$q_t = tq_0 + (1-t)q_1$$
$$= (tw_0 + (1-t)w_1, tx_0 + (1-t)x_1, ty_0 + (1-t)y_1, tz_0 + (1-t)z_1), t \in [0,1]$$

由此得到的结果不一定是单位四元数,因此还需要进行规一化处理: $q_t \leftarrow \dfrac{q_t}{\|q_t\|}$,得到单位四元数 q_t。这种直观的四元数插值算法称为四元数线性插值(Lerp),其运算非常简单易行,在方位旋转跨度较小时,可以近似得到均匀旋转插值效果,但当方位旋转跨度较大时无法精确地得到均匀旋转插值效果。

2) 四元数的球面线性插值(Slerp)

为精确实现旋转均匀插值效果,就需要使用四元数的球面线性插值(Slerp)算法。Slerp算法的详细推导需要引入四元数的对数运算与指数运算等内容,限于篇幅这里采用一种比较直观简单的方式来表述 Slerp 算法:不是简单的使四元数各分量等间隔变化,而是使两个四元数之间的夹角呈现等间隔变化。

两个四元数之间的夹角可以通过空间中两个三维向量的点乘求得:其点乘等于两个三维向量之间夹角的余弦。虽然四元数是一个四维向量,但仍然可以借助这一方式来计算夹角,即如果单位四元数 q_0 与 q_1 之间的夹角为 θ,那么二者的点乘 $q_0 \cdot q_1 = w_0 w_1 + x_0 x_1 + y_0 y_1 + z_0 z_1 = \cos\theta$,虽然 θ 与 $2\pi - \theta$ 的余弦取值相同,但两个向量之间的夹角应小于等于 π,所以通过两个单位四元数之间的点乘就可以唯一确定二者之间的夹角 $\theta = \arccos(q_0 \cdot q_1) \in [0, \pi]$。

由此可以设计这样一个插值方法:已知起始方位的单位四元数 q_0 与终止方位的单位四元数 q_1,在中间时刻 $t (t \in [0,1])$ 的插值结果 q_t 与 q_0 的夹角为 $t\theta$,与 q_1 的夹角为 $(1-t)\theta$,从而保证插值结果 q_t 与起、止方位之间的夹角呈现均匀变化。根据向量点乘的性质可以写出如下两个方程。

$$q_0 \cdot q_t = q_0 \cdot (\alpha q_0 + \beta q_1) = \alpha + \beta\cos\theta = \cos(t\theta)$$
$$q_1 \cdot q_t = q_1 \cdot (\alpha q_0 + \beta q_1) = \alpha\cos\theta + \beta = \cos((1-t)\theta)$$

这样就得到一个关于插值系数 α 与 β 的二元一次方程组:

$$\begin{cases} \alpha + \beta\cos\theta = \cos(t\theta) \\ \alpha\cos\theta + \beta = \cos((1-t)\theta) \end{cases}$$

求解得到插值系数 $\alpha = \dfrac{\sin((1-t)\theta)}{\sin\theta}, \beta = \dfrac{\sin(t\theta)}{\sin\theta}$,对应的插值结果为:

$$q_t = \frac{\sin((1-t)\theta)}{\sin\theta}q_0 + \frac{\sin(t\theta)}{\sin\theta}q_1,\text{其中 } t \in [0,1], \theta = a\cos(q_0 \cdot q_1) \in [0,\pi]_{\circ}$$

这就是四元数的球面线性插值(Slerp)算法。

在 Unity3D 中内置了 Quaternion 类,集成实现了四元数的基本运算功能,包括欧拉角形式与四元数形式之间的相互转换、Lerp 算法及 Slerp 算法。其中成员函数 Quaternion.Lerp (Quaternion a, Quaternion b, float t)实现 Lerp 算法,三个输入参数分别是起始方位四元数、终止方位四元数及时间 t,返回值为 t 时刻的四元数插值结果;成员函数 Quaternion.Slerp (Quaternion a, Quaternion b, float t)实现了 Slerp 算法,其输入参数与返回值的意义与 Lerp 函数相同。

图 2.15 中使用 2.2.2 节中动画角色手臂旋转的例子,对比了欧拉角线性插值、四元数线性插值(Lerp)及四元数球面线性插值(Slerp)三种算法得到的旋转插值结果。起、止时刻角色右肩关节的旋转角度,采用欧拉角方式在 Unity3D 界面中手动调整,设置为合适的旋转方位,

然后分别采用三种插值方法计算两个中间位置的旋转参数。为了便于读者对比三种旋转插值算法结果,将 Lerp 与 Slerp 的插值结果由四元数转换为欧拉角表示(按 Unity3D 的 ZXY 顺序),并列于表 2.2 中。

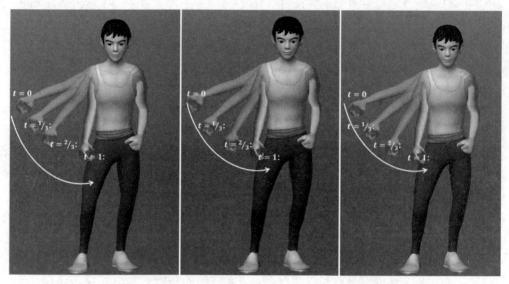

图 2.15   欧拉角线性插值、四元数 Lerp 与四元数 Slerp 三种旋转插值算法比较

表 2.2   欧拉角线性插值、四元数线性插值(Lerp)及四元数球面线性插值(Slerp)三种
算法得到的旋转插值结果比较

	欧拉角线性插值	四元数 Lerp 插值	四元数 Slerp 插值
$t=0$ 时刻	$(-30°,-10°,-45°)$	$(-30°,-10°,-45°)$	$(-30°,-10°,-45°)$
$t=\dfrac{1}{3}$ 时刻	$(-20°,-35°,-30°)$	$(-26.951°,-38.676°,-24.991°)$	$(-26.811°,-39.191°,-24.644°)$
$t=\dfrac{2}{3}$ 时刻	$(-10°,-60°,-15°)$	$(-15.511°,-64.728°,-8.898°)$	$(-15.771°,-64.308°,-9.125°)$
$t=1$ 时刻	$(0°,-85°,0°)$	$(0°,-85°,0°)$	$(0°,-85°,0°)$

四元数 Lerp 插值的示例代码如下。

```
using System.Collections;
using System.Collections.Generic;
using UnityEngine;

public class QuaternionSlep : MonoBehaviour
{
    // Start is called before the first frame update
    void Start()
    {
        //定义四元数
        Quaternion q0 = new Quaternion();
        Quaternion q3 = new Quaternion();
        //由欧拉角计算手臂起始位置的四元数
        q0.eulerAngles = new Vector3(-30, -10, -45);
        //由欧拉角计算手臂终止位置的四元数
        q3.eulerAngles = new Vector3(0, -85, 0);
        //t=0.3333时刻Lerp插值
        Quaternion q1 = Quaternion.Lerp(q0, q3, 0.3333f);
```

```
        //转换为欧拉角
        Vector3 ea1= q1.eulerAngles;
        //t=0.6666时刻Lerp插值
        Quaternion q2 = Quaternion.Lerp(q0, q3, 0.6666f);
        //转换为欧拉角
        Vector3  ea2= q2.eulerAngles;
    }

    // Update is called once per frame
    void Update()
    {

    }
}
```

四元数 Slerp 插值的示例代码如下。

```
using System.Collections;
using System.Collections.Generic;
using UnityEngine;

public class QuaternionSlep : MonoBehaviour
{
    // Start is called before the first frame update
    void Start()
    {
        //定义四元数
        Quaternion q0 = new Quaternion();
        Quaternion q3 = new Quaternion();
        //由欧拉角计算手臂起始位置的四元数
        q0.eulerAngles = new Vector3(-30, -10, -45);
        //由欧拉角计算手臂终止位置的四元数
        q3.eulerAngles = new Vector3(0, -85, 0);
        //t=0.3333时刻Slerp插值
        Quaternion q1 = Quaternion.Slerp(q0, q3, 0.3333f);
        //转换为欧拉角
        Vector3  ea1= q1.eulerAngles;
        //t=0.6666时刻Slerp插值
        Quaternion q2 = Quaternion.Slerp(q0, q3, 0.6666f);
        //转换为欧拉角
        Vector3  ea2= q2.eulerAngles;
    }

    // Update is called once per frame
    void Update()
    {

    }
}
```

对比三种旋转插值,欧拉角线性插值无法实现旋转的均匀插值,Lerp 算法可以近似实现旋转的均匀插值,Slerp 算法可以精确实现旋转的均匀插值。但 Lerp 算法比 Slerp 算法运行速度更快,在实际开发中可根据硬件设备条件及旋转插值精度要求,合理地选择使用 Lerp 算法,还是使用 Slerp 算法。

2.2.5　旋转表示形式之间的转换

本节给出旋转矩阵、欧拉角、旋转轴-旋转角及四元数表示间的转换公式。

1. 欧拉角与旋转矩阵的转换

欧拉角表示有一个重要的特点,就是不同的旋转顺序会得到不同的旋转结果。这里使用 Unity3D 中规定的 zxy 顺序,即先绕 z 轴旋转,再绕 x 轴旋转,最后绕 y 轴旋转。

欧拉角到旋转矩阵的转换可以根据指定的旋转顺序直接计算:Unity3D 中的欧拉角 (α,β,γ) 对应的旋转矩阵为:

$$\boldsymbol{R} = \boldsymbol{R}_y \boldsymbol{R}_x \boldsymbol{R}_z$$

$$= \begin{bmatrix} \cos(\beta) & 0 & \sin(\beta) \\ 0 & 1 & 0 \\ -\sin(\beta) & 0 & \cos(\beta) \end{bmatrix} \begin{bmatrix} 1 & 0 & 0 \\ 0 & \cos(\alpha) & -\sin(\alpha) \\ 0 & \sin(\alpha) & \cos(\alpha) \end{bmatrix} \begin{bmatrix} \cos\gamma(\gamma) & -\sin(\gamma) & 0 \\ \sin(\gamma) & \cos(\gamma) & 0 \\ 0 & 0 & 1 \end{bmatrix}$$

$$= \begin{bmatrix} \cos\beta\cos\gamma + \sin\alpha\sin\beta\sin\gamma & \cos\beta\sin\gamma + \sin\alpha\sin\beta\cos\gamma & \cos\alpha\sin\beta \\ \cos\alpha\sin\gamma & \cos\alpha\cos\gamma & -\sin\alpha \\ -\sin\beta\cos\gamma + \sin\alpha\cos\beta\sin\gamma & \sin\beta\sin\gamma + \sin\alpha\cos\beta\cos\gamma & \cos\alpha\cos\beta \end{bmatrix}$$

根据上式可以进行旋转矩阵到欧拉角(zxy 顺序)的转换:

如果已知 $\boldsymbol{R} = \begin{bmatrix} r_{11} & r_{12} & r_{13} \\ r_{21} & r_{22} & r_{23} \\ r_{31} & r_{32} & r_{33} \end{bmatrix} = \begin{bmatrix} \cos\beta\cos\gamma + \sin\alpha\sin\beta\sin\gamma & \cos\beta\sin\gamma + \sin\alpha\sin\beta\cos\gamma & \cos\alpha\sin\beta \\ \cos\alpha\sin\gamma & \cos\alpha\cos\gamma & -\sin\alpha \\ -\sin\beta\cos\gamma + \sin\alpha\cos\beta\sin\gamma & \sin\beta\sin\gamma + \sin\alpha\cos\beta\cos\gamma & \cos\alpha\cos\beta \end{bmatrix}$

则首先可以求解出一组符合条件的欧拉角取值:

$$\alpha = \arcsin(-r_{23}) \in \left[-\frac{\pi}{2}, \frac{\pi}{2} \right]$$

$$\beta = \arctan\left(\frac{r_{13}}{r_{33}} \right) \in \left[-\frac{\pi}{2}, \frac{\pi}{2} \right]$$

$$\gamma = \arctan\left(\frac{r_{21}}{r_{22}} \right) \in \left[-\frac{\pi}{2}, \frac{\pi}{2} \right]$$

回忆一下 2.2.2 节中关于欧拉角表示的万向锁问题,当欧拉角的第二个旋转层级(在 Unity3D 的 zxy 顺序中,就是绕 x 轴的旋转角 α)为 $\frac{\pi}{2}$ 时,会出现万向锁现象,此时的旋转矩阵可以对应多组欧拉角取值,出现万向锁时可以规定欧拉角的第一个旋转层级(在 Unity3D 的 zxy 顺序中,就是绕 z 轴的旋转角 γ)为 0,保证输出一组固定的欧拉角,即:

如果 $\alpha = \arcsin(-r_{23}) = 1$,则 $\beta = \arctan\left(\frac{r_{13}}{r_{33}} \right),\gamma = 0$。

2. 旋转轴-旋转角与旋转矩阵之间的转换

这一转换过程的推导相对复杂,本节直接给出转换公式,详细推导见附录 A。

绕过原点的旋转轴 (n_x, n_y, n_z) 旋转 θ 角的旋转变换,对应的旋转矩阵为:

$$\boldsymbol{R} = \begin{bmatrix} n_x^2(1-\cos\theta) + \cos\theta & n_x n_y(1-\cos\theta) - n_z\sin\theta & n_x n_z(1-\cos\theta) + n_y\sin\theta \\ n_x n_y(1-\cos\theta) + n_z\sin\theta & n_y^2(1-\cos\theta) + \cos\theta & n_y n_z(1-\cos\theta) - n_x\sin\theta \\ n_x n_z(1-\cos\theta) - n_{xy}\sin\theta & n_y n_z(1-\cos\theta) + n_x\sin\theta & n_z^2(1-\cos\theta) + \cos\theta \end{bmatrix}$$

已知旋转矩阵 $\boldsymbol{R} = \begin{bmatrix} r_{11} & r_{12} & r_{13} \\ r_{21} & r_{22} & r_{23} \\ r_{31} & r_{32} & r_{33} \end{bmatrix}$,对应的旋转轴与旋转角为:

$$n = (\boldsymbol{n}_x, \boldsymbol{n}_y, \boldsymbol{n}_z) = \frac{1}{2\sin\theta}[r_{32} - r_{23}, r_{13} - r_{31}, r_{21} - r_{12}]$$

$$\theta = \arccos\left(\frac{r_{11} + r_{22} + r_{33} - 1}{2}\right)$$

3. 旋转轴-旋转角与四元数之间的转换

已知旋转轴$(\boldsymbol{n}_x, \boldsymbol{n}_y, \boldsymbol{n}_z)$与旋转角$\theta$，根据单位四元数的定义可以写出其对应的单位四元

数为$q = (w, x, y, z) = \left(\cos\left(\frac{\theta}{2}\right), \sin\left(\frac{\theta}{2}\right)n_x, \sin\left(\frac{\theta}{2}\right)n_y, \sin\left(\frac{\theta}{2}\right)n_z\right)$。

反之，已知单位四元数$q = (w, x, y, z)$，则对应的旋转轴-旋转角为：

$$n = (\boldsymbol{n}_x, \boldsymbol{n}_y, \boldsymbol{n}_z) = \frac{1}{\sin(\arccos(w))}(x, y, z)$$

$$\theta = 2\arccos(w)$$

4. 单位四元数与旋转矩阵之间的转换

结合上面的转换公式，可以采用"单位四元数↔旋转轴-旋转角↔旋转矩阵"的方式，以旋转轴-旋转角为中间媒介，进行单位四元数与旋转矩阵之间的转换。下面直接给出转换公式。

已知单位四元数$q = (w, x, y, z)$，其对应的旋转矩阵为：

$$\boldsymbol{R} = \begin{bmatrix} 2(w^2 + x^2) - 1 & 2xy - 2wz & 2xz + 2wy \\ 2xy + 2wz & 2(w^2 + y^2) - 1 & 2yz - 2wx \\ 2xz - 2wy & 2yz + 2wx & 2(w^2 + z^2) - 1 \end{bmatrix}$$

反之，已知旋转矩阵$\boldsymbol{R} = \begin{bmatrix} r_{11} & r_{12} & r_{13} \\ r_{21} & r_{22} & r_{23} \\ r_{31} & r_{32} & r_{33} \end{bmatrix}$，其对应的单位四元数为：

$q = (w, x, y, z)$

$$= \left(\frac{\sqrt{r_{11} + r_{22} + r_{33} + 1}}{2}, \frac{\sqrt{r_{11} - r_{22} - r_{33} + 1}}{2}, \frac{\sqrt{-r_{11} + r_{22} - r_{33} + 1}}{2}, \frac{\sqrt{-r_{11} - r_{22} + r_{33} + 1}}{2}\right)$$

2.3 坐标系的转换

在2.1节中提到，在虚拟现实开发中存在着世界坐标系、局部坐标系、相机坐标系及屏幕坐标系共四种坐标系统，四种坐标系各自的作用如下。

（1）**世界坐标系**：在进行场景建模、位置计算及渲染等操作时，为虚拟场景中的所有物体提供统一的坐标系表示。

（2）**局部坐标系**：在控制物体运动及虚拟漫游时，用户以每个模型物体自身的局部坐标系为基准，控制该物体在虚拟环境中的运动，包括移动位置及改变方位。

（3）**相机坐标系**：虚拟场景中相机（眼睛）的坐标系，确定用户在哪个位置、以何种视角观察虚拟场景。

（4）**屏幕坐标系**：确定由摄像机（眼睛）所拍摄（渲染）的虚拟场景图像，以何种方式显示在屏幕上。

本节首先介绍一下坐标系转换时常用的一种数学表示：齐次坐标与齐次矩阵，然后通过

虚拟探宝的 VR 场景示例,介绍一下这四种坐标系之间的转换关系。

2.3.1　齐次坐标系与齐次变换矩阵

为了完成不同坐标系之间的转换计算,首先引入齐次坐标与齐次变换矩阵。

在虚拟现实中物体最常见的变换就是旋转与位移,统称刚性变换,也就是指物体进行旋转、平移变换时,只改变其位置与朝向,而形状与大小不会发生任何改变。

假设一个物体的位置位于坐标 $p = \begin{bmatrix} x \\ y \\ z \end{bmatrix}$ 处,旋转变换用 3×3 的旋转矩阵 $\boldsymbol{R} = \begin{bmatrix} r_{11} & r_{12} & r_{13} \\ r_{21} & r_{22} & r_{23} \\ r_{31} & r_{32} & r_{33} \end{bmatrix}$ 表示,位移用向量 $\boldsymbol{t} = \begin{bmatrix} t_x \\ t_y \\ t_z \end{bmatrix}$ 表示,t_x、t_y 与 t_z 分别为水平、垂直及前后方向上的位移量,先旋转再平移之后物体的位置变为:

$$p' = \boldsymbol{R}p + \boldsymbol{t} = \begin{bmatrix} r_{11} & r_{12} & r_{13} \\ r_{21} & r_{22} & r_{23} \\ r_{31} & r_{32} & r_{33} \end{bmatrix} \begin{bmatrix} x \\ y \\ z \end{bmatrix} + \begin{bmatrix} t_x \\ t_y \\ t_z \end{bmatrix} = \begin{bmatrix} (r_{11}x + r_{12}y + r_{13}z) + t_x \\ (r_{21}x + r_{22}y + r_{23}z) + t_y \\ (r_{31}x + r_{32}y + r_{33}z) + t_z \end{bmatrix}$$

上面的公式中使用了 2.2 节中的矩阵乘法与向量加法运算,但存在一个遗憾,就是这种表示中的向量加法,即平移变换无法通过矩阵来表示,为了将上式中的旋转变换与平移变换合并为一个单独的矩阵来表示,图形学与虚拟现实开发中常常使用齐次坐标与齐次变换矩阵的表示形式,具体表示如下。

首先将初始点位置 $p = \begin{bmatrix} x \\ y \\ z \end{bmatrix}$ 的坐标表示由三维扩展为四维 $\hat{p} = \begin{bmatrix} p \\ w \end{bmatrix} = \begin{bmatrix} x \\ y \\ z \\ w \end{bmatrix}$,即增加了第四维 w 分量,称之为齐次坐标表示。由齐次坐标转换回三维坐标的方法是前三个分量 x、y 与 z 都分别除以第四个 w 分量,即 $p = \begin{bmatrix} \frac{x}{w} \\ \frac{y}{w} \\ \frac{z}{w} \end{bmatrix}$,为了保证齐次坐标表示的是三维空间中的同一个点,显然要使 $w = 1$,实际上在齐次坐标表示下,$\begin{bmatrix} x \\ y \\ z \\ 1 \end{bmatrix}$、$\begin{bmatrix} 2x \\ 2y \\ 2z \\ 2 \end{bmatrix}$、$\begin{bmatrix} kx \\ ky \\ kz \\ k \end{bmatrix}$ $(k \neq 0)$ 表示的都是三维空间中的同一个点,特别地,坐标原点的齐次坐标表示为 $\begin{bmatrix} 0 \\ 0 \\ 0 \\ 1 \end{bmatrix}$。需要注意的是,当使用齐次坐标

形式来表示一个空间向量时,第四维分量 $w=0$,例如图 2.16 中,以点 $P_0=\begin{bmatrix}1\\1\\1\\1\end{bmatrix}$ 为起点,位移向量为 $t=\begin{bmatrix}1\\0\\1\\0\end{bmatrix}$,则终点为 $P_1=P_0+t=\begin{bmatrix}1\\1\\1\\1\end{bmatrix}+\begin{bmatrix}1\\0\\1\\0\end{bmatrix}=\begin{bmatrix}2\\1\\2\\1\end{bmatrix}$。

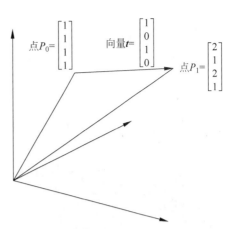

图 2.16 点和向量的齐次坐标表示

有了齐次坐标表示,就可以把旋转变换与平移变换合并为一个 4×4 的变换矩阵来表示:$M=\begin{bmatrix}R&t\\0&1\end{bmatrix}$,注意左下角的 0 表示行向量 $[0\ \ 0\ \ 0]$,即

$$M=\begin{bmatrix}R&t\\0&1\end{bmatrix}=\begin{bmatrix}r_{11}&r_{12}&r_{13}&t_x\\r_{21}&r_{22}&r_{23}&t_x\\r_{31}&r_{32}&r_{33.}&t_x\\0&0&0&1\end{bmatrix}$$

通过矩阵乘法与齐次坐标就可以对空间中一个点一次性完成旋转变换与平移变换。

$$\hat{p}'=M\hat{p}=\begin{bmatrix}R&t\\0&1\end{bmatrix}\begin{bmatrix}p\\1\end{bmatrix}=\begin{bmatrix}Rp+t\\1\end{bmatrix}=\begin{bmatrix}(r_{11}x+r_{12}y+r_{13}z)+t_x\\(r_{21}x+r_{22}y+r_{23}z)+t_y\\(r_{31}x+r_{32}y+r_{33}z)+t_z\\1\end{bmatrix}$$

称 4×4 的变换矩阵 M 为齐次变换矩阵。

当进行反向变换时,即 $p=R^{-1}(p'-t)$ 时,对应的齐次变换矩阵为 $M^{-1}=\begin{bmatrix}R^{-1}&-R^{-1}t\\0&1\end{bmatrix}$。

2.3.2 右手坐标系与左手坐标系之间的转换

结合上面讲述的关于旋转变换表示的知识,本节以 Maya 中的 3D 模型导出至 Unity3D 中使用时的旋转角度转换问题为实例,讨论一下左手坐标系与右手坐标系之间的转换问题。

在进行 VR 开发时,所用的角色及道具的 3D 模型与动画,一般由专业美术人员通过 Maya 及 3ds Max 等动画软件平台完成制作,再导出至 Unity3D 等游戏引擎或 VR 平台中使用。在 2.1.1 节中提到,Maya 与 3ds Max 两款 3D 动画软件平台都采用了右手坐标系表示,而 Unity3D 平台却采用了左手坐标系表示,在这些软件平台之间进行 3D 模型的导出/导入时,就需要考虑右手坐标系与左手坐标系之间的转换处理。Maya 在 2018 版本之后,添加了"发送到 Unity"功能,对两种坐标系之间的转换进行了后台处理,在本节中结合前面关于旋转表示的知识,推导和分析一下右手坐标系与左手坐标系之间的转换算法,主要讨论旋转变换在两种坐标系之间的转换。

从空间点的坐标取值上看,右手坐标系与左手坐标系之间的差异就是需要将 x、y、z 中的一个坐标值取反。具体到 Maya(右手坐标系)中的模型导出至 Unity3D(左手坐标系)时,就是将 x 坐标值取反即可。但如果模型在 Maya 中含有一个原始旋转方位,就需要进一步考虑旋转变换在两种坐标系之间的转换。例如在图 2.17 中,Maya 中完成建模的飞机模型含有初始旋转,对应的欧拉角为(30°,40°,50°)(见图 2.17(a)),导出至 Unity3D 之后,飞机旋转姿态保持不变,但对应的欧拉角变成了($-6.03°$,$-48.156°$,$-36.163°$)(见图 2.17(b)),也就是说,同一个旋转变换在左手系和右手系中有着不同的表示形式。下面以旋转矩阵表示形式来进行推导。

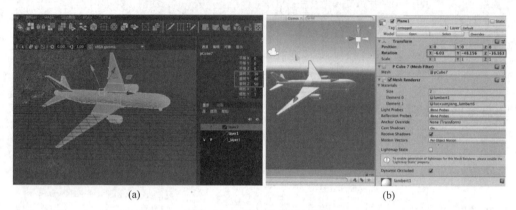

(a)　　　　　　　　　　　　　　(b)

图 2.17　Maya(右手系)模型

首先,考虑坐标值的变换。以 Maya(右手系)到 Unity3D(左手系)的转换为例,右手系中的一个点(矢量)$P_r = \begin{bmatrix} x \\ y \\ z \end{bmatrix}$,只要对其 x 坐标取反就可以得到在左手系中的对应点(矢量)$P_l = \begin{bmatrix} -x \\ y \\ z \end{bmatrix}$。为此引入矩阵 $S_x = \begin{bmatrix} -1 & 0 & 0 \\ 0 & 1 & 0 \\ 0 & 0 & 1 \end{bmatrix}$,则上述对 x 坐标取反的变换就可以写为:$P_l = S_x P_r = \begin{bmatrix} -1 & 0 & 0 \\ 0 & 1 & 0 \\ 0 & 0 & 1 \end{bmatrix} \begin{bmatrix} x \\ y \\ z \end{bmatrix} = \begin{bmatrix} -x \\ y \\ z \end{bmatrix}$。因此将右手系中的一个点(矢量)转换到左手系的变换为:$P_l = S_x P_r$,反之亦然:$P_r = S_x P_l$。

再考虑旋转变换在左、右手系中的转换关系,用 3×3 旋转矩阵 R_r 表示右手系中的一个旋转变换,通过该矩阵将右手系中的一个矢量 $P_r = \begin{bmatrix} x \\ y \\ z \end{bmatrix}$ 旋转为 $P'_r = R_r \begin{bmatrix} x \\ y \\ z \end{bmatrix} = \begin{bmatrix} x' \\ y' \\ z' \end{bmatrix}$,同时我们又知道矢量 P_r 在左手系中的对应矢量为 $P_l = \begin{bmatrix} -x \\ y \\ z \end{bmatrix}$,矢量 $P'_r = \begin{bmatrix} x' \\ y' \\ z' \end{bmatrix}$ 在左手系中的对应矢量为 $P'_l = \begin{bmatrix} -x' \\ y' \\ z' \end{bmatrix}$,那么当右手系中的旋转矩阵 R_r 转换到左手系后,对应的旋转矩阵 R_l 就需要满足 $P'_l = R_l P_l$。

为此,可以将上面这个左手系中的旋转变换分解成两步进行:第一步将左手系矢量 $\boldsymbol{P}_l$ 变换成右手系对应矢量 $\boldsymbol{P}_r$,并施以右手系中的旋转变换 $\boldsymbol{R}_r$,得到右手系中的旋转结果 $\boldsymbol{P}_r' = \boldsymbol{R}_r\boldsymbol{P}_r = \boldsymbol{R}_r\boldsymbol{S}_x\boldsymbol{P}_l$;第二步在将旋转结果 $\boldsymbol{P}_r'$ 转换回左手系,得到 $\boldsymbol{P}_l' = \boldsymbol{S}_x\boldsymbol{P}_r'$。综合这两步变换得到 $\boldsymbol{P}_l' = \boldsymbol{S}_x\boldsymbol{P}_r' = (\boldsymbol{S}_x\boldsymbol{R}_r\boldsymbol{S}_x)\boldsymbol{P}_l$,同时又有 $\boldsymbol{P}_l' = \boldsymbol{R}_l\boldsymbol{P}_l$,所以给定右手坐标系中的一个旋转矩阵 $\boldsymbol{R}_r$,转换到左手坐标系下成为 $\boldsymbol{R}_l = \boldsymbol{S}_x\boldsymbol{R}_r\boldsymbol{S}_x$。反之亦然,给定左手坐标系中的一个旋转矩阵 $\boldsymbol{R}_l$,转换到右手坐标系下成为 $\boldsymbol{R}_r = \boldsymbol{S}_x\boldsymbol{R}_l\boldsymbol{S}_x$,这就是旋转变换在左手系与右手系之间的转换公式。

再来分析一下矩阵 $\boldsymbol{S}_x = \begin{bmatrix} -1 & 0 & 0 \\ 0 & 1 & 0 \\ 0 & 0 & 1 \end{bmatrix}$ 的特性。可以验证 $\boldsymbol{S}_x^{\mathrm{T}} = \boldsymbol{S}_x$,并且 $\boldsymbol{S}_x\boldsymbol{S}_x = \boldsymbol{I}$ 成立,它的行列式为 -1,因此矩阵 $\boldsymbol{S}_x$ 是一个正交矩阵,但不是一个旋转矩阵。根据这一特性,如果在左手坐标系中执行一系列旋转变换 $\boldsymbol{R}_{l1}$、$\boldsymbol{R}_{l2}$、$\cdots$、$\boldsymbol{R}_{ln-1}$、$\boldsymbol{R}_{ln}$,则最终的合成旋转矩阵为:

$$\boldsymbol{R}_l = \boldsymbol{R}_{ln}\cdots\boldsymbol{R}_{l2}\boldsymbol{R}_{l1}$$

转换到右手坐标系下就是:

$$\boldsymbol{R}_r = (\boldsymbol{S}_x\boldsymbol{R}_{ln}\boldsymbol{S}_x)(\boldsymbol{S}_x\boldsymbol{R}_{ln-1}\boldsymbol{S}_x)\cdots(\boldsymbol{S}_x\boldsymbol{R}_{l2}\boldsymbol{S}_x)(\boldsymbol{S}_x\boldsymbol{R}_{l1}\boldsymbol{S}_x) = \boldsymbol{S}_x\boldsymbol{R}_{ln}\boldsymbol{I}\boldsymbol{R}_{ln-1}\boldsymbol{I}\cdots\boldsymbol{I}\boldsymbol{R}_{l2}\boldsymbol{I}\boldsymbol{R}_{l1}\boldsymbol{S}_x$$
$$= \boldsymbol{S}_x(\boldsymbol{R}_{ln}\boldsymbol{R}_{ln-1}\cdots\boldsymbol{R}_{l2}\boldsymbol{R}_{l1})\boldsymbol{S}_x = \boldsymbol{S}_x\boldsymbol{R}_l\boldsymbol{S}_x$$

反之,右手系转换到左手系的公式为:$\boldsymbol{R}_l = \boldsymbol{S}_x\boldsymbol{R}_r\boldsymbol{S}_x$。

2.3.3 局部坐标系向世界坐标系的转换

世界坐标系为虚拟场景中的所有物体提供了统一的位置表示,不论用户从哪个视角观察虚拟环境,世界坐标系是始终固定不变的,相当于现实世界中用"东西南北"来指示方位,例如图 2.18(a) 的世界坐标系中,如果把其 x 轴正方向规定为东,z 轴正方向规定为北,少年角色位于世界坐标系原点 $(0,0,0)$ 处,小船位置坐标为 $(0,0,8)$,就是位于少年正北方向 8m 处,宝箱位置坐标为 $(2.8284,0,2.8284)$,就是位于少年东北方向 4m 处,计算机采用世界坐标系来统一表示和计算虚拟环境中各物体的位置。

(a)　　　　　　　　　　　　　(b)

图 2.18　世界坐标系与局部坐标系

而在进行虚拟漫游时,人们更习惯于使用"前后左右"来指示方位,如图 2.18(b) 的局部坐标系中,漫游中的少年角色无论是面朝东南方,还是面朝西北方,下一次移动都总是以自身为参照向前移动 1m,转身时都是以自身为参照向左或向右转一个角度。少年在漫游过程中,每转一次身,他的前、后、左、右方位都要随之改变。固定不变的"东西南北"就是世界坐标系,而不断变化的"前后左右"就是局部坐标系。在 Unity3D 中采用左手坐标系表示,少年局部坐标系的 z 轴正方向始终指向身体正前方,x 轴正方向始终指向身体正右方,y 轴正方向始终指向头顶正上方。

随身而动的"前后左右"使用起来非常自然而且方便,但必须要以固定不变的"东西南北"为定位参照,否则就会迷路,想象一下自己在深夜来到一个陌生的城市,只知"前后左右"而不辨"东西南北",那一定会在大街上迷路的。

用户以少年的局部坐标系为基准控制漫游,而计算机以世界坐标系为基准计算少年的实际位置与朝向,这就需要完成局部坐标系向世界坐标系的转换。由于局部坐标系在漫游过程中不断变化,因此局部坐标系到世界坐标系的转换是一个不断累积的过程,要考虑之前局部坐标系的每一次变化情况,才能得到正确的转换结果。

我们以少年在小岛上漫游为例进行说明,少年在单位时间内向前行走的距离为 1m,这就是说无论身在何处、面向何方,少年每迈出一步,在局部坐标系下的步长向量总是 $t_{self} = \begin{bmatrix} 0 \\ 0 \\ 1 \end{bmatrix}$,

是局部坐标 z 轴正方向上的单位向量,下标 self 代表自身局部坐标系。局部坐标系到世界坐标系的转换,就是不断地将每个时刻的单位步长向量 t_{self} 转换为世界坐标系中的单位步长向量 t_{world},然后将单位步长向量 t_{world} 累加在上一时刻少年在世界坐标系中的位置上,就得到了当前时刻少年在世界坐标系中的位置,这一转换是一个时间积累过程。下面写出前几步的转换公式后,再给出一般性的递推公式。

(1) 在初始的 $t=0$ 时刻,少年的局部坐标系相对世界坐标系的初始位移向量为 t_0,初始旋转矩阵为 R_0。不失一般性,这里假设初始时刻局部坐标系与世界坐标系完全重合,少年在世界坐标系中的初始位置为 $P_0 = \begin{bmatrix} 0 \\ 0 \\ 0 \end{bmatrix}$,相应地有 $t_0 = \begin{bmatrix} 0 \\ 0 \\ 0 \end{bmatrix}$,$R_0 = \begin{bmatrix} 1 & 0 & 0 \\ 0 & 1 & 0 \\ 0 & 0 & 1 \end{bmatrix}$,如图 2.19(a) 所示。

此时少年向前跨出第 1 步,我们已知在局部坐标系下的步长向量为 $t_{self} = \begin{bmatrix} 0 \\ 0 \\ 1 \end{bmatrix}$,将其转换到世界坐标系后,得到世界坐标系中的步长向量 $t_{1,world} = R_0 t_{self} \begin{bmatrix} 0 \\ 0 \\ 1 \end{bmatrix}$,需要注意的是,对步长向量进行坐标系转换时只受到坐标系之间旋转变换的影响,从而保证步长向量始终是一个单位向量,于是在 $t=1$ 时刻少年的世界坐标位置为:

$$P_1 = t_0 + t_{1,world} = t_0 + R_0 t_{self} = \begin{bmatrix} 0 \\ 0 \\ 1 \end{bmatrix}$$,如图 2.19(b)所示。

上述公式用齐次坐标形式写为:

$$\hat{P}_1 = \begin{bmatrix} t_0 \\ 1 \end{bmatrix} + \begin{bmatrix} t_{1,world} \\ 0 \end{bmatrix} = M_0 \begin{bmatrix} t_{self} \\ 0 \end{bmatrix}$$

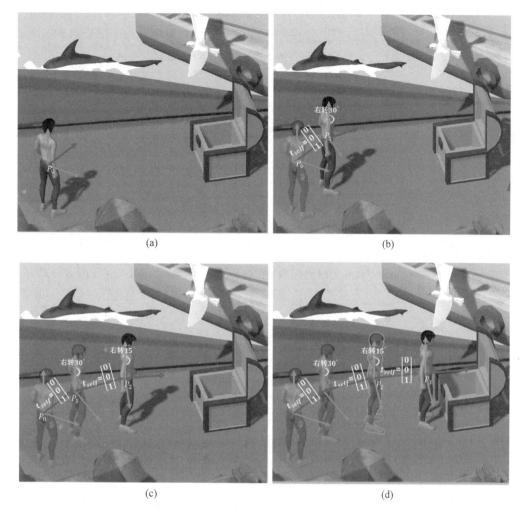

(a)　　　　　　　　　　　　　　　(b)

(c)　　　　　　　　　　　　　　　(d)

图 2.19　局部坐标系到世界坐标系的转换

其中 $\boldsymbol{M}_0 = \begin{bmatrix} \boldsymbol{R}_0 & \boldsymbol{t}_0 \\ 0 & 1 \end{bmatrix}$ 是 $t=0$ 时刻局部坐标系到世界坐标系的齐次转换矩阵，$\hat{P}_1$ 则是 $t=1$ 时刻少年在世界坐标系中位置的齐次坐标表示。

（2）接着在 $t=1$ 时刻，少年原地向右转身 $30°$（绕局部坐标 y 轴），准备沿着新的方向再前进一步，局部坐标轴也相应发生了旋转，对应的旋转矩阵为 $\boldsymbol{R}_1 = \begin{bmatrix} \cos30° & 0 & \sin30° \\ 0 & 1 & 0 \\ -\sin30° & 0 & \cos30° \end{bmatrix} = \begin{bmatrix} 0.866 & 0 & 0.5 \\ 0 & 1 & 0 \\ -0.5 & 0 & 0.866 \end{bmatrix}$，此时将局部坐标系下的单位步长向量 $\boldsymbol{t}_{\text{self}} = \begin{bmatrix} 0 \\ 0 \\ 1 \end{bmatrix}$ 转换到世界坐标系得到

$\boldsymbol{t}_{2,\text{world}} = \boldsymbol{R}_0 \boldsymbol{R}_1 \boldsymbol{t}_{\text{self}} = \begin{bmatrix} 0.5 \\ 0 \\ 0.866 \end{bmatrix}$，这里不仅要考虑当前时刻的旋转矩阵 $\boldsymbol{R}_1$，同时也要考虑上一步

的旋转矩阵 $\boldsymbol{R}_0$，上式中采用矩阵右乘方式对当前的旋转矩阵与之前的旋转矩阵进行组合，体

现了局部坐标系到世界坐标系的转换是一个时间的积累过程。

从 $t=1$ 时刻开始,少年开始向前迈出第 2 步,在世界坐标系中这一步的位移向量就是刚才计算出的 $t_{2,\text{world}} = \boldsymbol{R}_0 \boldsymbol{R}_1 \boldsymbol{t}_{\text{self}}$,于是得到 $t=2$ 时刻少年的位置 $P_2 = P_1 + t_{2,\text{world}} = P_1 +$

$\boldsymbol{R}_0 \boldsymbol{R}_1 \boldsymbol{t}_{\text{self}} = \boldsymbol{t}_0 + \boldsymbol{R}_0 \boldsymbol{t}_{\text{self}} + \boldsymbol{R}_0 \boldsymbol{R}_1 \boldsymbol{t}_{\text{self}} = \begin{bmatrix} 0.5 \\ 0 \\ 1.866 \end{bmatrix}$,如图 2.19(c)所示。

上面的式子用齐次坐标方式可以写为:

$$\hat{P}_2 = \boldsymbol{M}_0 \boldsymbol{M}_1 \begin{bmatrix} \boldsymbol{t}_{\text{self}} \\ 0 \end{bmatrix} = \begin{bmatrix} \boldsymbol{R}_0 & \boldsymbol{t}_0 \\ 0 & 1 \end{bmatrix} \begin{bmatrix} \boldsymbol{R}_1 & \boldsymbol{t}_{\text{self}} \\ 0 & 1 \end{bmatrix} \begin{bmatrix} \boldsymbol{t}_{\text{self}} \\ 0 \end{bmatrix}$$

我们记复合矩阵 $\hat{\boldsymbol{M}}_1 = \boldsymbol{M}_0 \boldsymbol{M}_1 = \begin{bmatrix} \boldsymbol{R}_0 & \boldsymbol{t}_0 \\ 0 & 1 \end{bmatrix} \begin{bmatrix} \boldsymbol{R}_1 & \boldsymbol{t}_{\text{self}} \\ 0 & 1 \end{bmatrix}$,$\hat{\boldsymbol{M}}_1$ 就是 $t=2$ 时刻局部坐标系到世界坐标系的转换矩阵。

(3) 接着在 $t=2$ 时刻,少年再次原地向右转身 $15°$(绕局部坐标 y 轴),准备沿着新的方向再前进一步,局部坐标轴也相应发生了旋转,对应的旋转矩阵为 $\boldsymbol{R}_2 = \begin{bmatrix} \cos15° & 0 & \sin15° \\ 0 & 1 & 0 \\ -\sin15° & 0 & \cos15° \end{bmatrix} =$

$\begin{bmatrix} 0.9659 & 0 & 0.2588 \\ 0 & 1 & 0 \\ -0.2588 & 0 & 0.9659 \end{bmatrix}$,此时将局部坐标系下的单位步长向量 $\boldsymbol{t}_{\text{self}} = \begin{bmatrix} 0 \\ 0 \\ 1 \end{bmatrix}$ 转换到世界坐标系

得到 $t_{3,\text{world}} = \boldsymbol{R}_0 \boldsymbol{R}_1 \boldsymbol{R}_2 \boldsymbol{t}_{\text{self}} = \begin{bmatrix} 0.7071 \\ 0 \\ 0.7071 \end{bmatrix}$,计算一下进行转换时的复合旋转矩阵 $\boldsymbol{R} = \boldsymbol{R}_0 \boldsymbol{R}_1 \boldsymbol{R}_2 =$

$\begin{bmatrix} 0.7071 & 0 & 0.7071 \\ 0 & 1 & 0 \\ -0.7071 & 0 & 0.7071 \end{bmatrix}$,容易看出这是绕 y 轴旋转 $45°$ 的旋转矩阵,这是很自然的,因为 $t=0$ 时刻没有旋转,$t=1$ 时刻绕 y 轴旋转了 $30°$,$t=2$ 时刻又绕 y 轴旋转了 $15°$,于是整体上相当于绕 y 轴旋转了 $45°$。

从 $t=2$ 时刻开始,少年开始向前迈出第 3 步,在世界坐标系中这一步的位移向量就是刚才计算出的 $t_{3,\text{world}} = \boldsymbol{R}_0 \boldsymbol{R}_1 \boldsymbol{R}_2 \boldsymbol{t}_{\text{self}}$,于是得到 $t=3$ 时刻少年的位置 $P_3 = P_2 + t_{3,\text{world}} = \boldsymbol{t}_0 + \boldsymbol{R}_0 \boldsymbol{t}_{\text{self}} +$

$\boldsymbol{R}_0 \boldsymbol{R}_1 \boldsymbol{t}_{\text{self}} + \boldsymbol{R}_0 \boldsymbol{R}_1 \boldsymbol{R}_2 \boldsymbol{t}_{\text{self}} = \begin{bmatrix} 0.5 \\ 0 \\ 1.866 \end{bmatrix}$,如图 2.19(d)所示。

观察一下上式,通过向量加法进行累加的四项 $\boldsymbol{t}_0$、$\boldsymbol{R}_0 \boldsymbol{t}_{\text{self}}$、$\boldsymbol{R}_0 \boldsymbol{R}_1 \boldsymbol{t}_{\text{self}}$ 与 $\boldsymbol{R}_0 \boldsymbol{R}_1 \boldsymbol{R}_2 \boldsymbol{t}_{\text{self}}$,它们都位于世界坐标系中,分别是少年的起始位置、第 1 步的位移向量、第 2 步的位移向量及第 3 步的位移向量,其中前三项之和就是上一时刻($t=2$)少年在世界坐标系中的位置,该式体现了少年在漫游过程中位置的累加递推关系。

上面的式子用齐次坐标方式可以写为:

$$\hat{P}_3 = \boldsymbol{M}_0 \boldsymbol{M}_1 \boldsymbol{M}_2 \begin{bmatrix} \boldsymbol{t}_{\text{self}} \\ 0 \end{bmatrix} = \begin{bmatrix} \boldsymbol{R}_0 & \boldsymbol{t}_0 \\ 0 & 1 \end{bmatrix} \begin{bmatrix} \boldsymbol{R}_1 & \boldsymbol{t}_{\text{self}} \\ 0 & 1 \end{bmatrix} \begin{bmatrix} \boldsymbol{R}_1 & \boldsymbol{t}_{\text{self}} \\ 0 & 1 \end{bmatrix} \begin{bmatrix} \boldsymbol{t}_{\text{self}} \\ 0 \end{bmatrix}$$

记复合矩阵 $\hat{\boldsymbol{M}}_2 = \boldsymbol{M}_0 \boldsymbol{M}_1 \boldsymbol{M}_2 = \begin{bmatrix} \boldsymbol{R}_0 & \boldsymbol{t}_0 \\ 0 & 1 \end{bmatrix}\begin{bmatrix} \boldsymbol{R}_1 & \boldsymbol{t}_{\text{self}} \\ 0 & 1 \end{bmatrix}\begin{bmatrix} \boldsymbol{R}_1 & \boldsymbol{t}_{\text{self}} \\ 0 & 1 \end{bmatrix}$，$\hat{\boldsymbol{M}}_2$ 就是 $t=3$ 时刻局部坐标系到世界坐标系的转换矩阵。

（4）至此可以写出在 $t=n$ 时刻少年在世界坐标系中位置的递推公式：

$$P_n = P_{n-1} + \boldsymbol{t}_{n,\text{world}} = P_{n-1} + \boldsymbol{R}_0 \boldsymbol{R}_1 \cdots \boldsymbol{R}_{n-1} \boldsymbol{t}_{\text{self}}$$

其中起始位置 $P_0 = \boldsymbol{t}_0$。

同时相应写出在 $t=n$ 时刻少年局部坐标系到世界坐标系的转换矩阵：

$$\hat{\boldsymbol{M}}_n = \boldsymbol{M}_0 \boldsymbol{M}_1 \cdots \boldsymbol{M}_n = \begin{bmatrix} \boldsymbol{R}_0 & \boldsymbol{t}_0 \\ 0 & 1 \end{bmatrix}\begin{bmatrix} \boldsymbol{R}_1 & \boldsymbol{t}_{\text{self}} \\ 0 & 1 \end{bmatrix} \cdots \begin{bmatrix} \boldsymbol{R}_n & \boldsymbol{t}_{\text{self}} \\ 0 & 1 \end{bmatrix}$$

在下一时刻，即 $t=n+1$ 时刻，少年又向前迈了一步，局部坐标系下的位移向量仍为 $\boldsymbol{t}_{\text{self}}$，此时少年在自身局部坐标系中的位置坐标就是 $\begin{bmatrix} \boldsymbol{t}_{\text{self}} \\ 1 \end{bmatrix}$，将其转换到世界坐标系下的位置为 $P_{n+1} = \hat{\boldsymbol{M}}_n \begin{bmatrix} \boldsymbol{t}_{\text{self}} \\ 1 \end{bmatrix}$，这就是局部坐标系到世界坐标系的转换矩阵的意义。

（5）以上给出的局部坐标系到世界坐标系的转换公式，与 Unity3D 中的执行方式相符合，现在对相应的 Unity3D 代码进行说明。

在 Unity3D 中，每个物体都有一个名为 transform 的类变量，用于对物体进行移动、旋转等几何变换，其中的类成员变量 transform.position 记录了物体当前时刻在世界坐标系中的位置，即上述递推公式中的 P_n。另一个类成员变量 transform.localToWorldMatrix 是一个 Matrix4×4 矩阵结构，记录了当前时刻物体局部坐标系到世界坐标系的转换矩阵，也就是上面公式中的矩阵 $\hat{\boldsymbol{M}}_n$，Unity3D 即按照上面的坐标系转换矩阵计算公式来计算和更新 transform.localToWorldMatrix。

我们看一下位置递推公式 $P_n = P_{n-1} + \boldsymbol{t}_{n,\text{world}}$，在 transform 中专门提供了成员变量 transform.forward，就对应于公式中当前步长向量 $\boldsymbol{t}_{n,\text{world}}$，这是一个世界坐标系中的单位向量，是当前局部坐标系中单位步长向量 $\boldsymbol{t}_{\text{self}} = \begin{bmatrix} 0 \\ 0 \\ 1 \end{bmatrix}$ 转换到世界坐标系得到的单位步长向量 $\boldsymbol{t}_{\text{world}} = \boldsymbol{R}_0 \boldsymbol{R}_1 \cdots \boldsymbol{R}_{n-1} \boldsymbol{t}_{\text{self}}$，所以 Unity3D 中使少年向前移动一步（沿局部坐标系 z 轴正方向移动一步）的代码就非常简单：

```
transform.position + = transform.forward;
```

需要注意的是，在角色漫游过程中 transform.forward 是随着角色模型方向的变化而不断变化的，而 Unity3D 中另一个变量 Vector3.forward 则始终等于 $\begin{bmatrix} 0 \\ 0 \\ 1 \end{bmatrix}$，可以将 Vector3.forward 理解为局部坐标系 z 轴正方向上的单位向量，而 transform.forward 是将其转换至世界坐标系后的结果，图 2.20 中对比了两句代码的不同效果：

```
transform.position + = transform.forward;（见图 2.20(a)）
transform.position + = Vector3.forward;（见图 2.20(b)）
```

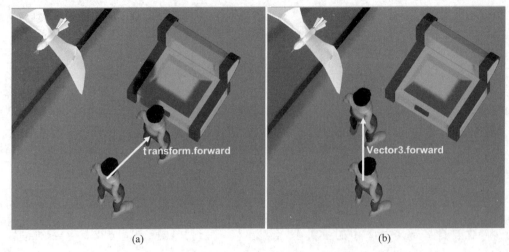

图 2.20　Unity3D 中两种位移代码的比较

从图 2.20 中可以看出,前者是沿局部坐标系 z 轴向前移动,即始终向自己面朝的方向前进,后者是沿世界坐标系 z 轴向前移动,在图中情况中是身体侧移,在控制角色漫游时应使用前者。

此外,通过调用成员函数 transform.translate() 也可以实现使角色沿局部坐标系 z 轴前进的效果,该函数的原型为 transform.translate(Vector3 Translation,Space RelativeTo),第一个参数为 Vector3 类型,表示物体发生的位移量,第二个参数为枚举类型,表示该位移量是相对于世界坐标系,还是相对于局部坐标系,transform.translate(transform.forward,Space. world) 表示物体在世界坐标系下的位移,而 transform.translate(Vector3.forward,Space. self) 表示物体在自身局部坐标系下的位移,与 transform.position+=transform.forward;产生相同的效果。即下面三句代码是相互等效的。

```
transform.position + = transform.forward;
transform.translate(transform.forward,Space.world);
transform.translate(Vector3.forward,Space.self);
```

这是初学 Unity3D 开发时比较容易混淆的地方。

2.3.4　世界坐标系向相机坐标系的转换

2.3.3 节中讨论了局部坐标系向世界坐标系的转换,本节所讨论的世界坐标系向相机坐标系的转换,是世界坐标系向局部坐标系转换的一个特例。

在虚拟现实应用中,用户是通过主角少年的眼睛来观察虚拟环境的,而角色的眼睛就是虚拟场景中的相机(Camera),在第一人称虚拟现实应用中,相机一般都放置在角色双眼中心位置,并跟随角色头部转动(见图 2.21)。作为场景中的一个物体,相机同样有自己的局部坐标系,即相机坐标系。

相机的可见范围(视锥体)内部的物体,就是角色视线所及之处看到的物体。相机对可见范围(视锥体)内部的所有 3D 物体进行拍摄,形成一张 2D 图像输出到显示设备上供用户观看,这一过程在计算机图形学技术中称为"渲染"(Render)。

渲染过程包括裁切、投影、画面反走样等一系列处理过程,其中投影就是将环境中的 3D

图 2.21 相机坐标系随着主角头部转动而变化

物体向相机的视平面(相机坐标系的 x-y 平面)进行投影的过程,此时场景中的所有 3D 物体的坐标位置需要从世界坐标系转换到相机坐标系中,以保证用户能够按照少年角色眼睛的位置与视角来观看虚拟环境,这是一种世界坐标系到局部坐标系的转换,称为相机变换。

在 2.3.3 节中给出了局部坐标系到世界坐标系的转换矩阵公式:

$$\hat{M}_n = M_0 M_1 \cdots M_n = \begin{bmatrix} R_0 & t_0 \\ 0 & 1 \end{bmatrix} \begin{bmatrix} R_1 & t_{\text{self}} \\ 0 & 1 \end{bmatrix} \cdots \begin{bmatrix} R_n & t_{\text{self}} \\ 0 & 1 \end{bmatrix}$$

世界坐标系到局部坐标系的转换矩阵就是逆矩阵 $\hat{M}_n^{-1}$,计算公式为:

$$\hat{M}_n^{-1} = M_n^{-1} \cdots M_1^{-1} M_0^{-1} = \begin{bmatrix} R_n^{-1} & -t_{\text{self}} \\ 0 & 1 \end{bmatrix} \cdots \begin{bmatrix} R_1^{-1} & -t_{\text{self}} \\ 0 & 1 \end{bmatrix} \begin{bmatrix} R_0^{-1} & -t_0 \\ 0 & 1 \end{bmatrix}$$

但需要注意的是,在 Unity3D 中世界坐标系与角色模型的局部坐标系都是左手系,唯独相机坐标系采用了右手系,这是为了符合通用的底层图形库 OpenGL 的传统而设置的,即相机的观察拍摄方向是相机自身局部坐标系 z 轴的负方向。因此在计算相机坐标系到世界坐标系的转换矩阵时,转换矩阵要右乘上一个对角矩阵 $\begin{bmatrix} 1 & 0 & 0 & 0 \\ 0 & 1 & 0 & 0 \\ 0 & 0 & -1 & 0 \\ 0 & 0 & 0 & 1 \end{bmatrix}$,而计算世界坐标系到相机坐标系的转矩阵时需要左乘这个对角矩阵。

举一个转换例子,相机放置在少年双眼中心位置,高度为 1.7m,跟随少年从世界坐标原点出发向前移动 1m,并跟随头部右转 $45°$ 角,此时相机在世界坐标系中的位置为 $(0, 1.7, 1)$,相机坐标系到世界坐标系的转换矩阵为:

$$M = \begin{bmatrix} 0.7071 & 0 & 0.7071 & 0 \\ 0 & 1 & 0 & 1.7 \\ -0.7071 & 0 & 0.7071 & 1 \\ 0 & 0 & 0 & 1 \end{bmatrix} \begin{bmatrix} 1 & 0 & 0 & 0 \\ 0 & 1 & 0 & 0 \\ 0 & 0 & -1 & 0 \\ 0 & 0 & 0 & 1 \end{bmatrix}$$

$$= \begin{bmatrix} 0.7071 & 0 & -0.7071 & 0 \\ 0 & 1 & 0 & 1.7 \\ -0.7071 & 0 & -0.7071 & 1 \\ 0 & 0 & 0 & 1 \end{bmatrix}$$

而世界坐标系到相机坐标系的转换矩阵为:

$$M^{-1} = \begin{bmatrix} 1 & 0 & 0 & 0 \\ 0 & 1 & 0 & 0 \\ 0 & 0 & -1 & 0 \\ 0 & 0 & 0 & 1 \end{bmatrix} \begin{bmatrix} 0.7071 & 0 & 0.7071 & 0 \\ 0 & 1 & 0 & 1.7 \\ -0.7071 & 0 & 0.7071 & 1 \\ 0 & 0 & 0 & 1 \end{bmatrix}^{-1}$$

$$= \begin{bmatrix} 0.7071 & 0 & -0.7071 & 0.7071 \\ 0 & 1 & 0 & -1.7 \\ -0.7071 & 0 & -0.7071 & 0.7071 \\ 0 & 0 & 0 & 1 \end{bmatrix}$$

在 Unity3D 的 Camera 类中,成员变量 Camera. cameraToWorldMatrix 记录了相机坐标系到世界坐标系的转换矩阵,而成员变量 Camera. worldToCameraMatrix 记录了世界坐标系到相机坐标系的转换矩阵。这两个矩阵成员都是 Unity3D 在后台中根据相机的运动,按照上述方式自动计算得到的。

2.3.5　相机坐标系向屏幕坐标系的转换

接下来,虚拟场景中的 3D 物体在相机坐标系中进行裁切与投影变换,最终将形成屏幕坐标系下的 2D 图像。

在 Unity3D 中相机有两种投影模式,分别是透视投影(Perspective)与正交投影(Orthographics)。在 Inspector 选项卡中,可以选择和设置相机的投影模式,如图 2.22 所示。下面首先介绍默认的透视投影。

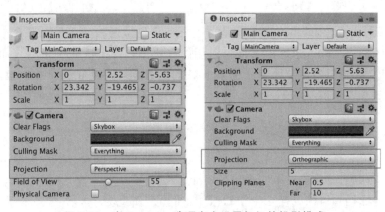

图 2.22　在 Inspector 选项卡中设置相机的投影模式

透视投影是对人眼的一种模拟,透视投影有两个特性,首先是透视相机的视野范围是有限的,只能观察虚拟场景中的一部分,其次投影画面中的物体近大远小,能够产生距离感和深度感。这两个特性是通过设置相机的视锥体(View Frustum)与投影矩阵(Projection Matrix)来完成的。

如图 2.23 所示,选择 Unity3D 场景中的相机,会看到相机前方出现了一个棱台状的白色线框,这就是相机的视锥体(View Frustum),虚拟相机只能看到位于视锥体内部的物体,视锥体以外的物体则被裁切和剔除掉了。视锥体的两个相互平行的截面分别是相机的近切面与远切面,到相机中心的距离分别为近(Near)与远(Far),规定了相机的最近可见距离和最远可见距离。视锥体的范围就是相机的可见范围,由于近切面与远切面相互平行,可以通过近切面的上(Top)、下(Bottom)、左(Left)、右(Right)4 个边界及远(Far)、近(Near)共 6 个参数确定出视锥体的范围。

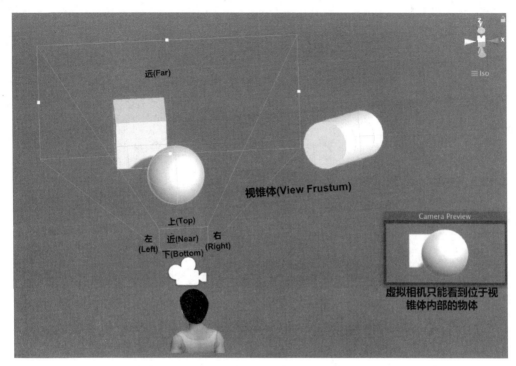

图 2.23　透视投影相机的视锥体（圆柱体位于视锥体之外，因而被裁切剔除，视锥体内的球体与立方体呈现近大远小的透视效果）

对相机坐标系中任意一个点 $\begin{bmatrix} x_{\text{cam}} \\ y_{\text{cam}} \\ z_{\text{cam}} \\ 1 \end{bmatrix}$，首先需要判断它是否位于视锥体内部，是则可见，否则裁切剔除。但对于透视投影的视锥体而言，判断一个点是否位于其内部是比较麻烦的，于是计算机图形学中采用了一种通用、方便和整洁的方法来实现，这就是通过投影矩阵进行投影变换，将相机坐标系中的点转换到裁剪坐标系中（Clip Space）：

$$\begin{bmatrix} x_{\text{clip}} \\ y_{\text{clip}} \\ z_{\text{clip}} \\ w_{\text{clip}} \end{bmatrix} = \boldsymbol{M}_{\text{Proj}} \begin{bmatrix} x_{\text{cam}} \\ y_{\text{cam}} \\ z_{\text{cam}} \\ 1 \end{bmatrix}$$

其中投影矩阵 $\boldsymbol{M}_{\text{Proj}}$ 由视锥体的上（Top）、下（Bottom）、左（Left）、右（Right）、远（Far）、近（Near）共 6 个参数确定。

$$\boldsymbol{M}_{\text{Proj}} = \begin{bmatrix} \dfrac{2 \times \text{Near}}{\text{Right} - \text{Left}} & 0 & \dfrac{\text{Right} + \text{Left}}{\text{Right} - \text{Left}} & 0 \\ 0 & \dfrac{2 \times \text{Near}}{\text{Top} - \text{Bottom}} & \dfrac{\text{Top} + \text{Bottom}}{\text{Top} - \text{Bottom}} & 0 \\ 0 & 0 & -\dfrac{\text{Far} + \text{Near}}{\text{Far} - \text{Near}} & -\dfrac{2 \times \text{Far} \times \text{Near}}{\text{Far} - \text{Near}} \\ 0 & 0 & -1 & 0 \end{bmatrix}$$

经过投影变换之后,视锥体裁切剔除就变得很简洁,对于裁剪空间中的一个点 $\begin{bmatrix} x_{\text{clip}} \\ y_{\text{clip}} \\ z_{\text{clip}} \\ w_{\text{clip}} \end{bmatrix}$,如

果 x_{clip}、y_{clip} 及 z_{clip} 都落在 $[-w_{\text{clip}}, w_{\text{clip}}]$ 范围内,则这个点一定位于视锥体内部,否则将被裁切剔除。

接下来,为了实现物体近大远小的效果,需要进行一次齐次除法(Homogenous Division),

这一运算比较简单,就是裁剪空间中每一个点 $\begin{bmatrix} x_{\text{clip}} \\ y_{\text{clip}} \\ z_{\text{clip}} \\ w_{\text{clip}} \end{bmatrix}$ 的 x、y、z 坐标都除以自身的齐次分量

w_{clip}。因为经过裁切剔除之后,裁剪空间中所有点的 x、y、z 坐标分量都落在 $[-w_{\text{clip}}, w_{\text{clip}}]$ 范围内。所以经过齐次除法之后,相机的视锥体被映射成为一个正方体,边长范围为 $[-1,1]$,立方体内部的物体将被显示到屏幕上,如图 2.24 所示。图 2.24 中的立方体空间称为标准设备坐标系(Normalized Device Coordinates,NDC),进行映射的运算公式为:

$$\begin{bmatrix} x_{\text{NDC}} \\ y_{\text{NDC}} \\ z_{\text{NDC}} \end{bmatrix} = \begin{bmatrix} \dfrac{x_{\text{clip}}}{w_{\text{clip}}} \\ \dfrac{y_{\text{clip}}}{w_{\text{clip}}} \\ \dfrac{z_{\text{clip}}}{w_{\text{clip}}} \end{bmatrix}$$

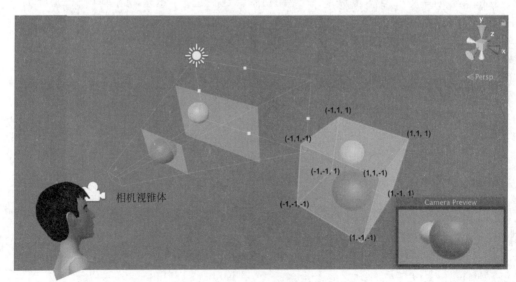

图 2.24 标准设备坐标系

NDC 有两个优点。第一个优点是 NDC 是一个无量纲的标准空间,不论虚拟场景中的长度量纲是 m 还是 cm,最终都映射到这个边长范围为 $[-1,1]$ 的立方体中,立方体的尺寸也与显示屏幕的具体分辨率无关,可以将场景图像方便地显示到不同尺寸、不同参数的显示设备

上,这也是标准设备坐标系名称的由来。第二个优点是通过视锥体到 NDC 的映射,实现了近大远小的透视效果。观察一下图 2.24,透视投影视锥体的截面近小远大,而映射到 NDC 后所有的截面都是标准的正方形,因此 3D 物体就呈现出了近大远小的透视效果。

最后一步工作就是将 NDC 映射到屏幕空间上,形成 2D 图像,这一步运算也很简单,只要获取了屏幕的像素宽度 Width 与像素高度 Height,就可以将 NDC 中的 3D 点映射到 2D 屏幕上。

$$\begin{bmatrix} x_{\text{screen}} \\ y_{\text{screen}} \end{bmatrix} = \begin{bmatrix} x_{\text{NDC}} \times \dfrac{\text{Width}}{2} + \dfrac{\text{Width}}{2} \\ y_{\text{NDC}} \times \dfrac{\text{Height}}{2} + \dfrac{\text{Height}}{2} \end{bmatrix}$$

这一变换也称为视口变换(Viewport Transform)。

在相机投影过程中,视锥体的上(Top)、下(Bottom)、左(Left)、右(Right)、远(Far)、近(Near) 6 个参数起着重要作用,它们确定了视锥体的范围,也确定了投影矩阵的取值,从而决定了最终的投影效果。在 Unity3D 中,相机视锥体大部分情况下是对称的,即相机坐标系的 $-z$ 轴穿过视锥体的中心,并且有 Left $=-$Right,Bottom $=-$Top,对称的视锥体可以简化为使用视角 Fov、宽高比 Aspect 及远(Far)、近(Near) 4 个参数来表示。

$$\begin{cases} \text{Top} = \text{Near} \times \tan\left(\dfrac{\text{Fov}}{2}\right) \\[2mm] \text{Bottom} = -\text{Near} \times \tan\left(\dfrac{\text{Fov}}{2}\right) \\[2mm] \text{Left} = -\text{Aspect} \times \text{Top} = -\text{Aspect} \times \text{Near} \times \tan\left(\dfrac{\text{Fov}}{2}\right) \\[2mm] \text{Right} = \text{Aspect} \times \text{Top} = \text{Aspect} \times \text{Near} \times \tan\left(\dfrac{\text{Fov}}{2}\right) \end{cases}$$

对应得到投影矩阵为:

$$\boldsymbol{M}_{\text{Proj}} = \begin{bmatrix} \dfrac{\cot\left(\dfrac{\text{Fov}}{2}\right)}{\text{Aspect}} & 0 & 0 & 0 \\[4mm] 0 & \cos\left(\dfrac{\text{Fov}}{2}\right) & 0 & 0 \\[4mm] 0 & 0 & -\dfrac{\text{Far} + \text{Near}}{\text{Far} - \text{Near}} & \dfrac{2 \times \text{Far} \times \text{Near}}{\text{Far} - \text{Near}} \\[4mm] 0 & 0 & -1 & 0 \end{bmatrix}$$

在 Unity3D 中,相机的视角(Fov)、宽高比(Aspect)及远(Far)、近(Near)4 个参数保存在 Camera 类的对应成员变量之中,即 Camera.filedOfView、Camera. Aspect、Camera. farClipPlane 与 Camera. nearClipPlane。相机的投影矩阵则存放于成员变量 Camera. projectionMatrix 之中。默认情况下,相机的视锥体是对称的,Unity3D 自动根据相机的视角(Fov)、宽高比(Aspect)及远(Far)、近(Near)4 个参数计算投影矩阵,而在某些特殊情况下用户也可以通过设置上(Top)、下(Bottom)、左(Left)、右(Right)4 个参数生成自定义的投影矩阵,使相机的视锥体变成非对称情况。后面 5.2 节中编写立体投影显示时就需要进行这种处理。自定义相机投影矩阵的代码示例如下。

```
//通过指定上(Top)、下(Bottom)、左(Left)、右(Right) 4 个参数及相机自身的远、近参数, 生成自定义的投影矩阵
using UnityEngine;
using System.Collections;

[ExecuteInEditMode]
public class ExampleClass : MonoBehaviour
{
    //用户指定的上(Top)、下(Bottom)、左(Left)、右(Right) 4 个参数
    public float Left = -0.2F;
    public float Right = 0.2F;
    public float Top = 0.2F;
    public float Bottom = -0.2F;
    void LateUpdate()
    {
        //指向当前场景中的主相机
        Camera cam = Camera.main;
        //计算自定义投影矩阵
        Matrix4x4 m = PerspectiveOffCenter(Left, Right, Bottom, Top, cam.nearClipPlane, cam.farClipPlane);
        //将主相机的投影矩阵设置为自定义投影矩阵
        cam.projectionMatrix = m;
    }
    //计算自定义投影矩阵
    static Matrix4x4 PerspectiveOffCenter(float Left, float Right, float Bottom, float Top, float near, float far)
    {
        //计算投影矩阵中的非零元素
        float x = 2.0F * near / (Right - Left);
        float y = 2.0F * near / (Top - Bottom);
        float a = (Right + Left) / (Right - Left);
        float b = (Top + Bottom) / (Top - Bottom);
        float c = -(far + near) / (far - near);
        float d = -(2.0F * far * near) / (far - near);
        float e = -1.0F;
        //生成投影矩阵-
        Matrix4x4 m = new Matrix4x4();
        //第1行
        m[0, 0] = x; m[0, 1] = 0; m[0, 2] = a; m[0, 3] = 0;
        //第2行
        m[1, 0] = 0; m[1, 1] = y; m[1, 2] = b; m[1, 3] = 0;
        //第3行
        m[2, 0] = 0; m[2, 1] = 0; m[2, 2] = c; m[2, 3] = d;
        //第4行
        m[3, 0] = 0; m[3, 1] = 0; m[3, 2] = e; m[3, 3] = 0;
        return m;
    }
}
```

除了透视投影模式,Unity3D 中也允许相机设置为正交投影模式。在正交投影模式下,相机视锥体是一个长方体,此时相机投影产生的 2D 画面中就没有近大远小的透视效果。正交投影模式常用于在子窗口中显示场景缩略地图,或显示用户界面中的文字与图标情况,正交投影模式下的投影矩阵为:

$$
\boldsymbol{M}_{\mathrm{Proj}} = \begin{bmatrix} \dfrac{2}{\mathrm{Right} - \mathrm{Left}} & 0 & 0 & -\dfrac{\mathrm{Right} + \mathrm{Left}}{\mathrm{Right} - \mathrm{Left}} \\ 0 & \dfrac{2}{\mathrm{Top} - \mathrm{Bottom}} & 0 & -\dfrac{\mathrm{Top} + \mathrm{Bottom}}{\mathrm{Top} - \mathrm{Bottom}} \\ 0 & 0 & -\dfrac{2}{\mathrm{Far} - \mathrm{Near}} & -\dfrac{\mathrm{Far} + \mathrm{Near}}{\mathrm{Far} - \mathrm{Near}} \\ 0 & 0 & 0 & 1 \end{bmatrix}
$$

 习题

1. 空间旋转变换有哪些表示形式？它们的优缺点是什么？
2. 如何实现右手坐标系与左手坐标系之间的转换？
3. 如何通过向量的运算判断两个向量是否垂直,或者方向是否一致？

感知基础

　　人类对现实世界的感知是通过各种感官产生的感觉来实现的。VR 技术则利用人类感知的特点,根据特定需求构建具有逼真的视觉、听觉、触觉、味觉以及嗅觉等感官体验的虚拟环境,为用户提供身临其境的感觉。本章主要介绍人的视觉、听觉、触觉、体觉等感知方面的基础知识及其在 VR 系统设计中的一些应用。

3.1　感知原理

　　个体通过眼、耳、鼻、口及皮肤等感官进行视觉、听觉、嗅觉、味觉及触觉的感知。这些感官中含有各类感受器,例如,视网膜上的光感受器,耳廓内部的听觉刺激感受器,关节与肌肉中用于感知重力和加速度的机械刺激感受器,皮肤中感受外界压力的机械刺激感受器和感知温度的温度感受器,以及鼻腔及舌头上感知化学成分的化学感受器。不同感官中的感受器将来自外部物理世界中的电磁能量、化学成分、组织畸变、气压波动、机械动能、热量变化、重力和加速度等自然刺激转换为神经电信号传递给大脑,相应形成了视觉、听觉、嗅觉、味觉与触觉。另外,人类还能感知自身肢体的姿态,例如,闭上眼睛仍然能够感知四肢和手的位置,这称为本体感觉,是由关节与肌肉中的本体感受器形成的。

　　VR 则是通过计算机及各种输出设备模拟真实的物理世界,提供人工刺激代替自然刺激欺骗大脑来产生视觉、听觉、触觉、味觉、嗅觉以及体感等感觉。如果构造的虚拟环境足够理想,人类的大脑就可能认为虚拟环境是真实的。

　　大脑受到感官刺激产生一系列感知体验后,也会进一步根据当前情境提供反馈,并对当前感知进行调整。其中一个典型的例子就是感知适应现象。例如,在黑夜中行走一段时间后,眼睛就会逐步适应暗光环境,能够看清周围的环境。听觉也有适应现象,如声音高于人的听阈 $10\sim15dB$ 时,会导致听觉不适现象,但离开噪声环境几分钟后,听觉可以完全恢复正常。人体的嗅觉、味觉等感受器也都会产生适应现象。

　　人的感知适应对 VR 中的用户体验有着较大影响。例如,对于经常在大屏幕前玩第一人称射击游戏的资深用户而言,在体验 VR 环境时会明显感到不够刺激;又如对于新手用户而言,VR 环境可能会导致头晕等不适感,但随着游戏体验时间的增加,其不适感会逐步降低。人体的感知适应是提高虚拟现实真实感、降低不适感的一个重要因素。

　　在日常生活中,大脑会依据长期的生活经验,对感官刺激形成一套相对固定的神经反应机制。当感官受到干扰时,固定的神经反应机制就会出现不匹配现象,导致人体出现不适感。例如,戴上度数很深的眼镜时就会出现头晕目眩现象。同样,在 VR 环境中,当人工生成的虚拟刺激与真实刺激出现差异时,就会干扰神经反应机制导致不适感产生。有时用户或许在意识层面没有感知到这种冲突,但身体却会产生疲惫或头痛,甚至出现头晕或恶心的症状。例如,当头戴式显示设备的眼间距与用户实际眼间距差异较大时,虽然用户仍然能够产生立体视觉,但会容易出现头晕现象;或者大脑会清晰地感知到这种冲突,此时将无法产生良好的 VR 体验。

在众多的感觉中,视觉和听觉是最常见、最重要的人体获取外界信息的两个通道,人们通过看和听基本上可以实现对外界环境的感知。除了常见的视觉、听觉定位,其他感官也可协同辅助产生空间感、方向感。如在第 9 章介绍的虚拟飞翔影院系统中,除了基于视听技术构建的虚拟场景外,还提供一个可以模拟飞机驾驶的六自由度动感座椅(具体介绍也参见第 4 章硬件基础知识)。该平台可以给予观众除了视觉和听觉以外的本体感觉,并可通过吹风的方式刺激皮肤。这些感官的协作大大提高了玩家的空间感、方向感,增强了 VR 体验。

目前,在 VR 中比较成熟的技术应用也主要是视听技术,用于构建具有真实感、沉浸感的虚拟环境。在构建虚拟环境时,需要充分考虑人的视听感官的生理机制和 VR 体验特征。因此,本章下面重点介绍与 VR 相关的视觉和听觉知识,并简单介绍触觉和力觉、本体与内部感觉等基本的体觉知识。

3.2　视觉

视觉是人类最重要的感觉通道,人类从周围世界获取的信息约有 80% 是通过视觉得到的。满足视觉感知是构建真实感、沉浸感的虚拟环境的首要任务。在建模环节中要保证虚拟对象模型的形态与动作具有逼真的效果,同时还要保证显示设备能够实现高清实时显示。因此,本节将从视觉的生理机制、眼球运动、深度感知、立体视觉以及颜色感知等方面介绍与 VR 相关的视觉感知知识。

3.2.1　视觉的生理机制

视觉活动始于光。眼睛接收光线,转换为电信号,再传递给大脑,形成对外部世界的感知。眼睛的生理构造如图 3.1 所示。当光线穿过角膜时,它们会经过含有房水的小室(前房),之后光线经过瞳孔进入晶状体。瞳孔的大小由称为虹膜的盘状结构控制,用来调节允许通过的光量。睫状肌可以改变晶状体的光焦度。穿过晶状体后,光线通过玻璃体射向内层的视网膜。视网膜包含两种光感受器:视锥细胞和视杆细胞。视锥细胞只有在光线明亮的情况下才起作用,具有辨别光波波长的能力,因此对颜色十分敏感,特别对光谱中黄色部分最敏感,在视网膜中部最多。而视杆细胞比视锥细胞灵敏度高,在暗的光线下就能起作用,没有辨别颜色的能力。视网膜的中央是黄斑区,负责视觉和色觉的视锥细胞就分布于该区域,黄斑中央的凹陷称为中央凹,视锥细胞在此分布最为集中,是视力最敏锐的地方。

视网膜上不仅分布大量的视细胞,同时还存在一个盲点,这是视神经进入眼睛的入口。盲点中没有锥状体和杆状体,在视觉系统的自我调节下,人们无法察觉盲点。视网膜上还有一种特殊的神经细胞,即视神经中枢,可以帮助人们察觉运动和形式上的变化。

视觉感知可分为两个阶段:接收信息阶段和解释信息阶段。需要注意的是:一方面,视

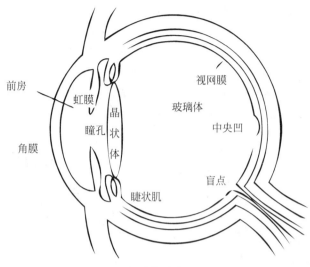

图 3.1　眼睛的结构图

觉系统的物理特性决定了人类无法看到某些事物;另一方面,视觉系统解释处理信息时可对不完全信息发挥一定的想象力。因此,进行 VR 设计时需要清楚这两个阶段及其影响,了解人类真正能够看到的信息。

3.2.2　人眼的视觉暂留现象

现代影视主要基于视觉暂留现象。这一概念于 1824 年由英国伦敦大学教授皮特·马克·罗葛特在研究报告《移动物体的视觉暂留现象》中最先提出。在此基础上,法国卢米埃尔兄弟通过不断实验探索,于 1895 年拍摄和放映了人类第一部电影《火车进站》,开启了现代影视技术的新时代。影像内容的刷新率超过 10 帧就可以产生视觉暂留,达到 20 帧左右时就可以产生较好的动态视觉感受。在很长一段时间中,电影的图像刷新率都是以 24 帧为标准的。

因此,进行 VR 开发还需要了解各类显示设备的图像刷新率。目前常见的液晶显示器和投影仪的标准图像刷新率为 60 帧,而当进行 3D 立体显示时,图像刷新率会提高到 120 帧。显示器和投影仪需要按顺序交替显示左眼画面和右眼画面,同时配合液晶快门眼镜的左右眼镜片与画面播放次序同步开闭,以产生立体视觉感官,此时对于单眼而言画面刷新率仍是 60 帧。目前,松下等投影仪厂家已经推出 240 帧刷新率的投影仪设备,我们看到数字化显示设备的图像刷新率都是以 60 帧为基础并进行倍增的,这是欧美地区交流电 60Hz 交变频率而约定的。VR 显示设备的图像刷新率降低就会在视觉上造成画面卡顿。一般来说,当显示设备图像刷新率低于 60 帧时,用户视觉上就会感到轻微的卡顿;刷新率降至 30 帧左右时,画面的卡顿体验就比较明显。

当观看国产经典老电影时,即使刷新率只有 24 帧,画面却仍然流畅,这是由于电影画面与游戏及 VR 视频画面的生成机制不同而导致的。电影画面是通过摄像机进行现场实拍产生,在一帧画面的 1/24s 时间内,胶片或 CCD 器件不断接收和记录实际场景中的光信号,这是一个光信号累加积分的过程,因此实拍电影画面中的运动物体含有"拖影"(见图 3.2(a)),这种拖影虽然细微,但在连续播放时人眼是可以捕捉和感知到的,这符合人眼观察实际环境的特性。例如,当在眼前快速摆动手指时,就会看到手指的拖影。实拍电影由于记录下了运动物体的拖影,因此人眼对运动物体画面的感受就比较舒适和流畅。而计算机游戏和 VR 视频是通过对虚拟场景模型进行实时渲染生成的,是一个瞬时采样拍摄过程,因而画面中的运动物体就没有拖影(见图 3.2(b)),导致人眼感受到不适感与卡顿感,因而需要靠较高的图像刷新率才能加以弥补。由于上述原因,在游戏和 VR 制作中,对高速移动的物体,例如赛车模型渲染时,会通过 Shader 编程产生拖影特效,但这种人为生成的运动拖影,仍无法真实和自然地再现实际环境中人眼产生的拖影,过分使用拖影特效有时会适得其反。

AR 图标

(a)

(b)

图 3.2　实拍电影中含有轻微拖影,实时渲染生成的 VR 视频中没有拖影

　　在观看立体电影时,有时需要佩戴主动式快门 3D 眼镜。主动快门式 3D 技术,英文为 Active Shutter 3D,配合主动式快门 3D 眼镜使用。主动快门式 3D 技术主要是通过提高画面的刷新率来实现 3D 效果的,通过把图像按帧一分为二,形成对应左眼和右眼的两组画面,连续交替显示出来,同时红外信号发射器将同步控制快门式 3D 眼镜的左右镜片开关,使左、右双眼能够在正确的时刻看到相应画面。因人的眼睛具有视觉暂留的特性,让人眼感觉左右眼不同的画面是同时播放的,从而在大脑中产生所观看画面的立体成像,以达到立体投影效果。屏幕刷新频率必须达到 120Hz 以上,也就是让左、右眼均接收到频率在 60Hz 以上的图像,才能保证用户看到连续而不闪烁的 3D 图像效果。

3.2.3　眼球运动

　　为了准确注视目标物体,人的眼球会发生运动来进行调节。通过快速扫视将感兴趣的特征定位在中央凹上,人眼能够准确地瞄准目标。快速扫视是眼睛的快速移动,能够快速使中心凹重新定位,以最高的视敏度来感知场景中的重要特征。人眼也可通过平稳移动来减少视网膜上的运动模糊,保持图像稳定。前庭眼动反射(Vestibulo-Ocular Reflex)也可提供图像稳定功能。人类还可通过聚散(Vergence,也称为辐辏)这种眼睛运动保持立体视觉并防止适应恒定刺激。立体视觉是指双眼被固定在相同物体上,从而产生单个感知图像。人眼可出现两种聚散运动将眼睛与物体对齐(见图 3.3):如果物体比先前的位置更近,则发生会聚运动,两个瞳孔会越来越近;如果物体更远,则发生发散运动,两个瞳孔会逐渐分开。聚散运动产生的眼睛方向提供了有关物体距离的重要信息。

　　另外,大部分时间眼球和头部是在一起移动的。眼睛可以向左或向右偏转 35°,且这两种偏转是对称的。而眼睛的俯仰则不对称——人眼可向上倾斜 20°,而向下则是倾斜 25°。这表明当眼睛直视前方时,将 VR 显示器置于瞳孔下方的中心位置可能是最佳选择。在前庭眼动反射的情况下,控制眼球旋转以抵消头部运动。在平稳移动的情况下,头部和眼睛可一起移动将移动目标保持在首选观看区域中。

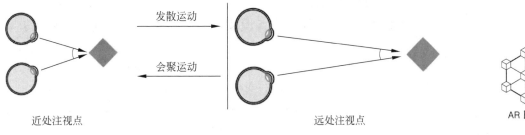

近处注视点　　　　　　　　　　　　远处注视点

图 3.3　人眼的两种聚散运动：发散运动和会聚运动

3.2.4　深度感知与立体视觉

人类通过视觉可以感知物体大小、深度和相对距离，在大脑中形成空间深度感。要了解人的眼睛如何感知物体大小、深度和相对距离，首先需要了解物体是如何在眼睛的视网膜上成像的。物体反射的光线在视网膜上形成一个倒像，像的大小和视角有关。视角反映了物体占据人眼视域空间的大小，视角的大小与物体离眼睛的距离、物体的大小这两个要素有着密切的关系：两个同样大小的物体被放在离眼睛不一样远的地方，离眼睛较远者会形成较小的视角；两个与眼睛距离一样远的物体，大者会形成较大视角（见图3.4）。

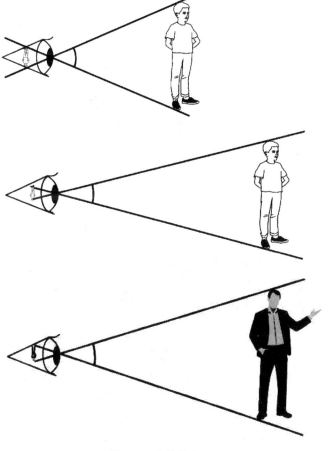

AR 图标

图 3.4　人的视角

人眼可以借用很多线索实现深度和相对距离的感知,其中包括单眼线索和双眼线索。人的视觉景象中有很多线索让人可以仅凭单眼便能感知物体的深度和相对距离。常用的单眼线索如下。

(1)线条透视线索:通过地平线和平行线条的消失点可判断远近关系,如图 3.5(a)所示。

(2)纹理梯度线索:可以通过纹理的变化判断深度关系,如图 3.5(b)所示。

(3)遮挡线索:可通过遮挡关系确定远近。如果两个物体重叠,那么被部分覆盖的物体被看作是在背景处,自然离得比较远,如图 3.5(c)所示。

(4)大小线索:人们平时所熟悉物体的大小和高度为人们判断物体的深度提供了一个重要线索。一个人如果非常熟悉一个物体,他对物体的大小在头脑中事先有一个期望和预测,就会在判断物体距离时很容易和他看到的物体的大小联系起来,如图 3.5(d)所示。

(5)阴影线索:光源遇到物体时投下的阴影提供了一个重要线索,如图 3.5(e)所示,阴影解决了球中模糊的深度和阴影错觉问题。

(6)图像模糊线索:根据焦点的变化的锐度来推断深度。如图 3.5(f)所示,由于图像模糊,一个对象似乎比另一个要近得多。

(7)大气线索:如空气湿度导致远处的风景具有较低的对比度,从而看起来更远。如图 3.5(g)所示显示出这个场景提供了一个大气信号:一些景物被认为更远一些,因为它的对比度较低。

(8)运动视差线索:通过感知的物体运动速度判断远近关系。例如,坐在火车上,远处的物体运动速度慢,近处的物体运动速度快。

AR 图标

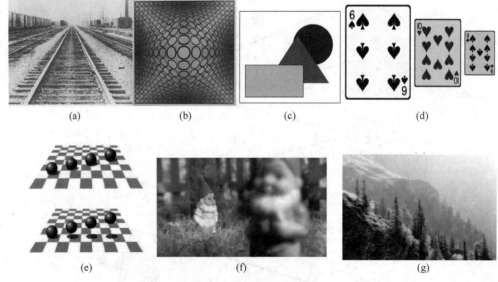

(a)　　　　　　(b)　　　　　　(c)　　　　　　(d)

(e)　　　　　　(f)　　　　　　(g)

图 3.5　深度感知线索

将两只眼睛聚焦在同一个物体上会提高深度感知。由于人类是用两只眼睛同时观看,人的左、右眼之间有一定的间距(大约 6.5cm),所以在看同一物体时左眼图像与右眼图像会有细微差异,称为双眼视差(见图 3.6)。大脑会自动将两幅图像合二为一,产生对物体的立体及空间观感。双眼视差是一种双眼深度线索,大脑可以利用对这种视差的测量,估计出物体到眼睛的距离。3D 电影的制作原理便基于双眼视差原理,即通过立体摄像机获取具有差异的左、右两组图像,然后通过相应的 3D 显示技术分别播放给人的左右眼,从而在人脑中呈现虚拟的立体场景。在 VR 系统中,则是通过设置左、右并列的两台虚拟摄像机拍摄渲染虚拟场景图像,形成左、右两路视频,对应输出到用户的左、右眼中,使用户产生真实的立体视觉感受。

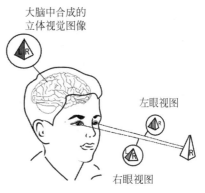

图 3.6 双目深度感知

VR 中不当的刺激呈现可能影响深度感知。例如,有些 VR 系统常常把视点高度设置成固定值,但是对于更高或更矮的用户来说,对于虚拟场景的感知就会出现空间感知的不适。另外,如果 VR 中瞳孔间距的设置与实际情况不匹配,还会出现额外的并发症。例如,真人用户的实际眼间距为 6.4cm,而在 VR 中扮演的虚拟角色眼间距被设置为 5cm,那么虚拟世界就会看起来大得多,这会严重影响深度感知。同样,如果虚拟角色的眼间距比真人用户大,虚拟世界就会比实际尺寸看起来小。

3.2.5 颜色感知

人能感觉到不同的颜色,是眼睛接受不同波长的光的结果。颜色通常用三种属性表示:色度、饱和度、明度或亮度。色度是由光的波长决定的,正常的眼睛可感受到的光谱波长为 $400 \sim 700\mu m$。视网膜对不同波长的光敏感度不同,同样强度的光而颜色不同,有的看起来会亮一些,有的看起来会暗一些。对于人眼来说,位于可见光谱中央位置处的绿色光($550\mu m$)最为明亮,而位于可见光谱两端的红色光($400\mu m$)和紫色光($700\mu m$)就比较暗。

在三维空间中,可以用一个圆锥体表示颜色的三种基本属性。该模型称为 HSV 颜色模型,H、S、V 分别代表色度、饱和度和明度。该模型对应于圆柱坐标系的一个圆锥形子集(见图 3.7)。圆锥的顶面对应于 $V=1$,代表的颜色最亮。色彩 H 由绕 V 轴的旋转角给定,红色对应角度为 $0°$,绿色对应角度为 $120°$,蓝色对应角度为 $240°$。在 HSV 颜色模型中,每一种颜色和它的补色相差 $180°$。饱和度 S 取值 $0 \sim 1$,由圆心向圆周过渡。在圆锥的顶点处,$V=0$,H 和 S 无定义,代表黑色;圆锥顶面中心处 $S=0$,$V=1$,H 无定义,代表白色;从该点到原点代表亮度渐暗的白色,即不同灰度的白色。任何 $V=1$,$S=1$ 的颜色都是纯色。

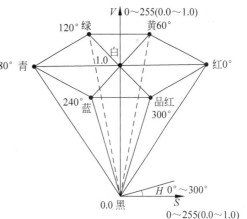

图 3.7 HSV 颜色图集

由于具有不同光谱分布的光产生的颜色有可能是一样的,所以需要采用其他颜色模型定义颜色,使光与颜色可以保持一一对应。RGB 颜色模型是 VR 中常用的一种颜色模型。该模型基于三基色学说,以红、绿、蓝为原色,各个原色混合在一起可以产生复合色,如图 3.8 所示。RGB 颜色模型通常采用如图 3.9 所示的单位立方体来表示,在正方体的主对角线上,各原色的强度相等,产生由暗到明的白色,也就是不同的灰度值。其中,(0,0,0)为黑色,(1,1,1)为白色。正方体的其他六个顶点分别为红、黄、绿、青、蓝和品红。

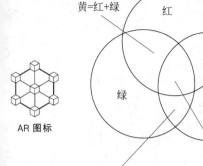

图 3.8　RGB 三原色混合效果

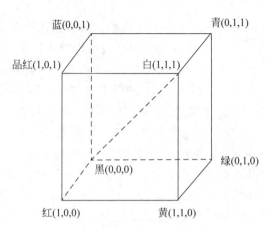

图 3.9　RGB 颜色模型

由于 RGB 颜色模型是以红、绿、蓝为原色,将各个原色混合在一起产生复合色,因此称为加色法颜色系统。该系统属于发射光原理,如头盔显示器采用的就是这种系统。

与加色法颜色系统相对应的是减色法颜色系统。如我们看到的物体的颜色,是由于物体表面上的颜料,吸收了日光中一部分的光波,反射日光其他的色光到人眼所看到的。该系统属于反射光原理,常运用在颜料的混合中,也广泛地运用在印刷技术之中。CMYK 颜色模型就是一种减色法颜色系统,主要以红、绿、蓝的补色青(Cyan)、品红(Magenta)、黄(Yellow)为原色(见图 3.10)。在实际印刷中,一般采用青(C)、品红(M)、黄(Y)、黑(BK)进行四色印刷,在印刷的中间调至暗调增加黑版。如打印机采用的就是 CMYK 颜色模型。

CMYK 颜色模型对应的直角坐标系的子空间与 RGB 颜色模型所对应的子空间几乎完全相同(见图 3.11)。差别仅在于前者的原点为白,而后者的原点为黑。前者是定义在白色中减去某种颜色来定义一种颜色,而后者是通过从黑色中加入颜色来定义一种颜色。

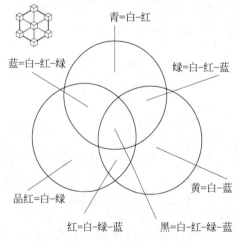

图 3.10　CMYK 原色的减色效果

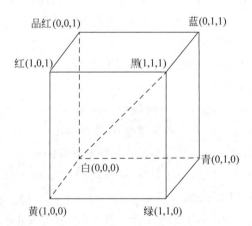

图 3.11　CMYK 颜色模型

在投影式 VR 系统中,DLP 投影仪主要通过色轮过滤的方式将彩色图像分解为红、绿、蓝三原色分别投影。色轮就是一片圆形镀膜玻璃片,分为红、绿、蓝三种色段,色轮在电机驱动下高速旋转,对白色光源进行分色。LCD 投影仪中安装有三片高温多晶硅液晶面板,而投影仪的白色光源也通过三片分色镜,被分成红、绿、蓝三束光线,分别照射对应的液晶面板,产生出相应的红、绿、蓝单色位面图像,随后通过一体化光学棱镜,将红、绿、蓝单色位面图像合成为彩色图像,由光学镜头聚焦投影到屏幕上(见第4章)。另外,红蓝滤色眼镜等偏光式眼镜通过不同颜色的滤镜分离双眼视差图像,形成立体视觉。

3.3　听觉

人类通过听觉对客观世界产生的感知信息仅次于视觉。在VR系统中,听觉的作用一方面为虚拟场景伴音,通过有效的视听融合提供真实感体验,另一方面则可以提供空间方位信息。本节主要介绍听觉的生理机制和听觉定位的基本知识,及其在VR系统设计中的一些应用。

3.3.1　听觉的生理机制

听觉所涉及的问题和视觉类似,即耳朵接受刺激,把刺激信号转换为神经兴奋,并对信息进行加工,然后传递到大脑。耳朵是听觉的外周感觉器官,由三部分组成:外耳、中耳和内耳。外耳包括耳廓和外耳道两部分;中耳则是一个小腔,通过耳膜与外耳相连;内耳由前庭器官和耳蜗组成(见图3.12)。

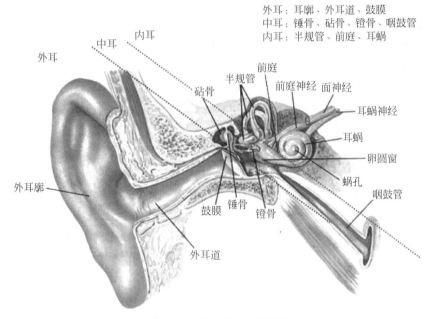

图 3.12　耳朵的生理结构图

声音是由物体振动产生的声波。当声波由空气到达外耳廓时,耳廓像喇叭一样的结构会初步将这些声波进行聚拢,以使声波信号足够强烈,然后声波就会顺着耳孔进入耳道,最终到达耳膜。耳膜是一层薄薄的弹性组织,它非常灵敏,只要稍微有点儿声波振动,就能够随之产生振动,并带动与它相连的听小骨等结构。听小骨由锤骨、砧骨及镫骨组成,可以将声波信号进行放大。最终这些放大的振动信号就会到达耳蜗。声波进入充满淋巴液的耳蜗,通过耳蜗内大量纤毛的弯曲来刺激听觉神经。神经脉冲从左耳蜗和右耳蜗一直传递到大脑中的主要听觉皮层。当信号通过神经结构组合时,发生分层处理,这使得大脑能够分析多个频率和相移。一种被称为上橄榄的早期结构接收来自双耳的信号,可以分辨出声波的振幅和相位差异。这对于确定声源的位置是非常重要的。

人类听到的声音可由音调、响度和音色三个主要特征来描述。

音调主要是由声波频率决定的听觉特性。声波频率不同，人们听到的音调高低也不同。人的听觉的频率范围为 16～20 000Hz。其中，1000～4000Hz 是人耳最敏感的区域。16Hz 是人的音调的下限，20 000Hz 是人的音调的上限。当声波的频率约为 1000Hz、响度超过 40dB 时，人耳能分辨出 0.3% 的频率变化范围。但同时音调也是一种心理量，它和实际声波频率的变化不完全对应。在 1000Hz 以上，频率与音调的关系几乎是线性的；在 1000Hz 以下，频率与音调的关系不是线性的。

音响是由声音强度决定的一种听觉特性。强度大，听起来响度高；强度小，听起来响度低。对人来说，音响的下限为 0dB，它的物理强度为 2×10^{-9} N/cm^2。上限约 130dB，上限的物理强度约为下限物理强度的 100 万倍。音响还和声音频率有关，在相同的声压水平上，不同频率的声音响度是不同的，而不同的声压水平却可产生同样的音响。

音色是指不同的声音的频率表现在波形方面总是有与众不同的特性，不同的物体振动有不同的特点。不同的发声体由于其材料、结构不同，其发出声音的音色也不同。

3.3.2　虚拟环境中的听觉内容设计

在人类的各类感知中，虽然视觉大约占比 80%，但如果没有听觉，人类就难以正确感知现实世界。听觉画面与视觉画面一起在人的脑海中形成了对自然景观及社会景观的感知。加拿大声学家与作曲家谢弗(R. Murray Schafer)于 1977 年出版的《声景：我们的声音环境和世界的调谐》(*Soundscape: Our Sonic Environment and the Tuning of the World*)一书中提出了声景(Soundscape)的概念，并逐步发展研究听觉、声环境与社会之间相互关系的学术领域。谢弗将声景中的声音划分为基调声(Keynote Sounds)、信号声(Signals)和标志声(Sound Marks)三类。虚拟现实环境中的听觉内容也可以按照这种分类进行相应设计。

基调声指现实世界中的背景环境声。背景环境声提供了听觉感知中的背景基本信息。例如，旷野背景中有风声，高大的厅堂环境中隐隐含有混响声，机房环境中会有机器嗡嗡声等。背景基调声不能被简单地归于背景噪声。基调声能够间接传达空间大小、建筑材质、气候天象等基本背景信息，能够使听者对所处环境产生整体性的感知。在现实环境中，人们不会刻意注意基调声，甚至会忽视基调声。但在 VR 环境中，如果没有合理有效的基调声，就会大大削弱用户的沉浸感与真实感，例如，在虚拟海底漫游环境中需要添加汩汩的气泡声以加强用户对环境真实感的感知。

信号声则是能够引起人们刻意倾听的前景声，是人与环境的一种重要的交互信息。例如，车辆向你驶来时的轰鸣声，使用工具时的叮当声，推门时发出的吱扭声等。在 VR 中，信号声有两个重要作用：一是增强交互的真实感。当用户触碰一个虚拟气球模型时，不仅要提供视觉与触觉反馈，还要配以薄膜的摩擦声音反馈才会使虚拟体验更为真实。二是引导视线作用。如果希望用户在虚拟环境中注意某个对象的出现，或吸引用户按预设路线漫游时，就可以使用信号声进行导引。虽然物体或空间处于用户视线之外，但逼真的声效同样可以吸引用户的注意。例如，在虚拟海底漫游环境中，如果希望用户注意背后游来的鱼，就可以通过鱼儿划水声的远近与方位变化引导用户视线。在这种情况下，需要开发者注意对声源移动的仿真，并对用户头部转动所引起的听觉变化进行实时响应，以再现真实感的听觉效果。

现实环境中的标志声是指"标志性的、有一定的文化含义的、独一无二的声音"。例如，听到如诉的马头琴声,脑海中就想象出风吹草低的蒙古草原等。相应地,标志声在VR环境中的一个重要作用就是激发用户自身的想象,有效提高虚拟环境的代入感。同时,在用户进行或完成某项虚拟交互时,也可以人为放大或创造某些特殊的标志音效来增强交互体验感。例如,在虚拟海底漫游环境中,如果用户用手柄开启刚发现的一个海底宝箱时,就可以对开启宝箱的标志音进行夸张放大。虽然实际水下环境中开箱的声音几乎是听不到的,但这样可以加深用户的交互体验,激发用户继续漫游的兴趣。

在VR环境开发时,听觉内容的设计与制作要综合考虑基调声、信号声及标志声的运用与传达,三类声音的综合运用可以有效提高用户VR体验的真实感与沉浸感。反之,如果只使用单一声音(如缺乏经验的设计者常使用单一背景环境声)来搭建整个虚拟声景,不但不能辅助提升VR内容呈现质量,反而会产生负面效果。

另外,声音的传播需要空气、水和固体等介质。声音在不同的介质中传播的速度是不同的,且声音的传播速度随物质的坚韧性的增大而增加,随物质的密度的减小而减少。声音在空气中的传播速度也与压强、温度和阻力有关,还会因外界物质的阻挡而发生折射,产生回声等。因此,高度真实感的声音仿真仍需进一步研究探索。

在VR系统中,还要做到声音与视觉画面的同步融合。一个VR系统,当听觉与视觉能良好融合时,有助于提供令人沉浸、舒适的VR体验。例如,在虚拟射击影院中,逼真的射击声和射击特效画面的同步将增强射击的体验。如果VR中的场景和声音不适配,则会导致眼睛和耳朵的失调,进而引起在VR中观看时的疲劳感。

3.3.3 听觉定位与立体声

与视觉一样,人类通过听觉也能产生空间定位,即可通过听到声音来估计声源的位置。例如,如果人们正在与虚拟代理对话,那么不同代理的声音应该来自相应的位置。这对许多VR体验也是至关重要的。

人耳能够判断声音的位置和方位。人脑识别声源的位置和方向,一方面是利用了两耳听到的声音的混响时间差和混响强度差。混响时间差是两耳感受同一声源在时间先后上的不同,混响强度差则表示两耳感受同一声源在响度上的不同。另一方面,人耳听觉系统对声源的定位还与身体结构有关。声音在进入人耳之前会在听者的面部、肩部和外耳廓上发生散射,这就使得音源的声音频谱与人耳听到的声音频谱产生差异,而且两只耳朵听到的声音频谱也存在差异。这种差异可以通过测量声源的频谱和人耳鼓膜处的频谱获得。通过频谱差异的分析,就可以得出声音在进入内耳之前在人体头部区域的变化规律,即为"头部相关传递函数"(Head-Related Transfer Functions,HRTF)。利用该函数对虚拟场景中的声音进行处理后,那么即使用户使用耳机收听,也能感觉到三维空间中的声音立体感和真实性。

听觉定位线索可以分为使用单耳和双耳两种。单声道线索依赖于到达单个耳朵的声音来约束可能的声源集合。也就是说,人仅凭一只耳朵,就能初步辨出声音的方向,从而对声音进行定位。单声道线索主要包括:

(1)耳廓形状不对称产生的声音扭曲。这取决于声音到达的方向,尤其是仰角。虽然人们没有意识到这种扭曲,但听觉系统可用它来定位。

(2)声音的波幅与距离的关系。对于熟悉的声音,感知到的声音波幅(响度)可帮助估计距离。熟悉度越高越有助于对距离的判断。

(3)频谱失真。声音的高频分量比低频分量衰减得更快,因此远距离声音会发生频谱失真。

　　(4)声音混响。进入耳朵的混响可以提供强大的单声道线索,这种线索被称为回声定位,在室内环境中会更加明显。

　　如果双耳都参与声源感知定位,由于位于头部两侧的两耳之间有一定的距离,因此声源发出的声音到达两耳传播路径长短不一,导致声音的延时和衰减就不同,声音到达的时间和强度也就不同,从而可以产生听觉的位置感空间感(见图3.13)。最简单的情况是耳间水平差,它是每只耳朵听到的声音幅度的差异。例如,一个耳朵可能面向声源,而另一个耳朵则背向声源,较近的耳朵就会比另一只耳朵受到更强烈的振动(见图3.13(a))。另一个双耳线索是耳间时差。两只耳朵之间的距离约为21.5cm,这导致来自声源的声音到达时间不同(见图3.13(b))。由于声音在约0.6ms内传播21.5cm,因此很小的时差就可以用于定位。另外,头部运动不仅可以提供视觉定位线索,也可以提供听觉定位线索,这是因为近的音频源比远的音频源会更快地改变其方位角和仰角。

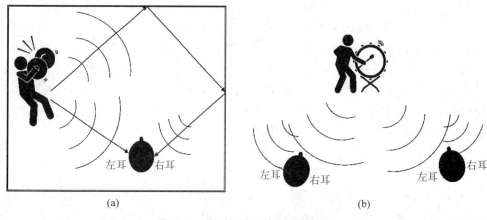

左耳　右耳

(a)

左耳　右耳　　　　　左耳　右耳

(b)

图 3.13　通过双耳对声源感知定位

　　为了配合人类的双耳听觉感知,音频产品常采用立体声模式,通过双通道录音并配合耳机进行双通道播放,使用户双耳听到的声音产生差异,由此产生出声音的立体感与层次感。但在VR环境中,单纯的立体声播放无法与视觉配合产生真实感与沉浸感。如图3.14所示,当用户佩戴头戴式设备观看乐团演出的VR内容时,无论用户如何转动头部,耳机中左声道和右声道的声音信号都不会发生改变。通过听觉感知定位,用户感知鼓手永远在前、提琴手永远在后、竖琴手永远在左、号手永远在右,即乐团成员是随着头部转动而转动的,这与头戴式设备中看到的VR画面效果产生矛盾,降低了沉浸感与真实感。

　　为在VR环境中产生真实的听觉感知效果,需要使用立体音频处理与播放模式,如图3.15所示。通过传感设备实时感知用户头部的转动方位数据,据此对左、右耳声道中不同声源的声音信号进行实时调整,实时模拟出用户当前位置所应听到的声音内容,使耳机中的听觉感知与头戴式设备产生的视觉感知相匹配,保证视听同步感知,这样能够有效提高用户VR体验的真实感与沉浸感。

　　对于大空间投影式VR系统,用户无须佩戴耳机,而是在场地中选用环绕声播放,可以允许多人同时共场进行VR体验。这类方式需要借助一定的专业知识在空间中布置若干音箱,以形成一个环绕式播放系统(见图3.16),来模拟真实世界中包围式的声景环境。当用户在场地中自由行走时,双耳听到的声音会随着与各音箱之间的相对距离方位产生细微变化,产生出高度真实感的听觉效果。

图 3.14 单纯的立体声播放无法满足虚拟现实环境要求

图 3.15 配合头戴式设备的立体音频播放能够产生逼真的听觉感知

图 3.16 在基于大空间投影的 VR 环境中采用多音箱构成环绕式播放系统

3.4　体觉

视觉和听觉是 VR 系统设计的重点,但触觉、力觉和本体感觉等体觉系统对提供良好的 VR 体验也有重要作用。它们也可以反馈交互环境中的许多关键信息,帮助用户产生更身临其境的体验。

3.4.1　触觉和力觉

虽然比起视觉和听觉,触觉的作用要弱些,但触觉在交互中的作用是不可低估的。如通过触摸感觉东西的冷或热可以作为进一步动作的预警信号,人们通过触觉反馈可以使动作更加精确和敏捷。

触觉的感知机理与视觉和听觉的最大不同在于它的非局部性。人的全身皮肤布满了各种触觉和力觉感受器,用以感知触觉和力觉的刺激。皮肤中包含三类感受器:温度感受器(Thermoreceptors)、伤害感受器(Nociceptors)和机械刺激感受器(Mechanoreceptors)。它们分别用来感受冷热、疼痛和压力。机械刺激感受器分为快速适应机械刺激感受器(Rapidly Adapting Mechanoreceptors)与慢速适应机械刺激感受器(Slowly Adapting Mechanoreceptors)。前者可以感受瞬间的压力,而受到持续压力时不再有反应。后者则对持续压力比较敏感,用来形成人对持续压力的感觉。

触觉感受器主要包括以下几种。

(1) 游离末梢神经(Free Nerve Endings):主要分布在表皮层,功能是感受外界温度(热和冷),以及皮肤损伤的疼痛。

(2) 鲁菲尼小体(Ruffini's Endings):位于真皮层,是一种慢适应感受器,也称为鲁菲尼末梢。

(3) 帕西尼小体(Pacinian Corpuscles):广泛分布于皮下神经末梢,响应深压触动和高频振动。

(4) 默克尔小体(Merkel's Disks):位于表皮之下,并对静态压力(随时间变化不大或没有变化)做出反应,具有缓慢的时间响应。

(5) 麦斯纳小体(Meissner's Corpuscles):位于表皮之下,对较轻的触觉做出反应,反应速度比默克尔和鲁菲尼小体快,感受压力频率不如帕西尼小体。

(6) 毛囊感受器(Hair Follicle Receptors):位于发根周围;对轻微的触觉做出反应,例如脱毛也会感知疼痛。

体感系统的神经通路类似于视觉途径的工作方式。信号通过丘脑传送,相关信息最终到达大脑的体感皮层,在那里进行更高级的处理。早在丘脑之前,一些信号也通过脊髓传递到控制肌肉的运动神经元。这使得运动响应十分迅速,可以快速地从疼痛刺激中退出。在主体感皮层内,神经元在空间上的排列对应于它们在身体上的位置。一些神经元也有与皮肤上的局部斑片相对应的感受域,这与接受性视觉的视觉效果十分相似。同样地,横向抑制和空间对立存在并形成检测器,允许人们估测沿着皮肤表面的尖锐压力特征。

触觉具有空间和时间分辨率。人体对触觉的感知敏感度取决于人体组织中的感受器分布密度。实验表明,人体的各个部位对触觉的敏感程度是不同的:人体在指尖和舌头处机械刺激感受器的密度最大,可以区分 $2\sim3$mm 范围的点;头部密度低一些,敏感度约为 20mm;在背部很低,敏感度约为60mm。对人身体各部位触觉敏感度的了解有助于更好地设计VR触觉交互设备。VR系统就是通过各种手段来刺激人体表面的神经末梢,从而使用户达到身临其境的接触感。

通过手指触摸可以感知物体表面的纹理。对于粗糙纹理的感知主要通过空间线索,即通过手指对表面施压来感知纹理结构。对于细小纹理则主要是通过时间线索来感知的,手指滑过表面时导致压力振动,可以由帕西尼和麦斯纳小体来感知更精细的纹理(需要保持振动频率在250~350Hz以下进行较慢的运动)。一般地,通过反复训练可以改善触觉感知。

力觉感知一般是指皮肤深层的肌肉、肌腱和关节运动感受到的力量感和方向感,例如用户感受到的物体重力、方向力和阻力等。图3.17展示了一种带后坐力的交互仿真枪,其后坐力模块可以模拟枪的射速和后坐力力度。后坐力模拟部件由驱动电路、电磁铁、归位皮筋以及活动枪托四部分组成。控制器向驱动电路发送控制信号,驱动电路驱动电磁铁工作。然后,电磁铁铁芯向右运动,击打活动枪托。枪托作用于玩家肩部,使玩家感受到后坐力,体验到更真实、沉浸的交互体验。

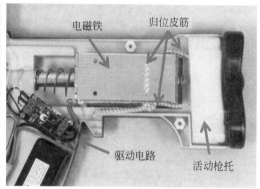

图3.17 带后坐力触觉反馈的游戏仿真枪

图3.18还展示了一些常见例子。图3.18(a)显示了美国初创公司Haptx推出的触觉反馈手套,支持用户在VR中感受到物体的存在,产生与现实环境中相似的触感体验。图3.18(b)展示了Go Touch VR的一款简单有效的手指触觉设备VR Touch,可配合Oculus Rift和Leap Motion使用。该设备用尼龙搭扣松紧带固定在指尖,通过塑料片让指尖感受到不同力量。它带有一个小电动机,通过戴在指尖的塑料片来产生反馈力,可以将触觉反馈到指尖上,让使用者体验到VR中更强的沉浸感和更加自然的交互体验(抓、触摸、按压等)。图3.18(c)展示了一种3D打印笔的引导臂,有振动、抑制、摩擦等多种模拟触觉,可引导用户更好地完成立体模型创作。当用户在创作时超出模型范围或不知如何下笔时,机械臂会提供轻微的动作指引,让用户能顺利地进行下一步创作。用户经过多次使用后会慢慢地掌握技巧,轻松完成立体模型。图3.18(d)展示了斯坦福大学研发的名为Wolverine的触觉反馈设备。这款设备固定在四只手指上,拇指处是蓝牙模块、控制模块以及电源。而在另外三只手指上的滑杆上均有低功率的制动锁定滑块,能根据用户在虚拟世界中抓取的物体提供抓取阻力,让用户感受到抓取物品的感觉。

VR系统在触觉和力觉接口方面的研究还比较有限。虽然目前已经制造出了各种刺激用户指尖的手套和其他触觉的力反馈设备,但它们只是提供简单的高频振动、小范围的形状或压力分布以及温度特性,由此来刺激皮肤表面上的感受器。然而,这些仍然不能完全满足用户对这方面沉浸感的需要,这是因为触觉感受器遍布在人的全身。为了在更大比例的接收器上提供刺激,可能需要触觉服,它可以在套装上的不同点提供力、振动,甚至电刺激。

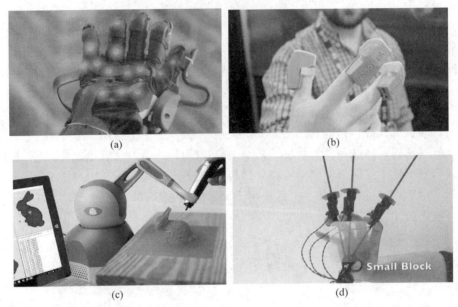

图 3.18　一些触觉反馈设备

3.4.2　本体感觉

本体感觉是一种能够感受到身体躯干和四肢各部位的位置、平衡、关节角度等姿态的感觉。当个体闭上眼睛在空旷的空间中移动手臂时,尽管无法精确地通过视觉和触觉进行定位,但仍然可以感知到手臂的空间位置。这体现了本体感觉对控制人体运动有着重要的作用。

人的体位感知器位于关节、肌肉和深层组织中,可分为以下三种类型。

(1) 快速适应感受器(Rapidly Adapting Receptors):用来感受四肢在某个方向的运动。

(2) 慢速适应感受器(Slowly Adapting Receptors):用来感受身体的移动和静态的位置。

(3) 位置感受器(Positional Receptors):用来感受人的一条胳膊或腿在空间的静止位置。

这些感受器的作用原理比较复杂。对关节角度的感知涉及位于皮肤、组织、关节、肌肉内的不同感受器的共同刺激。这些刺激信号组合在一起才能判断出关节信息。这些感觉不仅影响人的舒适感,而且影响人的行为表现。例如,通过手柄进行交互时,对手的相对位置的感知和手柄对手指的力反馈都是非常重要的。

大脑将多个传感模态信号组合来提供体感的感知。视觉和体感系统之间的信息不匹配会产生错觉。橡胶手错觉是最广为人知的该类现象之一(见图 3.19)。为此,科学家曾进行了一项实验,让被试坐在一张桌子前,并将双臂置于桌子上。其中,被试的左臂被遮盖且在其旁边放置了一个替代的橡胶手臂。该假手臂保持让被试可以看见,让被试有种假手臂好像是自己的左臂一样的感觉。实验者用画刷同时轻抚被试的真左手臂和假左臂,以帮助被试建立与假手臂的视觉和触觉联系。科学家利用功能磁共振成像扫描仪,发现无论轻抚被试的真手臂还是假手臂,被试大脑的同一部分都会被激活。此外,研究甚至发现,用针头刺假手臂会导致被试预期的疼痛,他们甚至会有撤回真正的左臂的趋势(尽管实际上并没有受到伤害),而且甚至可以通过联想来感知冷和热。

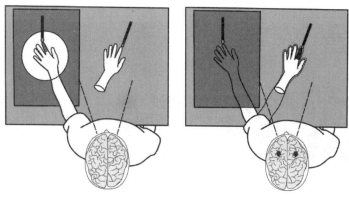

图 3.19 橡胶手错觉：被试对假手的反应就好像是自己的一样

该错觉也叫作身体转移错觉。在图 3.20 中显示了一个利用身体转移错觉来让人体验被捕食的鱼类处境的 VR 系统的例子。在此实验中，会让体验者带上 VR 头显设备并对其双脚进行捆绑，然后令其平趴在一个悬吊的模拟器上。在 VR 系统中体验者化身为一条被追捕的鱼。由于体验者的身体被束缚，只能通过左右摇摆腿部来控制自己的身体。随后，VR 系统中体验者的鱼类化身会被鱼网网住并且挣扎，体验者也会感觉好像自己被网住一样。这种身体转移错觉现象也在 VR 应用中用于转移注意力或帮助截肢者克服幻肢感觉等。这种错觉还可以有助于通过控制肌肉，从 VR 中得到视觉反馈来提升沉浸感。

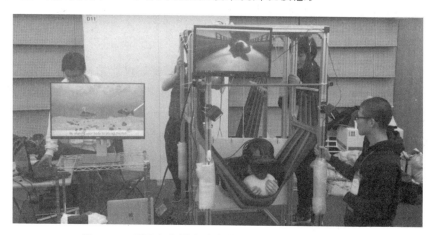

图 3.20 利用身体错觉让人体验被捕食的鱼类的处境

 习题

1. 简述深度感知线索与立体视觉原理。
2. 简述听觉定位与立体声原理。
3. 简述几种主要感知现象的基本原理及在 VR 设计中的应用。
4. 试结合一个 VR 系统实例，说明该系统是如何结合用户多感知的原理和特点进行设计的。

AR 图标

第④章

硬件基础

虚拟现实系统在本质上是一种人机交互系统,输入与输出是人机交互的两个基础环节。与传统的键鼠－屏幕模式相比,虚拟现实系统的输入与输出更加丰富、更加自然。本章将主要介绍虚拟现实系统的部分输入设备、输出设备。

4.1 输入设备

本节主要介绍目前虚拟现实系统中几类常用的体感输入设备及其原理。

4.1.1 Kinect

微软的 Kinect 是一种灵活而廉价的体感输入设备,其不仅能拍摄目标物体的颜色与亮度信息,同时还能够测量出目标物体与相机之间的距离,即深度数据,因此属于 RGB-D 相机。

图 4.1 分别显示了 Kinect V1 和 Kinect V2 设备及其结构。微软公司的第 2 代 Kinect 设备(Kinect for Windows V2)是一种典型的基于飞行时间(Time-of-Flight,TOF)测量法的体感输入设备。TOF 测量法是通过激光二极管向物体发射近红外波长的激光束,通过测量激光在仪器和目标物体表面的往返时间,计算仪器和点间的距离,从而计算出目标点的深度。TOF 设备已被高度集成化为专业集成电路芯片,用于生产商用深度相机。其以相机自身的坐标系作为世界坐系,拍摄测量实际场景深度数据。如图 4.1 所示,Kinect 由红外发射器(IR Emitter)、红外深度传感器(IR Depth Sensor)、彩色摄像头(Color Sensor)、麦克风阵列等硬件组成。红外发射器用于向物体发射近红外波长的激光束。红外深度传感器则通过从投射的红外线脉冲反射回来的时间来获得深度信息。RGB 摄像头用来拍摄视角范围内的彩色视频图像。Kinect 内置四个麦克风阵列采集声音,可进行语音识别和声源定位。

Kinect 体感交互的工作流程主要包括传感、寻找移动部位、判断关节点和模型匹配四个方面。Kinect 设备能够自动识别出如墙面等静止不动的背景部分,从而提取出实时运动的前景部分即人体,然后识别出人体的肩、肘、腕、膝、踝等共 25 个主要关节点的空间坐标位置,形成用户的人体骨骼层级模型,最后根据父子关节层级关系,计算出特定关节的旋转角度(见图 4.2)。

KinectV2 可以主动追踪六个玩家的全身骨架。当用户身体基本正对 Kinect 时识别精度较高,而当用户身体侧对 Kinect 时识别误差会较大,且单一 Kinect 无法同时处理多个用户之

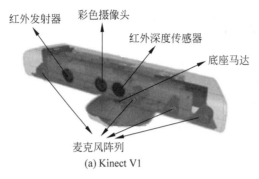

(a) Kinect V1

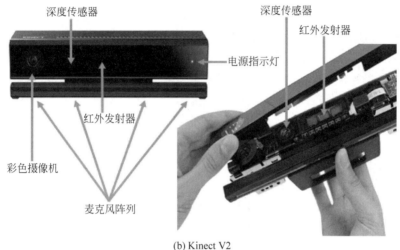

(b) Kinect V2

图 4.1　Kinect 设备及其结构

图 4.2　Kinect 及其识别人体深度数据及关节位置

间存在遮挡的情况。Kinect 设备的深度识别范围是有限的。其以 Kinect 设备中心为坐标原点,有效识别范围为 0.5m~4.5m。

　　Kinect SDK 中包含三个坐标空间:彩色图像空间、深度图像空间和相机空间。深度图像和相机空间坐标系都是 Kinect 摄像机坐标系,原点为红外摄像头中心,z 轴为红外摄像头光轴,与图像平面垂直。图 4.3 给出了图像空间与相机空间及其映射关系。如图 4.3(a)所示假设用户 H_i 被 H_j 遮挡,图 4.3(b)给出的是相应的相机空间坐标系统,坐标原点 o 为 Kinect k_1 的位置,o_1 为 o 在地平面上的投影。p_i、p_j、o_1 都在地面对应的平面 G 上,该平面与 xOz 平面平行。其中 p_i、p_j 代表 H_i、H_j 脚的位置,其与图 4.3(a)中的 H_i、H_j 的脚的位置 f_i、f_j 相对应。因 H_i 被 H_j 遮挡,所以 $o_1 p_j p_i$ 在同一直线上。

　　最近,微软又推出了 Azure Kinect DK。与 Kinect for Windows V2 相比,Azure Kinect

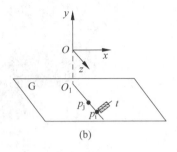

(a)　　　　　　　　　　　　(b)

图 4.3　图像空间与骨骼跟踪空间及其映射关系

DK 的大小不到 Kinect for Windows V2 的一半,其包含:100 万像素深度传感器,具有宽、窄视场角选项;7 麦克风阵列,可用于远场语音和声音捕获;1200 万像素 RGB 摄像头,提供和深度数据匹配的彩色图像数据流;加速计和陀螺仪(IMU),可用于传感器方向和空间跟踪;外部同步引脚,可轻松同步多个 Kinect 设备的传感器数据流。Azure Kinect DK 开发环境由多个 SDK 组成:用于访问低级别传感器和设备的传感器 SDK;用于跟踪 3D 人体的人体跟踪 SDK;用于启用麦克风访问和基于 Azure 云的语音服务的语音认知服务 SDK。但是,现有的 Kinect for Windows V2 应用程序不能直接与 Azure Kinect DK 配合工作,需要移植到新的 SDK。

4.1.2　HTC VIVE 定位设备

HTC 公司开发的 LightHouse 定位技术,可在 20m^2 的室内空间中对目标物体的角度朝向进行准确跟踪定位。该技术被应用于 HTC VIVE 系统中,对头戴式显示器及交互手柄的角度朝向进行定位,可以比较准确地识别用户头部的转动及双手的指向,用以控制虚拟场景的观察视角及完成虚拟物体的选择与拾取操作。图 4.4 给出了 HTC VIVE 的硬件组成,其中,图 4.4(a)为头盔、手柄和定位基站,图 4.4(b)为定位基站,图 4.4(c)为光敏传感器。

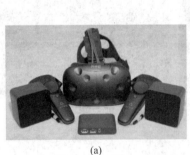

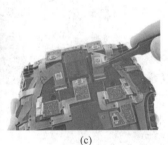

(a)　　　　　　　　　　(b)　　　　　　　　　(c)

图 4.4　HTC VIVE 的硬件组成

LightHouse 是一种激光扫描定位技术,定位设备由两台基站及若干光敏传感器组成。基站用于对实际物理空间进行激光扫描,基站中内置了两个相互垂直的圆柱形扫描装置,每个圆柱体上都安装了一台一字型激光发射器,在高速电机的驱动下,水平圆柱首先转动一周,所发射出的水平激光线由上到下完成垂直方向扫描,随后垂直圆柱再转动一周,所发射出的垂直激光线由左到右完成水平方向扫描,每个圆柱体的转动扫描周期时间为 10ms,即在 20ms 的时间内,两条激光线先后完成了对整个空间的一次扫描过程。

在配套的头戴式显示器及手柄上分别安装了多个光敏传感器。当基站发出的激光线开始扫描时,光敏传感器可以测量出水平激光线和垂直激光线分别到达传感器的时间,并转换成传感器相对于基站的水平角度与垂直角度,从而准确得出头戴式显示器及手柄的角度朝向。

根据此原理,当用户转动头部时,头戴式显示器上的光敏传感器可以实时测量出头部转动角度,用于控制用户在虚拟场景中看到画面的视角。用户控制手柄移动时,手柄上的光敏传感器可以实时测量出手部的指向,从而判断用户是否准确指向了某个虚拟物体,并通过手柄上的按键来拾取该物体,还可以通过手部运动移动虚拟物体的位置,完成虚拟交互任务。

在实际使用时,系统中的两台扫描基站按对角线放置,以减少扫描遮挡对定位精度的影响。在 20m² 室内空间中使用两台基站时,系统可以达到亚毫米级定位精度。

在 Unity3D 平台中提供了 HTC VIVE 定位交互的专用软件接口,可以读取头部及手柄的角度测量数据,同时开发者可以通过编写手柄按键的事件响应函数,自定义出不同的辅助交互操作,如控制虚拟角色前进、后退等操作。

4.1.3　超宽带无线定位设备

超宽带无线通信(Ultra Wideband,UWB)是一种全新的无线电通信技术。与传统通信技术相比,UWB 不需要使用传统通信体制中的载波,而是通过发送和接收具有纳秒或纳秒级以下的极窄的冲击脉冲来传输数据,从而具有千兆赫兹量级的带宽。同时,冲击脉冲具有良好的定位精度及很强的穿透力。因此,超宽带无线技术可以将室内定位与通信合二为一,与传统的无线通信模式相比是一个显著的优势。

利用超宽带无线通信进行室内定位的原理和卫星定位原理很相似,就是通过室内布置三个或以上已知坐标的定位基站,同时环境中的人员随身佩戴 UWB 定位标签,定位标签按照一定的频率发脉冲,与各个基站进行实时通信和测距,通过三角定位原理确定目标位置。由于各用户携带标签的通信频率不同,因此可以在遮挡环境下实现多用户跟踪定位,如图 4.5 所示。

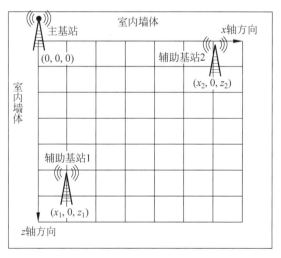

图 4.5　超宽带(UWB)无线定位

实验表明,为满足 50~100m² 的大范围室内空间定位要求,需要使用至少三个基站,包括一个主基站及两个辅助基站,其中主基站接收辅助基站的 UWB 无线编码信号,同时也接收所有移动标签发射的 UWB 无线编码信号。主基站接收无线信号的时间数据上传至定位服务器,在定位服务器中计算出辅助基站及移动标签距主基站的实时距离。由于辅助基站位置始终固定,因此将其作为定位参考源,并利用三角定位方法实时确定各个移动标签的空间坐标数据。

4.1.4　惯性测量单元

上面讲述的体感输入技术都需要通过设置外部基站进行定位跟踪,并以外部基站的位置定义运动数据的世界坐标系,而惯性测量单元(Inertial Measurement Unit,IMU)则是直接佩戴在身体某个关节处,测量和计算出该关节的位置和旋转角度,是一种可穿戴式的运动跟踪解决方案。

一片惯性测量单元(IMU)中包含三片独立的加速度计与三片独立的陀螺仪,分别用于测量 x-y-z 轴方向上的加速度与角速度数据,并通过时间积分累加计算出 x-y-z 轴方向上的位移量与旋转角度,是一种 6 自由度测量设备。

加速度计中有一个可移动的质量块。当质量块静止时,传感器的电容值恒定。但当传感器受外力沿某一方向移动时,质量块在惯性作用下与壳体的相对位置也发生变化,会引起传感器的电容值发生改变,从而测量出该方向上的加速度值,如图 4.6(a)所示。在一片 IMU 中沿 x-y-z 三个轴方向各安装一个加速度传感器,对应测量 x-y-z 轴上的加速度大小。

惯性测量单元中的陀螺仪是根据物理学中的科氏力原理进行测量的,如图 4.6(b)所示。当位于旋转平面上的物体沿直径方向进行往复的直线运动时,会受到一个沿切线方向的力,这就是科氏力。科氏力的大小与旋转的角速度成正比。根据此原理,在一片微机电平面上放置一个质量块,通过振荡电压使物体沿直径方向往复振荡运动,当微机电平面受到外力发生旋转时,质量块受科氏力作用发生切向位移,引起了相应的电容数值变化,由此可以测量出质量块所受的科氏力大小,计算出旋转角速度,如图 4.6(c)所示。在一片 IMU 中沿 x-y-z 三个轴方向各安装一个陀螺仪,对应测量 x-y-z 轴上的角速度。

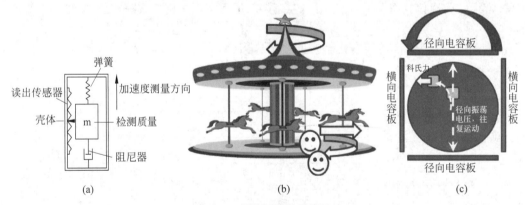

图 4.6　惯性测量单元原理

惯性测量单元的典型应用是手机中的陀螺仪,用户可以通过转动手机进行游戏中的方向控制。在虚拟现实应用中,可穿戴式数据衣是一种很好的交互输入方式,如图 4.7 所示。在人体各主要关节上佩戴一片惯性测量单元,实时测量关节的位移量与旋转量,获取用户的实时运动数据。惯性测量单元的优势在于测量数据独立,不受身体遮挡限制,可以支持多用户体感输入,进行协同交互操作。

在一些虚拟现实应用系统中,可在仿真枪、仿真水枪、球拍等工具上安装上惯性测量单元,用于定位它们的位置、姿态等,使它们成为自然、有效的交互工具。第 9 章将详细介绍互动仿真枪的设计。

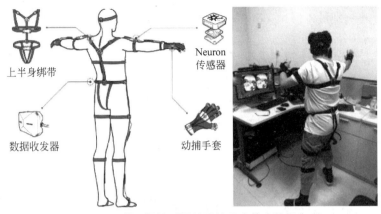

图4.7 基于惯性测量单元的可穿戴式数据衣

4.1.5 手势输入设备

手势是人们交流信息、表达情感的重要手段,通过识别测量用户的手势变化,可以在虚拟现实系统中进行自然的人机交互及虚拟抓取等动作。手势主要通过手指及手腕关节的旋转角度来识别,在VR系统中精确手势的测量与输入主要通过数据手套设备(见图4.8)进行。

与肢体关节的运动相比,手部关节的运动更复杂。如图4.9所示,手指关节有两类:指间关节与指掌关节。除拇指外,4指各有2个指间关节和1个指掌关节,其中每个指间关节只有1个自由度(弯曲)。指掌关节有2个自由度(弯曲与侧摆),所以4指共有16个自由度。拇指只有1个指间关节与1个指掌关节,指间关节只有1个自由度(弯曲),而拇指的指掌关节有3个自由度(弯曲、侧摆与扭转),拇指共4个自由度,此外,手腕关节共3个自由度(弯曲、侧摆与扭转)。

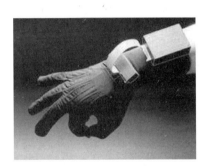

图4.8 数据手套

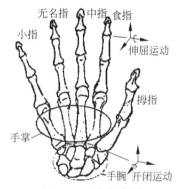

图4.9 手部关节图

数据手套通过弯曲传感器来测量指关节及手腕关节的弯曲角度,从而采集识别用户的手势,如表4.1所示。数据手套有5节点、14节点、18节点及22节点之分,节点越多,手势数据的测量越细致。

表4.1 不同数据手套及其测量节点数

5节点数据手套	14节点数据手套	18节点数据手套	22节点数据手套
5指各有1个弯曲测量节点	5指各有2个弯曲测量节点,手指间有4个节点测量手指侧摆	5指各有2个弯曲测量节点,手指间4个侧摆测量节点,拇指多1个扭转测量节点,手腕3个节点	5指各有3个测量节点,手指间4个侧摆测量节点,手腕3个节点

非精确的手势识别可以通过 Leap Motion 等设备来实现。Kinect、HoloLens 也提供简单的手势识别功能。

Leap Motion 为基于双目立体视觉的光学跟踪控制器。如图 4.10 所示,控制器由三个红外发射器和两个红外摄像机组成,其中,红外发射器用于发射红外光,红外摄像机用于捕获物体表面反射的红外光。Leap Motion 根据内置的两个摄像头从不同角度捕捉的画面,重建出手掌在真实世界三维空间的位置信息,从而实现手部数据采集。其采用立体视觉原理,计算手部在空间中的相对位置。Leap Motion 结合 API 能够提供预定义对象(如指尖、笔尖等)的空间位置、手掌速度、掌心法向、指尖速度及指尖方向等数据。

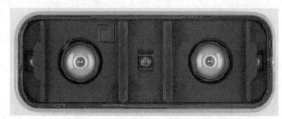

图 4.10　Leap Motion 外型和内部结构

Leap Motion 采用笛卡儿坐标系,坐标系原点在控制器中心。Leap Motion 的视场是一个以设备为中心的倒金字塔,视场覆盖角度约为 150°,有效范围为从设备到设备上方约 25～600mm。理论上其在捕捉空间中可追踪到小到 0.01mm 的动作,且支持同时跟踪一个人的 10 个手指,最大频率是每秒钟 290 帧。

Leap Motion 能够将某些特定的运动模式识别为手势。Leap Motion 可以识别四种基本手势,每一种手势都有其固有的特性,如速度和完成时间等。四种手势分别是 Circle(画圈)、Swipe(滑动)、KeyTap(按键)和 ScreenTap(屏幕点击)。画圈手势即为一根手指画圆;滑动手势为手指线性运动;按键手势相当于敲击键盘;屏幕点击手势就像手指点击垂直的计算机屏幕。

 # 4.2　输出设备

本节主要简单介绍本书用到的立体视觉和本体感觉方面的 VR 输出设备。

4.2.1　立体显示设备

下面主要介绍立体投影显示、头戴式立体显示与 HoloLens 显示三种设备。

1. 立体投影显示设备

1) 投影仪

立体投影显示主要靠投影仪来实现。投影仪将显卡中的数字图像转换为光信号,显示在屏幕上。一般地,数字图像的投影过程是:将恒定的白色光源投射到内部的光电器件上,并按照数字图像的亮度强弱转换为光信号,然后通过光学镜头聚焦投影到屏幕上显示。显示彩色图像时,投影仪的白色光源需要分成红、绿、蓝三原色,分别产生对应颜色的图像。由于光电器件本身只能进行单色显示,所以就要利用三片元件或分别生成三原色成分进行顺序投影。

按照内部光电器件的不同,目前常用的投影仪设备主要分为 DLP 型投影仪与 LCD 型投影仪两类。

DLP 型投影仪是反射式投影仪,内部的光电器件是数字微镜(DMD)芯片(见图 4.11)。数字微镜芯片表面布满了微小的、可转动的微镜片,构成反射镜片阵列。每一个微镜片对应于图像中的一个像素。微镜片底座中安装有控制单元,控制微镜片的朝向在±12°两种角度之间切换,分别对应于二进制的 0 与 1。当控制单元置 0 时,微镜片旋转角度变为 −12°,镜片将光源发出的光线向内部反射,产生的光强为 0;当控制单元置 1 时,微镜旋转角度变为 +12°,镜片将光源发出的光线向外部反射,产生的光强为 1。微镜片控制单元的 0-1 状态由数字图像对应像素亮度的二进制编码来决定,由此通过调整微镜的反射角度,可以将二进制的数字图像转换为光强度信号,完成投影成像。

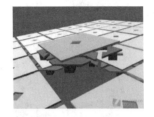
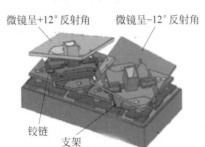
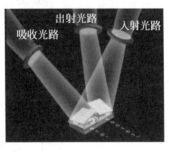

微镜呈+12°反射角　　微镜呈−12°反射角

出射光路　入射光路
吸收光路

铰链　支架

AR 图标

图 4.11 DMD 芯片及数字微镜的反射原理

常用的 DLP 投影仪中只安装有一片 DMD 芯片元件,因此需要将彩色图像分解为红、绿、蓝三原色分别投影,这一过程是通过色轮装置完成的。色轮就是一片圆形镀膜玻璃片,分为红、绿、蓝三种色段,色轮在电机驱动下高速旋转,对白色光源进行分色。当色轮上的红色段旋转到光源前面时,白色光源中的红光成分透过色轮,投射到 DMD 芯片的微镜片阵列上,与此同时,控制电路按照数字图像的红色位面数据来调整微镜片的旋转角度,在屏幕上投影出图像的红色成分;接下来,当色轮的绿色段及蓝色段旋转到白色光源前方时,DMD 芯片将数字图像的绿位面及蓝位面依次投影到屏幕上,通过视觉暂留原理在人眼中合成为完整的彩色图像。单片 DLP 投影仪的色轮与投影成像过程如图 4.12 所示。

LCD 投影仪是透射式投影仪,其内部的光电器件是高温多晶硅(HTPS)液晶面板。高温多晶硅液晶面板按行列顺序分成许多液晶单元,与数字图像中的像素点一一对应。每个液晶单元相当于一个透光阀门,可以通过调整输入电压改变每个液晶单元的透光率,控制光源透过该液晶单元的光强大小。当数字图像中的对应像素亮度

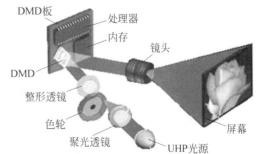

DMD 板　处理器
内存
镜头
DMD
整形透镜
色轮
聚光透镜　UHP光源
屏幕

AR 图标

图 4.12 DLP 投影仪成像原理

值高时,就增大液晶单元的透光率,反之就减小液晶单元的透光率,从而将数字图像对应转换为光信号。

　　目前常用的 LCD 投影仪中安装有三片高温多晶硅液晶面板,而投影仪的白色光源也通过三片分色镜,被分成红、绿、蓝三束光线,分别照射对应的液晶面板,产生出相应的红、绿、蓝单色位面图像,随后通过一体化光学棱镜,将红、绿、蓝单色位面图像合成为彩色图像,由光学镜头聚焦投影到屏幕上。LCD 投影仪的成像原理如图 4.13 所示。

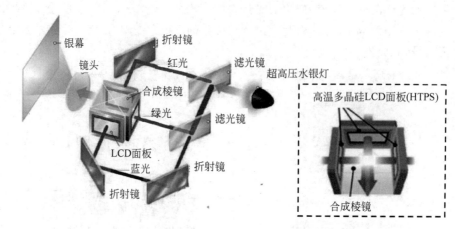

图 4.13　LCD 投影仪成像原理

2) 立体眼镜

　　用户在观看立体投影显示时,需要佩戴立体眼镜,使用户左眼只收看场景的左眼画面,而用户右眼只收看场景的右眼画面,从而在大脑中形成立体画面。目前,实现立体投影主要有偏振式立体与主动式立体两种方式,不同的立体投影方式需要使用不同类型的立体眼镜。

　　偏振式立体投影显示需要两台投影仪,分别负责播放左、右眼图像,利用光的偏振现象(Polarization)来区分左右眼图像。自然界中的光线是一种横波,自然光在垂直于传播路径的各个方向上都存在振动,是非偏振光(Unpolarized Light)。如果利用光学偏振片对自然光进行过滤(见图 4.14),使光波仅在水平或垂直方向上进行振动,就变成了线性偏振光,分别称为水平偏振光与垂直偏振光。水平偏振光与垂直偏振光是相互正交的,即水平偏振光能够完全穿过水平偏振片,

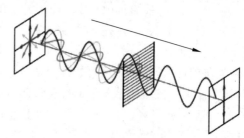

图 4.14　光学偏振原理

却无法穿过垂直偏振片,反之亦然。利用这一正交特性就可以区分左右眼图像。偏振立体显示系统需要使用两台投影仪分别播放左右眼视频,如图 4.15 所示,两台投影仪分别使用相互正交的偏振片进行调制,使左眼图像变成水平偏振光,右眼图像变成垂直偏振光,用户佩戴偏振光眼镜,左眼只能看到左图像,右眼只能看到右图像,从而产生了立体视觉效果。

　　主动式立体投影只需要一台投影仪,立体视频中的左、右眼图像按照顺序交替播放,用户佩戴的立体眼镜是液晶快门眼镜,液晶快门眼镜的左、右眼液晶镜片在电路控制下交替开闭,与立体影像的播放时序保持同步。当左眼图像显示到屏幕上时,液晶镜片左开右闭,用户只能通过左眼观看画面;当右眼图像显示到屏幕上时,液晶镜片右开左闭,用户只能通过右眼观看

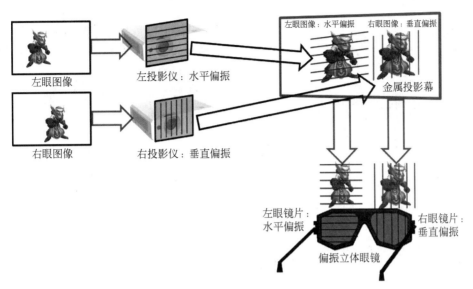

AR 图标

图 4.15 偏振式立体投影

画面,从而产生高质量的立体效果,如图 4.16 所示。为实现播放时序与镜片的开闭时序同步,需要在播放设备中产生并发射出一组无线同步脉冲信号,液晶快门立体眼镜接收这一同步信号,并由此控制左/右眼液晶镜片的交替开闭。同步脉冲主要采用红外信号及高亮度白光脉冲两种形式实现光电同步。

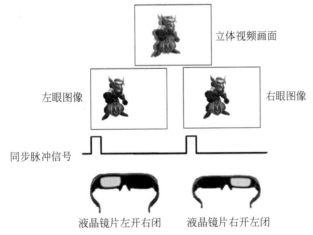

AR 图标

图 4.16 主动式立体投影

2. 头戴式立体显示设备

头戴显示器(Head Mounted Display,HMD)是另一类常见的立体视觉输出设备。利用头戴显示器将人眼对外界的视觉封闭,可引导用户产生一种身在虚拟环境中的感觉。头盔显示器通常由两个液晶显示器分别显示左右眼的图像,这两个图像存在微小的差别,人眼获取这种带有差异的信息后在脑海中产生立体感。头盔显示器主要由显示器和光学透镜组成。图 4.17(a)为一般的 VR 头盔,图 4.17(b)为基于 Cardboard 与智能手机的 VR 头盔。

头戴显示器中的两片微型液晶显示屏距离人眼只有 5.5cm,尺寸只有两英寸左右,在此条件下需要通过安装透镜来放大显示图像,充满整个视野。透镜的作用是聚焦光线,让用户感觉

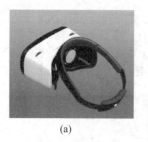
(a)

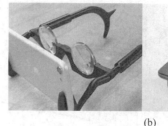
(b)

图 4.17　VR 头盔

显示器好像在无限远的距离之外,从而产生广阔的视野空间,而不仅仅是两英寸大的平面显示器。

对于需要长时间佩戴的头戴式显示设备,两片厚重的玻璃透镜是头盔重量的主要来源之一。为提高舒适性,很多头盔都采用了特殊的菲涅尔透镜,如图 4.18 所示。图 4.18(a)中具有同心圆波纹的镜片叫菲涅尔透镜,它能让一个光学镜片在实现同等折射效果的情况下大幅减轻镜片的重量与厚度,提高佩戴舒适性,但其缺点是会造成部分画质损失。图 4.18(b)给出了菲涅尔透镜与普通透镜的对比。

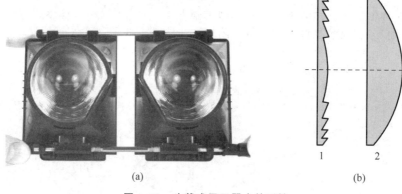
(a)

1　　2
(b)

图 4.18　头戴式显示器中的透镜

头盔中的光学透镜能够有效地扩大人眼的视角,但这是有代价的。图像经透镜折射放大之后会产生明显的扭曲畸变:视角越大,图像畸变也越大。为了使用户观看到正常的图像显示效果,就需要对原始图像预先进行反向畸变,再通过透镜进入人眼,图像就正常了。如图 4.19 所示,图像的预畸变是头戴式显示设备开发中的重要环节,在 Unity3D 平台中提供了图像的预畸变功能函数。

AR 图标

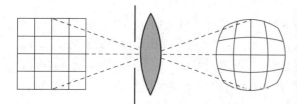

图 4.19　头戴式显示器的图像预畸变处理

使用透镜的另一个代价是降低了图像的显示分辨率,由于液晶屏像素之间的距离被透镜放大了,图像分辨率显著降低,为了达到高清立体显示,需要通过提高液晶屏显示分辨率进行弥补。

3. HoloLens 显示设备

微软公司的 HoloLens 设备是一种头戴式混合现实(MR)设备。与完全封闭的头戴式 VR设备相比,用户可以通过头戴式 MR 设备看到真实环境,同时通过空间注册匹配算法,将虚拟物体的影像叠加到真实环境中,实现虚实融合的显示效果,如图 4.20 所示。

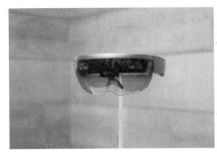

图 4.20 微软公司的 HoloLens 及其应用示意图

HoloLens 设备采用微型 DLP 投影仪显示虚拟物体影像,采用 3D 衍射显示技术实现虚实融合的显示效果。HoloLens 的左、右眼镜片分别配备有一个透明的光栅全息波导透镜,可将微型 DLP 投影仪的画面定向传导至用户眼中,同时用户通过波导透镜也可观看实际环境,实现虚实融合显示。HoloLens 设备的组成如图 4.21 所示。

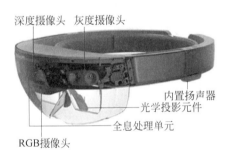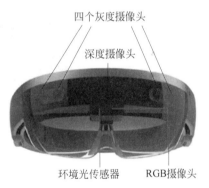

图 4.21 HoloLens 设备的组成结构

为了实现混合现实显示效果,HoloLens 设备在使用过程中,需要通过内置的硬件设备对周围的实际环境进行 3D 建模,同时也需要对用户自身的运动状态进行实时感知,建立用户与实际环境之间的配准关系,从而将虚拟物体显示在实际环境中的指定位置。HoloLens 设备通过内置的四个环境感知摄像头(灰度摄像头)及 IMU 传感器来感知用户位移与转向信息,通过内置的 TOF 深度摄像头采集实际环境的深度信息,建立实际环境的 3D 模型,再根据这些信息通过计算机视觉中的 SLAM(实时定位与建图)算法完成用户与实际环境之间的配准计算。

目前,HoloLens 二代已经发售,在舒适性、沉浸感方面都有了较好的优化。HoloLens 2的舒适性相比第一代提高了 3 倍,用户持续佩戴到觉得不舒服的时间延长了 3 倍。与第一代不同,HoloLens 2 将电池后置,更好地平衡重量,虽然整体重量只减轻了 10g,但是佩戴体验却截然不同。在沉浸感方面的优化主要如下。

(1) 相比第一代,HoloLens 2 视场角提高了 2 倍,相当于从 720p 显示器扩大到 2K 显示器。通常来看,随着屏幕扩大,设备体积、重量、耗电量也会增加,但 HoloLens 2 基于微软研发的 MEMS 激光扫描屏幕(MEMS Laser Scanning Display)。解决了这些问题。MEMS 可以实现高速微小振动,以每秒 54 000 次的频率来进行激光扫描。

(2) HoloLens 2 的手势识别追加了新功能,可以跟踪单手 25 个点,双手的手指都能很好地识别,所对应的手势也有所增加,如移动物体、旋转物体、更改物体尺寸等。

(3) HoloLens 2 搭载了视线追踪感应模块,与 Windows Hello 结合可以进行虹膜识别。基于这项功能,当一台设备被多人使用时,可以即时判别使用者身份。

4.2.2 动感平台

动感平台是互动影院的重要组成部分。动感平台的特点是能够跟随影片剧情做出升降、翻滚、俯仰等动作,模拟现场的场景,给予观众除了视觉和听觉以外的本体感觉,使观众身临其境,增加了影片的沉浸感。因此,动感平台已成为特效影片区别于普通 3D 影片的关键部分之一。

常见的动感平台分为六自由度平台(见图 4.22(a))和三自由度平台(见图 4.22(b)),是一种并联机构。

AR 图标

(a)

(b)

图 4.22　动感平台

从结构上看,运动的动平台通过六个运动链或分支与固定平台相连接,每个分支与动平台的连接为球铰或虎克铰,与定平台的连接为虎克铰或球铰。从理论上讲,这六个分支可以任意摆放,每个分支由唯一的驱动控制器驱动,运动平台的运动是通过这六个分支的可驱动杆件的伸缩来实现的。它是一种复杂的六自由度相协调的空间运动。由于平台可以通过改变六个可以伸缩的作动筒来实现平台的空间六自由度运动(垂直向、横向、纵向、俯仰、滚转、摇摆),即 x、y、z 方向的平移和绕 x、y、z 轴的旋转运动,以及这些自由度的复合运动。其一开始是用于飞行器、运动器(如飞机、车辆)模拟训练的动感模拟装置,后来逐渐应用于工业机床以及动感影院的动感设备。

三自由度平台是六自由度平台的简化版,它只有三个可以伸缩的作动筒,只可以完成升降、俯仰、摇摆三个自由度的运动,能够模拟的动作较少。然而相比于六自由度平台,三自由度平台具有结构简单、造价低、控制简单方便以及易维护等优点,因此大多数动感影院中的动感座椅都是三自由度座椅。

习题

1. 介绍几种常见定位技术和设备的原理,并分析它们的优缺点及适用案例。
2. 介绍一下常见的几种 VR/AR 显示设备和技术,并分析它们的优缺点及适用案例。

第 **5** 章

编程基础

本章首先介绍 Unity3D 编程基础知识,然后分别介绍 HTC VIVE 开发环境,投影式 VR 系统开发环境以及 HoloLens 开发环境等常见的 VR 编程环境。

 ## 5.1 Unity3D 编程基础

5.1.1 Unity3D 简介

Unity3D 是目前最为流行的游戏引擎之一,具有强大的跨平台发布功能,同时 Unity3D 对各类虚拟现实、混合现实硬件设备提供了良好的开发接口,可以方便地对 Oculus Rift、HTC VIVE 及 HoloLens 等主流 VR/MR 硬件设备进行集成开发,适合进行虚拟现实应用开发。本书统一采用 Unity3D 作为实例开发平台。

本章介绍 Unity3D 引擎开发基础知识,包括 Unity3D 的基本操作、动画角色的基本控制及虚拟相机的设置与使用,在后续的实战篇章节中将结合虚拟现实实例开发,详细讲述 Unity3D 开发知识。

Unity3D 由 Unity Technology 公司开发,2004 年推出最初版本。近年来,Unity3D 强化了对各类交互硬件设备的开发支持,从传统的游戏开发逐步扩展到各类虚拟现实及人机交互等系统开发。经过十余年的发展,目前全球已有数百万开发者使用 Unity3D 进行产品开发。

Unity3D 具有如下特点。

1. 支持跨平台发布

Unity3D 支持跨平台发布,开发者不用过多考虑各平台间的差异,只需开发一套工程,就可以在 Windows、Linux、Mac OS X、iOS、Android、Xbox One 和 PS4 等不同系统下跨平台发布运行。在 Unity3D 中选择菜单 File→Build Settings,在弹出窗口中可以选择不同的发布平台,无须额外的二次开发与移植工作,可以节省大量的开发时间和精力。

2. 丰富的插件支持

在 Unity3D 官方资源商店 Asset Store 中提供了大量的材质、粒子特效及物理仿真方面的插件,由此可实现许多视觉特效制作,节省开发时间,提高视觉效果。同时 Unity3D 也具有各类 VR 设备及交互设备的插件支持,例如免费的 Steam VR 插件及 Kinect with MS-SDK 插件,支持在 Unity3D 平台中使用 Oculus Rift、HTC VIVE 等头戴式 VR 设备的开发及 Kinect

交互设备的开发。

3. 良好的集成开发界面

Unity3D 提供了图形化的集成开发界面,用户可以通过鼠标拖曳完成代码、材质及各类组件与游戏模型之间的绑定工作。同时 Unity3D 提供了与主流三维动画平台 Maya 及 3ds Max 类似的三维模型交互操作界面,可以方便地将三维模型资源组合成所需游戏场景,如图 5.1 所示。

图 5.1 Unity3D 的编辑器

4. 方便的代码开发与调试

早期版本的 Unity(如 Unity 5.x)支持采用 JavaScript、Boo 及 C♯语言进行代码开发,新版本 Unity(如 Unity 2019.x)只支持 C♯语言代码开发。其中,C♯语言封装性好,学习上手快,便于快速开发和第三方代码移植,是进行 Unity3D 代码开发的首选。本书采用 C♯语言进行代码示例与开发。Unity3D 的代码编辑与调试工作可以在微软的 Visual Studio 平台中进行,具有良好的代码输入提示功能,同时具有良好的断点跟踪及变量检查等代码调试功能,便于开发与调试。

5.1.2 Unity3D 集成开发界面基本操作

本章主要介绍 Unity3D 的主要操作界面以及脚本编辑器。

1. 主要操作界面

1) 层次视图

层次视图(见图 5.2)显示当前打开场景文件(Scene)在场景视图(Scene View)中显示或隐藏的所有游戏物体。

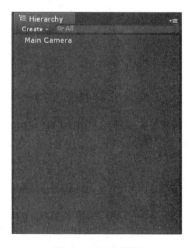

5.1.2 节

图 5.2 层次视图

2）场景视图

场景视图(Scene View)(见图 5.3)可视化显示游戏场景中的所有对象,可以在此视图中操纵所有物体的位置、旋转和尺寸。在层次视图(Hierarchy)中选择某对象后按 F 键(Frame Selected),可在场景视图中快速找到该物体。

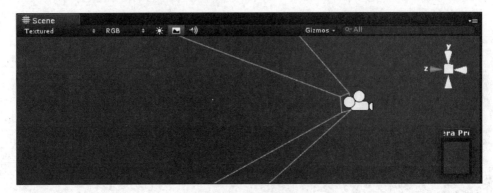

图 5.3　场景视图

3）工程视图

工程视图(Project)(见图 5.4)是用于存储所有资源文件的地方,无须担心数据量,只有在导出场景中用到的资源才会被打包编译。

4）检视面板

检视面板(Inspector)(见图 5.5)用于显示当前物体附带的所有组件(脚本也属于组件)。展开组件显示所有组件的属性数值。

图 5.4　工程视图

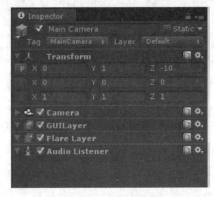

图 5.5　检视面板

5）游戏视图

游戏视图(Game View)(见图 5.6)可以把场景视图中所有相机看到的视角在这里显示,并执行所有物体中运行的组件和脚本。单击"播放"按钮进入播放模式。

2. 脚本编辑器

Unity3D 采用 C♯ 作为脚本语言,在编写脚本时,使用 VS 作为默认开发环境。VS 功能强大,可以同时支持以上三种脚本语言,图 5.7 是一段简单的脚本结构分析。

图 5.6　游戏视图

```
1 using UnityEngine;
2 using System.Collections;
3
4 public class NewBehaviourScript : MonoBehaviour {
5
6     // Use this for initialization
7     void Start () {
8
9     }
10
11     // Update is called once per frame
12     void Update () {
13
14     }
15 }
16
```

图 5.7　一段简单的脚本结构分析

图 5.7 中列举了 Unity3D 脚本中常用函数 Start()和 Update()。Unity3D 脚本中的重要函数均为回调函数,Unity 在执行过程中会自动调用相关函数。就本例而言,图 5.7 中的 Start()函数仅在 Update()函数第一次被调用前调用。而 Update()函数在其所在脚本启用后,将在之后的每一帧被调用。Unity3D 还提供其他大量在不同时刻调用的回调函数,读者可自行查阅相关资料。

5.1.3　动画角色控制

5.1.3 节

在虚拟现实应用开发中,虚拟动画角色的导入与动作控制是最基本的环节,用户可以通过各类体感输入设备控制虚拟动画角色完成不同的动作,本节以一个官方实例角色的导入与动作控制为例介绍相关基础知识。在本节中,用户仍使用传统的键盘交互进行角色控制,在后面章节介绍的系统中,用户将进一步通过体感输入设备进行更为自然的交互与控制,但基本的编程开发流程是一样的。

对于虚拟动画角色的导入与动作控制,Unity3D 官方提供了一组标准资源,包括若干基本动画角色与基本特效,供用户进行学习与测试。自 Unity 2018 版本开始,官方标准资源(Standard Assets)需要开发者在官方资源商店网站 Asset Store 中进行下载和导入。

在 Window 菜单中选择 Asset Store 选项,在场景窗口上方的面板栏就出现了 Asset Store 栏,进入该栏后 Unity3D 将自动链接到官方 Asset Store 网站,用户可以下载各类资源,如图 5.8 所示。

在搜索栏中输入 Standard Assets 关键字进行搜索,选择并进入官方标准资源包的下载页面,如图 5.9 所示,这一资源包是完全免费供开发者学习和使用的。

在页面中单击 Import 按钮,官方标准资源包将下载和导入至本地 Unity3D 工程目录中。

现在回到场景面板栏,在 Project 窗口中找到并进入 Standard Assets→Characters→ThirdPersonCharacter→Models 目录,将其中名为 Ethan 的项目用鼠标左键拖动到 Hierarchy 窗口中,将 Unity3D 官方提供的男孩模型 Ethan 导入场景之中,如图 5.10 所示。

接下来将为动画角色 Ethan 添加运动控制与动画控制。首先要说明的是,Unity3D 导入的动画角色模型,一般包含一组基本动画供开发者调用。动画控制就是开发者通过代码来控制何时播放哪一种动画动作及动画动作之间的转换。这不仅是游戏控制的基本环节,也是虚拟现实交互的基本环节。首先让 Ethan 做一个简单的游戏动画(Idle),即一个角色在无输入控制时自然站立、身体自然轻微运动的动画,表示角色在等待用户进行动作控制。

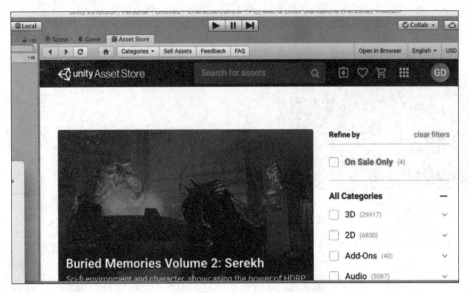

图 5.8　链接到官方 Asset Store 网站

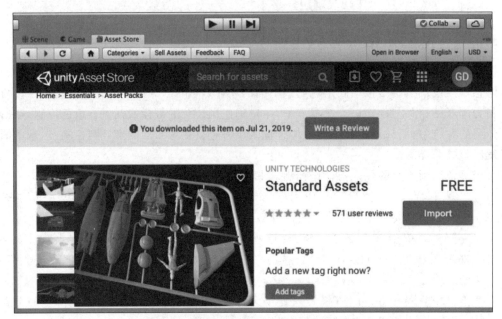

图 5.9　进入官方 Standard Assets 资源包下载页面

首先在 Assets 窗口中右击出现浮动菜单,选择 Create→Animator Controller 命令,新建一个动画控制器元件,将名字对应改为 Ethan,并将该项拖动至角色 Ethan 的 Inspector 面板中 Animator 组件下的 Controller 栏中,表明将通过该动画控制器控制角色 Ethan 的动画运动,如图 5.11 所示。

接下来在动画控制器中进行动画控制的设置,在 Inspector 栏中双击 Animator 组件下的 Controller 命令,场景窗口自动切换至 Animator 栏,这是一个以节点图方式呈现的动画控制界面,每一个方块形的节点表示一个动画状态,通过节点设置及代码控制可以实现不同动画之间的切换,使角色根据用户输入完成指定的动画动作。

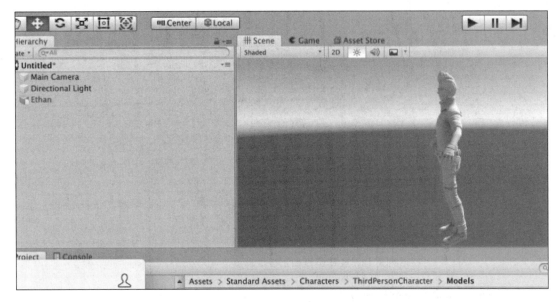

图 5.10 将 Unity3D 官方提供的模型 Ethan 导入场景

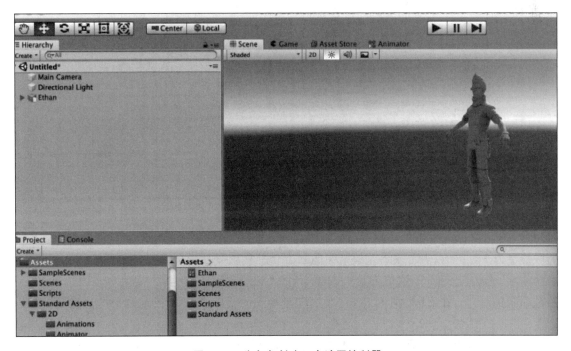

图 5.11 为角色创建一个动画控制器

　　首先添加第一个动画节点,右击 Create State→Empty,新建一个空的动画节点,在右侧 Inspect 栏中将节点名称改为 Idle,表示此节点对应于角色等待动画。随后单击 Motion 栏,在出现的弹出菜单栏中,可以看到角色 Ethan 附带的一系列动画动作,选择其中的 HumanoidIdle 动画,如图 5.12 所示,运行游戏会发现角色 Ethan 开始执行等待动作。

　　接下来的控制分为两个步骤:首先实现通过键盘上的上下左右箭头四个按键控制角色 Ethan 在场景中移动,控制动画角色在虚拟场景中的漫游。其中,上下箭头控制角色位置前进

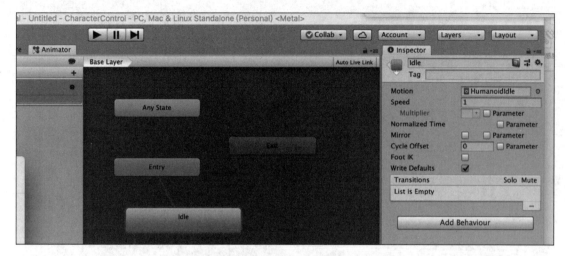

图 5.12　在动画控制面板中设置节点与动画

与后退,左右箭头控制角色的朝向进行左右转动;随后在动画控制器中添加相应的动画动作,
控制角色执行前后走动(跑动)及转向走动(跑动)。经过这两个步骤,就可以控制角色 Ethan
进行场景漫游。

在 Assets 窗口中新建一个 C♯脚本,更名为 EthanControl. cs,将脚本拖动至 Ethan 角色,
并双击脚本图标在 Visual Studio 中打开,并在 Update()函数体中输入如下代码。

```csharp
void Update()
{
    float h = Input.GetAxis("Horizontal");
    float v = Input.GetAxis("Vertical");

    Vector3 LocalVelocity = new Vector3(0, 0, v);
    Vector3 Velocity = this.transform.TransformDirection(LocalVelocity);
    this.transform.localPosition += Velocity*Time.deltaTime;
    this.transform.Rotate(0, h * 2, 0);
}
```

在上述代码中,前两行是 Unity3D 提供的标准键盘输入代码。变量 h 的取值为$-1\sim+1$,表
示按上下箭头的强度:按上箭头时,h 取值为 $0\sim1$,取值大小表示前进幅度;按下箭头时,h 取
值为 $0\sim-1$,取值大小表示后退幅度;不按键时 h 取值为 0,表示角色静止。同样地,变量 v
的取值也为$-1\sim+1$,表示按下左右箭头的强度:按右箭头时,v 取值为 $0\sim1$,取值大小表示
右转幅度;按左箭头时,v 取值为 $0\sim-1$,取值大小表示左转幅度;不按键时 v 取值为 0,表示
角色朝向正前方。在下面的步骤中,将通过键盘输入的 v 值与 h 值控制角色的位置、朝向及
动作。

此时运行游戏,可以通过上下箭头控制角色前进后退,通过左右箭头控制角色转向。但此
时角色在移动过程中,只是执行等待动画,呈现一种"漂浮"移动的感觉。接下来需要在动画控
制器中为角色添加相应动画控制,使角色在受键盘控制移动漫游时,能够执行相应的走动和跑
动动画。

首先分析一下动作控制的目标,轻按上箭头时,角色 Ethan 位置慢速前进,应相应执行向
前走的动画,同时按左右箭头时,角色 Ethan 位置慢速转向,应相应执行向左走及向右走的动
画;长按上箭头时,角色 Ethan 位置快速前进,应相应执行向前跑的动画,同时按左右箭头时,角
色 Ethan 位置快速转向,应相应执行向左跑及向右跑的动画;最后按下下箭头时,角色 Ethan

位置后退,应相应执行向后走的动画。为实现上述动画控制,在 Animator 面板中设置混合树节点(Blend Tree),用于处理上下左右四个箭头按键的混合控制。

打开 Animator 面板,单击鼠标右键新建一个动画节点,更名为 Move,用于控制向前、向左、向右三个方向上的走动及跑动的动画控制。再新建一个动画节点,更名为 WalkBack,相应的 Motion 选项设置为 Humanoid Walk Back,用于控制后退走动的动画控制,如图 5.13 所示。

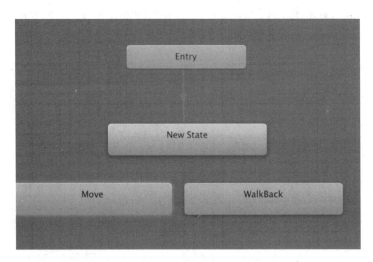

图 5.13 新建两个动画节点

鼠标单击 Move 节点,在弹出菜单中选择 Create New BlendTree in State 命令,为 Move 节点创建一个混合树(Blender Tree)结构,用于混合控制向前走/跑、向左走/跑及向右走/跑共 6 组动画的切换。这 6 组动画通过两级混合树进行控制,第一级根据上箭头按键强度(变量 h 的取值大小),决定角色 Ethan 执行走还是跑的动画,第二级根据左右箭头按键强度(变量 v 的取值大小),决定角色 Ethan 执行左转还是右转的动画,如图 5.14 所示。

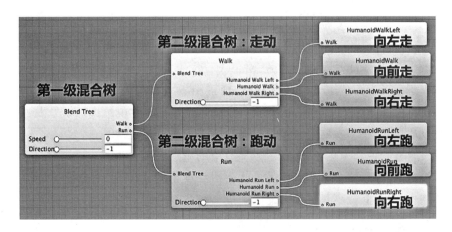

图 5.14 设置两级混合树控制

可以看到,现在 Animator 面板中的混合树可以通过节点上的两个滑块控制 6 种动画之间进行切换。两个滑块分别名为 Speed 与 Direction:Speed 滑块对应键盘前进速度,Direction 滑块对应键盘左右转向角度。后面可以通过代码中的 v 变量取值及 h 变量取值对应控制

Speed 与 Direction 两个滑块的取值,实现代码控制。

　　现在回到 Animator 面板的根界面,在静止等待节点 Idle 与移动动画节点 Move 之间设置两条往返箭头,进行动画状态转换设置:由静止等待切换到移动状态的条件是 Speed>0.1,即一旦按下上箭头,角色 Ethan 就开始向前、左、右三个方向移动;由移动状态反向切换到静止等待的条件是 Speed<0.1,即一旦松开上箭头,角色 Ethan 就开始执行静止等待动画。

　　接下来在静止等待节点 Idle 与后退动画节点 WalkBack 之间同样设置两条往返箭头。当 Speed<−0.1 时,即一旦按下下箭头,角色 Ethan 就开始倒退行走,反之松开下箭头,角色 Ethan 就开始执行静止等待动画,如图 5.15 所示。

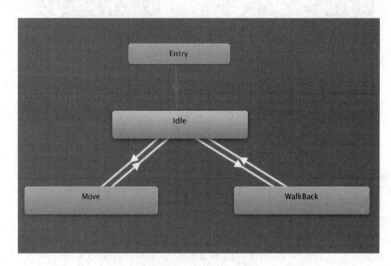

图 5.15　设置动画节点之间的转换路径

接下来在动画控制脚本 EthanControl.cs 中的 Update() 函数体中添加如下代码。

```
mAnimator.SetFloat("Speed", v);
mAnimator.SetFloat("Direction", h);
```

　　分别将变量 v 与变量 h 的取值赋给 Animator 面板中的动画切换滑块 Speed 与 Direction,从而通过用户的键盘操作控制角色 Ethan 的动画切换过程。

　　最后在 Hierarchy 面板栏中将主相机 Main Camera 拖动到角色 Ethan 的里面。该操作的意义是将主相机设置为角色 Ethan 的子物体,即主相机将跟随角色 Ethan 前后移动及转向。由于现在主相机位于角色脑后方向,因此执行效果是以第三人称视角进行场景漫游。

　　现在可以通过上、下、左、右箭头按键控制角色进行动画并漫游。

　　本节通过官方自带动画角色,实现了一种简单的第三人称漫游控制。在例子中用户是通过键盘进行控制的,在后面章节中可以替换为使用深度相机、交互手柄进行控制,但动画切换控制的原理基本上相同,只不过更换了输入手段。

5.1.4　虚拟相机设置

1. 相机参数设置

在 Hierarchy 窗口中选择场景中的相机,在右侧 Inspector 窗口中就显示出相机的各项设

5.1.4 节

置,如图 5.16 所示。

其中第一栏 Clear Flags 设置了虚拟相机背景画面类型,单击下拉箭头可以看到对应选项,默认选项为 Sky Box,即设置相机渲染背景为天空盒图像;第 2 选项为 Solid Color,设置相机渲染背景为用户指定的单色图像,背景色在第二项 Background 栏中设置;第 3 选项为 Depth Only,设置相机渲染输出为表示场景 3D 深度次序的灰度图像,应用该项设置时相机输出画面用于特效叠加处理;第 4 选项为 Don't Clear,设置相机的输出图像为前后帧叠加效果,用于产生运动模糊特效。通常情况下采用默认的 Sky Box 选项。

第三栏 Culling Mask 设置相机的渲染掩模,即设置相机可以看到虚拟场景中的哪些物体与角色。其默认选项为 Everything,设置相机可以看到所有物体。单击下拉箭头可以按照虚拟场景物体的分层设置情况,具体选择相机只渲染指定层中的物体,而不处理其他层中的物体。这一设置的意义是可以根据漫游情况忽略过

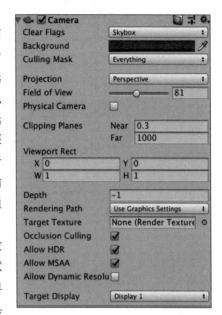

图 5.16　相机的各项参数设置

远处的物体,提高实时渲染效率。Culling Mask 的设置既可以手动调整,也可以在游戏运行过程中通过代码实时调整。

第四栏 Projection 项设置相机的视景体模式。其默认选项为 Perspective,相机设置为透视相机,渲染画面呈现近大远小的透视效果,用于显示 3D 场景;如果设置为 Orthographic,相机被设置为垂直相机,渲染画面无透视效果,用于渲染显示 2D 视图。

第五栏 Field of View 项用于设置透视相机的视角大小。视角越大相机视野也就越大,通常设置为 60～90°,超过 90°则会出现广角镜头效果。

第七栏 Clipping Planes 用于设置透视相机的近切面与远切面。透视相机只对近切面与远切面之间的物体进行渲染,超出范围的物体则不予处理。

第八栏 Viewport Rect 用于设置相机渲染输出画面在整个屏幕中的占比,具体有四个选项,其中,X 与 Y 选项设置渲染画面左上角在屏幕中的位置,例如(X,Y)=(0,0)表示画面左上角位于屏幕左上角,(X,Y)=(0.5,0.5)表示画面左上角位于屏幕中心;W 与 H 选项设置渲染画面的宽度与高度,例如(W,H)=(1,1)表示渲染画面的宽度、高度与屏幕尺寸相同,(W,H)=(0.5,1)表示渲染画面的宽度为屏幕一半,高度与屏幕相同。

第九栏 Depth 用于设置相机深度序号,用于处理场景中多个相机画面的深度叠加。Depth 数值大的相机为前景相机,Depth 数值小的相机为背景相机。前景相机画面会遮挡背景相机画面。

第十栏 Rendering Path 用于设置相机的渲染顺序,影响相机对场景中透明物体的渲染效果。

第十一栏 Target Texture 用于指定相机的渲染目标纹理,即相机的渲染输出可以不直接输出到屏幕,而是暂存于指定的目标纹理区域中,以便进行合成处理后再输出至屏幕。该选项常用来进行立体视频中左右眼画面的合成。

2. 渲染次序控制

在游戏开发场景中通常只有一台主相机负责画面实时渲染,但在 VR 应用中经常需要在同一个场景中使用多台虚拟相机,例如,实现立体显示时需要两台虚拟相机来模拟用户的左右眼,或者在虚拟漫游过程中需要从不同角度观察虚拟环境,都需要设置多台虚拟相机。本节介绍如何使用多台相机并控制其渲染次序。

在 5.1.3 节的角色控制实例中添加一台虚拟相机,该相机作为角色 Ethan 的子物体,放置在角色头部正中跟随角色运动。该相机以角色自身眼睛的视角观察场景,称之为第一人称相机。而之前主相机被放置在角色头部后上方跟随角色运动,不仅能看到前方的虚拟环境,同时也能看到虚拟角色的动作,称之为第三人称相机。下面以此为例讲述一下如何在场景中设置多台相机,从不同视角渲染场景并进行视角切换控制。后续章节中设置立体投影双目相机的基本原理与此相同,只是需要进一步细致设置双目相机位置绑定及调整视景体。

找到绑定在角色 Ethan 上的场景主相机 MainCamera,通过菜单 GameObject→Camera,在场景中新建两台相机作为第一人称相机与第三人称相机,分别命名为 FirstPersonCamera 与 ThirdPersonCamera。将这两台相机拖动至 MainCamera 下,成为主相机的子物体,第一人称相机位于角色 Ethan 头部,第三人称相机位于角色 Ethan 头部后上方,选择这三台相机观察各种渲染视角,如图 5.17 所示。

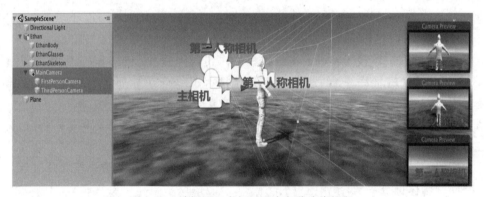

图 5.17　选择这三台相机观察各种渲染视角

现在运行游戏程序,发现虽然场景中存在三台相机,但运行时输出的只有主相机视角画面,现在通过代码脚本控制第一人称相机与第三人称相机进行渲染输出,并使用户可以对两个视角进行切换显示控制。

为主相机 MainCamera 添加一个新建的 C♯脚本 CameraControl.cs,在脚本类声明之后,添加两个 Public 型的 Camera 变量,用于访问和控制第一人称相机与第三人称相机。将两台相机图标拖到 Inspector 窗口中脚本对应的 Public 项中,建立相机对象与 Public 型变量之间的关联,如图 5.18 所示。

随后在脚本中再声明两个 RenderTexture 型变量。RenderTexture 是指一种特定的内存空间,可以暂存虚拟相机的渲染画面,也就是说,虚拟相机的渲染结果可以不必直接输出至显示设备,而是暂存于指定内存区域中,待进行后续处理之后再推送至显示设备。脚本中定义的两个 RenderTexture 型变量分别用于存储第一人称相机与第三人称相机的渲染结果。然后根据用户控制选择其中一个视角画面进行显示输出。随后再定义一个 int 型变量 ViewFlag 用于记录当前视角选择,初始值设为 3 表示以第三人称视角显示输出,如图 5.19 所示。

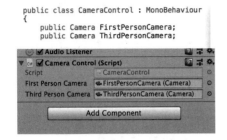

```
public class CameraControl : MonoBehaviour
{
    public Camera FirstPersonCamera;
    public Camera ThirdPersonCamera;
```

图 5.18　在相机控制脚本中添加
Public 型变量

```
public class CameraControl : MonoBehaviour
{
    public Camera FirstPersonCamera;
    public Camera ThirdPersonCamera;

    RenderTexture FirstPersonCamRT;
    RenderTexture ThirdPersonCamRT;
    int ViewFlag=3;
```

图 5.19　在相机控制脚本中声明
RenderTexture 型变量

接下来,在脚本的 Start() 函数体中添加如下代码,如图 5.20 所示。其中,第 1、2 行代码分别为声明的 RenderTexture 变量申请内存区域,内存区域大小与显示设备屏幕分辨率相同;第 3、4 行分别将第一人称相机与第三人称相机的渲染输出指向对应的 RenderTexture 内存区;第 5、6 行分别禁止第一人称相机与第三人称相机进行自动渲染,由用户指定某一个视角相机进行受控渲染。

```
void Start()
{
    FirstPersonCamRT = new RenderTexture(Screen.width, Screen.height, 24);
    ThirdPersonCamRT = new RenderTexture(Screen.width, Screen.height, 24);

    FirstPersonCamera.targetTexture = FirstPersonCamRT;
    ThirdPersonCamera.targetTexture = ThirdPersonCamRT;

    FirstPersonCamera.enabled = false;
    ThirdPersonCamera.enabled = false;

}
```

图 5.20　对第一人称相机与第三人称相机进行设置

在 Update 函数体中添加如图 5.21 所示的代码,使用户可以通过键盘(F1 键/F3 键)控制输出视角。

最后在脚本中新建一个名为 OnRenderImage 的函数体,如图 5.22 所示。OnRenderImage()函数体与 Update() 函数体一样,在每一个游戏帧中进行调用,作用是在相机渲染输出至显示设备之前对渲染结果进行再次处理。其调用顺序是在 Update 函数体之后。

```
void Update()
{
    if (Input.GetKeyDown(KeyCode.F1))
    {
        ViewFlag = 1;
    }
    if (Input.GetKeyDown(KeyCode.F3))
    {
        ViewFlag = 3;
    }
}
```

图 5.21　用户通过键盘控制输出视角

```
void OnRenderImage(RenderTexture source, RenderTexture destination)
{
    if (ViewFlag == 1)
    {
        FirstPersonCamera.Render();
        Graphics.Blit(FirstPersonCamRT, destination);
    }

    if(ViewFlag==3)
    {
        ThirdPersonCamera.Render();

        Graphics.Blit(ThirdPersonCamRT, destination);
    }
}
```

图 5.22　在 OnRenderImage() 函数体中控制两台相机渲染输出

其中第一个 if 判断的作用是,如果当前用户指定第一人称视角画面输出,则控制第一人称相机进行一次渲染,并调用 Blit() 函数将存放于 RenderTexture 内存区中的渲染画面输出至显示器 destination;第二个 if 判断的作用是,如果当前用户指定第三人称视角画面输出,则控制第三人称相机进行一次渲染,并调用 Blit()函数将存放于 RenderTexture 内存区中的渲染画面输出至显示器 destination,从而实现两台相机画面的切换输出。

　　保存脚本执行游戏,按 F1 键屏幕上显示第一人称视角画面,按 F3 键屏幕上显示第三人称视角画面,用户可以选择切换使用第一人称视角或第三人称视角进行虚拟漫游,如图 5.23 所示。

图 5.23　用户控制虚拟漫游视角

5.1.5　Unity3D 中函数体的执行顺序

　　在游戏和 VR 应用中,虚拟环境中的各种事件总是并行出现的,虚拟角色本身会进行各种运动,而用户的交互也会改变虚拟环境与角色的状态,因此游戏引擎和 VR 开发都需要具有并行处理各类事件的机制,本节介绍 Unity3D 中并行处理各类事件时函数体的执行顺序,理清这一问题对深入理解 Unity3D 开发有着重要意义。

　　虽然各类操作系统中的多线程技术已非常成熟,但 Unity3D 仍然是以单线程运行为主的,实际上目前大多数游戏引擎也都是基于单线程的,其原因何在呢? 多线程的一个重要优点是可以利用 CPU 空闲时间处理多个任务,提高资源利用率,但在游戏和 VR 应用中,角色事件处理与画面更新在响应时间上需要有很强的确定性与实时性,如果在逻辑更新与画面更新处理中使用多线程模式,那么处理多线程同步会大大增加开发消耗,所以目前大多数游戏引擎及 VR 开发的主逻辑循环部分都是单线程的。

　　在 Unity3D 中,每个角色对象都可以通过所绑定的代码脚本来控制和更新其行为,一个对象可以绑定多个脚本,共同控制该对象的多个或一个行为属性,在一个对象的脚本中也可以去控制和更新其他对象的行为属性。在每个脚本中最重要也最常用的就是 Update()函数体,Unity3D 主逻辑循环会根据硬件实际运行速率对每个脚本中的 Update()函数体进行调用,在 Update()函数体中来响应各种交互指令,并更新所属对象的行为属性,这样虚拟环境中的所有对象、所有角色看起来都像是在并行地运作了。

　　在代码脚本中除了 Update()之外还有其他重要的函数体,图 5.24 中列出了脚本的基本类 MonoBehaviour 中的若干重要成员函数体的执行顺序,下面结合该图来进行介绍。

　　图 5.24 中列出的函数体都会在游戏或 VR 应用运行过程的特定时刻,被自动地调用执行,这里着重介绍下面几个常用的函数体:Awake()函数体与 Start()函数体在整个游戏运行过程中只会被执行一次,用于对所属对象进行初始化工作。FixedUpdate()、Update()及 LateUpdate()函数体则会被不断反复调用执行,用于对所属对象的属性进行实时更新,从而控制所属对象的行为。OnPreRender()、OnPostRender()及 OnRenderImage()函数体只能绑定在虚拟相机对象上,用于在每一帧中进行实时渲染的不同阶段进行相机设置、绘图处理及图

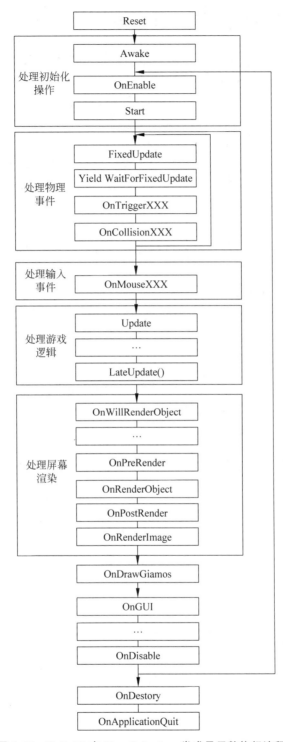

图 5.24　Unity3D 中 MonoBehaviour 类成员函数执行流程图

像特效处理。

　　图 5.24 中列出的是一个脚本中各函数体的执行顺序,看起来简单明了,但要深入了解其中的机制并正确使用,就需要在多个对象多个脚本并行执行的背景下来理解。在虚拟场景中存在多个对象(例如多种角色及多个道具),而每一个对象又可以绑定多个脚本。下面介绍一

下多个对象、多个脚本中的这些函数体的执行原则。

首先看用作初始化操作的 Awake() 与 Start() 两个函数体,我们已经知道在单个脚本中是先执行 Awake() 之后,再执行 Start()。但在多对象多脚本情况下,一个脚本中的 Start() 并不是在该脚本中的 Awake() 执行之后就会被立即执行,而是要等到其他所有脚本中的 Awake() 都被执行完毕之后,才会开始调用执行,也就是说,所有脚本中的 Awake() 要在首轮中全部执行完毕,才会开始下一轮 Start() 的执行,如此设置是为了规范和调整各对象、各脚本之间的初始化顺序。下面来解释一下。

各脚本中的 Awake() 函数体是在场景中所有对象都被实例化创建之后被自动调用执行的,但各脚本中的 Awake() 的执行顺序是随机选定的。如果在 Awake() 中进行初始化的属性变量并不依赖于其他对象或其他脚本,就没有问题,但如果一个属性变量的初始取值依赖于其他对象或脚本中的某个属性取值,就可能会出现错误。例如,需要把场景中所有大精灵 B 的初始速度设置为小精灵 A 初始速度的一半,那么在大精灵 B 脚本中的 Awake() 函数体里进行这一设置时,小精灵 A 脚本中的 Awake() 可能还没有被调用,其初始速度值也没有初始化,这样就导致大精灵 B 的速度被初始化为错误数值(见图 5.25)。此时就需要把大精灵 B 的初始速度设置工作放在 Start() 函数体中,这是因为当大精灵 B 脚本的 Start() 函数体开始执行时,所有脚本的 Awake() 函数体都已经执行完毕了,大精灵 B 的初始速度设置也就不会出现问题了(见图 5.26)。

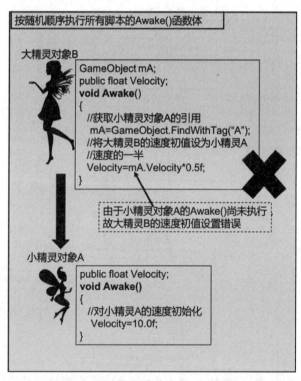

图 5.25　在 Awake() 函数体中进行初始化存在潜在错误可能性

需要补充说明的是,由于 Awake() 函数体是在场景中所有对象都实例化创建之后才开始执行,所以在 Awake() 之中可以正确安全地使用 GameObject. Find() 或 GameObject. FindWithTag() 函数去查找和获取其他对象的引用,但是通过引用去控制和改变其他对象的属性时,最好是放在 Start()函数体或更后面的 Update()函数体中执行才是安全的(见图 5.26)。

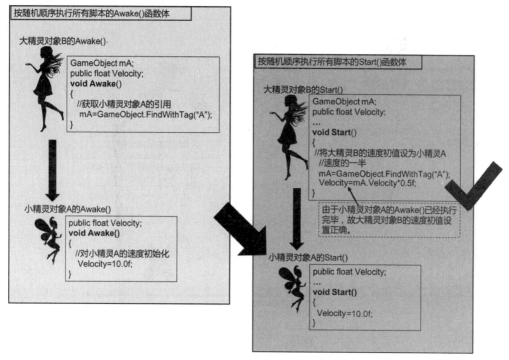

图 5.26 利用 **Awake()** 与 **Start()** 的执行先后顺序正确进行初始化

理解了 Awake()函数体与 Start()函数体之间的执行顺序机制之后,可以类推地理解 FixedUpdate()、Update()及 LateUpdate()三个函数体的执行顺序。首先,Unity3D 自动调用执行所有脚本中的 FixedUpdate()(按照随机顺序),完毕之后再自动调用执行所有脚本中的 Update()(按照随机顺序),完毕之后再自动调用执行所有脚本中的 LateUpdate()(按照随机顺序)。这三个函数体对应了游戏对象属性的三个更新轮次:首先第一轮是 FixedUpdate(),该函数体是按照固定时间间隔反复自动调用的,两次调用之间的时间间隔不受硬件情况影响,在该函数体中适于完成对精确物理属性的更新工作。例如,动力学模拟中的受力更新或速度更新。后续两轮 Update()与 LateUpdate()的调用时间间隔则受到硬件情况影响,无法保证完全恒定。设置 LateUpdate()的一个重要作用是为了正确处理对象之间的多重影响,例如在运行过程中,对象 C 的位置要同时受到对象 A 与 B 的影响,而对象 D 需要始终瞄准对象 C。如果上述操作都在各对象的 Update()函数体中执行,那么在同一帧中,对象 D 瞄准对象 C 在前,对象 B 调整对象 C 的位置在后,于是造成了对象 D 没有瞄准本帧中对象 C 的最终位置(见图 5.27)。为此应该在对象 A 与 B 的 Update()中去更新对象 C 的位置属性,等到所有脚本的 Update()函数体都执行完毕后,在相机 D 的 LateUpdate()函数体中再获取对象 C 的位置,并指向 C,实现正确的瞄准效果(见图 5.28)。

需要指出的是,Unity3D 提供了通过手动或代码设置 Script Execution Order(脚本执行顺序)属性的方式,允许用户自行设置和规定多个代码脚本的先后顺序,也就相应设置了各脚本之间 Update()及 LateUpdate()函数体的执行顺序。但对于场景中有众多角色对象的情况,利用 Update()与 LateUpdate()的先后轮次顺序来处理对象间的多重影响,避免造成冲突,这是一种合理而方便的开发技巧。

图 5.27　仅使用 Update() 函数体,无法确保正确处理对象间的多重影响

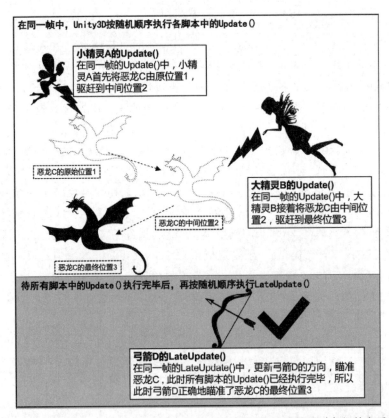

图 5.28　利用 Update() 与 LateUpdate() 的执行轮次顺序,正确处理对象间的多重影响

最后再介绍一下 OnPreRender()、OnPostRender() 及 OnRenderImage() 三个函数体的作用。这三个函数体所属脚本必须绑定在场景中的某个虚拟相机对象上,它们的调用顺序同样是按照先后轮次来执行的。OnPreRender() 函数体在相机开始渲染之前被自动调用,在其中可以更改设置相机的某些参数,如开/关机的雾效渲染功能,而 OnPostRender() 则在相机完成渲染之后被自动调用,用户可以在其中调用图形库函数,在渲染画面上附加绘制图标图形,如果这一操作放在 OnPreRender() 函数体中,那么用户绘制的图标图形就会被渲染画面所覆盖。所有渲染绘制操作完成之后,在将结果输出到显示设备之前,OnRenderImage() 函数体被自动调用,允许用户在其中对渲染画面进行后期特效处理,例如对画面进行高斯平滑、运动模糊或画面泛光(Bloom)处理。

5.2 投影式 VR 系统开发环境

在第 3 章和第 4 章中介绍了立体显示的基本原理,本节中进一步介绍如何通过 Unity3D 平台实现立体投影显示功能。首先分析立体图像视差与立体显示效果的关系,在此基础上再介绍如何正确渲染生成立体图像,最后介绍如何按 120Hz 刷新率顺序显示立体图像,形成立体视频流。

5.2.1 视差与立体显示效果的关系

左右眼图像中的视差使用户产生了立体视觉。在目前常用的立体显示技术中,只有水平视差,而没有垂直视差,虚拟场景中的一个物体在左眼图像中的水平位置为 L,在右眼图像中的水平位置为 R,则定义该物体的视差 $P=R-L$。当物体距离较远时,会穿入屏幕出现在屏幕后方,称为入屏效果;当物体距离较近时,会穿出屏幕出现在屏幕前方,称为出屏效果。出屏还是入屏取决于物体的视差,而视差有零视差、正视差、负视差及发散视差四种情况。下面结合图 5.29 进行具体分析。

零视差:如图 5.29(a)所示,物体在左右眼图像中的水平位置重合,视差 $P=0$,此时物体出现在屏幕上。

正视差:如图 5.29(b)所示,当左右眼图像叠放在一起时,物体在右眼图像中的水平位置 R 位于左眼图像中的水平位置 L 的右侧,视差 $P>0$。这时,物体出现在屏幕后方,即产生入屏效果。此时物体的距离与视差成正比——视差越大物体越远,当视差与用户眼间距相等时,物体出现在无穷远处。

负视差:如图 5.29(c)所示,当左右眼图像叠放在一起时,物体在右眼图像中的水平位置 R 位于左眼图像中的水平位置 L 的左侧,与用户的左右眼呈现交叉,视差 $P<0$。这时,物体出现在屏幕前方,即产生出屏效果。此时物体的距离与视差的绝对值成反比——视差绝对值越大物体越近。当视差与用户眼间距相等时,物体恰好出现在用户到屏幕距离的一半处。

发散视差:如图 5.29(d)所示,当视差值大于两眼的瞳孔距时会产生发散视差。在真实世界中,该情况是不存在的。在立体显示时,此类情况即使存在很短的一段时间,也会使眼睛产生极为不舒服的感觉。因此,在立体显示时应该避免此类情况。

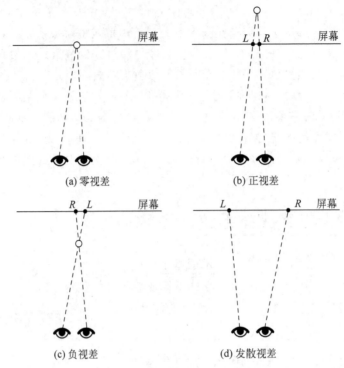

图 5.29　视差与立体显示效果

5.2.2　渲染立体图像

5.2.1 节中分析了视差与立体显示效果之间的关系,本节介绍如何在虚拟场景中设置立体相机的透视投影矩阵,保证立体相机能够渲染生成正确的立体图像。

普通虚拟场景中只需要设置一台相机,而为了立体渲染,就需要设置左、右两台相机,对应于观众的左、右眼。左、右两台相机在水平方向上有一定的间隔距离,相当于人的眼间距(Interaxial),此时左、右眼图像中就出现了视差。

需要注意的是,如果左、右相机仅进行单纯平移,两台相机的视锥体之间就不存在一个公共的截面(如图 5.30(a)中的左右相机单纯平移和图 5.30(c)中左右相机满足零视差面约束的情况下)。此时渲染出的左、右图像中就只有负视差情况,而没有零视差和正视差情况[1]。为了修正这一问题,就需要为左、右相机的视锥体指定一个公共的截面(如图 5.30(b)中的左右相机单纯平移后的视锥体和图 5.30(d)中左右相机满足零视差面约束时的视锥体),即零视差面。虚拟场景中位于零视差面前面的点产生了负视差,位于零视差面后面的点产生了正视差,而恰好位于零视差上面的点产生了零视差[2],即位于零视差面上的点在左、右图像中汇聚为一点,因此称相机到零视差面的距离为汇聚(Convergence)距离。

左右相机的视锥体在零视差面上重合,称为零视差面约束,对比图 5.30(a)与图 5.30(b),在满足零视差面约束条件下,两台相机的视锥体从原先的对称情况变成了非对称情况,这就需要重新计算左、右相机的透视投影矩阵。在前面介绍过一台虚拟相机的透视投影矩阵是由该相机近切面的上(Top)、下(Bottom)、左(Left)、右(Right),及近切面距离(Near)和远切面距

---

① 详细推导见附录 C。
② 详细推导见附录 C。

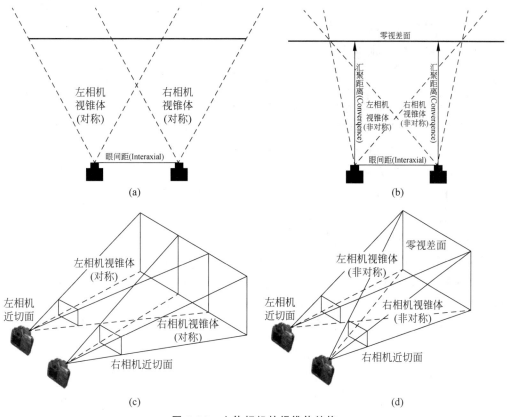

图 5.30　立体相机的视锥体结构

离(Far)共 6 个参数决定的,而在左、右两台相机组成立体相机时,相机的透视投影矩阵还与两台相机之间的间距(Interaxial)及汇聚距离(Convergence)两个参数相关,左、右相机的透视投影矩阵参数分别为[1]:

$$
左相机:\begin{cases}
\text{Top} = \text{Near} \times \tan\left(\dfrac{\text{Fov}}{2}\right) \\[2mm]
\text{Bottom} = -\text{Near} \times \tan\left(\dfrac{\text{Fov}}{2}\right) \\[2mm]
\text{Left} = -\text{Aspect} \times \text{Top} + \dfrac{\text{Near} \times \text{Interaxial}}{2 \times \text{Convergence}} \\[2mm]
\text{Right} = \text{Aspect} \times \text{Top} + \dfrac{\text{Near} \times \text{Interaxial}}{2 \times \text{Convergence}}
\end{cases}
$$

$$
右相机:\begin{cases}
\text{Top} = \text{Near} \times \tan\left(\dfrac{\text{Fov}}{2}\right) \\[2mm]
\text{Bottom} = -\text{Near} \times \tan\left(\dfrac{\text{Fov}}{2}\right) \\[2mm]
\text{Left} = -\text{Aspect} \times \text{Top} - \dfrac{\text{Near} \times \text{Interaxial}}{2 \times \text{Convergence}} \\[2mm]
\text{Right} = \text{Aspect} \times \text{Top} - \dfrac{\text{Near} \times \text{Interaxial}}{2 \times \text{Convergence}}
\end{cases}
$$

[1]　详细推导见附录 C。

其中,Fov 是相机的视角,Aspect 是显示设备的高宽比。

5.2.3　播放立体视频

在 VR 开发中,通过设置左、右相机可以实时渲染生成立体视频,立体视频中的每一帧包含左眼和右眼两幅图像,需要根据投影仪中不同的立体播放模式,编写立体视频播放代码。

在前面章节中介绍过目前常用立体投影技术分为偏振式立体投影与主动式立体投影两类,偏振式立体投影主要在电影院环境中使用,而主动式立体投影更适合于搭建 VR 环境。目前商用投影仪基本都具备主动立体投影功能,并支持帧序列(见图 5.31(a))、左右并列(见图 5.31(b))、上下并列(见图 5.31(c))三种播放模式。帧序列模式是指按照左—右—左—右…顺序依次播放左眼画面与右眼画面,图像刷新率为 120Hz,即每秒各播放 60 帧左眼画面与 60 帧右眼画面。但帧序列模式不支持高清分辨率投影。左右并列格式是指左、右眼图像水平并列成一个双倍宽度的画面,例如,对于 1080p 分辨率的立体视频,每一帧图像的分辨率为 3840×1080,并按 60Hz 的刷新率发送到投影仪,投影仪端自动将画面一分为二,按左—右—左—右…顺序播放,因此实际图像刷新率仍为 120Hz。上下并列格式与左右并列格式类似,只是左、右眼图像垂直排列成一个双倍高度的画面。目前,左右并列、上下并列两种模式都支持 1080p 分辨率的立体视频播放。

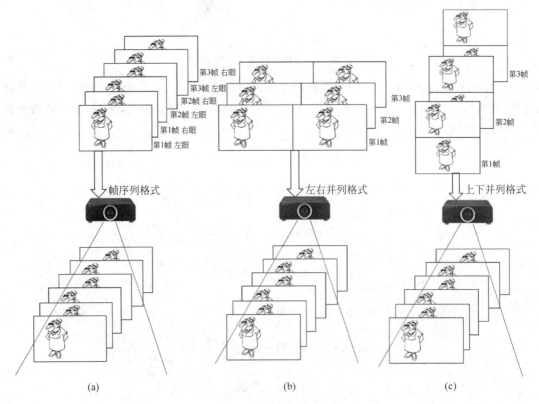

图 5.31　常用的三种立体视频格式比较

在 Unity3D 平台中,开发者可以根据需要自行编写上述三种模式的立体视频播放代码。下面给出 Unity3D 实现左右并列格式立体视频播放的实现方法与代码示例。

（1）**左右相机摆置**：为左右相机设置一个共同的父物体，父物体对应于虚拟角色双眼连线的中心位置，父物体跟随虚拟角色进行位移和旋转变换。左、右相机在父物体坐标系下，按眼间距参数在 x 轴水平方向分别向左和向右进行平移。父子层级设置保证从不同位置和不同视角观看（渲染）虚拟场景时，左、右眼相机始终保持固定的眼间距取值，父子层级结构的设置在 Hierarchy 栏中完成。

（2）**设置相机透视投影矩阵**：根据用户指定的眼间距与汇聚距离（Convergence）两个参数，按照 5.2.2 节中的公式，分别计算左、右相机的透视投影矩阵。在编写代码脚本时，眼间距与汇聚距离作为脚本的 public 型变量，可供用户自行指定设置，具体见本节的代码示例。

（3）**左右相机渲染控制**：由于 Unity3D 中默认场景中主相机自动进行渲染输出，因此在进行立体渲染时，就需要通过代码控制左、右相机交替进行渲染，分别生成每一帧的左、右眼图像。在 Unity3D 中可以通过调用 Camera.Render() 函数控制指定相机完成一次渲染。

（4）**左右相机画面并列**：左、右相机渲染完成后，生成的左、右眼画面各自存放于显存中的 RenderTexture 区域中，可以通过调用 Graphics.CopyTexutre() 函数将两幅画面复制到一个双倍宽度的 RenderTexture 区域中，形成左右并列格式立体画面，推送到投影仪端进行播放。这一过程可在 OnRenderImage() 函数体中完成。该函数体每一帧被自动调用一次，用于在最终显示之前对相机渲染结果进行特效处理。

以左右并列格式为例，VR 立体视频的实时渲染与播放流程图如图 5.32 所示。

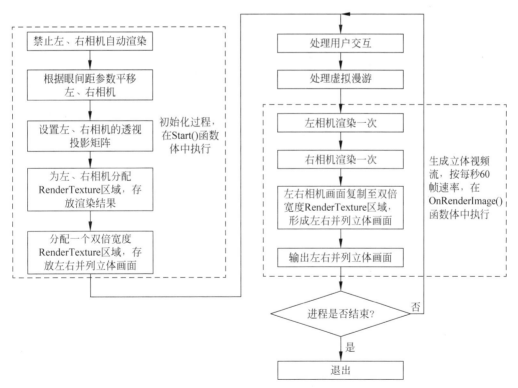

图 5.32　VR 立体视频的实时渲染与播放流程图（左右并列格式）

下面给出 Unity3D 中左右并列格式的立体视频实时渲染与播放的代码实例。对立体相机进行初始化设置的代码如下。

```
1   using System.Collections;
2   using System.Collections.Generic;
3   using UnityEngine;
4   using UnityEngine.UI;
5
6   public class _StereoCamera : MonoBehaviour
7   {
8       //左右眼相机对象
9       public Camera leftCamera;
10      public Camera rightCamera;
11      //左右相机的transform, 用于根据眼间距来设置左右眼相机位置
12      public Transform leftCamera_transform;
13      public Transform rightCamera_transform;
14
15      //左右眼相机的RenderTexture
16      private RenderTexture leftCamera_texture;
17      private RenderTexture rightCamera_texture;
18      //双倍宽度的RenderTexture, 用于左右相机画面并列
19      private RenderTexture mixingCamera_texture;
20
21      public float Interaxial = 0.06f;//左右眼视差
22      public float Convergence = 6.0f;//汇聚距离(即相机到零视差面的距离)
23
24
25      // Start is called before the first frame update
26      void Start()
27      {
28          //立体相机的初始化工作
29          //———————————— (1) ————————————
30          leftCamera.enabled = false;//禁止左相机自动渲染
31          rightCamera.enabled = false;//禁止右相机自动渲染
32          //———————————— (2) ————————————
33          //根据父物体位置及眼间距Interaixal, 设置左右相机位置
34          leftCamera_transform.position = transform.position + transform.TransformDirection(-Interaxial / 2, 0, 0);
35          rightCamera_transform.position = transform.position + transform.TransformDirection(Interaxial / 2, 0, 0);
36          //———————————— (3) ————————————
37          //根据眼间距Interaixal及零视差距离parallaxDist,设置左右相机的投影矩阵
38          leftCamera.projectionMatrix = GetProjectionMatrix(leftCamera,true);
39          rightCamera.projectionMatrix = GetProjectionMatrix(rightCamera,false);
40          //———————————— (4) ————————————
41          //分配左眼相机对应的RenderTexutre
42          leftCamera_texture = new RenderTexture(Screen.width, Screen.height, 24);
43          //分配右眼相机对应的RenderTexutre
44          rightCamera_texture = new RenderTexture(Screen.width, Screen.height, 24);
45          //将左眼相机渲染目的指向左眼RenderTexture的入口, 左眼相机渲染结果将存储于m_leftCamTexture
46          leftCamera.targetTexture = leftCamera_texture;
47          //将右眼相机渲染目的指向左眼RenderTexture的入口, 右眼相机渲染结果将存储于m_RighttCamTexture
48          rightCamera.targetTexture = rightCamera_texture;
49          //———————————— (5) ————————————
50          //分配为双宽度的RenderTexture, 用于将左、右图像形成左右并列格式进行输出显示
51          mixingCamera_texture = new RenderTexture(Screen.width * 2, Screen.height, 24);
52          //执行其他初始化工作
53          //......
54      }
```

在立体相机初始化过程中,通过调用函数体 GetProjectionMatrix()计算立体相机透视投影矩阵,该函数体代码如下。

```
//计算立体相机的投影矩阵
//输入1: 左/右相机对象   输入2: bool变量, 是否为左相机。
//输出: 透视投影矩阵
Matrix4x4 GetProjectionMatrix(Camera cam,bool isLeftCam)
{
    //声明矩阵对象
    Matrix4x4 m = new Matrix4x4();
    //设置相机透视投影矩阵所需的6个参数
    float left,right,bottom,top,near,far;
    //相机的视角(弧度)
    float FOVrad;
    //相机的视角及宽高比
    float Aspect;
    //读取相机的视角并转化为弧度
    FOVrad = cam.fieldOfView / 180.0f * Mathf.PI;
    //读取相机的宽高比
    Aspect = cam.aspect;
    //读取相机的近切面距离
    near = cam.nearClipPlane;
    //读取相机的远切面距离
    far = cam.farClipPlane;
    //计算透视投影矩阵中的top与bottom参数
    top = near* Mathf.Tan(FOVrad * 0.5f);  bottom = -top;
    //计算左相机的left与right参数
    if (isLeftCam)
    {
```

```
        //立体相机的left与right参数与眼间距Interaxial及汇聚距离Convergence有关
        left = -top*Aspect + (Interaxial*near) / (2.0f * Convergence);
        right = top * Aspect + (Interaxial * near) / (2.0f * Convergence);
    }
    //计算右相机的left与right参数
    else
    {
        //立体相机的left与right参数与眼间距Interaxial及汇聚距离Convergence有关
        left = -top * Aspect - (Interaxial * near) / (2 * Convergence);
        right = top * Aspect - (Interaxial * near) / (2 * Convergence);
    }
    //根据相机的left,right,bottom,top,near,far共6个参数计算透视投影矩阵
    float x = (2.0f * near) / (right - left);float y = (2.0f * near) / (top - bottom);
    float a = (right + left) / (right - left);float b = (top + bottom) / (top - bottom);
    float c = -(far + near) / (far - near);float d = -(2.0f * far * near) / (far - near);
    //矩阵赋值
    m[0, 0] = x; m[0, 1] = 0; m[0, 2] = a; m[0, 3] = 0;
    m[1, 0] = 0; m[1, 1] = y; m[1, 2] = b; m[1, 3] = 0;
    m[2, 0] = 0; m[2, 1] = 0; m[2, 2] = c; m[2, 3] = d;
    m[3, 0] = 0; m[3, 1] = 0; m[3, 2] = -1.0f; m[3, 3] = 0;
    return m;//返回投影矩阵
}
```

控制立体相机实时渲染,生成立体视频流的代码如下。

```
void OnRenderImage(RenderTexture source, RenderTexture destination)
{
    //左眼相机渲染一次,生成当前帧的左眼图像
    leftCamera.Render();
    //右眼相机渲染一次, 生成当前帧的右眼图像
    rightCamera.Render();
    //将左右眼相机渲染的结果, 分别复制到一个双倍宽度的RenderTexture中
    //生成左右并列格式的立体画面, 输出到显卡进行立体投影
    Graphics.CopyTexture(leftCamera_texture, 0, 0,
                         0, 0, Screen.width, Screen.height,
                         mixingCamera_texture, 0, 0, 0, 0); //复制左眼画面
    Graphics.CopyTexture(rightCamera_texture, 0, 0,
                         0, 0, Screen.width, Screen.height,
                         mixingCamera_texture, 0, 0, Screen.width, 0); //复制右眼画面
    //将双倍画幅的立体画面推送到输出显示端
    Graphics.Blit(mixingCamera_texture, destination);

}
```

根据上述代码实例的实现原理,读者也可以自己编写帧顺序及上下并列格式的立体视频播放代码。

 ## 5.3 HTC VIVE 开发环境

HTC VIVE 是目前常用的头戴式 VR 设备,不仅具有良好的沉浸式立体视觉体验,同时也为用户提供了良好的定位跟踪及交互功能。本节介绍基于 HTC VIVE 进行系统开发的基本过程,包括环境配置、头盔显示以及手柄开发等内容。

5.3.1 环境配置

1. HTC VIVE 的安装

可在官网上下载 VIVEPORT 按照安装教程进行 HTC VIVE 安装,下载过程中会安装 SteamVR。SteamVR 是 HTC VIVE 的运行插件,如图 5.33 所示。

也可以在计算机中安装 Steam 以及 SteamVR。首先从官网下载并安装 Steam(见图 5.34),

5.3.1节

图 5.33　安装 HTC VIVE

安装完成后进入 Steam 的商店界面,搜索并下载 SteamVR。安装成功后,在 Steam 界面的右上角会有 VR 标志(见图 5.35)。在对 HTC VIVE 进行开发时启动 SteamVR 设备,第一次启动时设置 VR 设备的房间环境,按照房间设置的一步一步提示完成即可。

图 5.34　安装 Steam

图 5.35　SteamVR 安装成功

2. Unity3D 中 SteamVR SDK 插件的下载与配置

在 Unity3D 中下载和配置 SteamVR SDK。SteamVR SDK 是一个由 VIVE 提供的官方库,以简化 VIVE 开发。在布置好的场景中,单击 Window→Asset Store(见图 5.36),打开官网商店,搜索 SteamVR Plugin,下载即可(见图 5.37);然后单击 Import 按钮,并单击编辑器中的 Accept All 按钮,如图 5.38 所示。

注意在使用 VIVE 调试时,先对项目进行设置,单击菜单栏中的 Edit→Project Settings→Player,找到 Other Settings,勾选 Virtual Reality Supported 复选框,查看 Virtual Reality SDKs 中是否有 OpenVR。如果没有,单击右下角的"+"进行添加,如图 5.39 所示。启用 OpenVR 后,即可运行虚拟场景。

3. Unity3D 中手柄开发插件 VIVE Input Utility 的下载

VIVE 手柄开发可使用多种方式多种插件,这里介绍 VIVE Input Utility 插件的使用。首先在 Asset Store 中下载并导入插件 VIVE Input Utility,如图 5.40 所示。VIVE Input

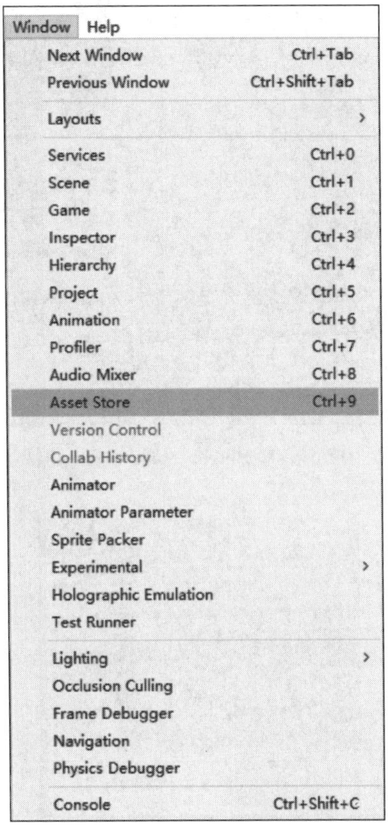

Window	Help	
Next Window	Ctrl+Tab	
Previous Window	Ctrl+Shift+Tab	
Layouts	›	
Services	Ctrl+0	
Scene	Ctrl+1	
Game	Ctrl+2	
Inspector	Ctrl+3	
Hierarchy	Ctrl+4	
Project	Ctrl+5	
Animation	Ctrl+6	
Profiler	Ctrl+7	
Audio Mixer	Ctrl+8	
Asset Store	Ctrl+9	
Version Control		
Collab History		
Animator		
Animator Parameter		
Sprite Packer		
Experimental	›	
Holographic Emulation		
Test Runner		
Lighting	›	
Occlusion Culling		
Frame Debugger		
Navigation		
Physics Debugger		
Console	Ctrl+Shift+C	

图 5.36 Asset Store

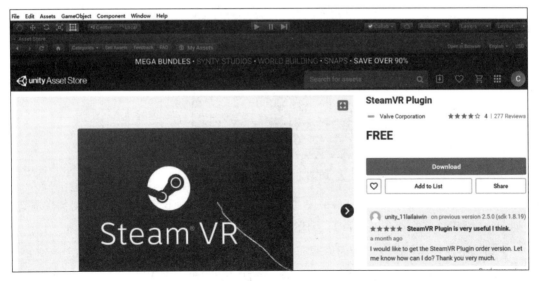

图 5.37 下载 SteamVR Plugin

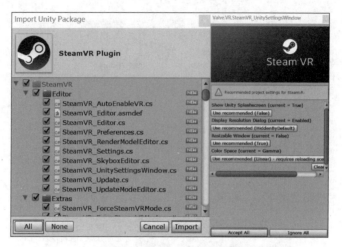

图 5.38　SteamVR Plugin 的导入以及编辑器设置

图 5.39　Unity3D 设置

Utility 是一个基于 SteamVR 插件的开发工具,使开发者更方便地控制 VIVE 设备。本案例中使用该插件简单有效地开发 VIVE 手柄。

4. 场景中虚拟相机以及手柄的设置

首先,由于 HTC VIEV 场景中需要的是 3D 相机,所以将场景中自动生成的 Main Camera 删除。然后选择 SteamVR/Prefabs/[CameraRig]预制体并添加到场景中(见图 5.41)。这个预制体是 SteamVR 提供的 3D 虚拟相机,与 VIVE 头盔直接绑定,可以直接在 HTC

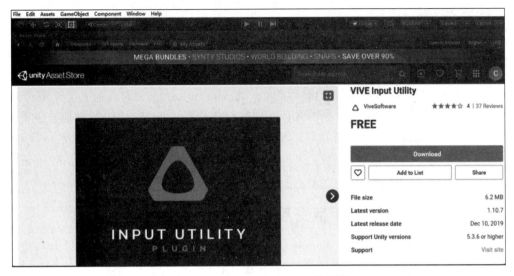

图 5.40　VIVE Input Utility 的下载

VIVE 中提供 3D 效果。为了方便后续设置,将它在场景中的位置设置为(0,0,0)。

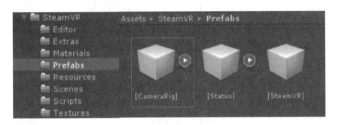

图 5.41　CameraRig 预制体

然后将 VIVE Input Utility 插件中 Prefabs 中的 VivePointers 预制体(见图 5.42)添加到场景中,以备开发手柄功能使用。

图 5.42　VivePointers 预制体

5.3.2　HTC VIVE 头盔

HTC VIVE 头盔通过精确地跟踪定位以及逼真地呈现虚拟场景,给玩家带来真实的、高品质的沉浸式体验。VIVE 头盔的跟踪定位是通过使用 HTC VIVE 定位器捕获头盔的位置信息与头部转向等信息,将信息映射到虚拟场景中,为虚拟场景中相应玩家的位置和动作提供数据,确定当前视场中的目标物、用户视点的位置和朝向,实现虚拟现实空间定位并提供浸入式体验。

HTC VIVE 头盔与虚拟相机[CameraRig]直接绑定,头盔移动时的位置和旋转角度等信

图 5.43 [CameraRig]的
层次展开

息也会反映在虚拟相机上,所以头盔位置移动时相机位置也会随之移动。虚拟相机[CameraRig]可控制头盔的位置和旋转角度,包含的子物体如图 5.43 所示。其中,Controller(left)和 Controller(right)是左右手柄,对应玩家的左右手,Camera(head)是玩家的头部,Camera(eye)对应玩家的眼睛视角。给[CameraRig]添加相关脚本设置其位置以及角度,控制相机的位置和旋转角度,使玩家的 Head(即场景中视角)达到系统设定的 Transform 信息。可在 C♯脚本的 Update()函数中调用方法 transform.position 或者 GetComponent < Transform > ().position 获取相机的位置,调用 transform.rotation 或者 GetComponent < Transform >().rotation 获取角度信息。

5.3.3　HTC VIVE 手柄交互

HTC VIVE 手柄(见图 5.44)可以像鼠标一样选中某个物体,也可以对物体进行抓取,也可以根据系统需要进行交互语义定义。一套 VIVE 设备中有两个手柄,分左右,开发的时候也是分左右的。每个手柄上面有一个圆盘和 4 个按钮。

系统按钮:用来打开手柄。这个按钮不可以开发(默认)。在游戏中按下该按钮是调出系统默认的菜单,用来关闭和切换游戏用。

menu 按钮:默认用来打开游戏菜单。

grip 按钮:每个手柄有两个 grip 按钮,左右侧各有一个。

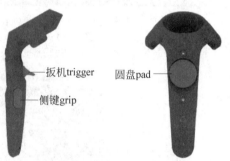

图 5.44　HTC VIVE 手柄

trigger 按钮:扳机按钮,用的最多,可以有力度等级区别。

pad:触摸屏+鼠标的功能,可触摸,可点击。

后面三种是开发时常用的。

1. 按钮开发

首先,需要在 C♯脚本中进行引用,具体代码为 using HTC.UnityPlugin.Vive。然后在该脚本的 Update()代码段中调用相关按钮的相关方法,实现特定的功能。每个按钮都有 GetPress(按住时一直返回 true)、GetPressDown(按下时触发事件)、GetPressUp(放开时触发事件)三种方法,用 HandRole 枚举来确定左右手柄,用 ControllerButton 枚举来确定是哪个按钮。具体实现代码如图 5.45 所示。

其中,trigger 按钮除了上述常见方法,还可以通过 GetTriggerValue 方法获得其模拟值 triggervalue,范围是 0~1,不同数值代表不同程度的按压,具体数值对应如表 5.1 所示。

pad 有接触、按下两组方法,可返回事件点的位置等信息,如 GetPadTouchAxis 是返回接触点的位置信息,常用到的有六种方法:GetPadTouchAxis,GetPadTouchDelta,GetPadTouchVector,GetPadToPressAxis,GetPadToPressDelta,GetPadToPressVector。

其中,Axis 是坐标位置,Delta 是最后一帧移动位置,Vector 是移动的向量。

```
using System.Collections;
using System.Collections.Generic;
using UnityEngine;
using HTC.UnityPlugin.Vive;
0 个引用
public class fff : MonoBehaviour {
    // Update is called once per frame
    0 个引用
    void Update () {
        if(ViveInput.GetPressUp(HandRole.RightHand, ControllerButton.Trigger))
        {
            Debug.Log                      ");
        }
    }
}
```

GetPress
GetPressDown
GetPressDownEx<>
GetPressDownEx<>
GetPressEx
GetPressEx<>
GetPressUp
GetPressUpEx
GetPressUpEx<>

LeftHand
RightHand

FullTrigger
Grip
HairTrigger
Menu
Pad
PadTouch
Trigger

图 5.45 手柄按钮开发实现

表 5.1 triggervalue 数值对应按压力度

triggervalue＝0	没按	无
triggervalue＝0.1～0.2	轻按	HairTrigger
triggervalue＞0.5	中度按	Trigger
triggervalue＝1	全部按下	FullTrigger

2. UGUI 开发

在场景中添加预制体[CameraRig]和[VivePointers]后,新建一个 UI 按钮,如图 5.46 所示。

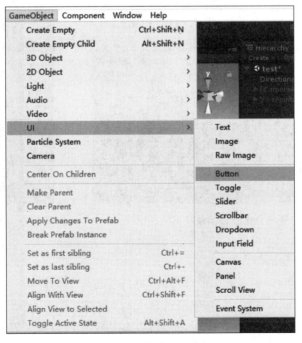

图 5.46 添加 Button

禁用 Canvas 对象下的两个脚本,并设置模式为 World Space,为 Canvas 添加 Canvas Raycast Target 脚本,如图 5.47 所示。

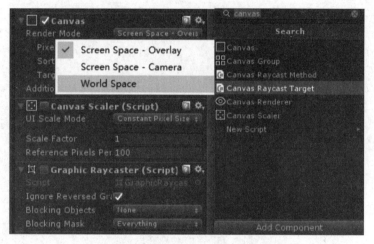

图 5.47　设置 Canvas 并添加脚本

将 Canvas 和 Button 调整至合适的大小和位置后,运行场景。运行以后,手柄会发出射线,当射线照射到按钮时,会有一个黄色的球,如图 5.48 所示。此时按 Trigger 按钮,就可以实现单击按钮的动作,按钮触发的具体事件可自行定义。

3. 通过射线远距离拖动物体

手柄射线照射到远处的 3D 物体时,可以通过 Trigger 按钮抓住物体并拖动。同样是在场景中添加预制体[CameraRig]和[VivePointers]后,新建一个 3D 物体,如 Cube,为其添加脚本 Draggable,若不能自动添加 Rigidbody 刚体组件,便手动添加上,如图 5.49 所示。

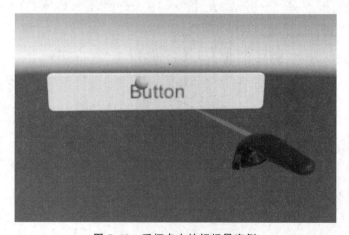

图 5.48　手柄点击按钮场景实例

图 5.49　为手柄点击按钮添加脚本

4. 触碰和拾取

在场景中添加预制体[CameraRig]和[VivePointers]后,新建一个 3D 对象,默认可以被触碰,再为其添加 Rigidbody 组件和 Basic Grabbable,如图 5.50 所示,则该对象可以被拾取。

在 3D 物体上添加脚本 Material Changer,可自行设置该物体在被触碰和拾取时的效果,设置参数如图 5.51 所示。

图 5.50　为可拖曳物体添加刚体组件和拖曳脚本

图 5.51　Material Changer 脚本的参数设置

其中,Normal 是默认贴图,Heightlight 是触碰后的贴图,Pressed 是按下按钮时的贴图,Dragged 是拖曳时的贴图,Heightlight Button 是指定的可响应按钮,默认是 Trigger。实例如图 5.52 所示。

图 5.52　HTC VIVE 手柄触碰和拾取物体实例

 ## 5.4　HoloLens 开发环境

HoloLens 允许开发者在 Unity3D 中创建自己的混合现实应用程序,并部署在 HoloLens 中运行。本节将介绍如何在 Unity3D 中开发 HoloLens 应用程序并使其运行在 HoloLens 上。

5.4.1　环境配置

1. 安装 Visual Studio

从官网下载 Visual Studio,安装时需要勾选"通用 Windows 平台开发""使用 Unity3D 的游戏开发""使用 C++的游戏开发"以及"Visual Studio 扩展开发"。如图 5.53 所示为安装界面右侧安装组件的详细信息。使用 Unity3D 的游戏开发有一个可选的 Unity3D 编辑器,由于 HoloLens 官方建议使用 LTS 版本的 Unity3D 编辑器,因此此处不勾选。

图 5.53　Visual Studio 2017 安装
详细信息

安装 Unity3D

2. 安装 Unity3D

下载 HoloLens 官方建议的 LST 版本,安装时需要勾选支持 UWP 平台打包的组件,如图 5.54 所示。

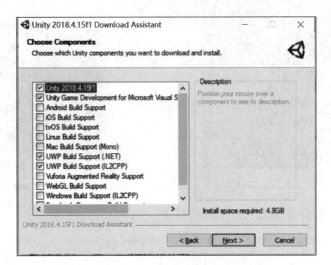

图 5.54　Unity3D 安装过程中的组件选择

3. 安装模拟器(可选)

微软提供了 HoloLens 模拟器,允许开发人员在 PC 上测试 HoloLens 应用程序。模拟器的运行对于 PC 的硬件配置有一定要求,要求如下。

(1) 操作系统:Windows 10 专业版、企业版或教育版。

(2) CPU:4 核及以上 64 位。

(3) 内存:8GB 及以上。

(4) GPU:支持 DirectX 11.0 或以上,驱动为 WDDM 1.2 及以上。

其安装过程如下。

1) Windows 10 启用开发人员模式

Windows 10 系统中启用开发人员模式的过程如图 5.55 所示:在"设置"窗口中选择"更新和安全"→"开发者选项",选中"开发人员模式"单选按钮。

2) 设置虚拟化

如图 5.56 所示,重启计算机打开 BISO 界面,找到虚拟化选项并打开。

3) 启用 Hyper-V

选择"控制面板"→"程序"→"程序和功能"→"启用或关闭 Windows 功能",勾选 Hyper-V 及其子项前面的复选框,如图 5.57 所示。

4) HoloLens 模拟器安装

下载 HoloLens 模拟器,安装。模拟器运行效果如图 5.58 所示。

4. 引入 MixedRealityToolkit

MixedRealityToolkit(MRTK)是微软提供的混合现实开发工具包,旨在加速针对 Microsoft HoloLens 和 Windows 混合现实沉浸式设备应用程序的开发。其源码在 GitHub 上开放。

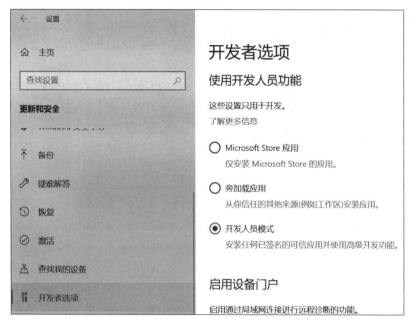

图 5.55　Windows 中设置开发人员模式

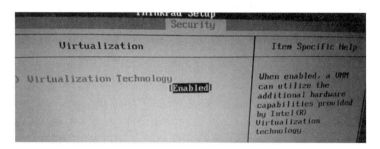

图 5.56　BIOS 开启虚拟化

图 5.57　启用 Hyper-V

图 5.58　HoloLens 模拟器运行界面

由于 MRTK 基于 Windows 10 SDK 18362＋，因此需要先下载安装相应的 Windows 10 SDK。在 Unity3D 中引入 MRTK 的步骤如下。

(1) GitHub 下载 MixedRealityToolkit-Unity。网址 https：//github. com /microsoft/ MixedRealityToolkit-Unity/releases 提供了 MRTK 的各种发布版本。目前已经更新到 v2.3.0。其中，Microsoft. Mixed Reality. Toolkit. Unity. Foundation. 2.3.0. unitypackage 必选，其他包可选，如图 5.59 所示。

▼ Assets ⑧	
🎁 Microsoft.MixedReality.Toolkit.Unity.Examples.2.3.0.unitypackage	56.7 MB
🎁 Microsoft.MixedReality.Toolkit.Unity.Extensions.2.3.0.unitypackage	1.07 MB
🎁 Microsoft.MixedReality.Toolkit.Unity.Foundation.2.3.0.unitypackage	11.3 MB
🎁 Microsoft.MixedReality.Toolkit.Unity.Tools.2.3.0.unitypackage	97 KB
🎁 MRTK.Examples.Hub_v2.3.0_HoloLens1_x86.zip	111 MB
🎁 MRTK.Examples.Hub_v2.3.0_HoloLens2_ARM.zip	114 MB
📄 Source code (zip)	
📄 Source code (tar.gz)	

图 5.59　MixedRealityToolkit-Unity 资源包下载页

(2) 资源包导入 Unity3D。如图 5.60 所示，在 Unity3D 中新建工程，选择 Assets→ Import Package→Custom Package 命令，然后浏览到资源包下载位置，选中之后进行导入。导入完成后弹出 MRTK 配置选项，单击 Apply 按钮。

导入成功后，Assets 目录结构如图 5.61 所示。

5.4.2　开发实例

本节介绍如何在 Unity3D 中构建简单的 HoloLens 混合现实应用实例。

1. MR 场景及配置

新建场景，在编辑器导航栏选择 Mixed Reality Toolkit→Add to Scene and Configure 命令，如图 5.62 所示。

5.4.2 节

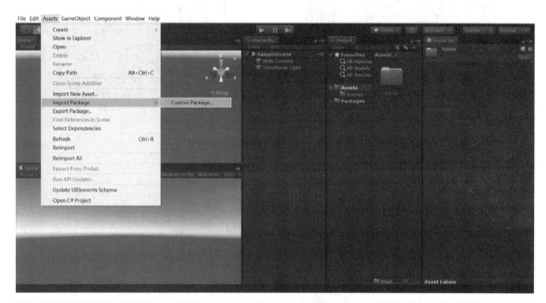

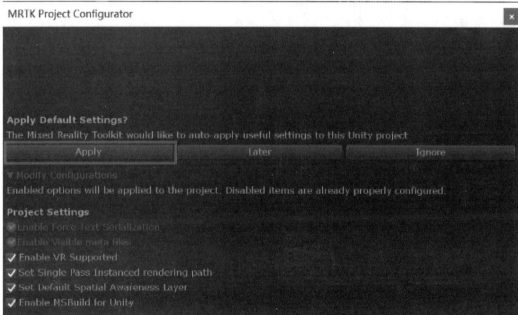

图 5.60 MRTK 导入过程

图 5.61 MRTK 导入后的文件结构

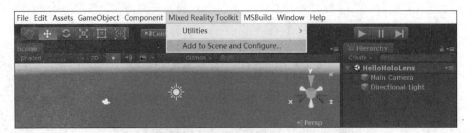

图 5.62　场景中添加 Mixed Reality Toolkit 配置

该操作完成后场景中包含以下物体,如图 5.63 所示,主相机成为 MixedRealityPlayspace 的子物体。

图 5.63　场景配置结果

在场景中简单放置一个 Cube 用于测试,位置在设备正前方 1m 处,大小为 $25cm \times 25cm \times 25cm$,分别绕 x,y,z 轴旋转 $45°$,如图 5.64 所示。

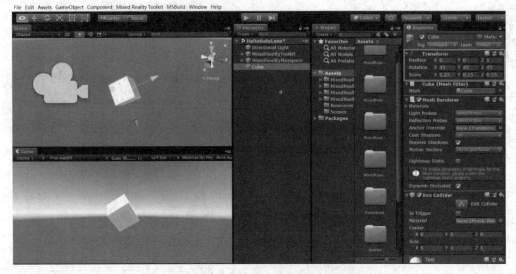

图 5.64　场景中全息物体的设置

2. 工程打包

如图 5.65 所示,选择 File→Build Settings 命令,将目标平台改为 UWP,选中 Universal Windows Platform 后单击 Switch Platform 按钮。单击 Add Open Scenes 按钮添加场景,然后单击 Player Settings 按钮进行项目配置。

在 PlayerSettings 中输入 Company Name、Product Name 和 Version,其中 Product Name 为 HoloLens 中显示的应用程序的名称,如图 5.66 所示。

单击 Build Settings 中的 Build 按钮,在弹出的文件资源管理器中新建文件夹,将程序打包在该文件夹中,如图 5.67 所示。

图 5.65　打包平台配置

图 5.66　Play Settings 中项目设置

图 5.67　新建文件夹保存打包文件

3. 应用程序部署

要将应用程序部署在 HoloLens 上,首先需要在 HoloLens 中打开开发者模式,打开过程类似于在 Windows 10 中打开开发者模式。程序打包完成后,用 VS 打开后缀为 sln 的文件,编译平台选择 Release x86,如图 5.68 所示。开发人员可以选择将程序部署在 HoloLens 真机或者 HoloLens 模拟器上。

图 5.68　VS 中调试选项

(1) 若在真机中调试,调试器选择 Device。真机调试状态下,HoloLens 通过 USB 连接到 PC,在第一次进行部署时需要将 PC 和 HoloLens 进行配对。如图 5.69 所示,在 HoloLens 开发者选项中单击 Pair 按钮,会显示一个六位数字 PIN 码,单击 VS 中的 Device 开始部署程序,部署过程中按提示输入 PIN,如图 5.70 所示,即可将程序部署在 HoloLens 中。

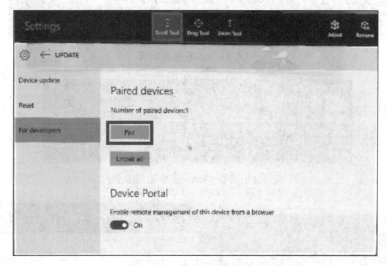

图 5.69　HoloLens 中配对

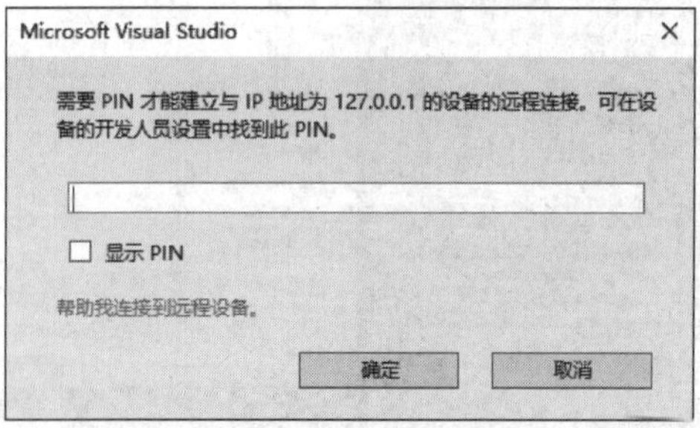

图 5.70　VS 中提示输入 PIN

HoloLens 中运行效果如图 5.71 所示。

（2）若在 HoloLens 模拟器中调试,调试器选择 HoloLens Emulator。运行结果如图 5.72 所示。

图 5.71　HoloLens 真机中的运行效果

图 5.72　HoloLens 模拟器中的运行效果

5.4.3　交互实现

本节介绍如何在 Unity3D 中使用 MRTK 进行 HoloLens 的交互操作开发。MRTK 对于不同的交互方式提供了不同的接口,接口定义在 Microsoft. MixedReality. Toolkit. Input 命名空间中。开发过程中只需实现这些接口即可进行不同交互方式的开发。以下将介绍 HoloLens 的三种基本的交互操作开发,分别是凝视、手势和语音交互。如 5.4.2 节所述,建立场景,在场景中放置一个 cube 作为交互对象,在场景中放置 3D Text 用于显示交互状态。

1. 凝视

凝视功能由 IMixedRealityFocusHandler 接口提供。本节实现凝视点进入和离开物体,物体颜色改变的效果,使用文字显示凝视点状态。图 5.73 为凝视交互的实现代码。首先,引入 Microsoft. MixedReality. Toolkit. Input 命名空间,然后实现 IMixedRealityFocusHandler 接口中 OnFocusEnter() 和 OnFocusExit() 两个函数。函数中为设置 cube 颜色和 3D Text 文本的代码。

```
using Microsoft.MixedReality.Toolkit.Input;
using UnityEngine;

0 个引用
public class GazeTest : MonoBehaviour,IMixedRealityFocusHandler
{
    public TextMesh GazeState;
    13 个引用
    public void OnFocusEnter(FocusEventData eventData)
    {
        GetComponent<MeshRenderer>().material.color = Color.red;
        GazeState.text = "凝视点进入";
    }

    13 个引用
    public void OnFocusExit(FocusEventData eventData)
    {
        GetComponent<MeshRenderer>().material.color = Color.white;
        GazeState.text = "凝视点退出";
    }
}
```

图 5.73　凝视交互的代码

5.4.3 节

图 5.74 为 HoloLens 模拟器中的运行效果。

2. 手势

手势功能由 IMixedRealityInputHandler 接口提供。本节
实现用户凝视物体并执行 Airtap 手势时物体颜色改变,手势
执行结束后恢复初始颜色,文字显示用户交互状态。图 5.75
为手势交互实现的代码。首先,引入 Microsoft. MixedReality.
Toolkit. Input 命名空间,然后实现 IMixedRealityInputHandler

图 5.74　模拟器中的运行效果

接口中 OnInputUp()和 OnInputDown()两个函数。函数中为设置 cube 颜色和 3D Text 文本
的代码。

```
using Microsoft.MixedReality.Toolkit.Input;
using UnityEngine;

0 个引用
public class GestureTest : MonoBehaviour,IMixedRealityInputHandler
{
    public TextMesh GestureState;

    16 个引用
    public void OnInputDown(InputEventData eventData)
    {
        GetComponent<MeshRenderer>().material.color = Color.red;
        GestureState.text = "用户点击物体";
    }

    16 个引用
    public void OnInputUp(InputEventData eventData)
    {
        GetComponent<MeshRenderer>().material.color = Color.white;
        GestureState.text = "点击结束";
    }
}
```

图 5.75　手势交互的代码

图 5.76 为 HoloLens 模拟器中的运行效果。

3. 语音

语音交互实现过程如下。

1) 语音指令设置

选中场景中 MixedRealityToolkit 物体,在物体上的
MRTK 组件中选择 Input 选项。在 Input 选项下配置
Speech 交互方式,单击 Add a New Speech Command 按
钮,输入新的语音指令。如图 5.77 所示,此处以改变物体
颜色为例,加入 Change Color 指令。

图 5.76　HoloLens 模拟器中的
运行效果

2) 绑定语音交互事件

加入指令后,在 cube 上添加 Speech Input Handler 脚本,添加语音指令,并绑定触发事
件,如图 5.78 所示。

触发事件在脚本中定义,并绑定在场景中的物体上,图 5.79 为触发事件的代码,代码控制
物体颜色改变和交互状态的改变。

图 5.80 为 HoloLens 模拟器中的运行效果。

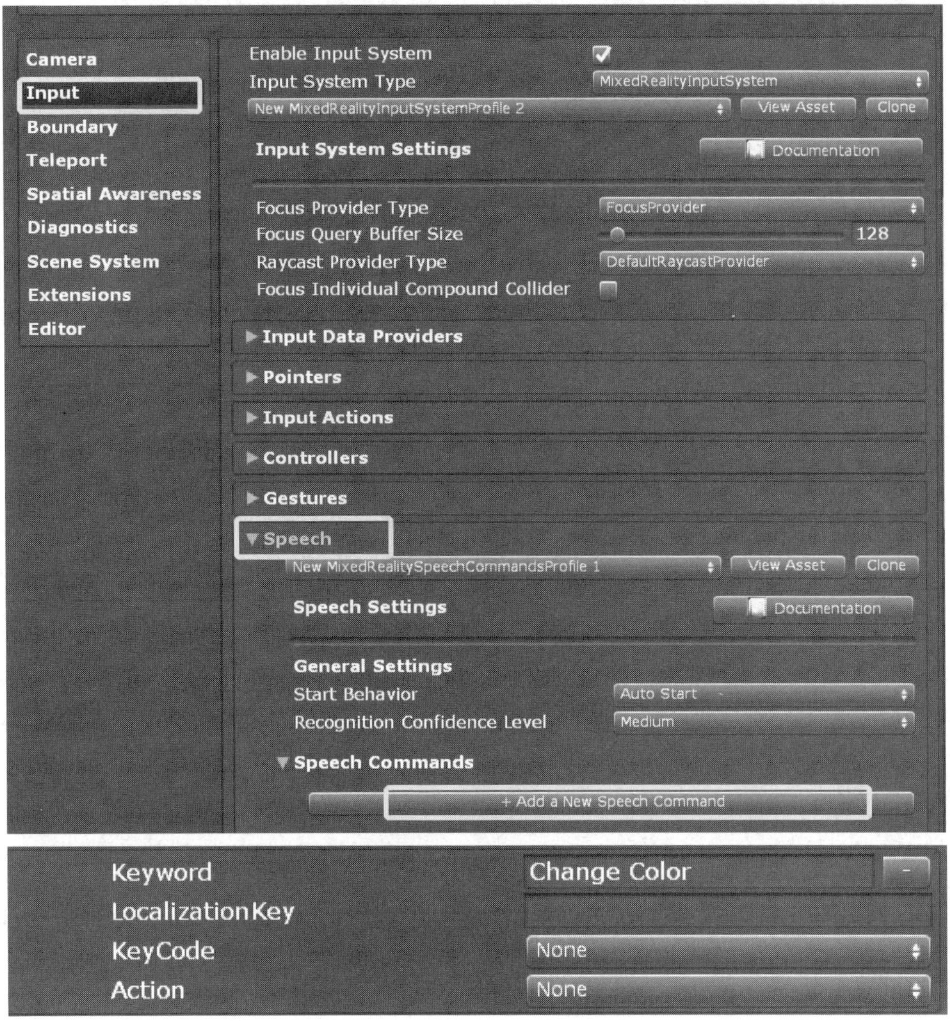

图 5.77　语音指令设置

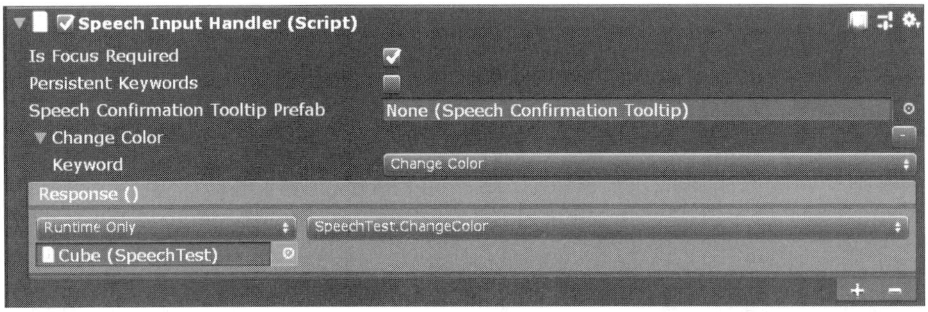

图 5.78　语音交互事件绑定

```
using UnityEngine;

0 个引用
public class SpeechTest : MonoBehaviour
{
    public TextMesh SpeechState;

    // Start is called before the first frame update
    0 个引用
    public void ChangeColor()
    {
        GetComponent<MeshRenderer>().material.color = Color.red;
        SpeechState.text = "语音控制颜色改变";
    }
}
```

图 5.79　语音交互事件代码

图 5.80　HoloLens 模拟器中的运行效果

 习题

1. 用 Unity3D 进行编程,实现一个基于 HTC VIVE 的赛车 VR 游戏。

2. 用 Unity3D 进行编程,实现一个基于 HoloLens 的混合现实系统,对房间中的汽车进行观察。

3. 分别编写 Unity3D 代码,实现帧顺序与上下并列格式的立体视频播放。

第 6 章

建模基础

本章介绍 3D 建模的基础知识,首先介绍 3D 模型构成的基础知识,然后给出 Maya 中客机模型建模实例,以及使用无人机进行建模的实例。

6.1 3D 模型基础知识

6.1.1 节

6.1.1 3D 模型的组成

我们在 3D 游戏及虚拟现实中使用的人物与道具模型都是 3D 模型,本节介绍 3D 模型是由哪些要素及信息构成的。

在 Maya 中打开一个人物模型,如图 6.1 所示,选择模型的不同部分,会发现模型表面是由若干四边形面及三角形面组成的,称为多边形网格,也称为多边形 3D 模型。多边形 3D 模

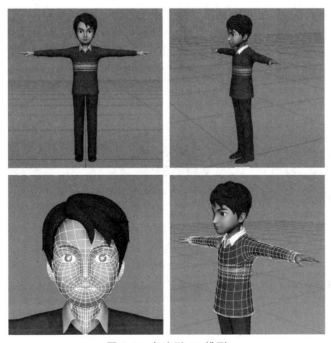

图 6.1 多边形 3D 模型

型是最为常见同时也是应用最广泛的 3D 模型。虽然在建模阶段可以通过 NURBS 建模、雕刻等方式塑造和构建模型形体,但在虚拟现实最终的渲染输出环节中,不同种类模型都是转换成多边形模型进行渲染输出的。本章主要介绍多边形 3D 模型的基础知识及建模实例。

　　现在看一下多边形模型的构成要素。首先选择模型,右击,在弹出的快捷菜单中选择"顶点"命令,切换到顶点选择模式(见图 6.2(a))。顶点(Vertex)是两条边或多条边的交点,是多边形网格的最基本组成元素,每个顶点都有 x、y、z 三个轴方向上的坐标,决定了顶点的空间位置。在 Maya 中可以单选一个顶点,也可以框选多个顶点,可以移动顶点位置改变模型形状(见图 6.2(b))。在 Maya 中也可以快速选择一组顺序相连的边上的顶点,方法是选择一个顶点作为起点,然后按 Shift 键使光标处出现"+"符号,此时在与其相连的临近顶点上双击就可以选择一组首尾相连的顶点(见图 6.2(b))。如果选择一个顶点,按 Shift 键使光标处出现"+"符号,然后双击同一条网格线上任意一个非临近的顶点,则可以选中两个顶点范围内的所有顶点(见图 6.2(c))。

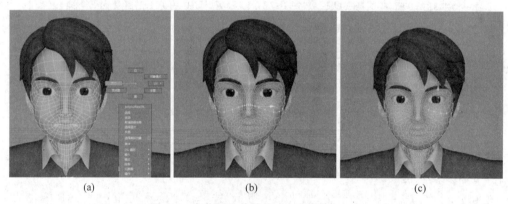

(a)　　　　　　　　　　(b)　　　　　　　　　　(c)

图 6.2　多边形网格的构成:顶点(Vertex)

　　选择模型,右击,在弹出的快捷菜单中选择"边"命令,切换到边选择模式(见图 6.3(a))。边(Edge)连接了两个相邻的顶点,是多边形网格的基本组成元素,每条边由两个顶点组成。在 Maya 中可以单选一条边,也可以框选多条边,可以移动边的位置改变模型形状(见图 6.3(b))。在 Maya 中也可以快速选择一组顺序相连的边,称为循环边,方法是双击任意一条边,即可选择一组首尾相连的循环边。如果选择一条边为起点,按 Shift 键使光标处出现"+"符号,然后双击同一条网格线上任意一个非临近的边,则可以将两条边之间的所有边选中(见图 6.3(c))。

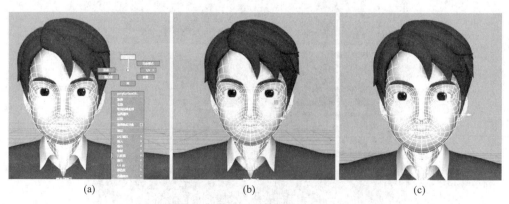

(a)　　　　　　　　　　(b)　　　　　　　　　　(c)

图 6.3　多边形网格的构成:边(Edge)

选择模型,右击,在弹出的快捷菜单中选择"面"命令,切换到面选择模式(见图 6.4(a))。面(Face)是由若干条首尾相连的边围成的封闭形状,是多边形网格的基本组成元素。在 Maya 中一个面可以是三角形、四边形或者任意 n 边形。为了建模造型方便,Maya 多边形网格中的面绝大多数是四边形面,同时含有少量三角形及 n 边形,但在最终导入引擎前,所有四边形及 n 边形都会被自动分割为三角形。在 Maya 中可以单选一个面,也可以框选多个面,可以移动面的位置改变模型形状(见图 6.4(b))。在 Maya 中也可以快速选择一组首尾有公共边相连的面,方法是选择一个面为起点,然后按 Shift 键使光标处出现"+"符号,此时在与其相连的临近面上双击就可以选择一组首尾相连的面(见图 6.4(b))。如果选择一个面为起点,按 Shift 键使光标处出现"+"符号,然后双击同一条网格线上任意一个非临近的面,则可以将两个面之间的所有面选中(见图 6.4(c)),任意双击一个面,则会选中当前该模型的所有面(见图 6.4(d))。

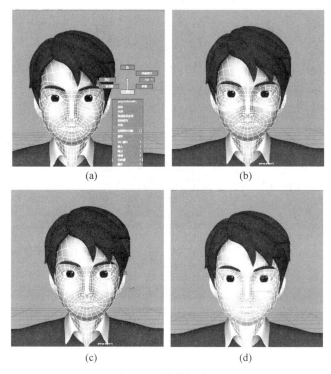

(a)   (b)

(c)   (d)

图 6.4　多边形网格的构成:面(Face)

接下来看一下多边形模型中的另一个要素:面法线。选择模型后选择"显示"→"多边形"→"面法线"命令,多边形模型上每个面上都出现一条指向外侧的线段,即面法线(见图 6.5)。法线是与多边形的曲面垂直的理论线。在 Maya 中,面法线用于确定多边形面的方向,决定了如何从曲面反射灯光及由此产生的着色。法线的长度可以通过选择"显示"→"多边形"→"法线大小"命令来调节。

最后再看多边形模型中一个不太直观的要素:纹理坐标(UV Coordinates)。选择头部模型,右击,在弹出的快捷菜单中选择 UV→UV 命令,切换到纹理坐标选择模

图 6.5　多边形网格的构成:面法线
(Face Normal)

式(见图 6.6(a))。接着在菜单栏中选择 UV→"UV 编辑器"命令,弹出 UV 编辑器窗口。在该窗口中会看到一个变形的平面头部网格,即 UV 网格(见图 6.6(a))。单击选择原模型上的一个点,在 UV 编辑器中的 UV 网格中也会对应高亮显示一个点(见图 6.6(a)),这说明模型头部网格与其 UV 网格的顶点是一一映射关系,称为 UV 映射。下面解释一下 UV 网格与纹理映射的作用。为了表现模型头部的皮肤、嘴唇、眼眸、毛发的颜色,需要通过绘画软件绘制出相应的头部图片,即纹理图片,然后在 3D 网格模型与 2D 纹理图片之间建立映射关系,使模型的每个部分能够显示出适当的色彩。但 3D 网格模型是一个封闭的空间曲面,需要在 3D 网格模型上选择一条循环边剪切开来,才能将 3D 网格模型平摊展开在平面上并与 2D 纹理图片对应起来(见图 6.6(b)),因此在 UV 编辑器中看到的头部纹理网格是一个像塑胶面具一样的展开网格,而且某些部分会发生形变。在 Maya 等动画软件中可以通过手动或自动方式对 3D 网格模型进行剪切与展开,3D 网格模型中的每一个顶点在纹理网格中都有对应的顶点,因此 3D 网格模型中的每一个顶点除了需要记录其空间坐标及法线坐标外,还要记录其在纹理网格中的纹理坐标。

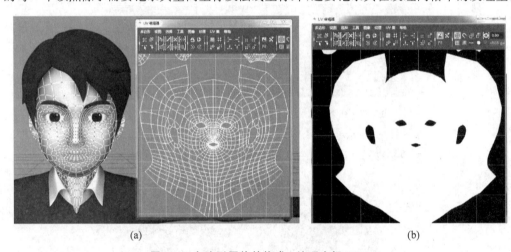

(a)　　　　　　　　　　　　　(b)

图 6.6　多边形网格的构成:纹理坐标(UV)

现在总结一下 3D 网格模型的组成要素。3D 网格模型的基本组成要素是顶点、边与面。对于每个顶点需要记录其空间 3D 坐标(x,y,z)、法线坐标(xn,yn,zn)及纹理坐标(s,t)。对于边和面,则需要记录所谓的拓扑信息,即每条边需要记录组成边的两个顶点的序号,每个面需要记录面的各个顶点的序号。图 6.7 中给出了 3D 网格模型的记录方式。

上面介绍的顶点、边、面、法线、UV 坐标这些信息,影响了 3D 网格模型的静态形状及外观色彩图案。而对于人物、动物等具有生命的角色模型,为了让它们在虚拟现实应用中完成各种动画动作,还需要进行绑定设置,也就是在网格模型内部设置骨架,并为网格模型设置基本蒙皮点权重,以便让网格模型的各部分能够随着内部骨架关节的运动完成相应的动画动作。这种动画方式是对人体和动物的骨骼驱动肌肉并带动皮肤的运动方式的一种模拟,是目前计算机三维动画的通用模式,称为骨骼驱动动画,下面作为基础知识也对其进行简要介绍。

选择模型,在透视窗口的菜单栏中单击"显示"按钮,勾选"关节"选项,取消"多边形"选项,多边形模型则会消失,同时显示出内部的骨架(见图 6.8)。骨架放置于多边形模型内部,骨架是分层的有关节的结构,用于设定绑定模型的姿势和对绑定模型设置动画。骨架提供了一个可变形模型,其基础结构与人类骨架提供给人体的基础结构相同,部分关节位置根据动画需要进行适当模拟调节,比如胸椎、尺骨、桡骨等所在关节部位,头部主要包括颈椎、下颌关节,上肢主要包括肩、肘、腕、指、胸椎、腰椎关节,下肢主要包括髋、膝、踝、趾关节(见图 6.8)。

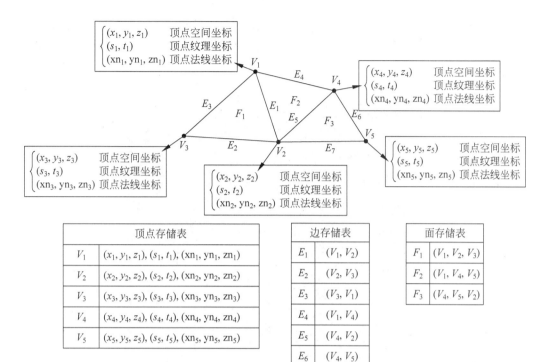

图 6.7　多边形网格模型的记录存储

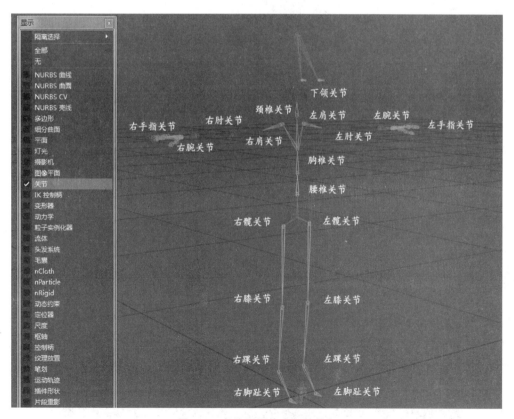

图 6.8　多边形网格内部的骨架

为了进一步方便动画操作,需要给各个关节加上 IK 和 FK 控制系统,以此来达到和真人关节运动一致的效果,如图 6.9 所示就是添加控制系统后的骨架,以控制器来控制骨架的运动。

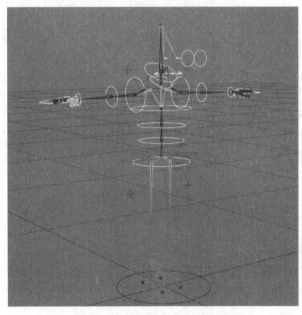

图 6.9　添加好控制系统的骨架

将模型绑定到骨架上的过程,称为蒙皮。选择模型,按住 Shift 键加选骨架,然后选择"装备"→"蒙皮"→"绑定蒙皮"命令(见图 6.10),网格模型就可以跟随骨架运动了。

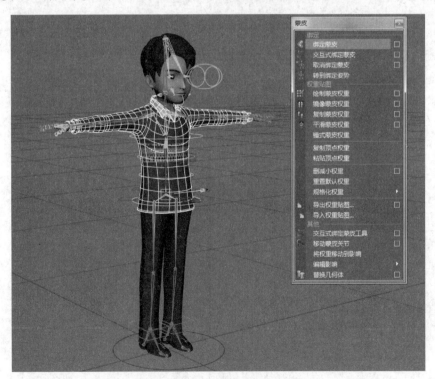

图 6.10　绑定蒙皮

在图 6.11(a)中,旋转左肩控制器,左肩骨骼就进行相应的旋转运动,同时带动了左肘、左腕及左手手指关节发生位移。相应地,每个关节所影响的模型也会跟随运动(见图 6.11(b))。Maya 允许几个邻近关节在同一蒙皮点(NURBS CV、多边形顶点或晶格点)上具有不同的影响,从而提供平滑变形效果。蒙皮时 Maya 会为影响每个平滑蒙皮点的每个关节指定权重值。这些值可控制该关节对每个蒙皮点的影响力。通过调整这些蒙皮点权重,可以控制平滑蒙皮对象的变形。选中蒙皮好的模型,选择"装备"→"蒙皮"→"绘制蒙皮权重"命令,进入权重绘制界面,会看到蒙皮模型变成了由黑白灰三色组成的显示模式。图 6.11(c)中网格模型表面的颜色深浅表示了肘关节对身体各部分的影响程度,颜色越白表示受影响越大,颜色越黑表示受影响越小,蒙皮点权重也是人体及动物模型需要记录的一个重要信息。

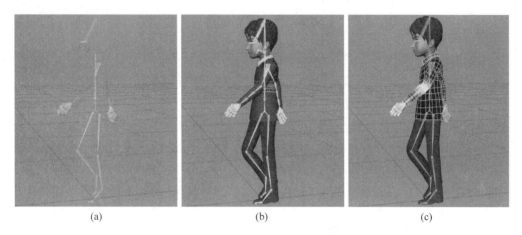

(a)　　　　　　　　(b)　　　　　　　　(c)

图 6.11　骨架驱动动画

图 6.12 中总结了多边形网格模型的各种组成要素及其作用。

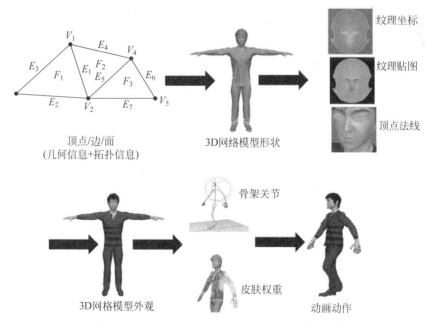

图 6.12　多边形网格模型的各种组成要素及其作用

6.1.2　建模的主要方法

目前 3D 模型的主要建模方法有三类：几何造型建模、激光扫描建模及基于图像的建模。这三类建模技术各有优点，综合应用于虚拟现实应用中。

1. 几何造型建模

几何造型建模主要通过各类几何造型工具完成模型构建，除了 6.1.1 节介绍的多边形建模外，还有各类参数曲面造型方式，如 NURBS 曲面、Bezier 曲面及子分曲面等。与多边形建模相比，参数曲面造型方法更适合构建规整的机械类模型，如车辆、发动机等，但在最终渲染输出时，参数曲面模型都要转换为多边形模型进行渲染处理。在 6.2 节中给出了一个多边形客机建模的实例。

2. 激光扫描建模

对于虚拟现实中需要模型非常精确的需求，可以通过激光扫描实物的形式得到超高精度的三维模型。激光扫描的原理通过机械装置驱动激光线在实物表面进行扫描，激光线在实物表面发生变形，反映了物体表面的几何形状，通过高清摄像头拍摄激光线的变形就可以获取物体表面的高精度几何信息。目前，激光扫描建模应用于对精密机械、工业产品及建筑楼体的建模。

3. 基于图像的建模

随着计算机图形学与计算机视觉的发展，基于图像的建模技术目前也获得了广泛应用，这种技术只需使用普通的数码相机拍摄物体在多个角度下的照片，经过自动重构，就可以获得物体精确的三维模型。而通过使用图像中不同的信息，这种技术又可以分成以下几类。

（1）使用纹理信息：这种方法通过在多幅图像中搜索相似的纹理特征区域，重构得到物体的三维特征点云。

（2）使用轮廓信息：这种方法通过分析图像中物体的轮廓信息，自动得到物体的三维模型。这种方法健壮性较高，但是由于从轮廓恢复物体完全的表面几何信息是一个病态问题，不能得到很好的精度，特别是对于物体表面存在凹陷的细节，由于在轮廓中无法体现，三维模型中会丢失。这种方法比较适用于对精度要求不是很高的场合，如游戏、人机工效等。

（3）使用颜色信息：这种方法基于 Lambertian 漫反射模型理论，它假设物体表面点在各个视角下颜色基本一致。因此，根据多张图像颜色的一致性信息，重构得到物体的三维模型。

目前，基于图像的建模技术广泛应用于遥感及无人机拍摄建模领域，在 6.3 节中给出了一个无人机建模实例。

6.2　Maya 建模客机实例

1. 构建机身轮廓

首先导入飞机的参考图片，作为建模的依据和参考。打开 Maya，默认显示的是透视窗口。将鼠标移动至透视窗口中按空格键，切换至四视图模式，分别在顶视图和侧视图窗口上方的菜单栏中选择"视图"→"图像平面"→"导入图像"命令，分别导入客机的顶视、侧视参考图。或直接单击 按钮把参考图导入进来，再分别选择参考面片，并通过调整移动和缩放属性将参考图对齐，以尽可能避免三视图之间因大小和位置带来的误差，如图 6.13 所示。在导入参考图片之后,在透视窗口中也能看到相互垂直的两张参考图片平面,需要将其隐藏以便在建模过程中观察模型并为制作模型留出足够的空间。为此,在大纲窗口中选择两种参考图像平面 imagePlane1 与 imagePlane2,在右侧的属性编辑器中,找到图像平面属性,在"显示"选项中勾选"沿摄影机观看",随后参考图像只在对应的视图窗口中显示,而在透视窗口中不可见,如图 6.13(b)所示。

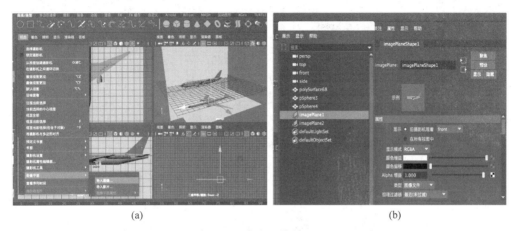

(a) (b)

图 6.13　导入参考图片并进行设置

建立一个多边形球体,球体模型参数设置如图 6.14(a)所示。在侧视图窗口中,使用缩放工具与移动工具调整球体形状与位置,使其与飞机侧面参考图大致吻合,如图 6.14(b)所示。

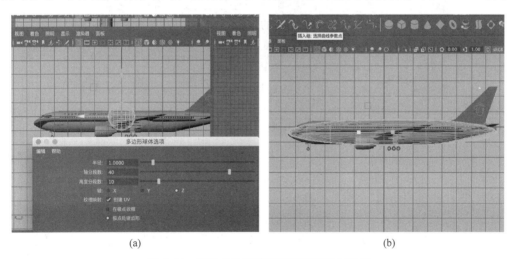

(a) (b)

图 6.14　创建多边形球体并调整形状与位置

首先调整飞机头部形状,选择模型切换到顶点模式,在侧视图窗口中框选球体左侧 5 条循环边上的所有顶点,采用缩放工具沿 x 轴方向压缩,再使用平移工具使其与飞机头部参考图吻合,随后结合顶视图窗口,调整剩余循环边上的顶点,使用移动工具调整至机翼根部及机尾位置,调整结果如图 6.15 所示。

在透视窗口中观察一下模型。由于对原始球体的循环边位置及大小进行了较大调整,模型上的循环边出现了明显的硬边现象(见图 6.16(a)),这是由模型的顶点法线设置导致的。为使机身外观光滑执行软化边操作,选择模型后(请注意是对象选择模式或者是边选择模式

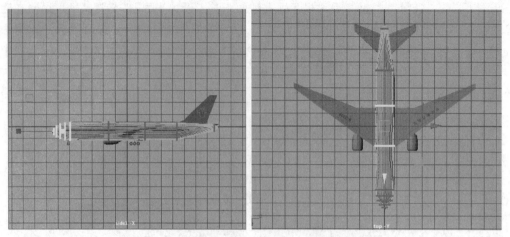

图 6.15　调整球体循环边与机身参考图吻合

下),按 Shift 键,同时右击,弹出快捷菜单,选择其中的"软化/硬化边"→"软化边"命令,效果如图 6.16(b)所示。

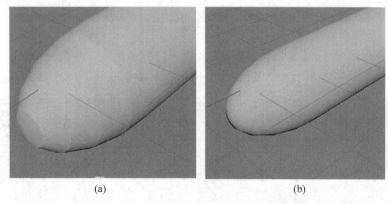

(a)　　　　　　　　　　　　　(b)

图 6.16　对模型进行软化边操作前后效果

在右侧通道盒面板中,检查一下目前球体模型的位移情况,为了使球体模型与参考图片中的机身模型相吻合,在 y 方向及 z 方向都出现了位移,而 x 方向位移仍保持为 0(见图 6.17(a))。选中模型,选择菜单栏中的"修改"→"冻结"命令变换操作,使模型的位移、旋转属性归零,缩放属性归一(见图 6.17(b)),这样可以为后续的建模工作创造标准的属性数据基础,让冻结属性之后的模型成为数据干净的原始模型,并为后续的工作提供便利。

2. 制作机翼

接下来制作机翼结构。主机翼和水平尾翼都是左右对称的,在制作时可以只制作机身一侧,另一侧对称复制即可。为此,在正视图进入面模式,以中轴线为中心将机身左半边选择并删掉,只保留一半机身(见图 6.18(b)与图 6.18(c))。

选择机身模型,在菜单栏中选择"编辑"→"特殊复制"命令,沿 x 轴方向复制出另一侧机身模型,具体参数设置如图 6.19 所示。几何体类型选择实例,缩放 x 轴为 −1,单击"特殊复制"按钮之后,另一侧就被复制出来。虽然左右两边都是独立的模型,但在不管左边或右边进行制作,两侧的操作信息都是相同且同步的(如果几何体类型选择复制,所复制出来的模型没有操作信息,且不能信息同步)。

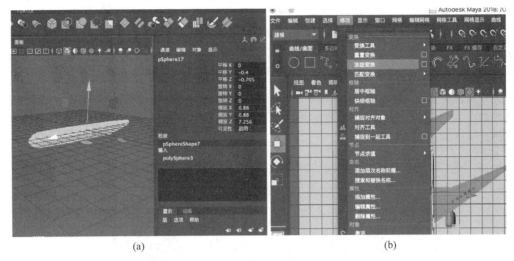

(a)   (b)

图 6.17　对模型执行冻结变换操作

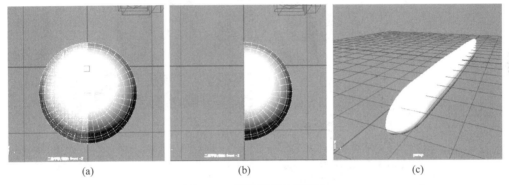

(a)   (b)   (c)

图 6.18　删除模型左侧部分

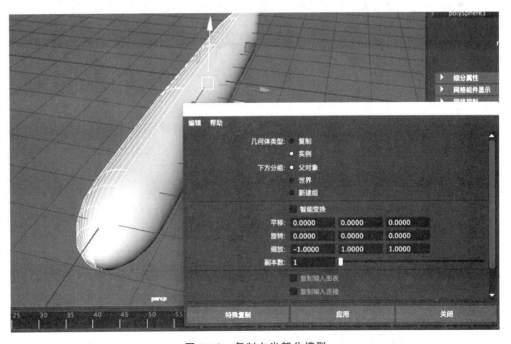

图 6.19　复制左半部分模型

首先制作水平尾翼,在顶视图窗口中选择模型,使用菜单栏中的"网格工具"→"插入循环边"操作,在水平尾翼根部插入两条循环边结构(见图6.20(a))。在侧视图窗口中选择模型切换到面模式,选择水平尾翼根部对应的两个四边形面(见图6.20(b)),之后切换回顶视图窗口,在菜单中选择"编辑网格"→"挤出"命令,通过挤出工具拉伸出水平尾翼结构(见图6.20(c)),此时机身另一侧模型也对应拉伸出水平尾翼。接下来将选择模型切换到顶点模式,选择水平尾翼顶部顶点,通过移动与缩放工具调整水平尾翼形状(见图6.20(d)),然后在侧视图将尾翼末端位置和厚度同参考图对齐。

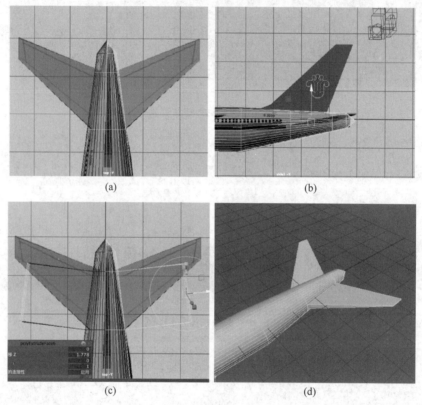

图 6.20　制作水平尾翼

再用类似方法制作机翼结构,切换到侧视图窗口,选择机翼及下方机腹的面(见图6.21(a)),用挤出工具挤压出机翼底座结构(见图6.21(b))。在侧视图窗口中选择底座顶点,用移动工具调整形状(见图6.21(c)),最后选择机翼根部两个四边形面,选择"编辑网格"→"挤出"命令,通过挤出工具拉伸出机翼结构并调整(见图6.21(d))。

接下来制作垂直尾翼。在侧视图窗口中选择"网格工具"→"插入循环边"命令,在垂直尾翼根部插入两条循环边结构(见图6.22(a))。选择机身上部垂直尾翼根部的两个四边形面,并选择"编辑网格"→"挤出"命令(见图6.22(b)),再利用缩放工具与移动工具调整垂直尾翼形状(见图6.22(c))。最后在根部再插入一条循环边调整垂直尾翼形状(见图6.22(d))。机身模型效果如图6.23所示。然后在顶视图中调整垂直尾翼的厚度。

3. 制作发动机与起落架

创建一个圆柱体模型作为发动机的基本形状。圆柱体模型参数如图6.24所示。配合顶视图与侧视图窗口中的参考图片,使用移动工具与缩放工具调整圆柱体的位置与形状,使其与

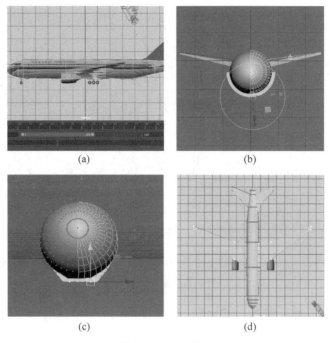

(a) (b)

(c) (d)

图 6.21 制作机翼

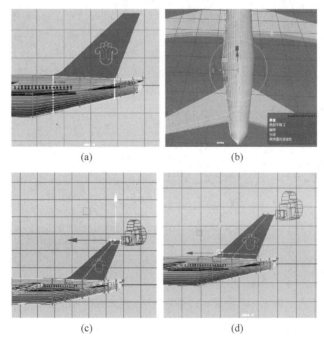

(a) (b)

(c) (d)

图 6.22 制作垂直尾翼

右侧发动机对齐。

　　首先制作发动机后部结构,在透视窗口中,使用插入循环边工具在圆柱后部插入两条循环边(见图 6.25(a)),再使用绘制选择工具选择圆柱底面中的所用三角面(见图 6.25(b)),利用移动工具向后拖曳并调整循环边大小(见图 6.25(c))形成一个新增圆柱结构。此时观察模

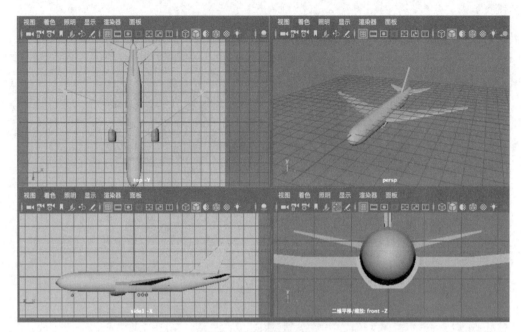

图 6.23　机身制作状态

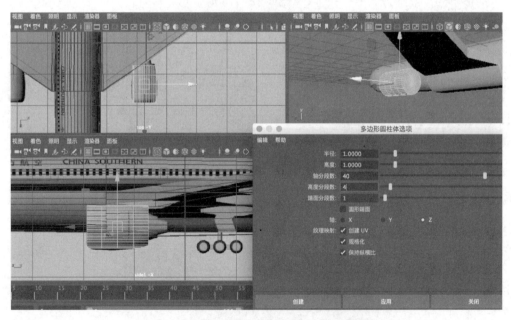

图 6.24　创建和调整发动机的基本形状与位置

型,发现新增圆柱的边界不明显,无法体现机械硬度感(见图 6.25(d)),为此选择新增圆柱两个底面的循环边,按 Shift 键同时右击,在弹出的快捷菜单中选择"软化/硬化边"→"硬化边"命令,对两个底面的循环边进行硬化,硬化后显示效果如图 6.25(e)所示。接下来按照上述制作方法完成发动机后部制作(见图 6.25(f))。

　　再制作发动机前部结构,首先用绘制选择工具选择前部底面圆上所有面,予以删除后出现空洞(见图 6.26(a))。选择空洞边界循环边结构,并通过挤出工具向前(外)挤压出两段(见图 6.26(b)),再向后(内)挤压出两段(见图 6.26(c))形成发动机内部结构。接下来分别选择新

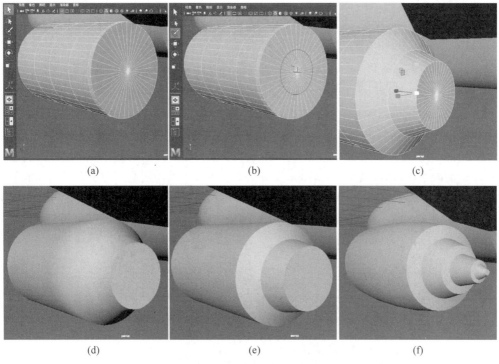

图 6.25　制作发动机后部结构

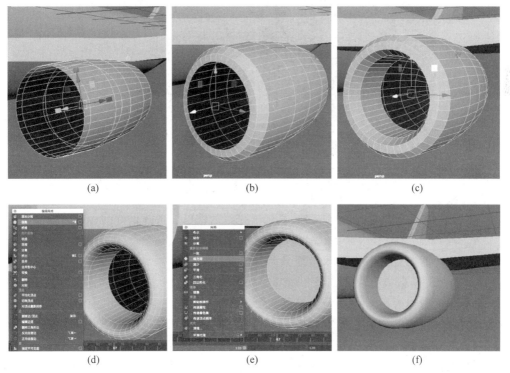

图 6.26　制作发动机前部结构

挤压出的循环边,选择菜单中的"编辑网格"→"倒角"命令,每执行一次倒角操作(见图6.26(d)),都会新增一条循环边,同时模型过渡会更加圆滑,最后选择内部空洞边界处的循环边,选择"网格"→"填充洞"命令(见图6.26(e)),重新生成底面圆,使发动机成为封闭结构,发动机前部外观如图6.26(f)所示。

　　再制作发动机中的涡扇模型,创建一个多边形球体模型,参数如图6.27(a)所示。调整球体大小并沿 x 轴方向将球体一侧的面删除,保留半球(见图6.27(b))。为了下面制作涡扇叶片时更加规整,继续删除半球模型中的面。首先选择半球顶面位置的一段面结构,选择"选择"→"反转"命令,进行反向选择后删除选中的面,现在只保留下半球顶面位置的一段面结构(见图6.27(c)),再通过插入循环边工具在剩余部分的底端插入两条边,对新增的四边形进行挤出操作,制作出一片扇叶结构,通过挤出工具的操作手柄中的缩放与旋转工具对扇叶的形状与角度进行调整,沿 y 轴方向对扇叶进行一定的旋转调整,让其有一定的旋转角度(见图6.27(d))。

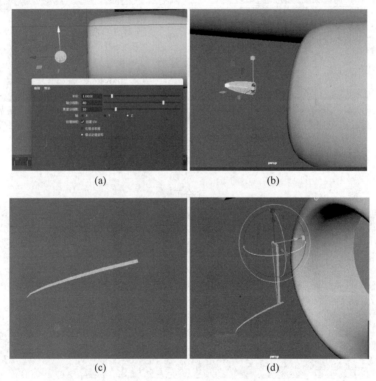

(a)　　　　　　　　　(b)

(c)　　　　　　　　　(d)

图6.27　制作涡扇基本结构

　　现在以做好的一片扇叶结构为基础,复制出完整的涡扇。选择做好的一片扇叶模型,选择"编辑"→"特殊复制"命令,特殊复制操作的参数设置如图6.28所示,几何体类型为复制。由于制作一片扇叶时所用的多边形球体的横向分段为40段,因此需要按圆周顺序复制出其余39段,所以要将副本数设置为39,每片扇叶都就要旋转9°角,因而在旋转属性后面代表 z 轴的第三个框中的数值为9,然后执行特殊复制命令就能将所有的涡扇扇叶复制出来。

　　现在将复制生成的各个片段组合成一个完整的网格模型。框选所有涡扇片段,选择"网格"→"结合"命令,将各片段合并为一体(见图6.29(a))。此时每个片段交界处的顶点位置虽然重合,但应将位于同一位置的两个或多个顶点合并为一个顶点,以避免投射UV断裂及动画时出现模型穿帮。为此,选择涡扇模型,切换至顶点模式,框选所有顶点并选择"编辑网

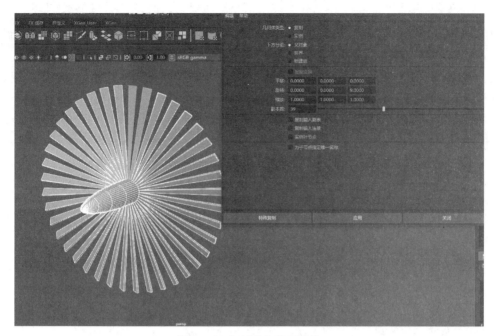

图 6.28 复制出完整的涡扇

格"→"合并"命令,注意调整合并阈值为 0.01(见图 6.29(b)),阈值参数的意义是凡是相互间距离小于阈值的顶点会被合并为同一个顶点,此时如果将阈值参数设置为较小的数值,每个片段交界处的重复顶点会被合并,而其余部分顶点保持不变。完成上述操作之后涡扇模型已经合并成一个整体,而且原先各片段边界处的重合顶点也进行了合并,现在就可以将涡扇模型放置于发动机内部中心位置(见图 6.29(c))。

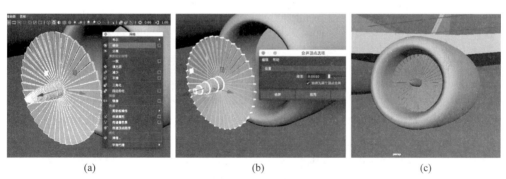

(a)　　　　　　　　　　(b)　　　　　　　　　　(c)

图 6.29 对涡扇模型进行网格合并及顶点合并操作

最后需要将发动机顶部与机翼底面进行连接。首先选择发动机外壳顶端后部的面,利用挤出操作制作出连接部分(见图 6.30(a)),再利用插入循环边操作在机翼对应连接位置插入循环边结构,以便与发动机进行连接(见图 6.30(b))。将发动机与机身网格模型合并,之后按数字键 4 切换至透明线框显示模式,移动发动机连接部的顶点使其与机翼底面的对应连接顶点位置重合,此时可通过顶点吸附功能实现顶点位置的准确重合效果,即在移动顶点时按下键盘上的 V 键移动顶点,该顶点会自动吸附到模型中最近邻顶点位置(见图 6.30(c)),最后通过选择"网格"→"结合"命令将两个模型合并为一体,再通过选择"编辑网格"→"合并"命令将连接处的重合顶点合并为一。

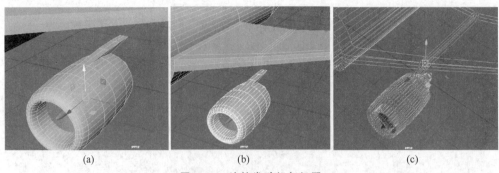

(a)　　　　　　　　　　(b)　　　　　　　　　　(c)

图 6.30　连接发动机与机翼

接下来制作起落架。创建一个多边形圆柱体,在底端侧面选择 4 个四边形面,利用挤出工具在圆柱体两侧挤压出横梁(见图 6.31(a)),在圆柱内侧侧面选择四边形面,利用挤出工具挤压出侧面支架(见图 6.31(b))。创建多边形球体,将球体两极的面进行缩放压平,制作出轮胎,并复制多个轮胎摆置在起落架两侧,最后合并起落架与轮胎网格模型(见图 6.31(c))。

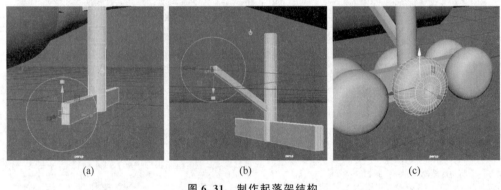

(a)　　　　　　　　　　(b)　　　　　　　　　　(c)

图 6.31　制作起落架结构

将制作好的起落架等附件与一侧机身模型合并,然后通过特殊复制生成另一侧机身。此时应注意的是,由于多个网格模型合并之后,整体模型的枢轴不再位于机身的中间(见图 6.32(a)),为了正确地复制出另一侧机身模型,首先需要对模型枢轴进行调整,选择模型后接着切换至移动模式,按 Insert 键进入移动枢轴模式,此时发生移动的是模型的枢轴,而非模型本身。在移动模型枢轴时,需要将枢轴移动至左右两侧模型的中央接缝处,为此可以按下键盘上的 V 键进入顶点吸附模式,将模型枢轴吸附移动到中央接缝处的某个顶点处,随后沿 x 轴方向对称复制时就可以正确复制出另一侧机身模型(见图 6.32(b))。

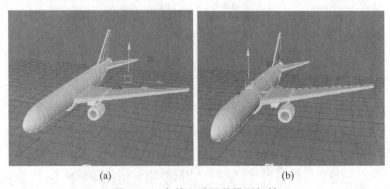

(a)　　　　　　　　　　(b)

图 6.32　合并之后调整模型枢轴

在复制另一侧机身模型时还需要注意一个问题：由于沿 x 轴方向进行镜像对称复制，目前一侧机身模型边界上的顶点 x 坐标值应该都取值为 0，否则镜像复制后边界处会出现缝隙。在制作机身模型之初由于执行了冻结变换操作，边界上顶点 x 坐标值已经置 0，但在随后的建模操作中难免会误调整了某些边界顶点的 x 坐标值，为此在复制之前需要再次将边界上所有顶点 x 坐标值置 0。操作方法为：选中边界上所有顶点，在菜单中打开"窗口"→"常规编辑器"→"组件编辑器"窗口，选择弹出窗口中的多边形面板，窗口中会显示出所选顶点的 x、y、z 坐标值，可在 x 坐标栏中用 Shift 键配合鼠标右键加选所有顶点 x 坐标值后置 0（见图 6.33(a)）。接下来选择一侧机身模型，选择"编辑"→"特殊复制"命令，制作出另一侧机身。再利用"网格"→"结合"工具，将两侧机身合为一个模型，随后选择"编辑网格"→"合并"命令将两侧机身边界处的重合顶点进行合并，形成完整的机身模型（见图 6.33(b)），然后框选飞机的所有模型冻结属性，并删除模型历史，为后续的 UV、贴图以及绑定创造规范的制作基础和先决条件。

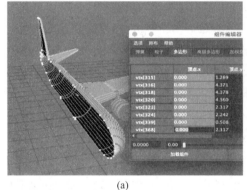 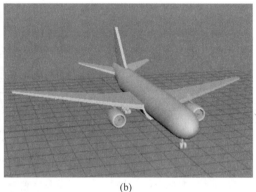

(a) (b)

图 6.33 复制出另一侧机身模型

4. 模型展 UV

至此，飞机模型的形体已经构建完毕。接下来要进行下一步工作：对模型进行展 UV 工作并绘制贴图，才能完成建模工作。现在做出的模型只能以一种单一的颜色显示呈现，即所谓的"素模"，而在游戏及虚拟现实中，模型表面要具有相应的色彩、线条、纹理才能有真实感效果，这就需要绘制纹理贴图附着到模型表面并显示出来。

纹理贴图是 2D 的，而模型却是 3D 的，如果只是单纯地向某个方向进行 2D 投影，总会有某些部分相互重合，如图 6.34(a)中将飞机模型向正面投影，机身左右两侧是重合的，而且机翼及水平尾翼也无法得到合理的投射。图 6.34(b)中换了一个投影方向，将飞机模型向底面投影，机翼及水平尾翼可以得到较好的投射效果，但垂直尾翼却无法得到合理投射，而且飞机上下两侧也是重合的。为使模型中每个部分都得到合理的投影同时避免投影结果重合，就需要将封闭的 3D 模型沿着某些循环边剪切开来，分成若干独立的部分，每一部分都选择合理的方式投影到 2D 平面上。

Maya 提供自动展 UV 工具，能够对模型自动剪切及投射，但所得结果存在过分剪切等问题（见图 6.34(c)），目前还是需要操作者进行手工剪切与投影工作。需要注意的是，模型剪切只是在投射平面上将模型分成若干独立部分，剪切分割只是影响模型的 2D 纹理坐标模式，而原始的多边形 3D 模型仍然是完整的。

展 UV 之初，首先将模型进行一次基本投射，虽然投射结果存在问题，但便于操作者在手

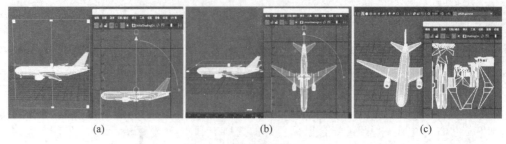

图 6.34　模型自动展开 UV

动展开 UV 过程中观察模型投影效果。根据飞机模型特点,选择图 6.34(b)中的底面投影作为初始。选择模型,执行菜单中的 UV→"平面"命令,在弹出的"平面映射选项"窗口中,投影源勾选 y 方向,即沿着 y 方向向底面投影,之后选择 UV→"UV 编辑器"命令,弹出 UV 编辑器及 UV 工具包窗口,在 UV 编辑器中可以看到飞机模型的初始投影效果(见图 6.34(b))。

　　向底面进行了初始 UV 投射之后,下面逐步将完整的飞机模型的 UV 剪切为若干独立部分并投影展开。首先将机头部分与机身部分剪切开,选择模型并切换到边模式,选择机头与机身分界出的循环边(见图 6.35(a)),在 UV 编辑器中选择"切割\缝合"→"剪切"命令,将飞机模型的 UV 分割成两个 UV 壳,选择模型后右击,在弹出的快捷菜单中选择 UV→"UV 壳"命令,单击机头部分,会发现经 UV 剪切机头部分已经分割为一个独立部分,即 UV 壳,在 UV 工具包窗口中执行展开操作(单击"展开"栏中的"展开"按钮),机头部分的 UV 展开圆周形式(见图 6.35(b))。

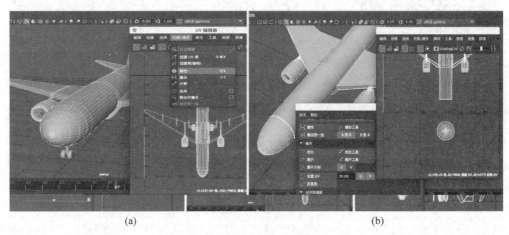

图 6.35　剪切机头部分并展开 UV

　　接下来处理垂直尾翼。选择模型切换到边模式,选择垂直尾翼的根部边链及中线作为 UV 剪切边(见图 6.36),在 UV 编辑器中选择"切割\缝合"→"剪切"命令,完成后切换至 UV 壳模式,垂直尾翼的左右两侧被分割为两个 UV 壳(见图 6.37(a)),对这两个 UV 壳分别进行投射展开,选择其中一个 UV 壳之后在 UV 工具包中执行展开操作(单击"展开"栏中的"展开"按钮),分别展开垂直尾翼部分的两个 UV 壳(见图 6.37(b))。

　　再对水平尾翼进行 UV 剪切与展开。首先处理右侧水平尾翼,选择其根部边链及中线作为 UV 剪切边(见图 6.38),在 UV 编辑器中选择"切割\缝合"→"剪切"命令,完成后切换至 UV 壳模式,右侧水平尾翼机尾的上下两侧被分割为两个 UV 壳,对这两个 UV 壳分别进行投射展开,选择其中一个 UV 壳之后在 UV 工具包中执行展开操作(单击"展开"栏中的"展开"

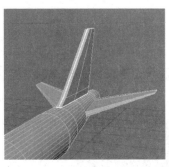

图 6.36　对垂直尾翼进行 UV 边剪切

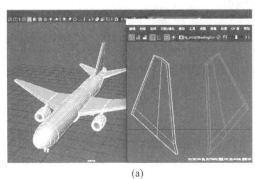
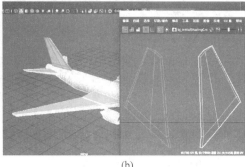

(a)　　　　　　　　　　　　　　　　　　(b)

图 6.37　对垂直尾翼的两个 UV 壳进行展开

按钮),分别展开水平尾翼部分的两个 UV 壳(见图 6.39(a)与图 6.39(b))。用同样方法处理左侧水平尾翼,对其进行 UV 剪切与展开。

图 6.38　对水平尾翼进行 UV 边剪切

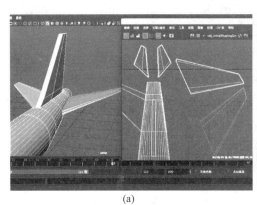
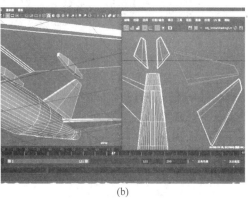

(a)　　　　　　　　　　　　　　　　　　(b)

图 6.39　对水平尾翼的两个 UV 壳进行展开

接下来对机翼进行 UV 剪切与展开。将机翼分割成 3 个 UV 壳部分：机翼上侧、下侧及上下两侧的连接部分。首先对机翼上侧进行 UV 剪切，选择上侧边界的边链作为 UV 剪切边（见图 6.40），在 UV 编辑器中选择"切割\缝合"→"剪切"命令，将机翼上侧分割为一个独立的 UV 壳。选择该 UV 壳之后在 UV 工具包中执行展开操作（单击"展开"栏中的"展开"按钮），将其展开并移动位置（见图 6.41）。

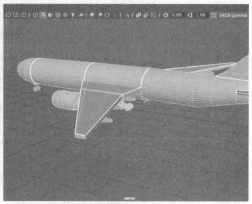

图 6.40　对机翼上侧进行 UV 边剪切

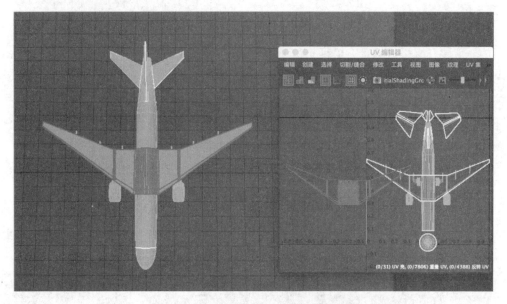

图 6.41　对机翼上侧的 UV 壳进行展开

再对机翼下侧进行 UV 剪切与展开。此时，需要注意的是机翼下侧连接着发动机模型，需要对连接处的边进行剪切，将机翼下侧的 UV 壳与发动机 UV 壳分离，以便各自进行展开操作。首先选择机翼下侧边界上的循环边（见图 6.42(a)），注意在与发动机连接处边的选择如图 6.42(b)中箭头指示部分，在 UV 编辑器中选择"切割\缝合"→"剪切"命令，实现机翼下侧的 UV 壳与发动机 UV 壳分离，将机翼下侧分割为一个独立的 UV 壳。选择该 UV 壳之后在 UV 工具包中执行展开操作（单击"展开"栏中的"展开"按钮），将其展开并移动位置（见图 6.43）。

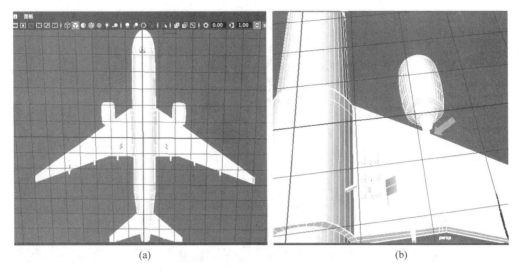

(a)　　　　　　　　　　　　　　(b)

图 6.42　选择机翼下侧循环边进行 UV 剪切

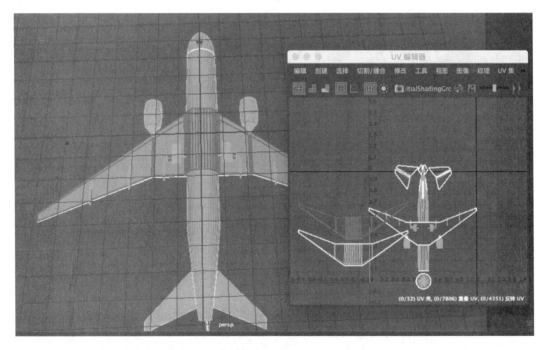

图 6.43　对机翼下侧 UV 壳进行展开

最后处理连接机翼上下两侧的中间部分。此时,该部分的 UV 仍与发动机 UV 相连。首先对其进行切割分离,选择图 6.44(a)中箭头所指的两条边,在 UV 编辑器中选择"切割\缝合"→"剪切"命令,实现机翼中间部分的 UV 壳与发动机 UV 壳分离,此时发动机成为一个完全独立的 UV 壳,可以将其移动至一侧(见图 6.44(b))。接下来,选择机翼侧面的边(图 6.45(a)中箭头所指)及机腹处的边链(图 6.45(b)中箭头所指),在 UV 编辑器中选择"切割\缝合"→"剪切"命令,将机翼中间部分分割成前后两个独立的 UV 壳,分别进行 UV 展开(见图 6.46(a)与图 6.46(b))。

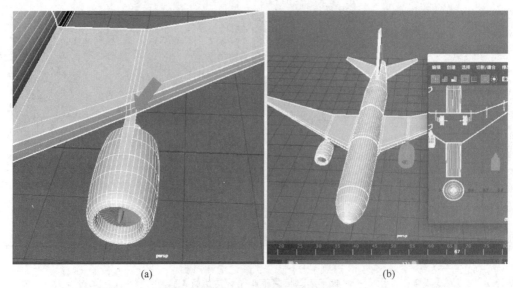

(a)　　　　　　　　　　　　　(b)

图 6.44　完全分割发动机的 UV 壳

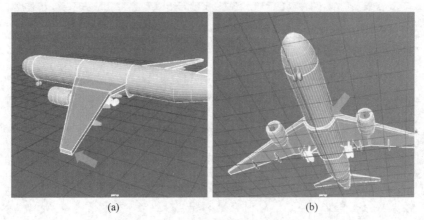

(a)　　　　　　　　　　　　　(b)

图 6.45　对机翼中间部分进行 UV 剪切

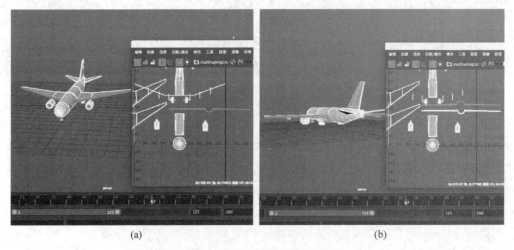

(a)　　　　　　　　　　　　　(b)

图 6.46　对机翼中间部分的两个 UV 壳进行展开

现在开始处理机身的 UV 剪切与展开。机头与机翼之间的前段机身已经分割为一个独立的 UV 壳,前段机身本身是一个圆柱体结构,需要在其侧面选择一条边进行剪切后方能平整地展开到 2D 的 UV 平面上。选择机腹处的一条边作为剪切边(图 6.47(a)中箭头所指),在 UV 编辑器中选择"切割\缝合"→"剪切"命令,并在 UV 工具包中执行展开操作(见图 6.47(b)),将前段机身进行 UV 展开。

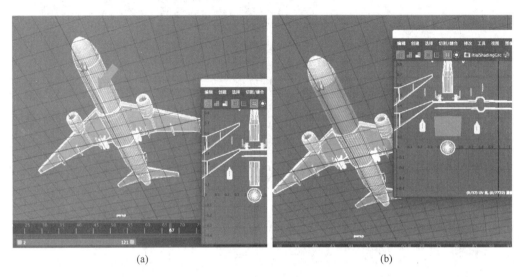

(a)　　　　　　　　　　　(b)

图 6.47　对前段机身进行 UV 展开

按照同样方法对机翼与尾翼之间的后段机身进行 UV 剪切与展开。UV 剪切边同样选在机腹处(图 6.48(a)中箭头所指),后段机身 UV 展开结果如图 6.48(b)所示。至此,机身、机翼、尾翼部分已完成了 UV 剪切与展开,剩余的发动机与起落架结构的 UV 剪切与展开读者可自己进行实践操作,限于篇幅不再赘述。完成所有部分的 UV 展开之后,还需要对所有的 UV 壳进行排布(Layout),即把各部分 UV 壳紧凑地排列在正方形区域中,以节省纹理图片

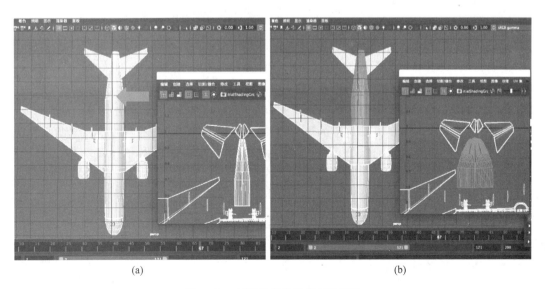

(a)　　　　　　　　　　　(b)

图 6.48　对后段机身进行 UV 展开

虚拟现实开发基础(AR版)

中的空白部分。Maya 提供了比较优良的自动排布功能,在 UV 编辑器中框选所有 UV 壳结构,在 UV 工具包中找到"排列与布局"栏,单击"排布"按钮,UV 壳自动完成紧凑的排布(见图 6.49)。

图 6.49　对 UV 壳进行排布(Layout)

完成 UV 展开工作之后,可以将 UV 展开的线框图导出至 Photoshop 等绘图工具软件中,以 UV 线框图片为参考背景,绘制出模型各部分的纹理图案,得到模型的纹理贴图。在 UV 编辑器中,选择工具栏中的相机图标(图 6.50 中箭头所指),执行 UV 快照操作,将 UV 线框保存为一张 PNG 格式图片。

在 Photoshop 中打开上一步导出的 UV 线框图,UV 线框是白色的,背景为透明的,首先为其添加一个黑色背景图层,再多次复制 UV 线框图层后进行图层合并,以便清晰地显示出UV 线框结构(见图 6.51)。

以 UV 线框为参考在 Photoshop 中绘制出纹理贴图(见图 6.52),将纹理贴图保存到磁盘。回到 Maya,在菜单栏中选择"窗口"→"渲染编辑器"→"Hypershade 编辑框",打开Hypershade 编辑框,随后选择"创建"→"材质"→lambert,为模型创建一个新的材质球,并将材质球的 Color 属性设置为"文件"(单击 Color 属性后的方格按钮,在弹出的对话框中选择"文件")。最后单击 Color 属性后的箭头按钮,将"图像名称"属性栏修改为绘制好的纹理贴图的位置,并按数字 6 键显示纹理效果,如图 6.53 所示。至此,飞机的贴图工作圆满完成。

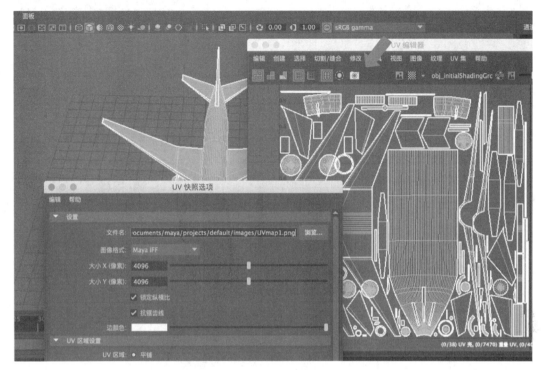

图 6.50　执行 UV 快照操作导出 UV 线框图片

图 6.51　在 Photoshop 中使用 UV 线框图

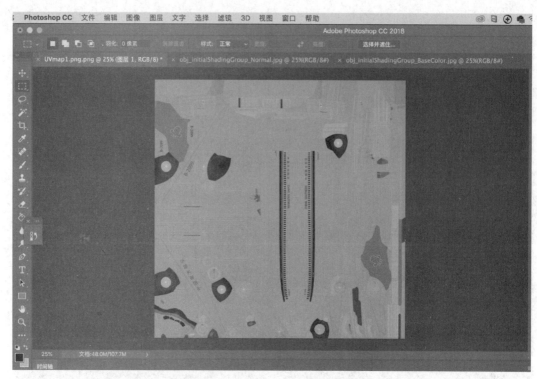

图 6.52　在 Photoshop 中使用 UV 线框图

图 6.53　在 Maya 中显示模型贴图

6.3节

6.3 无人机建模实例

随着无人机(见图 6.54)技术的不断成熟,越来越多的商业应用中采用无人机进行场景建模。一般地,用无人机航拍一个区域后,利用相关算法将航拍图像进行转换即可生成三维模型。

根据《低空数字航空摄影规范》(CH/Z 3005—2010)对于飞行质量和影像质量的要求,"相片重叠度应满足以下要求:①航向重叠度一般应为 60%~80%,最小不应小于 53%;②旁向重叠度一般应为 15%~60%,最小不应小于 8%"。实际航线规划时,操作者应尽可能设置较高相片重叠率,避免出现航摄漏洞,重复飞行,减少操作成本。

本章例子中,采用无人机 Inspire 系列对山东大学软件园校区进行拍摄建模,共拍摄 200 张左右图片。拍摄耗时 20min,后期耗时 5h。

1. 航拍工作

(1) 把飞机上升到无障碍物高度。本例离最低点估计有 10~30m,然后飞到以下各个点,建议每隔 50m 取一个点。图 6.55 给出的点位图仅供参考。

图 6.54 用于航拍的多旋翼无人机

图 6.55 山东大学软件园校区航拍点位参考图

(2) 在每个点拍 5 张图片。采用斜拍方式,尽量保证相邻图有 60% 重叠。

(3) 在拍摄区域外也要以同样方式布点拍摄一圈。

(4) 将拍摄素材上传到计算机中备用。

2. 建模

将无人机航拍图像进行三维转换的工具很多,这里选择 OpenDroneMap。OpenDroneMap 是一个开源的航拍图像处理工具,它可以把航拍图像进行点云、正射影像和高程模型等转换处理。

一般的无人机用的都是袖珍相机,拍出来的照片都是非量测影像(Non-metric Imagery)。OpenDroneMap 可以将这些非量测影像转换成三维地理建模数据,并应用在地理信息系统中。

OpenDroneMap 支持 Docker,可以在不同的操作系统上运行。下面以 Mac OS 为例,介绍 OpenDroneMap 的使用方法。

1) 安装 Docker CE

到 Docker 官网 https://docs. docker. com/engine/installation/找到并下载适用操作系统的 Docker CE 版本。安装后,可以在 Terminal 上输入 "docker-version"检验 Docker 是否安装成功(见图 6.56)。

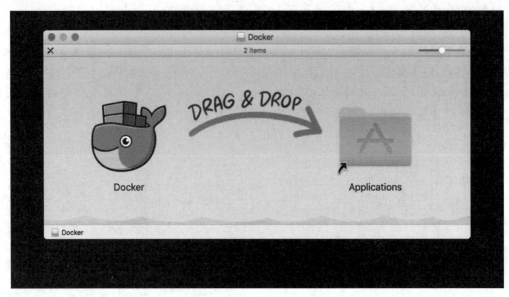

图 6.56　Docker 安装成功

2) 下载 OpenDroneMap 的镜像

确认 Docker 成功安装后,在 Terminal 上输入以下指令。

```
docker pull opendronemap/opendronemap
```

Docker 会从 Docker Hub 中下载 OpenDroneMap 的镜像到本地中。镜像下载完成后,在 Terminal 上输入"docker images"指令,可看到刚下载的 OpenDroneMap 镜像,如图 6.57 所示。

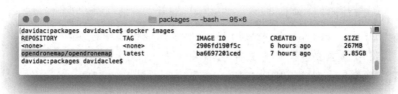

图 6.57　刚下载的 OpenDrone Map 镜像

3) 创建文件目录

在 Finder 上任意一目录下新建一个名为 images 的文件夹,作为待处理图片的存放位置。以"项目名/images"的方式来对目录进行命名,这样可以直观地管理文件。

接下来,把需要进行处理的航拍影像复制到 images 文件夹中。也可以在 https://github. com/OpenDroneMap/odm_data 上下载范例素材。

下面以拍到的山东大学软件园校区素材的图像文件为例(见图 6.58)。这个范例素材是对该校区入口处教学楼及数字媒体技术教育部工程研究中心大楼连续拍摄的航拍图像。查看每个图像文件的 info,都能找到它的经纬度信息。可以用 OpenDroneMap 对这些文件进行"正射影像(拼接)"和"纹理网面建模"的处理。

图 6.58　数字媒体技术教育部工程研究中心大楼航拍素材

4) 运行 OpenDroneMap

将航拍图像文件复制到 images 目录以后,打开 Terminal 并定位到项目文件夹(比如 odm_test_1)中,执行以下指令。

```
docker run - it -- rm \
    - v $ (pwd)/images:/code/images \
    - v $ (pwd)/odm_orthophoto:/code/odm_orthophoto \
    - v $ (pwd)/odm_texturing:/code/odm_texturing \
    opendronemap/opendronemap
```

指令的作用是:通过 OpenDronMap 对 odm_test_1/images 目录下的图像文件同时进行"正射影像(odm_orthophoto)"和"纹理网面建模(odm_texturing)"的图像处理。

指令解释如下。

docker run -it -rm:Docker 的运行指令。-it 指让 Docker 分配一个伪输入终端并以交互模式运行容器;--rm 是指在容器运行完之后自动清除以节省计算机存储空间。

-v $(pwd)/images:/code/images:-v 是用来将本地目录绑定到容器中的。在本例中,是让 OpenDroneMap 知道待处理的照片在哪里;冒号前面代表的是本地 images 路径,其中(pwd)代表当前 Teminal 定位目录的绝对路径,可以更改为其他目录的绝对路径;冒号后面是指容器的路径,这个是不能更改的。

-v $ (pwd)/odm_orthophoto:/code/odm_orthophoto:这行指令是指希望使用 OpenDroneMap 对图像文件进行怎样的处理。可以根据项目的需要,输入不同的处理指令。OpenDroneMap 提供了以下几种处理方式。

(1) odm_meshing　　　　♯3D 网面建模。

(2) odm_texturing　　　　♯纹理网面建模。

（3）odm_georeferencing ♯地理配准后的点云图。

（4）odm_orthophoto ♯正射影像图。

opendronemap/opendronemap：是指明需要调用的镜像，这里是调用 Repository 为 opendronemap/opendronemap 的镜像，可以用该镜像的 tag（如果有设置的话）和镜像 ID 替代。

5）查看结果

指令执行后，就交给程序去处理。Terminal 会出现如图 6.59 所示的提示。

图 6.59　提示信息

然后在项目的文件夹中（比如 odm_test_1），就可在 odm_orthophoto 和 odm_texturing 目录中看到对应的输出结果。图 6.60 所示为无人机航拍建模的山东大学软件园校区的数字媒体技术教育部工程研究中心大楼三维模型。

图 6.60　无人机航拍建模的山东大学软件园校区的数字媒体技术教育部工程研究中心大楼三维模型

 习题

1. 简述 3D 网格模型的组成要素。
2. 练习用 Maya 对一个人物角色进行建模。

第7章

VR全景视频播放系统

近年来,VR 全景视频已成为一种重要的 VR 呈现方式。具有 360°视角的实拍 VR 全景视频可以通过专用 VR 摄像机设备对实际环境进行拍摄得到。全景视频可以是普通单目视频,也可以是具有 3D 效果的立体视频,前者可以在计算机或手机屏幕上观看,后者可以通过佩戴各类头戴式 VR 设备进行观看。

Instan360 Titan VR 摄像机是一款用于录制全景视频的相机。该相机录制的视频可以使用其专用 App 在手机上进行播放,通过暴风魔镜设备可以进行观看。但如果想要使该相机所录制的全景视频在 HTC VIVE 头戴式设备上播放,则需要开发一个 VR 视频播放程序。本章简单介绍如何使用 Instan360 Titan VR 摄像机进行全景视频录制,并在 Unity3D 中编写配合 HTC VIVE 使用的 VR 视频播放程序。

7.1 VR 视频录制

本章以 Instan360 Titan VR 摄像机为例,给出 VR 视频的录制与播放示例。图 7.1 展示了正在录制视频的相机。Instan360 Titan VR 相机通过机身内部安装的 8 台摄像机同时拍摄录制,通过实时图像拼接,形成 360°的高清 VR 全景视频,可广泛应用于 VR 新闻播报、空间展示等领域。

图 7.1 录制中的 Instan360 Titan VR 相机

Instan360 Titan VR 相机既可以录制普通单目视频,也可以录制双目立体视频。录制过程完毕后,默认输出.mp4 格式全景视频文件,可配合头戴式 VR 设备播放。全景视频画面经过相机预处理,每帧画面均被拼合为一个长宽比为 2∶1 的全景画面,如图 7.2 所示。使用厂商提供的应用程序,可以直接在手机上播放 VR 视频并配合暴风魔镜等获得 3D 显示效果。但官方提供的应用程序可扩展性较差,为了将全景视频应用到更多的场景中,7.2 节给出在 Unity3D 中播放 VR 视频的示例。

图 7.2　经相机处理后的图像

7.2　VR 视频播放系统

本节介绍如何在 Unity3D 中制作一个 VR 全景视频播放器,支持用户使用 HTC VIVE 观看播放内容。具体步骤如下。

（1）在计算机上安装 QuickTime Player 播放器软件。在 Unity3D 中,影片纹理是通过 Apple QuickTime 导入的,为了在 Windows 系统中正确导入视频,要求安装 QuickTime Player 软件,安装完成后需要重启计算机。QuickTime Player 建议从官网下载最新版本。

（2）在计算机中安装 Steam 和 SteamVR。首先从官网下载并安装 Steam,安装完成后进入 Steam 的商店界面,搜索并下载 SteamVR。

（3）在 Unity3D 中新建一个工程项目,本示例中把项目命名为 VRVideoPlayer。在此项目中添加一个新的场景,并将其命名为 SampleScene。

（4）在 Unity3D 中下载和配置 SteamVR SDK。SteamVR SDK 是一个由 VIVE 提供的官方库,以简化 VIVE 开发。从 Unity Asset Store 中找到 SteamVR 插件,下载并全部导入到项目工程中(见图 7.3)。导入后会弹出如图 7.4 所示窗口,这是 SteamVR 插件的界面,它会列出一些编辑器设置,单击 Accept All 按钮即可。此时回到项目窗口中,可以看到一个新的文件夹 SteamVR。

图 7.3　导入 SteamVR Plugin

然后在 Unity3D 中选择 File→Build Settings 命令,对当前工程项目进行设置。在弹出菜单中单击按钮 Player Settings,在右侧 Inspector 栏中显示了当前工程的 Player Settings 信息,选择展开 XR Settings 栏,勾选 Virtual Reality Supported 选项。查看 Virtual Reality SDK 中是否有设备,如果没有,单击右下角"＋"按钮进行添加,如图 7.5 所示。

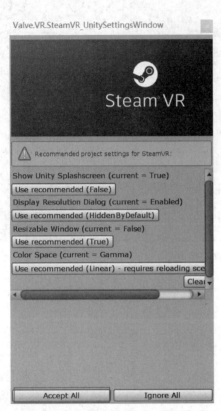

图 7.4　SteamVR Plugin 编辑器设置

图 7.5　Unity3D 设置

（5）在 Unity3D 场景中设置虚拟相机。使用 SteamVR 插件中提供的立体相机替换场景中默认生成的主相机 Main Camera，以便在 HTC VIVE 中产生立体显示效果。由于 HTC VIVE 场景中需要的是 3D 相机，所以首先将场景中自动生成的主相机 Main Camera 删除。然后，在 Project 栏中的 SteamVR→Prefabs 文件夹中找到名为［CameraRig］的预制体并添加到场景中（见图 7.6）。这个预制体是 SteamVR 中提供的 3D 虚拟相机，可以直接在 HTC VIVE 中提供 3D 效果。为了方便后续设置，将它在场景中的位置设置为(0,0,0)。

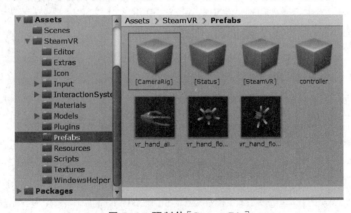

图 7.6　预制体［CameraRig］

预制体[CameraRig]与 VIVE 头盔直接绑定,因此头盔位置移动时相机位置也会随之移动。在本示例程序中,相机的位置变动会导致画面变形,因此需要将相机位置始终固定保持在场景的原点(0,0,0)处。为此进行如下操作:新建一个 C♯脚本文件,命名为 CameraHolding.cpp。在 Hierarchy 栏中找到场景中 3D 虚拟相机[CameraRig]中的子物体 Camera(eye)(见图 7.7),此物体控制相机的位置和旋转角度。将新建的脚本拖曳到 Camera(eye)上,并在脚本的 Update()函数体中添加以下代码。

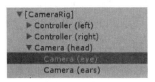

图 7.7　Camera(eye)

```
this.GetComponent < Transform >().position = (new Vector3(0, 0, 0));
```

工程运行之后,在 Update()函数体中,每一帧都将 3D 虚拟相机的位置保持设置在原点(0,0,0)处,保证 VR 视频的正常观看效果。

(6) 在 Unity3D 场景原点处新建一个球面模型,作为包围式的"屏幕",并将拍摄好的 VR 视频文件作为纹理图片在球面上连续播放。之所以选择球面模型作为视频播放"屏幕",是因为球面处与位于原点的 3D 虚拟相机距离一致,保证 VR 视频画面不会变形,同时 VR 视频画面本身就是球面全景图片,作为球面的纹理贴图不会产生变形。

在 Unity3D 中选择 GameObject→3D Object→Sphere 命令,在场景中新建一个球面,将其位置设置为(0,0,0),并将其缩放值设置为(15,15,15),球面包围了原点处的 3D 虚拟相机。但此时运行场景会发现,朝向相机的球面内侧不能显示。这是因为 Unity3D 中的 3D 模型默认采用单面显示模式,即只显示了球面的外表面,而这里将球面作为播放"屏幕",就需要显示出朝向虚拟相机的球面内表面。为此,需要新建一个名为 InsideVisible 的材质球,通过编写 Shader 使这个材质球具备内表面可见功能,再将该材质球绑定到场景中的球面模型上,使其内部可见。

首先,将鼠标指针移动至 Project 栏中,右击,在弹出的快捷菜单中选择 Create→Shader 命令,新建一个 Shader 文件,命名为 InsideVisible。该 Shader 的具体代码如下。

```
Shader "Custom/InsideVisible"
{
    Properties
    {
        _MainTex ("MainTexture", 2D) = "white" {}
    }
    SubShader
    {
        Tags { "RenderType" = "Opaque" }
        Cull front                    //ADDED BY BERNIE, TO FLIP THE SURFACES
        LOD 100
        Pass
        {
            CGPROGRAM
            # pragma vertex vert
            # pragma fragment frag
            # include "UnityCG.cginc"
```

```
struct appdata
{
    float4 vertex : POSITION;
    float2 uv : TEXCOORD0;
};
struct v2f
{
    float2 uv : TEXCOORD0;
    float4 vertex : SV_POSITION;
};
sampler2D _MainTex;
float4 _MainTex_ST;
v2f vert (appdata v)
{
    v2f o;
    o.vertex = UnityObjectToClipPos(v.vertex);
    v.uv.x = 1 - v.uv.x;                    //使内部显示内容与外部相同
    o.uv = TRANSFORM_TEX(v.uv, _MainTex);
    return o;
}
fixed4 frag (v2f i) : SV_Target
{
    //sample the texture
    fixed4 col = tex2D(_MainTex, i.uv);
    return col;
}
ENDCG
        }
    }
}
```

    然后,将鼠标指针移动至 Project 栏中,右击,在弹出的快捷菜单中选择 Create→Material 命令新建一个材质球,同样命名为 InsideVisible,将其 Shader 设置为 Custom→InsideVisible, 并将该材质球用鼠标拖动绑定到场景中的球面对象。这样立体虚拟相机中就可显示球面内部 的画面。

    (7) 进行播放视频设置。首先将拍摄好的视频素材导入,添加到当前工程中。需要注意, 由于目前常见计算机显卡最多只能支持播放 8K(7680×3840)视频,因此导入视频时不要选择 高于 8K 分辨率的视频。在球体的 Inspector 面板中单击 Add Component 按钮,搜索可以找 到一个名为 Video Player 的组件(见图 7.8),将该组件添加到 Sphere 上,并将想要播放的视频 文件用拖动的方式添加到该组件的 Video Clip 选项。至此,程序就可以播放视频并进行观 看了。

    (8) 单击"运行"按钮。使用 VIVE 头盔观看全景视频(见图 7.9)。旋转头部可以看到不 同角度的画面。程序实际运行画面如图 7.10 所示,场景中画面即为体验者在头盔中看到的 画面。

图 7.8　设置 Video Player　　　　　　　图 7.9　体验 VIVE 头盔

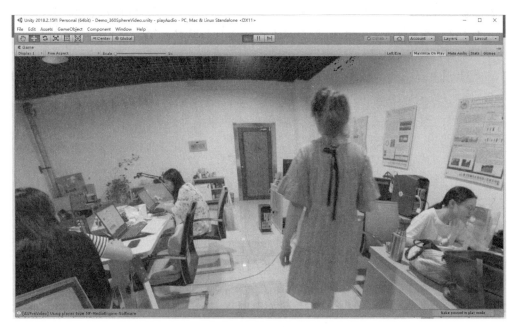

图 7.10　程序实际运行画面

　习题

采用本文方法,拍摄一段 VR 视频,并编写一个 VR 视频播放系统进行播放。

第8章

头盔式VR系统

本章通过两个实例介绍如何开发头戴式 VR 系统。一个实例是基于 HTC VIVE 的海底探宝游戏系统；另一个是虚拟迷宫游戏,其是基于智能手机的头戴式 VR 设备开发的。

 ## 8.1　基于 HTC VIVE 的 VR 系统

本节介绍一种基于 HTC VIVE 设备开发的海底探宝游戏系统。用户可通过设备自带的操控手柄进行交互控制,进行有趣且自然的游戏体验。

系统使用一套 HTC VIVE 设备,包括 VIVE 头戴式设备、VIVE 操控手柄、VIVE 定位器以及耳机。HTC VIVE 使用环境为 Windows 10 系统专业版,游戏系统开发和运行平台是 Unity3D 5.6、Valve 的游戏平台 Steam、Unity3D 插件商店中的 SteamVR 插件。

8.1.1　系统设计

海底探宝游戏的故事线为:游戏背景是玩家掉入了神秘海域,受到诅咒变为一只帝王蟹,只有在限定时间里以帝王蟹的身份在海底找到指定数目的宝箱才可以恢复人类身份,否则任务失败,将永远成为帝王蟹。玩家的任务是:一共需要找到 8 只宝箱,其中 4 只宝箱含有钻石,4 只没有钻石。游戏时间为 6min,在此过程中,会有海洋生物在玩家眼前遮挡视线,玩家可以通过 VIVE 手柄控制器将海洋生物弹飞。

游戏角色设计方面,本游戏选择帝王蟹作为游戏主角,主要是因为螃蟹的两个蟹钳能够很好地映射玩家的双手,让玩家有很强的代入感。场景中有多种类型的海洋生物,如风格写实的海龟、魔鬼鱼以及各种其他类型的鱼类、风格卡通化的海马等,如图 8.1 所示。写实风格的生物与卡通生物的形象,使得玩家在与真实生物交互的同时,也可以体验与超自然生物进行交互。

整体场景设计在 Unity3D 中进行,海底场景主要由岩石、珊瑚礁、多种类型的水草等模型构成,场景模型布置错落随机,有较平坦的沙石海底地面,有高低起伏不一的岩石,充分模拟海底场景以提供高沉浸感的体验。

基于上述设计,利用 HTC VIVE 的超逼真画质和立体声音效呈现仿真的虚拟海底漫游场景,提供沉浸式的超自然海底体验。场景全图如图 8.2 所示。

在系统运行前需要开启 SteamVR,然后运行游戏控制程序。玩家首先进入练习模式,简单快速地熟悉游戏中的基本操作,如场景中的移动、开启宝箱、弹飞海洋生物等交互操作;期

图 8.1 海洋生物

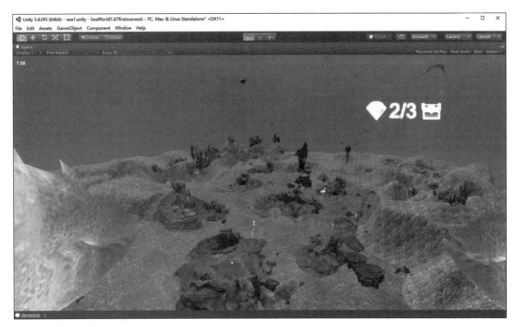

图 8.2 场景图

间会有文字和语音来告知玩家游戏故事背景和手柄操作。然后进入游戏开始寻找宝箱,系统实时监控游戏进行了多长时间、找到了几个宝箱,若玩家在6分钟之内找到了8个宝箱,则系统会"告诉"玩家完成任务,否则会提示游戏失败,游戏结束。上述操作流程如图8.3所示。

系统除了显示模块,还有交互模块和反馈模块。

交互模块支持玩家通过使用VIVE手柄操控游戏化身,可以实现在场景中自由移动,并与虚拟海底中的生物进行交互;也可利用头戴式设备的360°精确追踪技术,通过头部的真实转动实现虚拟海底场景中的螃蟹的转向等操作,感受逼真的沉浸式体验。

玩家在游戏过程中进行交互时,会得到一定的反馈。反馈模块的设计基于两个原则:一

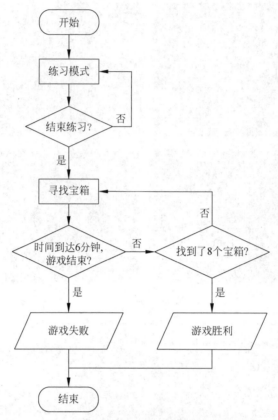

图 8.3　系统流程图

是多感官融合,即从视觉、听觉等多感官出发同时提供反馈;二是即时性,反馈要在行为做出后立即给出,有助于用户准确地理解行为结果。本系统主要在三处提供反馈:一是海洋生物被玩家用水柱弹飞后,会游向附近未被找到的含有钻石的宝箱,并在宝箱上方停留,对玩家起一定的引导作用;二是海洋生物被玩家用水柱弹飞后,静止 2~3s 就恢复之前的游动状态,此过程只是一定程度上起到了遮挡玩家视野和前进路线的干扰作用;三是在寻找到宝箱时,玩家通过手柄扳机操作,将宝箱开启,若宝箱中含有钻石,宝石会旋转飞起,同时系统会给出胜利音效的反馈,对玩家有一定的激励作用。

8.1.2　系统实现

本节介绍游戏场景制作、交互模块和反馈模块的实现。

1. 游戏场景制作

1)模型和动画制作

(1)模型制作。在 3D 建模软件 Maya 中创建和修改基本的 3D 模型,需要制作如宝箱的开启、钻石的升起、鱼类游动等动画。

(2)导入模型。Unity3D 只支持 .fbx 格式的 3D 模型文件导入,将 Maya 制作好的模型以及动画导出为 .fbx 格式文件,在工具栏或者 Project 面板中选中 Assets→Import New Asset 命令,选择相关 .fbx 文件,导入 Unity3D 中,如图 8.4 所示。

(3)模型贴图。模型贴图最简单的方式是将图片资源导入 Assets 文件夹后,直接拖动该

8.1.2 节

图片到模型上,从而生成贴图。一般情况下,先创建材质球:选中 Assets 文件夹,右击,在弹出的快捷菜单中选择 Create→Material 命令(见图 8.5)。

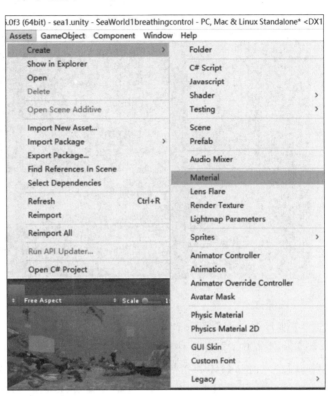

图 8.4　导入 3D 模型文件　　　　图 8.5　创建材质球

然后,给材质球增加贴图。选择刚创建的材质球,在 Inspector 面板中找到 Albedo 属性,单击该属性左边的小圆,在弹出的窗口中选择拖进 Unity3D 的图片(见图 8.6)。最后给模型上材质球,把制作好的材质球拖到 Scene 面板或者 Hierarchy 面板的模型中。

图 8.6　给材质球贴图

（4）场景布置。根据故事主线和内容设计等部分布置场景模型，最终场景布置如图 8.7 所示。

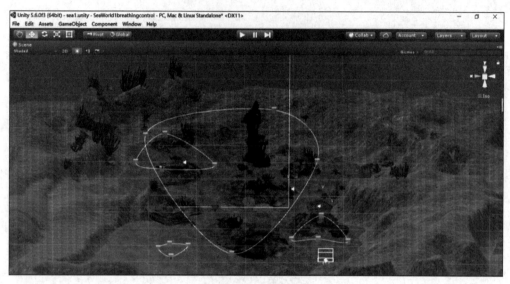

图 8.7　场景布置

2）水柱等效果制作——粒子系统描述及实现

交互过程中，会有三种形态的交互实体：水柱、水泡以及小气泡，具体制作与代码实现如下。

水柱的效果使用 Unity3D 中的粒子系统模块制作。粒子系统模块总共有两个组件：Transform 组件和 Particle System 组件。Transform 组件可以控制粒子在世界或者局部坐标的改变。但是需要注意的是，如果改变 Scale 属性值不会影响粒子的大小缩放。所以想改变粒子大小，需要在第二个组件 Particle System（见图 8.8）中进行调整，该组件是制作粒子效果的核心组件，可改变粒子的属性，比如持续时间、发射模式、粒子大小、发射速度、发射形状 Shape 等。因为要发生粒子碰撞效果和触发事件，所以控制粒子碰撞效果的 Collision 和事件触发的 Trigger 部分很重要，具体设置如图 8.9 所示。粒子的外观效果由渲染组件 Renderer 决定，即渲染粒子的材质球，选择合适的贴图，如图 8.10 所示。水柱最终效果图如图 8.11 所示。

气泡制作过程跟水柱类似，主要是调整参数，实现想要的效果。效果如图 8.12 所示。

小泡泡的制作是使用一个球体贴上气泡贴图，注意在添加材质时 Shader 选择 Particles Blended。效果如图 8.13 所示。

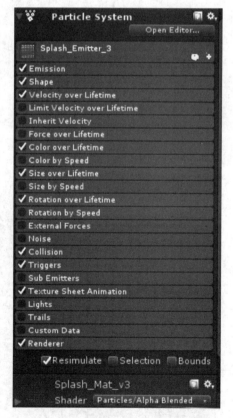

图 8.8　粒子系统模块的 **Particle System** 组件

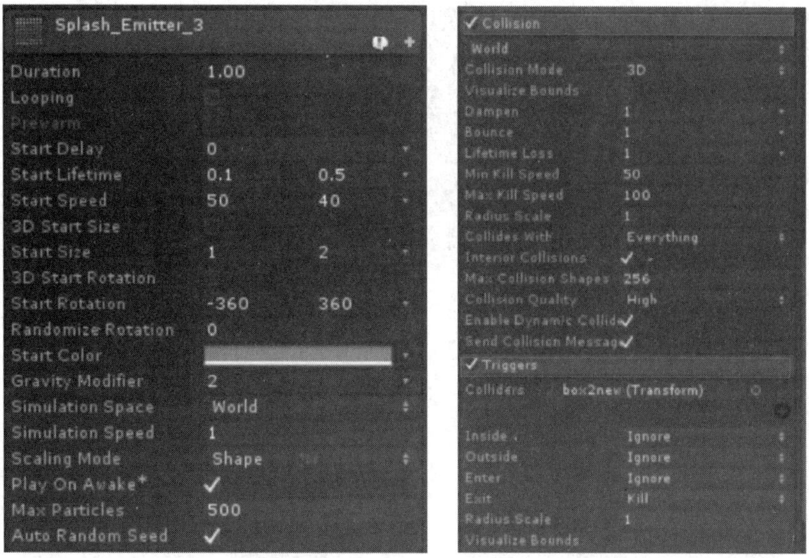

图 8.9　粒子的基本属性以及碰撞、触发设置

图 8.10　渲染属性的设置以及材质球贴图

图 8.11　水柱最终制作效果

图 8.12　气泡效果

图 8.13　小泡泡效果

　　脚本中粒子对象绑定的代码实现如下,其中,ParticleSystem waterjet_ particlesystem 是实现水柱粒子系统的声明。

```
//水柱—粒子系统
private GameObject emitterpen;              //创建粒子对象
private ParticleSystem _systempen;
ParticleSystem waterjet_particlesystem     //获得绑定在对象 emitterpen 的粒子系统,后面直接调用
                                           //该粒子系统用于控制粒子的发射等行为
{
    get
    {
        if (_systempen == null)
            _systempen = emitterpen.GetComponent < ParticleSystem >();
        return _systempen;
    }
}
```

bubble_particlesystem 是实现小气泡粒子系统的声明。

```
//小泡泡—粒子系统
private GameObject emitterpao;
private ParticleSystem _systempao;
ParticleSystem bubble_particlesystem
```

```
{
    get
    {
        if (_systempao == null)
            _systempao = emitterpao.GetComponent<ParticleSystem>();
        return _systempao;
    }
}
```

Start()方法将代码中声明的粒子系统与前面制作的特定形态的粒子系统进行绑定,以备后面代码实现中的调用。在调用粒子系统时,只需要调用创建好的 waterjet_particlesystem 等粒子对象的 Play 等功能即可。

```
void Start()
{
    ...
    //水柱
    emitterpen = GameObject.Find("Splash_v3/waterjet_Emitter_3");    //与制作好的水柱粒子系
                                                                     //统进行绑定
    waterjet_particlesystem.Stop();
    //水泡
    blister = GameObject.Find("blister1");
    //小气泡
    emitterpao = GameObject.Find("smallpao/Bubbles_Emitter_1");
    bubble_particlesystem.Stop();
    ...
}
```

3) 剧情动画播放以及音频播放

为营造提示字飘在水中的效果,制作有透明通道视频的.mov格式视频,动画播放的效果如图 8.14 所示。

图 8.14　透明通道视频在水中播放的漂浮效果

(1) 将制作好的视频和音频资源导入到 Unity3D 的 Assets 文件夹下,导入后在 Inspector 面板中的 Importer Version 选择 MovieTexture(Legacy),如图 8.15 所示。

（2）新建一个材质球，在 Project 面板中右击，在弹出的快捷菜单中选择 Create→Material 命令，创建 Material 对象，接着在 Inspector 面板为材质选择 Shader 为 FX/Flare，为材质球选择相对应的视频文件，如图 8.16 所示。

图 8.15　选择视频导入版本

图 8.16　视频材质球设置

（3）在 Hierarchy 面板上创建一个 Plane 对象作为播放视频纹理的物体，并命名，如 startplane。为 startplane 对象添加前面建好的材质球。

图 8.17　脚本中指定视频、音频、
播放视频的 plane 对象

（4）为 startplane 对象编写用于加载并播放视频纹理的脚本，在脚本中指定好对应的播放视频的 plane 对象，如图 8.17 所示。

脚本中在指定相关对象时的代码如下。

```
public MovieTexture start8min1;          //制作的视频对象
public AudioSource min1;                 //音频对象
public GameObject startplane;            //播放视频的面板
void Start()
{
    ...
    startplane.transform.GetComponent<Renderer>().material.mainTexture = start8min1;
                                         //为面板指定纹理为制作好的视频,也是将二者绑定
    start8min1.loop = true;              //设置播放模式为循环
    start8min1.Play();                  //播放视音频
    min1.Play();
    ...
}
```

2. 交互模块的实现

1) VIVE 头盔

VIVE 头盔移动时的位置和旋转角度等信息会反映在虚拟相机[CameraRig]上。为更好地控制螃蟹角色的运动，本系统将虚拟相机[CameraRig]与角色进行了关联，相机的转向等行为会实时地反馈在角色身上，与此同时，角色位置移动也会反馈在虚拟相机上。

螃蟹角色要获得虚拟相机的角度等信息，给角色添加的脚本实现如下，将相机的角度信息 transform.localEulerAngles 赋值给角色。

```
public GameObject hmdob;       //创建表示相机的对象
void Start()
```

```
{
    hmdob = GameObject.Find("Camera (eye)");
}
void Update()
{
    this.transform.localEulerAngles = hmdob.transform.localEulerAngles + new Vector3(0,
180, 0);              //将相机的角度传给角色,并根据实际情况调整头盔和角色的匹配角度
}
```

虚拟相机要获得角色移动的位置信息,给相机添加的脚本实现如下,将角色移动的位置信息传给相机。

```
public GameObject crabob;                          //创建表示螃蟹的对象
void Start()
{
    crabob = GameObject.Find("crabani1");          //找到场景中的螃蟹物体
}
void Update()
{
    this.transform.position = crabob.transform.position;   //将角色的位置信息传给相机
}
```

2) VIVE 手柄交互

用于实现玩家与虚拟场景中对象的交互,确定玩家对虚拟对象发出的指令操作,对其解释,给出相应的反馈结果。在该系统中,玩家通过 VIVE 手柄进行交互操作开发如下。

(1) 右手柄 trigger 键控制宝箱的开启,在寻找到宝箱时,玩家通过手柄扳机操作,发射泡泡将宝箱开启。其中,blister 是指场景中的气泡对象,布尔变量 blistershoot 是用于判断是否发射气泡,if-else 语句为气泡发射后的相应动画路径的控制代码。

```
void Update()
{
    ...
    //按下右手 trigger 键,发射泡泡
    if (ViveInput.GetPressUp(HandRole.RightHand, ControllerButton.Trigger))
    {
        blistershoot = true;
    }
    //if 中的两个参数用于判断泡泡是否发射以及发射距离
    if (blistershoot&&times < 30)
    {
        times++;
        blister.transform.localScale = new Vector3(0.5f, 0.5f, 0.5f);
        blister.transform.Translate(new Vector3(0, 0, 1) * Time.deltaTime * 5.0f);
    }
    else
    {                                        //发射结束,气泡回归原位,以备下一次发射使用
        blister.transform.localScale = new Vector3(0.1f, 0.1f, 0.1f);
```

```
            blister.transform.localPosition = pao1pos;        //pao1pos 为气泡的原始位置
            blistershoot = false;
        }
    }
```

（2）左手柄 trigger 键用来喷射水柱,当水柱攻击到海洋生物时,海洋生物会做出一定的反馈,或者是直接被弹飞旋转远离,或者是弹飞后游向附近的任务目标。喷水柱的实现代码如下。

```
//按下左手 trigger 键
if (ViveInput.GetPressUp(HandRole.LeftHand, ControllerButton.Trigger))
{
    waterjet_particlesystem.Play();
}
```

（3）轻触右手所持手柄的圆盘 pad 控制角色在场景中的移动。pad 的上下左右部分控制前后左右移动,而角色的转向则是通过玩家头部的旋转,角色的上升或者下降是通过捕获玩家抬头或者低头姿势,原理是定位器实时捕获头显的方位信息。

其中,ViveInput.GetPadTouchAxis 返回圆盘的接触点的位置坐标,是一个二维向量;再通过 VectorAngle 这个函数返回一个范围为(180,−180)的夹角,该函数的第一个参数设置为 $(1,0)$ 表,表示以 x 轴正向为准,第二个参数是获得的圆盘位置坐标;最后根据返回的角度将圆盘划分为四个区域,分别代表前后左右的移动,speed 定义为移动速度。具体代码如下。

```
//按下右手圆盘键
if (ViveInput.GetPress(HandRole.RightHand, ControllerButton.PadTouch))
{
    Vector2 cc = ViveInput.GetPadTouchAxis(HandRole.RightHand);
    float angle = VectorAngle(new Vector2(1,0), cc);
    //向后
    if (angle > 45 && angle < 135)
    {
        transform.Translate(-Vector3.forward * Time.deltaTime * speed);
    }
    //向前
    else if (angle < -45 && angle > -135)
    {
        transform.Translate(Vector3.forward * Time.deltaTime * speed);
    }
    //向左
    else if ((angle < 180 && angle > 135) || (angle < -135 && angle > -180))
    {
        transform.Translate(Vector3.left * Time.deltaTime * speed);
    }
    //向右
    else if ((angle > 0 && angle < 45) || (angle > -45 && angle < 0))
    {
        transform.Translate(Vector3.right * Time.deltaTime * speed);
    }
}
```

其中，

```
float VectorAngle(Vector2 from, Vector2 to)
{
    float angle;
    Vector3 cross = Vector3.Cross(from, to);
    angle = Vector2.Angle(from, to);
    return cross.z > 0 ? - angle : angle;
}
```

（4）grip 键控制练习场景切换到正式游戏场景。实时监测手柄是否按下 grip 键，若按下了，将布尔变量 nextscene 设置为 true，进行下一个场景的跳转。具体代码如下。

```
//按下左手 grip 键
if (ViveInput.GetPress(HandRole.LeftHand, ControllerButton.Grip))
{
    …
    nextscene = true;
}
//按下右手 grip 键
if (ViveInput.GetPress(HandRole.RightHand, ControllerButton.Grip))
{
    …
    nextscene = true;
}...
//跳转到另一个场景
if (nextscene == true)
{
    SceneManager.LoadScene("sea1");
}
…
```

3. 反馈模块的实现

1）反馈一：生物被弹飞

海洋生物被玩家用水柱弹飞后，会游向附近未被找到的含有钻石的宝箱，并在宝箱上方停留，对玩家起一定的引导作用；海洋生物被玩家用水柱弹飞后，静止 2～3s 后恢复之前的游动状态。此过程只是一定程度上起到了遮挡玩家视野和前进路线的干扰作用。在以上两种情况下，水柱喷射到海洋生物时，会发生相应的碰撞，继而产生相应的反馈。本系统中使用粒子来制作出水柱效果，发生粒子碰撞。接触到碰撞体的粒子会死亡消失，不存在穿过碰撞体的情况。

水柱弹飞生物时发生的是粒子碰撞，粒子碰撞的检测是使用函数 OnParticleCollision，得到粒子碰撞的物体对象 object 的碰撞信息；此处的布尔变量 trigger 用于记录粒子是否发生碰撞，变量 direct 记录碰撞是来自哪个方向的，使得生物沿此方向被弹走，具体代码如下。

```
void FixedUpdate()                          //解决碰撞之后一直被弹飞，或者不发生碰撞的问题
{
    this.GetComponent<Rigidbody>().velocity = new Vector3(0, 0, 0);
}
…
```

```
void OnParticleCollision(GameObject object1)                    //水柱弹飞生物时的碰撞检测
{
    trigger = true;
    objectEmitter = object1;
    direct = this.gameObject.transform.position - object1.gameObject.transform.position;
}
```

2) 反馈二：开启宝箱

在玩家通过手柄扳机发射气泡将宝箱开启后,若宝箱中含有钻石,钻石会旋转上升同时系统会给出胜利音效的反馈。原理是气泡与宝箱发生碰撞会触发宝箱的开启、钻石的旋转上升以及音效的播放。注意在开启宝箱时,会实时记录开启的宝箱数目(即积分的记录)。当宝箱数目达到 8 个,系统会播放胜利的视频来提示完成任务。

该碰撞检测与粒子碰撞检测函数不同,此处将发射的气泡设置为一个触发器 trigger。当气泡的 Is Tigger 属性被勾选时,气泡就变为一个触发器。当有物体(如宝箱)碰到气泡触发器的时候触发器的函数 OnTriggerEnter(Collider collider)会得到被触物体的信息;根据返回的物体对象与宝箱的对象名称进行匹配,此处的布尔变量 trigger 是用于判断发生触发事件后,是否对宝箱进行开启以及增加积分等一系列操作;mainSlider 和 textdiamond 是利用 Unity3D 中的 UGUI 来显示当前开启宝箱数目和获得钻石数目的声明,baocount 和 diamondcount 是宝箱数目和钻石数目的变量。具体代码如下。

```
public Slider mainSlider;
public Text textdiamond;
public int diamondcount = 0;
public int baocount = 0;

public GameObject object1;
bool trigger = false;
...
//记录开启宝箱的数目和钻石数目的判断代码
...
//获得触发的物体的信息
void OnTriggerEnter(Collider e)
{
    trigger = true;
    object1 = e.gameObject;
}
//显示已经开启的宝箱的数目
public void SliderSetting()
{
    mainSlider.value = diamondcount;
    textdiamond.GetComponent < Text >().text = diamondcount + "/" + baocount;
}
```

3) 积分以及计时

玩家在游戏过程中,能够通过视野右上方的指示牌看到自己目前找到的宝箱数以及钻石数。在后台程序中会有一个计时器,用于记录游戏时间,当时间超过 6min 则视为任务失败,系统会提示玩家游戏结束。

因为开启的宝箱数目是在吐出的气泡碰撞到宝箱发生的,所以在前面反馈二中已展示该部分的代码实现,即函数 SliderSetting();时间计时的代码实现如下,其中,second 记录秒数,minute 记录分钟数,OnGUI()函数用于当前时间的显示,具体代码如下。

```
public class timego : MonoBehaviour {
    string s, m;
    public string Str = "0: 0";
    int second, minute;
    float time;
    void Update () {
        time += Time.deltaTime;            //Time.deltaTime 是执行一帧的时间
        if(time >= 1)
        {
            //time >= 1 时,表示 update 执行时间为一秒
            second++;
            //time 重新计时
            time = time - 1;
        }
        if (second == 60)
        {
            minute++;
            second = 0;
        }
        if(minute == 6)
        {
            overmovie.Play();              //执行跳转
        }
    }
    void OnGUI()
    {
        s = "" + second;
        m = "" + minute;
        Str = m + ": " + s;
        GUI.Label(new Rect(10, 10, 100, 100), Str);
    }
}
```

8.2　基于智能手机的 VR 系统

8.2 节

本节介绍一种基于智能手机的迷宫探宝 VR 应用系统。系统利用智能手机的功能,支持用户在实际场地中自主地设计迷宫布局,并快速转换成 3D 迷宫场景导入 VR 环境中使用。同时用户可以在自主设计的迷宫场地中自由行走,通过运动跟踪及虚实映射,将实地行走对应为虚拟漫游。这种方式可有效地提高 VR 应用的灵活性与真实感体验。

8.2.1　系统设计

本系统的目标是构建一个虚拟现实系统,既支持最终用户简单、快速、灵活、低成本且创造

性地构建不同虚拟迷宫场景,也允许用户在物理空间中通过移动身体体验自己设计的场景。为此,本书提出了一种虚拟现实系统新模式,支持最终用户创新设计虚拟场景并进行体验。该模式如图 8.18 所示。

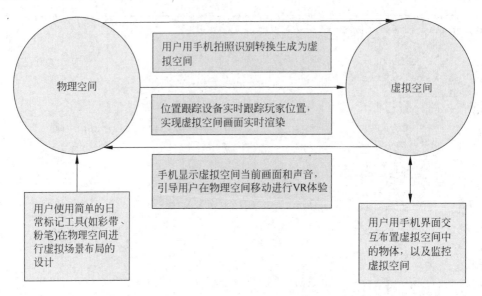

图 8.18　虚拟现实系统新模式

　　在该模式中,用户在位置跟踪设备的感知范围内,借助标记工具(如粉笔、彩带)在物体空间中(协同)设计虚拟场景的架构。然后用户用手机拍照自动识别该架构,并转换生成相应的虚拟空间。用户可以用手机在此虚拟空间中交互地布置虚拟空间中的物体,系统也可以自动布置一些虚拟物体。在用户体验过程中,用户在物理空间中移动,其位置通过位置跟踪设备感知后转换为虚拟空间中的该用户的视点,系统据此视点渲染新的画面,并根据不同事件反馈声音、振动等信息,通过手机构成的 VR 显示器让用户感知这些视听触觉信息,引导用户在物理空间移动进行进一步的 VR 体验。在用户体验过程中,其他用户还可以通过另外的手机实时监控体验者看到的场景,并通过往虚拟场景中添加虚拟物体等进行引导与干预。

　　系统使用一台服务器及一台智能手机。服务器连接并驱动微软 Kinect 设备,用于对用户位置进行运动跟踪,并识别用户特定的肢体动作。智能手机上运行场景设计 App 及虚拟漫游 App。前者供用户完成将实地迷宫场景转换成虚拟迷宫场景的相关操作,后者根据 Kinect 运动跟踪数据实现虚拟迷宫中的漫游,并配合暴风魔镜为用户提供沉浸式立体显示效果,同时根据用户肢体动作识别结果,实现相关的体感交互操作。服务器与智能手机之间通过局域网连接,将用户的实时运动位置及动作识别数据传递给智能手机。

　　用户使用本系统进行 VR 系统设计与体验的整个流程如图 8.19 所示。因此,本章的 VR 迷宫探宝系统分为三部分:物理空间的场景设计模块(Design),虚拟场景生成模块(Conversion)以及虚拟漫游与交互模块(Play)。下面分别叙述这些功能模块的实现原理及方式,并在 8.2.2 节中给出具体实现过程及相应代码。

1. 物理空间的场景设计模块

　　目前,虚拟现实系统的设计工具较多,如 Unity3D、Unreal。但是,对于一般用户而言,这些设计工具比较专业,需要一定的专业知识作为支撑。借鉴物理空间中的设计方式,设计了一

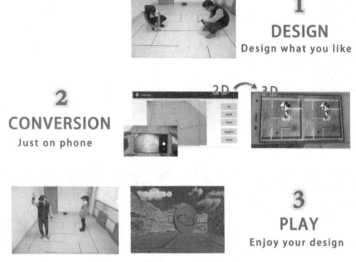

图 8.19　用户进行 VR 系统设计与体验流程

种实物用户界面,支持用户直接使用现实世界中的物体创建虚拟世界。如图 8.20 所示,在物理空间提供一个可设计的区域(为方便起见,本系统默认迷宫边界轮廓为一个矩形),用户在实际场地中自主设计出所需的 2D 迷宫结构:在地面上利用彩带或粉笔等工具,标记绘制出迷宫的边界及内部墙体位置。

图 8.20　在物理空间设计迷宫结构

2. 虚拟场景生成模块

在物理空间完成场景的设计后,还设计了场景生成模块,将物理空间中的二维设计转换为虚拟空间的三维场景。场景生成模块作为一个子系统在智能手机上运行。通过 Android Studio 进行虚拟场景生成 App 的开发,用户可通过手机触屏进行虚拟场景生成相关的操作。

虚拟场景生成模块实现的功能包括:通过手机对地面上标记好的迷宫结构进行拍摄,经图像校正与特征提取后,自动构建出对应的迷宫的 3D 墙体结构,形成虚拟迷宫 3D 场景。同时允许用户通过手机触屏操作向场景中添加虚拟道具模型(如金币等)。

1) 二维设计(迷宫)的获取

使用手机自带的相机对物理空间设计的迷宫进行拍照。拍摄的角度没有限制,只要迷宫边界的四个顶点被包含在内即可。如图 8.21 所示,用户首先用手机相机获取在地上设计好的二维迷宫(见图 8.21(a)),然后,用户单击"打开图片"按钮,读取相机获取的二维迷宫图片(见图 8.21(b))。

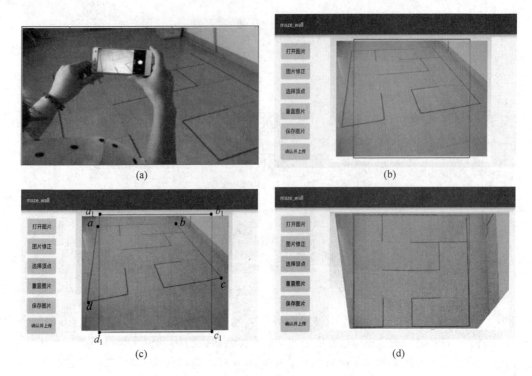

图 8.21   获取在地上设计好的二维迷宫

2) 图像校正

由于手机拍摄角度不同,迷宫布局照片会产生梯形失真,这就需要进行图像校正预处理,将照片中的迷宫边界校正为一个标准矩形,即获得标准的平面俯视图,从而保证能够正确地提取出迷宫墙体位置。在进行图像校正时,用户通过手机触屏进行交互操作,按固定顺序选择照片中迷宫边界的四个顶点 a、b、c、d(如从左上角开始顺时针选择),这四个顶点的坐标被相应校正为 a_1、b_1、c_1、d_1(见图 8.22(c,d)):$(0,0)$、$(w,0)$、(w,h) 及 $(0,h)$。其中,w 与 h 为事先指定好的迷宫边界的宽度与长度。利用 2D 齐次坐标表示,根据 4 对顶点之间的坐标对应关系可以唯一计算出一个 3×3 的矩阵 $\boldsymbol{H}$(即计算机视觉中的单位矩阵),将拍摄照片校正为标准俯视图,即 $\begin{bmatrix} u' \\ v' \\ 1 \end{bmatrix} = \boldsymbol{H} \begin{bmatrix} u \\ v \\ 1 \end{bmatrix}$。其中,$(u,v)$ 为拍摄照片中某点的坐标,(u',v') 为校正为标准俯视图后的对应坐标位置。

3) 特征提取

通过图像校正,获得了迷宫布局的标准俯视图像,此时就可以对图像中表示迷宫墙体的线条结构进行提取和定位,确定出虚拟迷宫 3D 场景中的墙体位置。这个过程可以通过图像处理中特征提取算法自动完成,也可以通过手机触屏由用户交互操作完成。本系统采用后一种方式。在交互操作时,用户每次选择一段墙体线条的两个端,并将所点选的端点位置记录在指定数据文件中,由此可以确定出每段墙体的长度、位置及方向,供虚拟漫游 App 进行读取,在虚拟场景中动态创建出迷宫的 3D 模型。如图 8.22(a)所示为采用交互方式提取的特征,图 8.22(b)为保存(a)中显示的折线 abcde 和直线 gh 的特征信息。

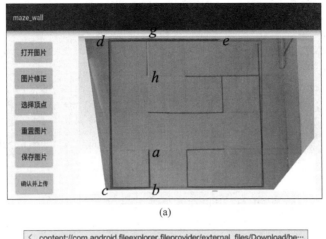

(a)

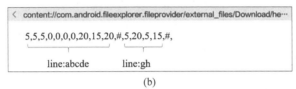

(b)

图 8.22 特征提取

4) 虚拟场景的自动生成

当所有的墙体结构被识别后,系统将根据物理世界和虚拟世界之间的映射矩阵将其转换为虚拟世界中的墙体结构,并在手机上绘制呈现。

5) 设置虚拟道具

根据剧情设计,用户可以在虚拟迷宫中自主设置虚拟道具,本章中虚拟道具为一组金币模型,放置在迷宫不同位置,用户可以通过体感交互捡拾金币。这一过程同样在场景设计 App 中完成,通过触屏交互,将金币模型的图标放置于迷宫布局图中对应位置,并将位置数据记录在指定数据文件中,供虚拟漫游 App 进行读取,在虚拟场景中对应位置处设置金币模型(见图 8.23)。

图 8.23 最后生成的 3D 迷宫场景

3. 虚拟漫游与交互模块

虚拟漫游与交互模块实现的功能包括:对用户实际行走过程进行跟踪定位,通过虚实映射对应为 VR 场景中的虚拟漫游路径,使用户能够在虚拟迷宫场景中进行沉浸式漫游,并与虚拟场景中的道具模型进行体感交互。系统通过微软 Kinect 设备实现运动跟踪及体感交互,用户通过智能手机配合暴风魔镜观看虚拟迷宫的 3D 画面。图 8.24 为迷宫探宝系统应用的几个场景。

图 8.24　迷宫探宝系统应用场景图

虚拟漫游与交互模块的作用是,用户在实地迷宫场景中自由行走,通过运动跟踪及虚实映射,驱动角色在虚拟迷宫中进行对应的虚拟漫游。运动跟踪及虚实映射运行在服务器端,并通过网络将用户实时运动数据传送至手机端的虚拟漫游 App,虚拟漫游 App 通过 Unity3D 进行开发。

1) 动态创建 3D 迷宫

通过场景设计模块,已经获取了用户自主设计的 2D 迷宫布局数据,在智能手机上运行虚拟漫游 App 后,首先读取指定数据文件中的迷宫布局数据,随后通过代码在场景中动态创建出 3D 迷宫模型。在 Unity3D 工程中预先设置了具有单位长度的 3D 墙体预制件(Prefab),根据每段墙体长度,可通过代码创建出相应数量的墙体预制件,按照墙体的位置与方向自动放置于虚拟场景中,直至创建出完整 3D 迷宫模型,供用户进行虚拟漫游体验。

2) 虚实映射

虚实映射的目的是建立实地迷宫场景与虚拟迷宫场景之间的位置对应关系,保证用户行走到实地迷宫的某一个位置时,能够通过暴风魔镜看到虚拟迷宫中对应位置的 3D 画面,使用户能够通过自身行走来控制虚拟漫游路径。

在实例中通过 Kinect 设备对实地迷宫中行走的用户进行位置跟踪,实时获取用户位置数据。测量出的位置数据是以 Kinect 自身坐标系为参照的,因此需要计算出 Kinect 设备的坐标系与虚拟迷宫场景的坐标系之间的转换关系。为确定两个空间坐标系之间的变换关系,至少需要在两个坐标系空间中指定三组对应点进行计算。为此,在虚、实迷宫的边界矩形中对应选取三个顶点坐标进行计算。

虚拟迷宫模型的顶点坐标是已知的,现在需要对实地迷宫场地中的三个顶点坐标位置进行实际测量。在安装好 Kinect 之后,用户依次站立在实地迷宫的三个顶点处,通过 Kinect 测量并读取用户位置坐标,与虚拟迷宫中对应顶点坐标位置形成对应关系,计算出虚拟迷宫场景坐标系与实地 Kinect 坐标系之间的转换矩阵。考虑到 Kinect 设备存在位置测量误差,用户每次站立在某一顶点位置后,应多次测量其位置坐标数据并取各次测量数据的均值作为测量结果。

在计算出虚实坐标系之间的转换矩阵后,就可以进行虚实映射处理。当用户在实地迷宫场地中行走时,Kinect 设备实时测量读取用户位置,并实时转换为用户在虚拟迷宫中的对应位置,再通过局域网实时发送至智能手机,供虚拟漫游 App 进行实时渲染处理。

3) 虚拟漫游

虚拟漫游 App 根据通过局域网实时读取用户在虚拟迷宫中的位置,并通过手机陀螺仪捕捉用户头部朝向,确定角色在虚拟迷宫场景中的视点位置与视线方向。根据这一数据,虚拟漫游App实时渲染出场景的立体画面,通过暴风魔镜为用户呈现沉浸式的立体显示效果,如图8.25所示。

4) 体感交互

用户在虚拟迷宫中漫游时,可以找到并收集事先设置好的虚拟金币,以获得积分。拾取金币的功能通过体感交互完成,为此定义一个举手手势,完成宝物的收集任务。利用Kinect捕获用户手部关节点和头部的位置关系来定义手势:令(X_{LH}, Y_{LH}, Z_{LH})、(X_{RH}, Y_{RH}, Z_{RH})、(X_H, Y_H, Z_H)分别为用户的左手、右手、头部的空间位置;定义动作标志:$\Delta Y_1 = Y_{LH} - Y_H$,

图8.25 手机端绘制的虚拟迷宫

$\Delta Y_2 = Y_{RH} - Y_H$,如果$\Delta Y_1 > 0$或者$\Delta Y_2 > 0$,表示用户做出举手高过头顶的动作,在虚拟漫游App中角色就可以拾取到距离最近的金币模型。

8.2.2 系统实现

本节详细介绍系统的具体实现步骤,并给出部分核心代码。

1. 场景设计App

场景设计App的主要功能包括:打开图片、选择顶点、图片修正、重置图片等功能(见图8.26)。使用Java语言实现,使用的编译器为Android Studio。

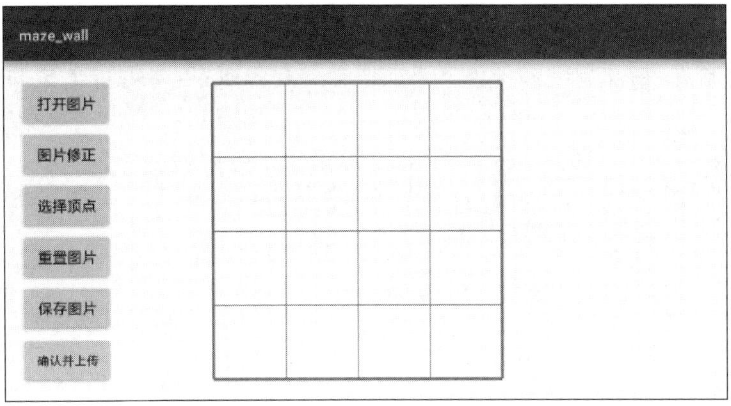

图8.26 设计端初始界面

1) 打开图片

访问媒体库中的图片资源,开启Android系统的媒体接口,具体代码如下。

```
Intent i = new Intent(
Intent.ACTION_PICK,
android.provider.MediaStore.Images.Media.EXTERNAL_CONTENT_URI);
startActivityForResult(i, RESULT_LOAD_IMAGE);
```

2) 选择顶点

对所设计迷宫的4个顶点进行选择操作,作为"图片修正"的输入,该模块重新声明了

Data 中一个变量的值并且输出提示信息,具体代码如下。

```
Data.State = 20;
Toast.makeText(getBaseContext(),"您选择了选择顶点,请点四个点,完成后单击"修正图片"",
Toast.LENGTH_LONG).show();
```

3)图片修正

根据"选择顶点"得到的 4 个数据,对图片进行透视变形校正,具体代码如下。

```
{
float[] src = {img_pt[index0].x, img_pt[index0].y, img_pt[index1].x, img_pt[index1].y, img_
pt[index2].x, img_pt[index2].y, img_pt[index3].x, img_pt[index3].y};  //待校正图片的 4 个顶点
float[] dst = {rect_pt[0].x, rect_pt[0].y, rect_pt[1].x, rect_pt[1].y, rect_pt[2].x, rect_pt[2].y,
rect_pt[3].x, rect_pt[3].y};                                          //画布矩形的 4 个顶点

mMatrix.setPolyToPoly(src, 0, dst, 0, src.length /2);                 //坐标变换

//使用 concat()对图像做变换,并绘制
canvas.concat(mMatrix);
back_canvas.concat(mMatrix);
canvas.drawBitmap(background, null, bg_dst, AlphaPaint);
back_canvas.drawBitmap(background, null, bg_dst, AlphaPaint);
}
```

4)重置图片

用于将图片还原,即当选择迷宫边框 4 个顶点不理想时,可以进行重新选择,其具体代码如下。

```
public void reSkew() {
Data.State = 20;
skewBackground = false;
imgptIndex = -1;
for (int i = 0; i < 4; i++)
    img_pt[i].Is_finish = false;
clear_back_canvas();                  //clear back canvas
clear();                              //clear points list
invalidate();                         //刷新界面
}
```

2. 虚拟漫游模块

虚拟漫游模块的功能主要包括:利用 Kinect 进行用户位置跟踪和动作识别,获取手机陀螺仪数据进行用户头部姿态跟踪,根据用户位置、头部姿态信息和手势识别结果进行相应的场景渲染等。

1)利用 Kinect 进行用户位置跟踪和动作识别

开发环境为 Visual Studio,语言为 C♯。

打开 SDK Browser(Kinect for Windows)v2.0,下载 Body Basics-WPF 源码。该程序实

现对 Kinect 捕获区域内用户(最多 6 人)的位置跟踪,并计算每个用户的 25 个关节点数据。以此程序为基础,进行用户的位置跟踪与动作识别。

　　本例以实时跟踪两个用户情况进行说明,包括对两个用户中有一个用户短暂被遮挡再出现后的情况处理,具体代码如下。

```
private void Reader_FrameArrived(object sender, BodyFrameArrivedEventArgs e)
    {...
    …
    if (dataReceived)
        {
            using (DrawingContext dc = this.drawingGroup.Open())
            {
                dc.DrawRectangle(Brushes.Black, null, new Rect(0.0, 0.0, this.displayWidth,
this.displayHeight));
                int penIndex = 0;
                pre_num = num;                      //记录上一时刻场景中用户数目
                num = 0;                            //记录当前场景中用户数目
                foreach (Body body in this.bodies)  //统计当前场景中用户数目
                    {
                        if (body.IsTracked)

                            num++;
                    }
                }
                bool mark1 = false;                 //当短暂遮挡出现时所用的变量
                bool mark2 = false;
                bool newmark = false;
                String targetdata3 = "";
                String targetdata4 = "";
                int Gesture3 = 0;
                bool init0 = true;
                foreach (Body body in this.bodies)
                {
                    Pen drawPen = this.bodyColors[penIndex++];
                    if (body.IsTracked)
                    {
                        if (flag_One_init)          //初始化阶段
                        {
                            if (num == 1)           //初始时只有一个用户
                            {
                                userID[0] = (int)body.TrackingId;
                                flag_One_init = false;
                            }
                            if (num == 2)           //初始时有两个用户
                            {
                                if (init0)
                                {
                                    userID[0] = (int)body.TrackingId;
                                    tempx = body.Joints[JointType.SpineBase].Position.X;
```

```
                                    init0 = false;
                                }
                                if (!init0)
                                {
                                    if (body.Joints[JointType.SpineBase].Position.X >
tempx)          //默认迷宫入口左侧是玩家 1 的位置
                                    {
                                        userID[1] = userID[0];
                                        userID[0] = (int)body.TrackingId;
                                    }
                                    else
                                    {
                                        userID[1] = (int)body.TrackingId;
                                    }
                                    flag_One_init = false;
                                }
                            }
                        }

                    if ((pre_num == 2 && num == 2) || (pre_num == 1 && num == 1) |
| (pre_num == 0 && num == 1) || (pre_num == 0 && num == 2))   //动作识别
                        {
                            if ((int)body.TrackingId == userID[0])
                                                        //默认 userID[0]中是玩家 1
                            {
                                if (body.Joints[JointType.HandLeft].Position.Y > body.
Joints[JointType.Head].Position.Y + 0.1 || body.Joints[JointType.HandRight].Position.Y >
body.Joints[JointType.Head].Position.Y + 0.1)
                                {
                                    Gesture1 = 1;
                                }
                                else if (body.Joints[JointType.HandLeft].Position.Y <
body.Joints[JointType.Head].Position.Y + 0.1 || body.Joints[JointType.HandRight].Position.Y
< body.Joints[JointType.Head].Position.Y + 0.1)
                                {
                                    Gesture1 = 0;
                                }
                                targetdata1 = body.Joints[JointType.SpineBase].
Position.X.ToString("0.00") + "#" + body.Joints[JointType.SpineBase].Position.Z.ToString
("0.00") + "#" + Gesture1.ToString("0") + "#" + "1";       //2 个玩家,1 号玩家,首先连入
                                MisPos1[0] = userID[0];
                                MisPos1[1] = body.Joints[JointType.SpineBase].Position.X;
                                MisPos1[2] = body.Joints[JointType.SpineBase].Position.Z;
                            }
                            else
                            {
                                if (body.Joints[JointType.HandLeft].Position.Y > body.
Joints[JointType.Head].Position.Y + 0.1 || body.Joints[JointType.HandRight].Position.Y >
body.Joints[JointType.Head].Position.Y + 0.1)
```

```
                {
                    Gesture2 = 1;
                }
                else if (body.Joints[JointType.HandLeft].Position.Y <
body.Joints[JointType.Head].Position.Y + 0.1 || body.Joints[JointType.HandRight].Position.Y
< body.Joints[JointType.Head].Position.Y + 0.1)
                {
                    Gesture2 = 0;
                }
                targetdata2 = body.Joints[JointType.SpineBase].
Position.X.ToString("0.00") + "#" + body.Joints[JointType.SpineBase].Position.Z.ToString
("0.00") + "#" + Gesture2.ToString("0") + "#" + "2";        //2个玩家,2号玩家
                MisPos2[0] = userID[1];
                MisPos2[1] = body.Joints[JointType.SpineBase].Position.X;
                MisPos2[2] = body.Joints[JointType.SpineBase].Position.Z;
            }
        }

        if (num == 1 && pre_num == 2)
                        //人数由2个变为1个,是由于遮挡造成的
        {
            if ((int)body.TrackingId == userID[0])
            {
                if (body.Joints[JointType.HandLeft].Position.Y > body.
Joints[JointType.Head].Position.Y + 0.1 || body.Joints[JointType.HandRight].Position.Y >
body.Joints[JointType.Head].Position.Y + 0.1)
                {
                    Gesture1 = 1;
                }
                else if (body.Joints[JointType.HandLeft].Position.Y <
body.Joints[JointType.Head].Position.Y + 0.1 || body.Joints[JointType.HandRight].Position.Y
< body.Joints[JointType.Head].Position.Y + 0.1)
                {
                    Gesture1 = 0;
                }
                targetdata1 = body.Joints[JointType.SpineBase].
Position.X.ToString("0.00") + "#" + body.Joints[JointType.SpineBase].Position.Z.ToString
("0.00") + "#" + Gesture1.ToString("0") + "#" + "1";
                targetdata2 = MisPos2[1].ToString("0.00") + "#" +
MisPos2[2].ToString("0.00") + "#" + "0" + "#" + "2";
                MisPos1[1] = body.Joints[JointType.SpineBase].Position.X;
                MisPos1[2] = body.Joints[JointType.SpineBase].Position.Z;
            }
            else
            {
```

```
                          if (body.Joints[JointType.HandLeft].Position.Y > body.
Joints[JointType.Head].Position.Y + 0.1 || body.Joints[JointType.HandRight].Position.Y >
body.Joints[JointType.Head].Position.Y + 0.1)
                          {
                              Gesture2 = 1;
                          }
                          else if (body.Joints[JointType.HandLeft].Position.Y <
body.Joints[JointType.Head].Position.Y + 0.1 || body.Joints[JointType.HandRight].Position.Y
< body.Joints[JointType.Head].Position.Y + 0.1)
                          {
                              Gesture2 = 0;
                          }
                          targetdata1 = MisPos1[1].ToString("0.00") + "#" +
MisPos1[2].ToString("0.00") + "#" + "0" + "#" + "1";
                          targetdata2 = body.Joints[JointType.SpineBase].
Position.X.ToString("0.00") + "#" + body.Joints[JointType.SpineBase].Position.Z.ToString
("0.00") + "#" + Gesture2.ToString("0") + "#" + "2";
                          MisPos2[1] = body.Joints[JointType.SpineBase].Position.X;
                          MisPos2[2] = body.Joints[JointType.SpineBase].Position.Z;

                      }
                  }
                  if (num == 2 && pre_num == 1)      //遮挡用户再出现时
                  {
                      if ((int)body.TrackingId == userID[0])
                      {
                          if (body.Joints[JointType.HandLeft].Position.Y > body.
Joints[JointType.Head].Position.Y + 0.1 || body.Joints[JointType.HandRight].Position.Y >
body.Joints[JointType.Head].Position.Y + 0.1)
                          {
                              Gesture1 = 1;
                          }
                          else if (body.Joints[JointType.HandLeft].Position.Y <
body.Joints[JointType.Head].Position.Y + 0.1 || body.Joints[JointType.HandRight].Position.Y
< body.Joints[JointType.Head].Position.Y + 0.1)
                          {
                              Gesture1 = 0;
                          }
                          targetdata1 = body.Joints[JointType.SpineBase].
Position.X.ToString("0.00") + "#" + body.Joints[JointType.SpineBase].Position.Z.ToString
("0.00") + "#" + Gesture1.ToString("0") + "#" + "1";
                          MisPos1[1] = body.Joints[JointType.SpineBase].Position.X;
                          MisPos1[2] = body.Joints[JointType.SpineBase].Position.Z;

                          mark1 = true;
                          if (newmark)
                          {
```

```
                                targetdata2 = targetdata4;
                                userID[1] = tempID;
                            }
                        }
                        else if ((int)body.TrackingId == userID[1])
                        {
                            if (body.Joints[JointType.HandLeft].Position.Y > body.
Joints[JointType.Head].Position.Y + 0.1 || body.Joints[JointType.HandRight].Position.Y >
body.Joints[JointType.Head].Position.Y + 0.1)
                            {
                                Gesture2 = 1;
                            }
                            else if (body.Joints[JointType.HandLeft].Position.Y <
body.Joints[JointType.Head].Position.Y + 0.1 || body.Joints[JointType.HandRight].Position.Y
< body.Joints[JointType.Head].Position.Y + 0.1)
                            {
                                Gesture2 = 0;
                            }
                            targetdata2 = body.Joints[JointType.SpineBase].
Position.X.ToString("0.00") + "#" + body.Joints[JointType.SpineBase].Position.Z.ToString
("0.00") + "#" + Gesture2.ToString("0") + "#" + "2";
                            MisPos2[1] = body.Joints[JointType.SpineBase].Position.X;
                            MisPos2[2] = body.Joints[JointType.SpineBase].Position.Z;


                            mark2 = true;
                            if (newmark)
                            {
                                targetdata1 = targetdata3;
                                userID[0] = tempID;
                            }
                        }
                        else
                        {
                            tempID = (int)body.TrackingId;
                            if (body.Joints[JointType.HandLeft].Position.Y > body.
Joints[JointType.Head].Position.Y + 0.1 || body.Joints[JointType.HandRight].Position.Y >
body.Joints[JointType.Head].Position.Y + 0.1)
                            {
                                Gesture3 = 1;
                            }
                            else if (body.Joints[JointType.HandLeft].Position.Y <
body.Joints[JointType.Head].Position.Y + 0.1 || body.Joints[JointType.HandRight].Position.Y
< body.Joints[JointType.Head].Position.Y + 0.1)
                            {
                                Gesture3 = 0;
                            }

                            if(mark1)
```

```
                                   {
                                              targetdata2 = body. Joints[JointType. SpineBase].
Position. X. ToString("0.00") + "#" + body.Joints[JointType. SpineBase]. Position. Z. ToString
("0.00") + "#" + Gesture3. ToString("0") + "#" + "2";
                                              MisPos2[1] = body. Joints[JointType. SpineBase].
Position. X;
                                              MisPos2[2] = body. Joints[JointType. SpineBase].
Position. Z;

                                              userID[1] = tempID;
                                   }
                                   else if(mark2)
                                   {
                                              targetdata1 = body. Joints[JointType. SpineBase].
Position. X. ToString("0.00") + "#" + body.Joints[JointType. SpineBase]. Position. Z. ToString
("0.00") + "#" + Gesture3. ToString("0") + "#" + "1";
                                              MisPos1[1] = body. Joints[JointType. SpineBase].
Position. X;
                                              MisPos1[2] = body. Joints[JointType. SpineBase].
Position. Z;

                                              userID[0] = tempID;
                                   }
                                   else
                                   {
                                       newmark = true;   //遮挡用户再出现时,编号会改变。
                                                          //又是第一个被检测的用户,需要
                                                          //等待。当没有遮挡的用户编号确
                                                          //定后,才能被确定

                                       targetdata3 = body. Joints[JointType. SpineBase].
Position. X. ToString("0.00") + "#" + body.Joints[JointType. SpineBase]. Position. Z. ToString
("0.00") + "#" + Gesture3. ToString("0") + "#" + "1";
                                       targetdata4 = body. Joints[JointType. SpineBase].
Position. X. ToString("0.00") + "#" + body.Joints[JointType. SpineBase]. Position. Z. ToString
("0.00") + "#" + Gesture3. ToString("0") + "#" + "2";
                                          MisPos1[1] = body. Joints[JointType. SpineBase].
Position. X;
                                          MisPos1[2] = body. Joints[JointType. SpineBase].
Position. Z;
                                          MisPos2[1] = body. Joints[JointType. SpineBase].
Position. X;
                                          MisPos2[2] = body. Joints[JointType. SpineBase].
Position. Z;

                                   }
                               }
                           }


                       this. DrawClippedEdges(body, dc);

                       IReadOnlyDictionary<JointType, Joint> joints = body. Joints;
```

```
                                    //convert the joint points to depth (display) space
                                     Dictionary < JointType, Point > jointPoints = new Dictionary <
JointType, Point >();

                                    foreach (JointType jointType in joints.Keys)
                                    {
                                        //sometimes the depth (Z) of an inferred joint may show
as negative
                                        //clamp down to 0.1f to prevent coordinatemapper from
returning (-Infinity, -Infinity)

                                        CameraSpacePoint position = joints[jointType].Position;
                                        if (position.Z < 0)
                                        {
                                            position.Z = InferredZPositionClamp;
                                        }

                                         DepthSpacePoint depthSpacePoint = this.coordinateMapper.
MapCameraPointToDepthSpace(position);
                                        jointPoints[jointType] = new Point (depthSpacePoint.X,
depthSpacePoint.Y);
                                    }

                                    CameraSpacePoint spinebase = joints[JointType.SpineBase].Position;
                                    CameraSpacePoint head = joints[JointType.Head].Position;

                                    this.DrawBody(joints, jointPoints, dc, drawPen);

                                    this.DrawHand ( body. HandLeftState, jointPoints [ JointType.
HandLeft], dc);
                                    this.DrawHand ( body. HandRightState, jointPoints [ JointType.
HandRight], dc);
                                }
                            }
            //prevent drawing outside of our render area
                            this.drawingGroup.ClipGeometry = new RectangleGeometry(new Rect(0.0, 0.
0, this.displayWidth, this.displayHeight));
                        }
                    }
            }
```

2）获取手机陀螺仪数据进行用户头部姿态跟踪

开发环境为 Unity3D 5.6，语言为 C♯。

利用暴风魔镜 SDK 进行 VR 程序的开发。新建 Unity3D 工程，导入 baofengcard board. unitypackage，以 SDK 提供的 Demo 例子为基础进行开发。获取手机陀螺仪数据的代码如下。

```
public class ConnectionController : MonoBehaviour
{...
...
```

```
GameObject personA;
GameObject personB;
GameObject m_MainCameraA;
GameObject m_MainCameraB;
GameObject m_CharacterModelA;
GameObject m_CharacterModelB;
private CharacterController m_CharacterControllerA;
private CharacterController m_CharacterControllerB;
public Transform headA;
public Transform headB;
public Transform m_playerA;
public Transform m_playerB;
public float[] m_rotation;
...
private void Start()
{
    personA = GameObject.Find ("/FPSControllerA");
    personB = GameObject.Find ("/FPSControllerB");
    m_CharacterControllerA = personA.GetComponent < CharacterController >();
    m_CharacterControllerB = personB.GetComponent < CharacterController >();
    foreach (Transform t in personA.transform) {
        if(t.name == "CardboardMain"){
            foreach(Transform t1 in t){
                if(t1.name == "Head"){
                    headA = t1.transform;            //获取陀螺仪绑定物体
                    foreach(Transform t2 in t1){
                        if(t2.name == "Main Camera"){
                            m_MainCameraA = t2.gameObject;
                        }
                    }
                }
            }
        }
        if(t.name == "Man relax"){                   //获取人物模型
            m_CharacterModelA = t.gameObject;
            m_playerA = m_CharacterModelA.transform;
        }
    }
    foreach (Transform t in personB.transform) {
        if(t.name == "CardboardMain"){
            foreach(Transform t1 in t){
                if(t1.name == "Head"){
                    headB = t1.transform;
                    foreach(Transform t2 in t1){
                        if(t2.name == "Main Camera"){
                            m_MainCameraB = t2.gameObject;
                        }
                    }
                }
            }
        }
    }
```

```
            if(t.name == "Man relax"){
                m_CharacterModelB = t.gameObject;
                m_playerB = m_CharacterModelB.transform;
            }
        }
    ...
    }
    private void Update(){
        m_rotation [0] = headA.eulerAngles.x;          //陀螺仪信息获取
        m_rotation [1] = headA.eulerAngles.y;
        m_rotation [2] = headA.eulerAngles.z;
        m_rotation [3] = headB.eulerAngles.x;
        m_rotation [4] = headB.eulerAngles.y;
        m_rotation [5] = headB.eulerAngles.z;
    ...
        }
    }
```

3) 根据用户位置、头部姿态信息和手势识别结果进行相应的场景渲染

开发环境为 Unity3D 5.6,语言为 C♯。

用户手机通过网络通信方式获取到虚拟迷宫中墙体结构信息,自动完成虚拟场景的构建,具体代码如下。

```
public class ConnectionController : MonoBehaviour
{...
private void Start()
{...
    if (getip) {                                    //输入的 ip,并且和服务器进行连接
        c_ip = PlayerPrefs.GetString("ip", c_ip);
        ip = IPAddress.Parse (c_ip);
        client = new Socket (AddressFamily.InterNetwork, SocketType.Stream, ProtocolType.Tcp);
        client.Connect (new IPEndPoint (ip, 8888));
        infoall = LoadFile(Path,"hehe.txt");
        wallstring = string.Concat(arrlist.ToArray());
        client.Send (Encoding.ASCII.GetBytes (wallstring));   //第一个联入的用户将迷宫结构
                                                              //发给服务器,服务器后期将迷宫
                                                              //结构发给所有客户端
        getip = false;
    }
}
private void Update(){
    bufferSize = client.Receive (buffer);                //接收数据
    str = Encoding.ASCII.GetString (buffer, 0, bufferSize);
    string[] piece = str.Split ('@');
        for (int i = 0; i < piece.Length - 1; i++) {
        data = piece [i].Split ('♯');
        if (data [0] == "4" && data [1] == "1") {
            first = true;
```

```
        }

    if (data [0] == "0")
    {                                                    //绘制墙体部分;根据输入信息,
                                                         //自动建立场景部分
        wall = data [1];
        //wall 格式: x1,y1,x2,y2,x3,y3, (最后一个顶点结束时有逗号)
        string[] walls = wall.Split (',');
        int startx = Int32.Parse (walls [0]) * m_offset ;
        int startz = Int32.Parse (walls [1]) * m_offset ;
        for (int w = 0; w < walls.Length - 2; w += 2) {
            x1 = Int32.Parse (walls [w]) * m_offset ;
            z1 = Int32.Parse (walls [w + 1]) * m_offset ;
            x2 = Int32.Parse (walls [w + 2]) * m_offset ;
            z2 = Int32.Parse (walls [w + 3]) * m_offset ;
            if((x1 == -1)||(x2 == -1))                   //连通线截断标记
            {
                continue;
            }
            int x = x2 - x1;
            int z = z2 - z1;
            Vector3 pos = startPos + new Vector3 (x1, 0, z1);
            float scale = 1.68f;
            Quaternion rot = Quaternion.identity;
            if (Mathf.Abs (x) > 0) {
                rot.eulerAngles = new Vector3 (270.0f, 0.0f, 90.0f);
                switch(Mathf.Abs(x)/2){
                case 5 :
                    pos.x = x1 - 6f + (x/Mathf.Abs(x)) * 5;
                    GameObject p1 = (GameObject) GameObject.Instantiate (WallPrefab,
pos, rot);
                    p1.transform.localScale = new Vector3 (0.2f, scale, 1.1f);
                    p1.gameObject.GetComponent < Renderer >().material = mate[rnd - 1];
                    break;
                case 10 :
                    pos.x = x1 - 6f + (x/Mathf.Abs(x)) * 5 + (x/Mathf.Abs(x)) * 10f;
                    GameObject p2 = (GameObject) GameObject.Instantiate (WallPrefab,
pos, rot);
                    p2.transform.localScale = new Vector3 (0.2f, scale, 1.1f);
                    p2.gameObject.GetComponent < Renderer >().material = mate[rnd - 1];
                    goto case 5;
                case 15 :
                    pos.x = x1 - 6f + (x/Mathf.Abs(x)) * 5 + (x/Mathf.Abs(x)) * 20f;
                    GameObject p3 = (GameObject) GameObject.Instantiate (WallPrefab,
pos, rot);
                    p3.transform.localScale = new Vector3 (0.2f, scale, 1.1f);
                    p3.gameObject.GetComponent < Renderer >().material = mate[rnd - 1];
                    goto case 10;
                case 20 :
                    pos.x = x1 - 6f + (x/Mathf.Abs(x)) * 5 + (x/Mathf.Abs(x)) * 30f;
```

```
                         GameObject p4 = (GameObject)GameObject.Instantiate(WallPrefab,
pos, rot);
                         p4.transform.localScale = new Vector3(0.2f, scale, 1.1f);
                         p4.gameObject.GetComponent<Renderer>().material = mate[rnd-1];
                         goto case 15;
                    default:
                         break;
                    }
               }
               if (Mathf.Abs(z) > 0) {
                    rot.eulerAngles = new Vector3(270.0f, 0.0f, 0.0f);
                    switch(Mathf.Abs(z)/2){
                    case 5:
                         pos.z = z1 + (z/Mathf.Abs(z)) * 5 - 1f;
                         GameObject p1 = (GameObject)GameObject.Instantiate(WallPrefab,
pos, rot);
                         p1.transform.localScale = new Vector3(0.2f, scale, 1.1f);
                         p1.gameObject.GetComponent<Renderer>().material = mate[rnd-1];
                         break;
                    case 10:
                         pos.z = z1 + (z/Mathf.Abs(z)) * 5 + (z/Mathf.Abs(z)) * 10f - 1f;
                         GameObject p2 = (GameObject)GameObject.Instantiate(WallPrefab,
pos, rot);
                         p2.transform.localScale = new Vector3(0.2f, scale, 1.1f);
                         p2.gameObject.GetComponent<Renderer>().material = mate[rnd-1];
                         goto case 5;
                    case 15:
                         pos.z = z1 + (z/Mathf.Abs(z)) * 5 + (z/Mathf.Abs(z)) * 20f - 1f;
                         GameObject p3 = (GameObject)GameObject.Instantiate(WallPrefab,
pos, rot);
                         p3.transform.localScale = new Vector3(0.2f, scale, 1.1f);
                         p3.gameObject.GetComponent<Renderer>().material = mate[rnd-1];
                         goto case 10;
                    case 20:
                         pos.z = z1 + (z/Mathf.Abs(z)) * 5 + (z/Mathf.Abs(z)) * 30f - 1f;
                         GameObject p4 = (GameObject)GameObject.Instantiate(WallPrefab,
pos, rot);
                         p4.transform.localScale = new Vector3(0.2f, scale, 1.1f);
                         p4.gameObject.GetComponent<Renderer>().material = mate[rnd-1];
                         goto case 15;
                    default:
                         break;
                    }
               }
          }
     ...}
}
```

用户手机通过网络通信方式获取第一个用户位置和头部姿态信息,以及交互信息,实现场景的实时渲染,具体代码如下。

```
public class ConnectionController : MonoBehaviour
{...
private void Update(){
...
    else if (data [0] == "A") {
        if (first) {                                        //第一个连接进来的客户端
            flag_first = true;
          m_MainCameraA.SetActive(true);
          m_MainCameraB.SetActive(false);
        }
        else{ //第二个连接进来的客户端
            m_MainCameraB.SetActive(true);
            m_MainCameraA.SetActive (false);
        }
        float tempxA = float.Parse (data [1]);
        float tempyA = float.Parse (data [2]);
        if (data [1] == "10" && data [2] == "10") {        //场景中没有用户的情况
if((GameObject.Find ("door") == null)||(GameObject.Find ("door").GetComponent < wall >().
count!= 0)){
                if(!m_sound)
AudioSource.PlayClipAtPoint(m_outplace, transform.localPosition);
                m_sound = true;
            }
            m_CharacterModelA.SetActive(false);
        }
        else {                                              //游戏过程中
        m_CharacterModelA.SetActive(true);                  //第一个用户
        m_sound = false;
        if (tempxA != 0.0f)
            m_MoveDirA.x = (0.78f - float.Parse (data [1])) / 1.58f * 30f;
        if (tempyA != 0.0f)
            m_MoveDirA.z = (float.Parse (data [2]) - 1.67f) / 2.0f * 30f;

        m_MoveDirA.y = 0;
        aniflag1 = Int32.Parse (data [3]);                  //加入手势控制,是否有动作
        if (flagA == false) {
            delt_MoveDirA.x = 0;
            delt_MoveDirA.y = 0;
            delt_MoveDirA.z = 0;
            flagA = true;
        }
        else {
            delt_MoveDirA.x = m_MoveDirA.x - pre_m_MoveDirA.x;
            delt_MoveDirA.y = 0;
            delt_MoveDirA.z = m_MoveDirA.z - pre_m_MoveDirA.z;
        }

        m_CharacterControllerA.Move (delt_MoveDirA);        //第一个用户移动
        pre_m_MoveDirA.x = m_MoveDirA.x;
```

```
            pre_m_MoveDirA.y = 0.0f;
            pre_m_MoveDirA.z = m_MoveDirA.z;
        if(Int32.Parse (data [3]) == 1)                            //发送手势指令
            aniflag = 1;
        else
            aniflag = 0;
        if(GameObject.FindGameObjectWithTag ("coin")!= null)            //动作交互部分;
            GameObject.FindGameObjectWithTag ("coin").SendMessage ("CallAni", aniflag);
        if(GameObject.FindGameObjectWithTag ("coin1")!= null)
            GameObject.FindGameObjectWithTag ("coin1").SendMessage ("CallAni", aniflag);
        if(GameObject.FindGameObjectWithTag ("coin2")!= null)
            GameObject.FindGameObjectWithTag ("coin2").SendMessage ("CallAni", aniflag);
        if(GameObject.FindGameObjectWithTag ("coin3")!= null)
            GameObject.FindGameObjectWithTag ("coin3").SendMessage ("CallAni", aniflag);
        if(GameObject.FindGameObjectWithTag ("coin4")!= null)
            GameObject.FindGameObjectWithTag ("coin4").SendMessage ("CallAni", aniflag);
        ...
        }
        }
    }
```

 习题

基于智能手机,开发一个漫游博物馆的 VR 系统。

第 9 章

投影式VR系统

基于投影的 VR 系统一般由投影机、幕布等组成,采用一个或多个投影仪进行大屏幕投影来实现大画面的立体的视觉和听觉效果,使多个用户同时产生完全沉浸的感觉。常见的有 XD 影院、CAVE 式虚拟现实系统等。本章首先通过虚拟射击影院系统介绍此类系统的基本知识,然后给出一个基于双画显示技术的虚拟网球游戏系统,介绍双画显示技术的基本原理。最后介绍两个可以让体验者沉浸在房间或者大球空间中的基于投影的系统。

9.1 虚拟射击影院系统

本节介绍一种互动影院——虚拟射击影院系统,设计了一款模拟飞行射击游戏。该系统通过弧形投影幕进行立体投影显示,配置了三自由度座椅与六自由度平台两种动感交互设备,以具有后坐力的仿真枪作为射击交互工具。在该系统下,观众可以分工协作,分别负责驾驶飞机和射击等不同职责,共同实现游戏目标。

9.1.1 系统设计

本节实例是实现一种多人分工协同合作、多种交互方式的第一人称视角飞行模拟射击游戏系统,可以应用于互动影院环境之中。剧情设计为,由观众分工合作控制一架武装直升机到一座由恐怖势力控制的岛屿执行任务,摧毁敌方武装基地。一名观众负责驾驶直升机,其他观众负责使用仿真枪进行射击。系统渲染出的画面为以直升机为视点的第一人称视角画面,通过三台 3D 立体投影仪经拼接融合后投影至弧形投影幕上,观众配合快门式立体眼镜进行观看。负责驾驶的观众坐在六自由度模拟驾驶平台上,通过方向盘、油门以及刹车控制游戏系统中的直升机飞行,同时六自由度平台会根据直升机的飞行姿态模拟出相应的运动反馈,给人以接近于真实的飞行体验。其余观众坐在三自由度座椅上,通过互动仿真枪进行瞄准射击,三自由度座椅能够与六自由度平台进行联动,同样具有运动反馈。图 9.1 为该系统的交互示意图。图 9.2 为系统的体验场景。

该系统的硬件架构如图 9.3 所示。系统基于 C/S 架构,其中,服务器主机上运行系统主程序,负责处理各种交互数据以及系统逻辑,通过网络连接各个客户端设备,用户交互数据的结果通过音视频设备播放。六自由度驾驶平台的客户端将用户输入数据传送至服务器,并将服务器端系统主程序产生的姿态数据实时反馈至六自由度平台与三自由度座椅;用户手持的

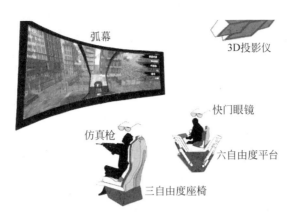

图9.1　系统的交互示意图

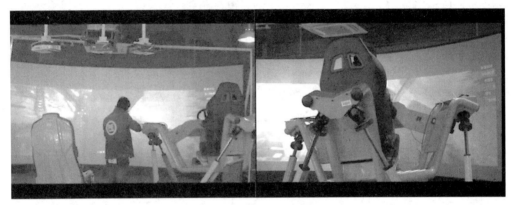

图9.2　系统的体验场景

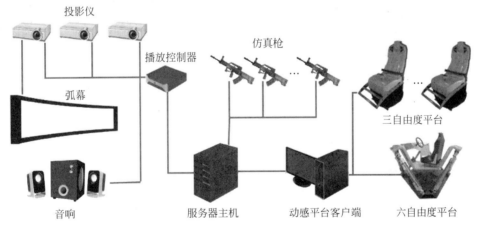

图9.3　系统的硬件架构图

互动仿真枪将用户的瞄准姿态信息以及触发扳机的开火信息传送至服务器端,与系统主程序进行交互;播放控制器负责实时渲染3D场景的立体画面及产生相应的音频效果,系统生成的立体画面通过三台数字投影机经过拼接校正融合后投影至弧幕上,观众佩戴快门式立体眼镜进行观看。

下面介绍系统中的主要功能模块,包括:动感交互平台模块、仿真枪交互模块和弧幕立体显示模块。

1. 系统界面及场景设计

本系统为互动影院游戏系统,内容设计为模拟飞行射击游戏,使用第一人称视角。本节主要介绍系统的界面设计,以及场景与敌人 AI 设计。

1) 界面设计

首先是开始界面,开始界面的作用很简单,只是系统主程序准备就绪后等待交互开始的界面,用以展现该系统的名称以及画面风格和制作方等内容,如图 9.4 所示。运行界面如图 9.5 所示。在界面的左上角显示的是各个交互设备的连接状态,右上角显示剩余时间、歼敌数以及得分。

图 9.4　系统开始界面

图 9.5　系统运行界面

2) 场景及敌人 AI 设计

场景元素分为天空盒、地形、植被、建筑以及敌人 AI。天空盒、植被以及地形通过 Unity3D 自带的天空盒和地形系统制作。建筑物和敌人 AI 模型使用 Maya 软件制作然后导入 Unity3D 中进行场景布置和搭建。敌人 AI 是指为敌人编写一定的算法,使其可以具备一定程度的智能化,以增强游戏的可玩性。为了使场景看上去更加真实,还添加了一些云雾效果,如图 9.6 所示。

敌人包括直升机和坦克,在场景中固定的几个点生成。由于敌人 AI 状态是动态改变的,所以要对其进行相应的编程,实现能够发现敌人并射击的功能。为了使敌人更加容易辨别,在 AI 的相应模型前面添加了警示标志,使观众在交互时更容易发现敌人。同时为了防止过于精细的模型造成渲染压力大而导致系统运行卡顿,模型使用了 LOD 技术。LOD 技术的原理是当模型距离摄像机较远时渲染模型的精简版本,当模型距离摄像机较近时,渲染模型的精细版本。敌人 AI 模型如图 9.7 所示。

敌人 AI 沿一定路线飞行,若遇见由观众操作的直升机,则进入攻击状态。如果 AI 被观众操作的直升机击毁,则坠落地面,几秒钟后销毁。逻辑流程图如图 9.8 所示。

图 9.6 场景编辑界面

图 9.7 敌人 AI 设计

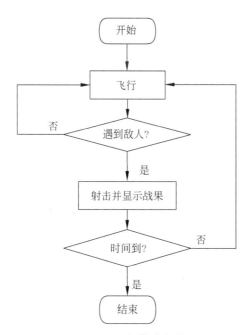

图 9.8 AI 逻辑流程图

2. 动感交互平台模块

动感交互平台模块用于实时获取姿态数据,姿态数据经处理转换后发送至动感交互平台,实时驱动座椅及平台做出相应的姿态模拟动作。本系统中,采用第4章介绍的动感平台。动感平台是互动影院中重要的动感姿态交互反馈设备,是特效影片区别于普通3D影片的关键部分。动感平台分为六自由度平台和三自由度平台。

本系统中,六自由度平台由一台主机控制,这台主机可以作为系统的服务器主机。该模块运行时,操作六自由度平台的观众通过平台上的方向盘、油门和刹车等交互设备控制游戏场景中武装直升机的飞行状态,服务器获取直升机的姿态数据并将之实时传输给平台的驱动程序,进而驱动程序控制六根电动缸协同工作支持平台完成垂直向、横向、纵向、俯仰、滚转、摇摆等六个自由度的动作以模拟直升机的飞行姿态。同时,三自由度座椅也由一台主机控制,服务器将获取的直升机的姿态数据实时发送至安装在该主机上的客户端,客户端将数据传递给座椅,使得座椅同步模拟出相应的动作姿态,实现六自由度平台与三自由度座椅的联动。图9.9展示了该模块的结构图。

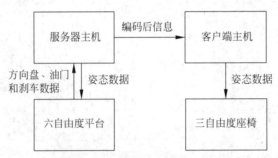

图9.9 动感平台模块结构图

其中,服务器主机与六自由度平台之间的数据交互由平台自带的驱动软件协作完成。系统通过这些平台自带驱动软件的接口实现相应数据的传输。数据交互过程如图9.10所示,三个驱动软件分别是 AngleSystem、MBoxControlSystem 和 DofData。

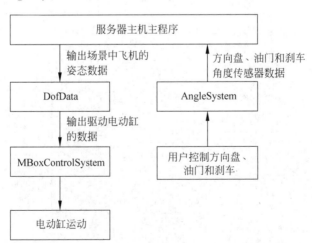

图9.10 服务器主机与六自由度平台之间的数据交互

AngleSystem 为六自由度平台上方向盘、油门以及刹车的驱动软件,负责获取处理方向盘、油门以及刹车相应角度传感器上的数据,软件能够实时监测并显示方向盘、油门以及刹车对应角度传感器获取的数据,软件界面如图9.11所示。MBoxControlSystem为六自由度平台控制电动缸运动的驱动程序。将获取的动作数据转换成电动缸的运动,从而模拟出相应的动作,软件界面如图9.12所示。DofData为一个过渡软件,该软件没有界面,运行时只需开启即可,相当于一个翻译软件,将系统主程序生成的飞机姿态数据转换成MBoxControlSystem驱动软件能够识别的动作数据。

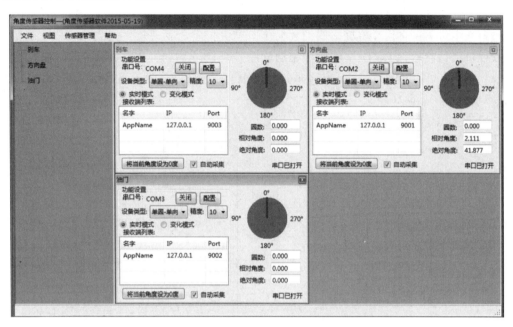

图 9.11　AngleSystem 驱动软件界面

图 9.12　MBoxControlSystem 驱动软件界面

具体数据交互过程如下:首先,用户操作六自由度平台上的方向盘、油门以及刹车,驱动软件 AngleSystem 获取角度传感器产生的交互数据后,通过 UDP 传输的方式发送给服务器主机主程序,从而控制场景中玩家操作的直升机飞行。然后主程序将直升机飞行产生的飞机姿态数据(包括坐标数据 x,y,z 和旋转角度数据 α,β,γ)传输给过渡软件 DofData。最后软件 DofData 将处理后的动作数据发送给电动缸驱动程序 MBoxControlSystem,该程序根据接收到的动作数据驱动电动缸完成动作模拟。

　　客户端主机与三自由度座椅之间的数据传递也由相应的驱动软件完成,如图 9.13 所示。驱动软件包括过渡软件 DofData 和座椅驱动软件 DGServer。

　　DGServer 软件与 MBoxControlSystem 驱动软件功能相似,为三自由度平台控制电动缸运动的驱动程序,界面如图 9.14 所示。

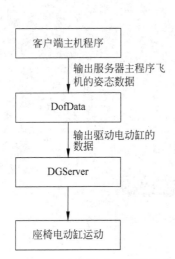

图 9.13　客户端主机与三自由度座椅
　　　　　之间的数据传递

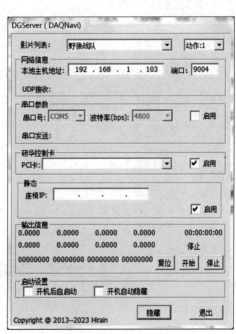

图 9.14　DGServer 软件界面

　　具体数据交互过程如下:首先,客户端程序从服务器主机实时获取直升机的姿态数据后,将之传输给过渡软件 DofData,DofData 软件将数据翻译成相应的动作数据后,将之传输给三自由度座椅电动缸驱动软件 DGServer。DGServer 软件根据动作数据控制座椅电动缸完成动作模拟。

3. 仿真枪交互模块

　　仿真枪交互模块通过互动仿真枪的接收器与服务器连接,系统通过接收器获取仿真枪的瞄准姿态以及扳机信息,实现对系统主场景中准星控制以及射击操作。

　　仿真枪交互模块包括实枪、虚枪以及虚实枪融合模块。实枪由控制模块、姿态传感器模块、力反馈模块、通信模块组成。姿态传感器模块是基于 MEMS 9 轴传感器的,可实时获取枪身姿态。控制模块用于获取姿态传感器数据,并对数据进行融合滤波处理,然后通过通信模块将枪身姿态、扳机状态、枪型和玩家 ID 传送给互动服务器。控制模块还负责根据扳机状态控制力反馈模块提供力反馈。服务器接收游戏枪的数据后,根据玩家ID对应的已知位置和枪身姿态,计算出屏幕上对应的瞄准点位置,使得枪身和瞄准点在一条直线上。服务器根据玩家视点位置,渲染虚拟场景画面和立体声效,以及虚拟枪及其特效。

在系统中,玩家手持游戏枪进行射击,当玩家枪口指向屏幕射击时,可以看到屏幕上的准星随着玩家枪口移动。当玩家通过屏幕上的准星瞄准敌人射击时,可以感受到枪后坐力对肩部的冲击。同时,系统根据实枪位置计算虚拟枪的立体显示位置,使得玩家戴着立体眼镜可看到虚拟枪和真实枪融合一体,使玩家用户通过立体眼镜看到的虚枪覆盖在实枪上面以产生手握虚枪的错觉,让玩家有身临其境的感觉。

1) 实枪设计

本系统中使用的互动仿真枪(见图9.15(a))外形设计参考了QBZ-95突击步枪,保留了枪栓设计,去掉了可拆卸弹夹的设计,降低了操作复杂度,使玩家专注于游戏。另外,为了保证整枪的原始比例,将整枪模型分割打印,分段安装,在设计枪身时考虑了枪身安装孔的位置和五金件的尺寸。枪身采用ABS塑料1∶1比例进行3D打印。

该仿真枪的姿态传感器模块采用MPU9150芯片,其集成3轴陀螺仪、3轴加速度计、3轴磁场传感器。控制器采用AVR单片机。通信模块使用nRF24L01＋芯片通信,接端端通过串口与主机通信,可支持127位玩家同时游戏。力反馈模块由一块可以提供15kg冲击力的电磁铁和驱动电路组成,由控制器控制驱动模块工作。如图9.15所示的为该后坐力反馈模块。

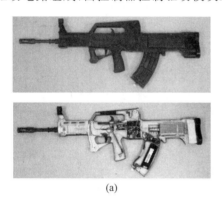
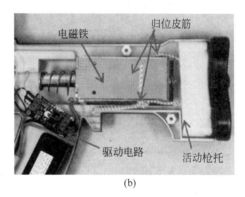

(a)　　　　　　　　　　　　　　　　(b)

图9.15　互动仿真枪

采用nRF24L01＋作为通信模块的原因有两个:一是nRF24L01＋芯片较为便宜,性价比高;二是与常用的通信模块蓝牙相比,可以将一对收发芯片固定,通电即可通信,省去了蓝牙模块配对和等待时间,并且现在周围的蓝牙设备日益增多,容易对蓝牙产生干扰导致配对失败。该仿真枪使用9轴MEMS传感器获取枪身姿态数据。

一般情况下,人的最快反应速度为0.1s,人控制手指的最小长度为毫米。所以在设计游戏枪时,设计的系统从发生交互动作到在屏幕上显示结果控制在100ms以内,传感器的采样率也控制在100Hz以内。另外,去掉了弹夹设计,使玩家脱离了烦琐的换弹夹操作,增强了游戏性。

传感器放置在枪提手靠近枪托的位置。因为枪是刚体,姿态传感器安装在枪身任意位置都可以检测枪身的正确姿态,但因使用带有磁场传感器的9轴姿态传感器,所以需要考虑枪身硬件系统的电磁环境。为了提供较强的后坐力反馈,在枪托内放置了电磁铁,并使用12V动力电池为其供电,并且在瞬间放电时会产生6A的电流,并会产生一定强度的磁场,与此同时,电磁铁也会产生较强的磁场,对磁场传感器造成干扰。但是这种磁场强度在距离上衰减很大,所以只要安放传感器的位置距离磁场一定距离,就可以避免磁场干扰。

2)虚实枪设计

实枪外观涂成了黑色,以便在影院环境中减少玩家注意。我们在游戏中加入了虚枪模型。虚枪模型根据需要可以设计成不同的形状(见图9.16)。在游戏时,玩家戴着立体眼镜看到的是虚枪覆盖在实枪上,成为一体。在游戏中,玩家注意力主要集中在投影内容和准星上。眼睛的余光可看到虚枪,忽略了实枪外观的存在,但玩家在感觉上有对实枪的握感并可进行交互动作,由此来增加玩家体验感。

图 9.16 不同的虚枪模型

所以,虚枪的设计显得尤为重要。不仅是虚枪枪身本身,在射击过程中的枪口火花、后坐力抖动、弹着点特效以及音效都是虚枪设计考虑的内容。

除了虚枪外观上的设计外,还需要考虑后坐力抖动对玩家射击的影响。为了达到良好的后坐力模拟效果,将其分为两部分进行模拟:一部分是游戏中虚枪身抖动,另一部分则是准星抖动。两种抖动的抖动方向分为上、下、左、右四个方向。在本系统中,虚枪身抖动是通过真枪抖动统计所得;不同枪型的抖动范围不同;虚枪身的抖动不影响准星,只是视觉上的反馈效果。

准星抖动则是使用带有后坐力反馈的仿真枪的真实抖动产生的。在使用这种枪时,玩家在单射或连射状态下,因后坐力反馈而产生如同真实射击枪口的自然抖动,这种自然抖动会自然而然地体现在视角抖动上。

为体现不同枪型虚枪的枪身抖动,可以根据统计数据,将实枪枪身抖动对准星的影响限定在对应枪型的抖动范围和抖动区域的空间位置内,以此达到模拟不同枪型的目的,同时增加了游戏的趣味性和耐玩度。

虚枪设计的最后一个部分是弹着点效果的设计。弹着点特效对玩家射击体验有着非常重要的影响。为此,分别为每种物体击中效果做了设计,并配有对应的音效加以区分。

3)力反馈

后坐力模块需要模拟枪的射速和后坐力力度。后坐力模拟部件由驱动电路、电磁铁、归位皮筋、活动枪托四部分组成(见图9.15(b))。其工作方式如下:控制器向驱动电路发送控制信号,驱动电路驱动电磁铁工作,电磁铁铁芯向右运动,击打活动枪托,枪托作用于玩家肩部,使玩家感受到后坐力。驱动电路使用功率 MOSFET 驱动电磁铁工作,功率 MOSFET 的工作频率为纳秒级,工作频率极高,所以可以模拟现有大部分枪型的射速。电磁铁提供 15kg(147N)的冲击力模拟后坐力,大约是 MP5A3 冲锋枪后坐力的十分之一,对于娱乐型交互设备已足够。活动枪托与枪外壳分离,配合电磁铁的冲撞,将力量均匀分布在人的肩部,使玩家感受到射击的后坐力。

对于射速的模拟,虽然功率MOSFET的工作频率为纳秒级,但因电磁铁为机械器件,其响应时间与功率MOSFET的响应时间在数量级上相差甚远,所以电磁铁的响应时间是模拟射速的关键部分。电磁铁响应时间越小,系统所能模拟的射速越高。

电磁铁的响应时间定义为从给电磁铁加电开始,到滑块(铁芯)完成需要位移并复位的时间。因此,相同匝数的电磁铁的响应时间还取决于完成位移的时间和滑块(铁芯)复位的时间之和。这里采用行程(位移)为33mm的廉价普通电磁铁,响应时间为50ms,可以模拟射速为20发/s(1200发/min)的枪型,对于轻武器,完全可以满足对大部分枪型射速的模拟。

对于后坐力小于15kg的枪型,可以缩短为电磁铁供电的时间(小于20ms),在电磁铁未完成一次行程(位移)之前便停止为其供电,当滑块(铁芯)随惯性到达位移位置时,其冲击力已小于最大冲击力。通过控制通电时间,可以控制电磁铁到达指定位移时的冲击力,从而模拟不同后坐力。

在使用中,可以根据虚枪的不同枪型参数在线调整实枪的后坐力力度、射速以及屏幕准星抖动范围。

4. 弧幕立体显示模块

为使得影院能够创造更加逼真的虚拟环境,带给观众身临其境的沉浸体验,一般动感影院多采用大尺寸弧幕立体投影的方式。立体投影能够模拟立体空间,产生空间层次感,带给人良好的沉浸体验。弧幕能够提供更加广阔的视野,几乎能够覆盖观众视角范围内的全部空间,使得观众从哪个方向观看,都能看到全部的影视景象,沉浸体验更好。

弧幕立体显示模块主要用于将系统实时渲染出的立体画面投影到大型弧幕上。该模块采用主动立体显示技术,利用Unity3D场景中的虚拟立体相机渲染出3D场景的左右眼帧画面,对左右眼帧画面进行拼接融合后,通过3台立体投影机投影至弧形金属幕布上,观众佩戴快门式立体眼镜观看。

此模块涉及系统的渲染流程和立体显示。系统的渲染流程主要基于Unity3D引擎的基本渲染流程,并对其做出了改动,加入新的渲染过程。由于该系统是基于大型弧幕的立体输出,至少需要3台立体投影机将立体画面投影到弧幕上,而且在投影之前需要相应的拼接校正融合软件对画面进行相应处理使之能在弧幕上正常显示。图9.17为系统的渲染及显示流程。

系统渲染流程中的初始化过程包括预处理以及校正并获取屏幕拼接参数两个步骤。前者的主要功能是减轻实时渲染时的计算量,提高渲染速度;后者则是获取屏幕的拼接参数,提供屏幕拼接时所需的参数和数据。该模块对渲染过程的改进主要是增加立体渲染和屏幕拼接校正两个部分。

具体实施步骤如下。

(1) 系统采用快门式3D技术实现场景的立体渲染,快门式3D技术需要立体投影机和3D眼镜的配合来实现3D立体效果。快门式3D技术所采用的快门立体眼镜,两个镜片都采用电子控制,可以根据显示器的输出情况进行状态的切换,镜片的透光、不透光切换使得人眼只能看到对应的画面(透光状态下),双眼看到不同的画面就能够达到立体成像的效果。

(2) 系统调节显示系统的输出频率为120Hz,在引擎内部对场景左右眼相机同时进行处理并获取两个相机的最终图像,利用弧形屏幕拼接校正软件获取的拼接校正参数对图像进行校正融合,获得校正后图像并对其进行后期处理。最后将两幅图像按照左眼右眼或者右眼左眼的次序依次输出到弧形屏幕上,配合观众所佩戴的快门式立体眼镜观看,从而实现游戏场景

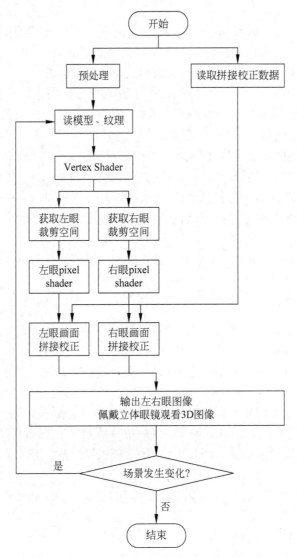

图 9.17　系统的渲染及显示流程

画面的立体输出。

5. 系统运行操作流程

　　由于系统连接多种不同交互设备,除互动仿真枪为即插即用的设备外,其他交互设备需通过客户端与服务器主机进行连接,通过网络传输数据进而实时进行交互,因此若要实现实时交互,各个交互设备之间协同联动,必须按照一定流程开启客户端并连接主服务器,实现数据的实时同步传输。图 9.18 展示了系统操作流程。

　　具体操作步骤如下。

　　(1) 初始化立体投影机组,设置三台投影机投影模式为帧序列。

　　(2) 开启主程序,此时服务器自动建立,六自由度动感平台初始化,程序进入交互主场景并等待各交互设备客户端的连接。

　　(3) 开启动感平台客户端,输入服务器 IP 地址后,与主程序服务器建立连接,主程序界面显示动感座椅已连接。

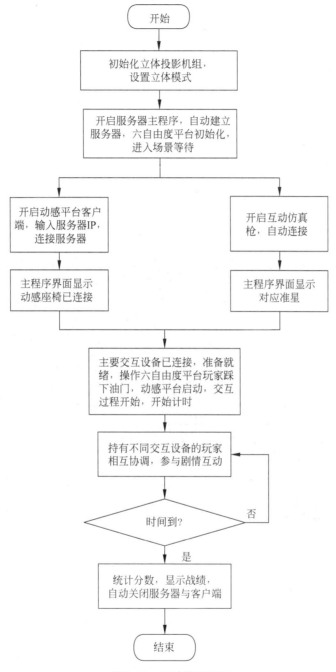

图 9.18　系统操作流程

（4）开启互动枪电源开关，互动枪通过接收器与主程序服务器自动建立连接，并在主程序界面显示对应的互动枪的准星。

（5）动感平台以及互动枪连接正常后，操作六自由度平台的玩家即可踩下油门，启动动感平台，开始交互过程，计时开始，各个玩家相互协调，参与剧情的交互。

（6）交互时间结束时，统计并显示玩家交互获得总分数，一段时间后，主程序自动退出，客户端接收到退出信息后自动关闭。

9.1.2节

9.1.2　系统实现

本节实现了一个基于多通道交互方式的互动影院游戏系统,内容是模拟飞行射击系统。采用了 C/S 架构,使用 Socket 网络通信技术。各功能模块均使用 Unity3D 开发。本节主要介绍系统的主场景搭建和敌人 AI 设计、动感交互平台模块、仿真枪交互模块以及弧幕立体显示模块的实现,并对系统整体进行展示。

1. 主场景搭建和敌人 AI

1) 主场景搭建

主场景是观众使用系统参与互动时看到的画面,使用 Unity3D 搭建。Unity3D 是一款图形界面化的游戏引擎,所有的场景元素可以通过拖曳的方式进行编辑,并可以单击"运行"按钮预览主场景在运行时的结果。图 9.19 展示了主场景搭建时在 Unity3D 中的编辑界面。

图 9.19　Unity3D 编辑界面

系统有一个开始界面,用于系统待机时显示(见图 9.4),当用户踩下油门或者管理员按下服务器键盘的回车键后进入运行界面,等待交互设备连接。当一把互动枪接入系统后,运行界面会显示其对应的准星,如图 9.20 所示,其中显示的"A"即为接入的互动枪所对应的准星,用以瞄准射击。

图 9.20　运行界面与准星

系统采用第一人称视角漫游。所谓第一人称视角漫游,即游戏场景中用户控制的摄像机以第一人称的方式运动。玩家控制的直升机为游戏主体,摄像机相当于直升机驾驶员的眼睛,所以玩家所看到的首先是部分直升机的控制台,然后才是整个场景。

2)敌人 AI 设计

敌人 AI 包括敌人直升机与坦克,其状态控制分别由脚本 EnemyControl. cs 与 EnemyTank.cs 实现。脚本负责控制 AI 的整个生命周期状态,包括生成、寻敌、血量、攻击以及死亡。

敌人的生成点为固定点,在场景中添加空物体并放置在想要生成敌人的位置。以下是在固定点生成敌人的部分代码,该脚本挂在敌人生成点的空物体上。

```
void Update()
{
        m_Distance = Vector3. Distance(gameObject. transform. position, m_Player. transform.
position);
        if (m_Distance <= 150)
        {
            if (m_EnemyCount >= m_EnemyMax)
            {
                return;
            }
            m_EnemyTime -= Time.deltaTime;
            if (m_EnemyTime <= 0)
            {
                m_EnemyTime = Random.Range(0, 5f);
                Transform transformEnemy = (Transform)Instantiate(m_Enemy, m_transform.
position, Quaternion. identity);
            }
        }
        else
        {
            return;
        }
    }
```

其中,m_Distance 为玩家控制的直升机与敌人生成点之间的距离,规定玩家与出生点距离小于或等于 150 时开始生成;m_Enemy 表示敌人的预制体;m_EnemyMax 控制生成的敌人的数量用于游戏结束的判断;同时控制每隔一定的时间生成敌人。

敌人生成后进入默认状态,发现玩家后进入寻敌状态,在遇见玩家后进入攻击状态。通过计算敌人与玩家的距离进行敌人状态转换。状态转换条件是:如果敌人和玩家的距离大于10,则敌人停留在原地,即默认状态;如果距离为 2~10,则敌人将会追击玩家,即进入寻敌状态;如果距离小于 2,则敌人便攻击玩家,即进入攻击状态。以下是敌人的状态转换代码。

```
switch (CurrentState)
        {
            case EnemyState. idle:
                if (distance > 2 && distance <= 10)
```

```
                    {
                        CurrentState = EnemyState.flying;
                    }
                    if (distance < 2)
                    {
                        CurrentState = EnemyState.attack;
                    }
                    _animator.Play("flying");
                    agent.isStopped = true;
                    break;
                case EnemyState.flying:
                    if (distance > 10)
                    {
                        CurrentState = EnemyState.idle;
                    }
                    if (distance < 2 )
                    {
                        CurrentState = EnemyState.attack;
                    }
                    _animator.Play("flying");
                    agent.isStopped = false;
                    agent.SetDestination(Player.position);
                    break;
                    ...
```

其中,currentState 表示当前敌人的状态,通过判断当前的状态进行相应的动作,如进入寻敌状态,则控制敌人向玩家移动;EnemyState 为枚举类型,保存敌人的三种状态;distance 表示玩家和敌人的距离;idle 为敌人默认状态;flying 为敌人追击状态;attack 为敌人攻击状态。状态转换过程中还伴随着敌人动画的切换。

敌人遇到玩家后会进行攻击,即向玩家发射子弹。以下为脚本 EnemyControl.cs 控制敌机遇见玩家控制直升机时展开攻击的部分代码。

```
private void ShootBullet(){
        if (bulletCanShoot) {
            bulletCanShoot = false;
            Vector3 origin = ShootPoint.position;
            Vector3 miss = new Vector3 (0, 0, 0);
            miss.x = Random.Range (0, 5);
            miss.y = Random.Range (0, 5);
            Vector3 ss = PlayerAirPlane.position;
            Vector3 dir = ss - origin + miss;
            Instantiate(Sparkle,ShootPoint.position,ShootPoint.rotation);
                GameObject b =  Instantiate (BulletPrefab, ShootPoint.position, ShootPoint.
rotation) as GameObject;
            b.transform.LookAt(PlayerAirPlane.position);
            b.rigidbody.velocity = Vector3.Normalize(dir) * 100 ;
            audio.clip = EnemyFire;
            audio.Play ();
        }
    }
```

其中,Instantiate()方法控制在场景中的指定位置生成子弹,通过 LookAt()方法规定子弹飞行方向,通过修改子弹速度使其运动,同时播放攻击音效,从而达到攻击效果。

2. 动感交互平台

动感平台之间使用Socket 网络通信技术进行数据传递。动感平台模块实现了从服务器端获取观众操控驾驶的直升机的六个自由度的飞行姿态数据,并驱动六自由度平台和三自由度座椅模拟出相应的动作。

主程序一开始运行,就要创建服务器,每个交互设备的客户端对应一个相应的子服务器,这些子服务器由一个总控制器 NetController.cs 脚本控制,等待各个交互设备客户端的连接。为动感平台创建的子服务器 SocketServer.cs,用以与动感平台客户端连接,并向动感平台客户端发送直升机的姿态数据,从而控制动感座椅模拟直升机的姿态。创建服务器的部分代码如下。

```
void initServer(){
    try{
        IPAddress IP = IPAddress.Parse(hostIP);
        IPEndPoint endPt = new IPEndPoint(IP, port);
        serverSocket = new Socket(AddressFamily.InterNetwork, SocketType.Stream,
ProtocolType.Tcp);
        serverSocket.Bind(endPt);
        serverSocket.Listen(20);
        working = true;
        clients = new ArrayList();
        threads = new ArrayList();
        t = new Thread(processing);
        t.Start();
    }
    catch (WebException e){
        Debug.Log(e.Message);
        return;
    }
}
void processing(){
    while(working){
        Socket client = serverSocket.Accept();
        FirstListen(client,encode);
        clientThread c = new clientThread(client,this);
        Thread t = new Thread(new ThreadStart(c.run));
        clients.Add(c);
        threads.Add(t);
        t.Start();
        connected = true;
    }
}
```

其中,clients 数组保存连接的客户端,程序为每个客户端维护一个子线程,保证客户端之间的独立性。

用户通过六自由度平台上的方向盘、油门和刹车控制场景中直升机的飞行。玩家输入的方向盘、油门和刹车数据由平台自带的驱动程序记录，在主程序中，通过脚本 UDPInputManager.cs 实时读取，然后控制直升机飞行的脚本 AirplaneController.cs 将这些数据转换成飞机的运动数据。其中部分代码如下。

```
if(isSpiderCar&&GameParameters.enableControl)
{
    hor = Mathf.Clamp((Input.GetAxis("Horizontal") + UDPInputManager.SteerValue), -1.0f, 1.0f);
    float x = UDPInputManager.AcceleratorValue - UDPInputManager.BrakeValue;
    if(x<=0.1f&&x>=-0.1f)
    {
        x = 0;
    }
    ver = Mathf.Clamp((Input.GetAxis("Vertical") + x), -1.0f, 1.0f);
}
```

UDPInputManager.cs 中使用变量 SteerValue 存储方向盘数据，使用变量 AcceleratorValue 存储油门数据，使用 BrakeValue 存储刹车数据。

如图 9.21 所示为动感平台客户端界面。在 IP 输入窗口中输入服务器主机的 IP，在服务器端主程序开启并建立好服务器后，单击"连接服务器"按钮即可实现客户端与服务器的连接。界面中白色的立方体用于实时动态显示客户端从服务器端接收的数据所输出的姿态动作。

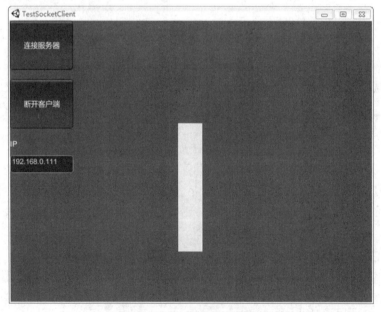

图 9.21　动感平台客户端界面

以下是客户端连接服务器脚本的部分源码 SocketClient.cs。

```
void initClient(){
    try{
        IPAddress IP = IPAddress.Parse(hostIP);
        IPEndPoint endPt = new IPEndPoint(IP, port);
```

```
            clientSocket  =  new  Socket ( AddressFamily. InternetWork,  SocketType. Stream,
        ProtocolType. Tcp);
                clientSocket. Connect(endPt);
                working = true;
            }
            catch (WebException e){
                return;
            }
        }
    void processing(){
            FirstListen (clientSocket, encode);
            clientSocket. Send(encode. GetBytes("ok" + "\n"));
            while(working){
                string data = Receive(clientSocket, encode);
                string[] Data;
                Data = data. Split(new string[] { "x: ", ",y: ", ",z: ", ",rx: ",",ry: ",",rz: "
        }, System. StringSplitOptions. RemoveEmptyEntries);
                for(int i = 0;i < Data. Length;i++){
                    infos[i] = float. Parse(Data[i]);
                }
    receiveData = true;
                clientSocket. Send(encode. GetBytes("ok" + "\n"));
            }
        }
    static string Receive(Socket s, Encoding e){
            string result = string. Empty;
            List < byte > data = new List < byte >();
            byte[] buffer = new byte[2048];
            int length = 0;
            try{
                while ((length = s. Receive(buffer)) > 0){
                    for (int j = 0; j < length; j++){
                        data. Add(buffer[j]);}
                    if (length < buffer. Length){
                        break;
                    }
                }
            }
            catch { }
            if (data. Count > 0){
                result = e. GetString(data. ToArray(), 0, data. Count);
            }
            return result;
        }
    }
```

其中,initClient()方法负责客户端与服务器的连接,hostIP 即服务器主机的 IP 地址; processing()方法负责获取六自由度姿态数据并保存在 Data[]数组中,并向服务器发送接收确认信息,该方法调用了 Receive(Socket s,Encoding e)方法;Receive(Socket s,Encoding e)方法负责接收来自服务器的数据。

动感平台客户端能够将姿态数据发送至动感平台驱动程序。这个功能由脚本

TestUDPOutput. cs 完成。部分源码如下。

```
public static UdpClient udp;
private static bool isrunning = false;
private bool isCennected = false;
private bool isFirst = true ;
void FixedUpdate () {
        if (isrunning)
        {
            Byte[] sendBytes = Encoding.ASCII.GetBytes("<" + transform.position.x.ToString() +
"," + transform.position.y.ToString() + "," + transform.position.z.ToString() + "," +
transform.eulerAngles.x.ToString() + "," + transform.eulerAngles.y.ToString() + "," +
transform.eulerAngles.z.ToString() + ">");
            Send(sendBytes);
        }
    }
    public static void Send(byte[] values)
    {
        if(isrunning)
        {
            udp.Send(values,values.Length);
        }
    }
}
```

其中,FixedUpdate()默认每 0. 02s 执行一次,能够保证数据更新的实时性,sendBytes[]
数组保存要发送的姿态数据,调用 Send(byte[] values)方法将姿态数据发送到动感平台驱动
程序。

3. 仿真枪交互

互动仿真枪在本系统中不需要客户端,能够做到即插即用。只要服务器主机上连接了仿
真枪的接收器,系统主程序开启时便可连接到仿真枪,观众就可以使用仿真枪参与互动。主程
序运行时通过 COM 口获取接收器接收到的数据,数据包括枪的姿态数据以及扳机数据。

以下是主程序从 COM 口获取仿真枪数据的部分源码。

```
void Start () {
        serialPort = new SerialPort(ComPort, ComRate, Parity.None, 8, StopBits.One);
        try{serialPort.Open();}
        catch (UnityException ex)
        {Debug.Log(ex);}
        recvThread = new Thread(ReceiveOneByte);
        recvThread.Start();
    }
void ReceiveOneByte()
    {
        string tempStr = string.Empty;
        Vector3 tempEuler;
        int tempId;
        bool tempfire;
```

```
bool errorFlag;
tempEuler = new Vector3(0, 0, 0);
tempId = -1;
tempfire = false;
errorFlag = false;
while (serialPort.IsOpen)
{
    try
    {
        byte[] recvbuf = new byte[1];
        serialPort.Read(recvbuf, 0, 1);
        while (recvbuf[0] != 13 && recvbuf[0] != 10)
        {
            tempStr += (char)recvbuf[0];
            serialPort.Read(recvbuf, 0, 1);
        }
        if (recvbuf[0] == 13)
        {
            serialPort.Read(recvbuf, 0, 1);
        }
        string[] tempData = tempStr.Split(',');
        if (tempData.Length == 5)
        {
            errorFlag = false;
            if (tempData[0].Length == 1)
                tempId = int.Parse(tempData[0]);
            else
                errorFlag = true;
            if (tempData[1].Length == 1)
            {
                int temp = int.Parse(tempData[1]);
                if (temp == 1) tempfire = true;
                else tempfire = false;
            }
            else
                errorFlag = true;
            if (tempData[2].Contains("."))
            {
                tempEuler.x = float.Parse(tempData[2]);
            }
            else
                errorFlag = true;
            if (tempData[3].Contains("."))
            {
                tempEuler.y = float.Parse(tempData[3]);
            }
```

```
            else
                errorFlag = true;
            if (tempData[4].Contains("."))
            {
                tempEuler.z = float.Parse(tempData[4]);
            }
            else
                errorFlag = true;
            if (!errorFlag)
            {
                id = tempId;
                fire = tempfire;
                euler_x = tempEuler.x;
                euler_y = tempEuler.y;
                euler_z = tempEuler.z;
            }
        }
        tempStr = string.Empty;
    }
    catch (UnityException ex)
    {
        Debug.LogWarning(ex);
    }
    }
}
```

其中,start()方法负责打开端口并开启线程读取数据;ReceiveOneByte()方法负责从COM口获取仿真枪数据,其中,变量 euler_x、euler_y、euler_z 为仿真枪的姿态数据,tempfire 为布尔变量,用于表示用户是否扣动扳机进行射击,为 true 是表示用户正在进行射击,false 表示用户未进行射击。

4. 弧幕立体显示

弧幕立体显示模块实现了将立体画面通过三台立体投影机投影到大型弧幕上,并对画面进行了拼接、校正、融合。模块中具体的渲染流程主要为 Unity3D 的内部渲染流程。下面将详细介绍如何使用屏幕校正软件产生的数据对三台立体投影机的立体画面进行拼接校正以及融合。

立体画面由系统主场景的虚拟立体摄像机产生,分为左眼画面和右眼画面,无论是左眼画面还是右眼画面,都需要经由三台投影仪投至弧幕上,若不进行拼接校正处理,三个投影画面相互独立,不能组成一个统一的画面,且在弧幕上会发生变形。因此,在投影之前,要先通过屏幕校正软件产生的数据对虚拟立体摄像机获取的画面进行处理。

图 9.22 展示了该模块使用的拼接校正数据。图 9.22(a)为透明度数据,用于对 3 个投影画面进行拼接融合,使之在弧幕上拼接成一个整体画面,且画面亮度统一。图 9.22(b)为校正数据,用于对投影画面进行变形校正,使投影到弧幕上的画面能够完全贴合屏幕的弧面。

图 9.23 给出的是在弧幕上对测试界面使用拼接校正数据前后的效果对比。

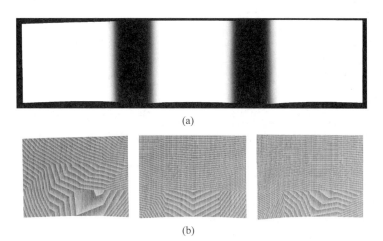

(a)

(b)

图 9.22 拼接校正数据

(a) (b)

图 9.23 拼接校正前后投影画面对比

在 Unity3D 中通过编辑 Shader 脚本的方式使用以上数据对获取的立体画面进行处理。其中,处理左眼图像的 Shader 脚本代码如下。

```
Shader "Custom/CalibrationLeftShader" {
    Properties {
        _MainTex ("Base (RGB)", 2D) = "white" {}
        _SamTex ("Sample Tex", 2D) = "white" {}
        _AlphaTex ("Alpha Tex",2D) = "white"{}
        _BlackTex ("Black Tex",2D) = "white"{}
    }
    SubShader {
        Tags {"Queue" = "Transparent" "IgnoreProjector" = "True" "RenderType" = "Transparent"}
    LOD 200
CGPROGRAM
# pragma surface surf Lambert alpha
sampler2D _MainTex;
sampler2D _SamTex;
sampler2D _AlphaTex;
sampler2D _BlackTex;
fixed4 _Color;
struct Input {
```

```
        float2 uv_MainTex;
        float2 uv_SamTex;
        float2 uv_AlphaTex;
        float2 uv_BlackTex;
    };
    void surf (Input IN, inout SurfaceOutput o) {
        fixed4 cTexColor = tex2D(_SamTex, IN.uv_SamTex);
        float fxTexH = cTexColor.r * 256.0f * 255.0f;
        float fxTexL = cTexColor.g * 255.0f;
        float fxTex = (fxTexL + fxTexH)/65535.0f;
        float fyTexH = cTexColor.b * 256.0 * 255.0f;
        float fyTexL = cTexColor.a * 255.0;
        float fyTex = (fyTexL + fyTexH)/65535.0f;
        float2 tempTex = {fxTex, 1.0 - fyTex};
        fixed4 c = tex2D(_MainTex, tempTex);
        fixed4 b = tex2D(_BlackTex, IN.uv_BlackTex);
        fixed4 alpha = tex2D(_AlphaTex, IN.uv_AlphaTex);
        o.Emission = lerp(b, c, alpha.a);
        o.Alpha = 1.0f;
    }
ENDCG
    }
    FallBack "Diffuse"
}
```

图 9.24 展示了一幅画面拼接校正前后的效果。图 9.24(a)为被 Shader 脚本处理之前的画面,该画面若不经任何处理直接经由三台投影机投影到弧幕上后会同图 9.23(a)一样发生变形且不能拼接成一个统一的画面。图 9.24(b)为处理之后的画面,该画面被投影到弧幕上时能够拼接融合成一幅统一的画面且无变形,效果同图 9.23(b)。

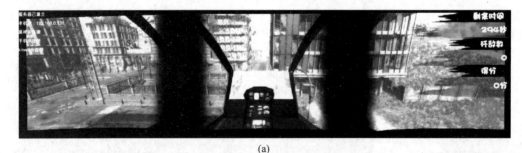

(a)

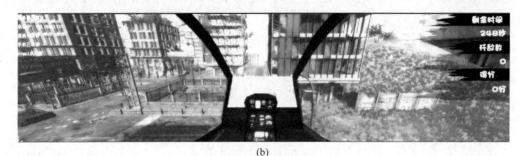

(b)

图 9.24　画面拼接校正前后效果(第一视角)

图 9.25 展示了立体画面投影到弧幕上的效果,由于是立体画面,所以看上去会有重影,当佩戴快门眼镜后会看到立体画面。

图 9.25　立体画面投影到弧幕

9.2　基于双画的虚拟网球游戏系统

9.2节

基于双画的虚拟网球游戏系统采用立体双画显示以支持不同位置的玩家在同一投影大屏幕上看到不同视角的立体画面,并利用 Kinect 网络支持更大范围空间的用户活动和更加自然的动作交互。作为一个投影式 VR 系统,其立体显示与 9.1 节介绍的虚拟射击影院系统相似。

不同之处在于该系统支持两个用户看到基于各自位置渲染的画面,即采用了双画显示技术。本节将主要的基于双画显示技术的系统原理与设计,以及交互实现方法。

系统示意图如图 9.26 所示。本节主要介绍该虚拟网球游戏的系统架构(见图 9.27)。系统利用 Unity3D 游戏引擎并结合 Active Stereoscopic 3D 插件进行立体网球游戏项目的开发,主要分成以下四大模块。

(1) 游戏逻辑模块:主要包括服务器和客户端,服务器处理游戏规则,客户端实现了动画控制、位置映射和物理引擎等功能。游戏逻辑模块用于处理客户端的各种输入信息,进行网络通信并实现网球游戏的比赛规则。

(2) 交互控制模块:主要包括 Kinect 网络作为交互控制模块的主要设备,用于操作游戏开始菜单界面,并捕捉不同玩家的位置,识别玩家动作,并将这些

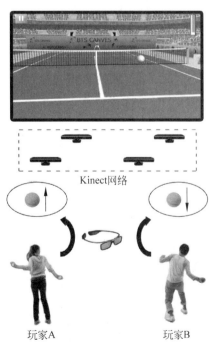

图 9.26　虚拟网球游戏系统应用示例图

输入信息交由逻辑模块处理。

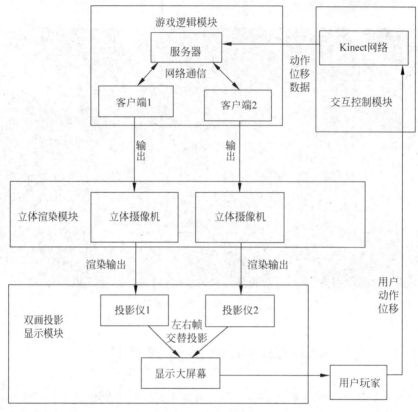

图 9.27　系统架构图

（3）立体渲染模块：根据交互控制模块捕捉到的两玩家位置实时映射到相应角色在虚拟游戏场景中的位置，通过双目摄像头拍摄出该视点位置的左右画面，利用 NVIDIA 3D Vision 实时渲染并进行交替显示，从而得到虚拟角色视点的立体画面。

（4）双画投影显示模块：包括两台立体投影仪和一个大屏幕，两台投影仪将渲染出的两组立体画面投射到同一大屏幕上，两玩家便可以通过改进的立体眼镜分别看到各自视点的立体画面。

下面详细介绍每一模块的主要功能和技术实现。

1. 游戏逻辑模块

作为多人体感网球游戏，游戏逻辑模块负责网络通信、数据处理和对游戏规则的运用，主要包括三个子模块：游戏规则模块、动画控制模块、物理引擎模块。其中，游戏规则模块定义了真实的网球游戏比赛规则，如发球、出界判断等，使游戏比赛更具真实性。而物理引擎模块则通过 Unity3D 自带的物理引擎组件模拟逼真的物理效果、3D 声效等，使游戏比赛更加刺激、紧张，在竞争中大大激发玩家的好胜心，提高玩家兴奋度，从而使玩家能够更专注地投入到比赛环境中。动画控制模块首先使用 Maya 等制作游戏角色动画，包括静止、发球、左跑、右跑、正手挥拍、反手挥拍等动画，然后将动画导入到 Unity3D 中，如图 9.28 所示。

动画控制的功能主要通过 Unity3D 引擎 Mecanim 系统的动画状态机实现，如图 9.29 所示，将游戏角色的各个运动动画（如发球、挥拍、跑动等）设置为动画状态机的某个特定状态，角

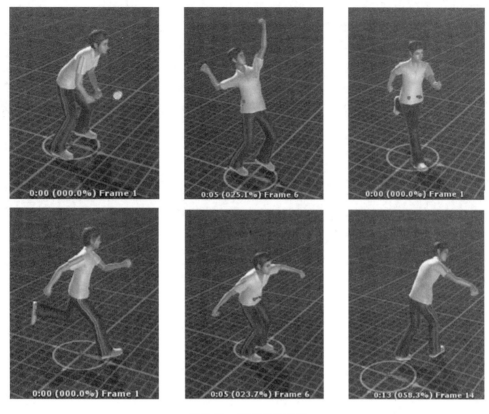

图 9.28 游戏角色动画

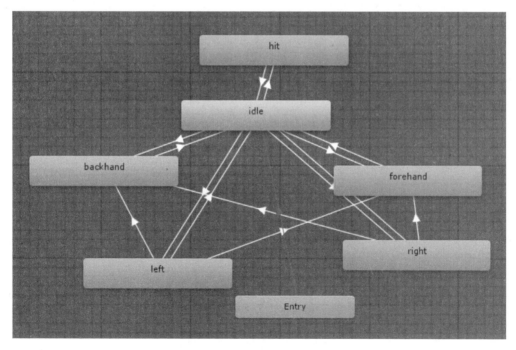

图 9.29 动画状态机

色通过一定的过渡条件（例如如图9.30所示，从idle静止状态到forehand正手挥拍状态的过渡条件是fore为true）就可以从一个状态切换到另一个状态，即从一个运动动画切换到另一个运动动画。Mecanim动画系统为玩家提供了一个可视化的界面，使玩家可以通过较少的代码对动画状态机进行设计和升级，并可方便地对动画的实现效果进行预览。

通过交互控制模块的Kinect设备，可以识别出玩家的特定动作，从而触发过渡条件的改变。例如，默认状态下，游戏角色处在idle静止状态，当有球从对面飞来时，玩家会做出击球的动作（假设是正手击球），这时，Kinect便会识别出这一动作，将Conditions条件的fore变量置为true，这样就完成了idle状态到forehand状态的过渡，虚拟角色播放正手挥拍的动画。

图9.30　从某一状态(动画)切换到另一状态(动画)的过渡条件

动画控制模块的关键代码如下。

```
Public void PlayAni(string aniclip){
        ani.SetBool (aniclip, true);
        aniClip = aniclip;
        StartCoroutine ("setFalse");
}

IEnumerator setFalse(){
        yield return new WaitForSeconds (0.75f);
        ani.SetBool (aniClip, false);
}
```

另外在进行系统设计时，由于玩家A和玩家B采用了同样的动作，即玩家A和玩家B都需要具备发球、挥拍、跑动等运动动画，所以可以使用Mecanim动画系统的人形动画重定向功能，使两个玩家共用一套动画状态机，从而可以减少动画制作及代码编写的工作量。

2. 交互控制模块

交互控制模块主要通过Kinect实现玩家实时、自然交互，通过识别真实世界中玩家的位置、姿态等信息，实现对虚拟游戏角色的控制。本系统使用Kinect v2 with MS-SDK Unity3D插件进行开发设计，用于捕捉玩家在空间中的位置信息，并通过合理的位置映射，将玩家在真实世界的位置映射为虚拟角色在网球游戏场景中的位置。同时，对若干关键动作进行定义、识别，如发球、正手挥拍、反手挥拍等，当玩家做出相应动作时，均能够进行实时有效的识别，并映射为虚拟角色在游戏场景中的动作。同时，利用Kinect识别地精确性可以较好地识别玩家的挥拍角度，从而最大化地保证了游戏的真实感和玩家的游戏体验。

通过Kinect可以获取到人体20个主要关节点（见图9.31）的空间位置信息，根据这些信息，可以对特定的姿态进行定义和识别。假设游戏玩家均是右手为正手，那么对以下姿态进行定义。

1）发球姿态

将右手举过头顶，如图9.32所示。

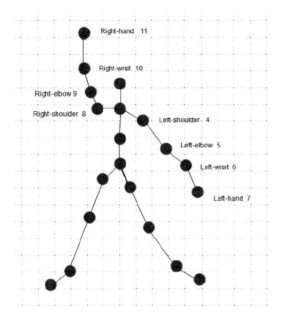

图9.31 人体20个关节点

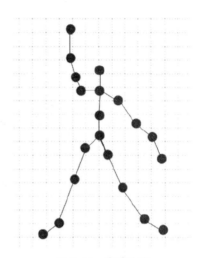

图9.32 发球姿态

特征如下。

Z：右肘在右肩前后，右手在右肘前后。

Y：右肘在右肩上方，右手在右肘上方。

X：右肘在右肩左右，右手在右肘左右。

动作定义的关键代码如下。

```
public class ServeSegment : IRelativeGestureSegment
{
    public GesturePartResult CheckGesture(Vector3[,] skeleton, int id)
    {
        if (Mathf.Abs(skeleton[id,12].z - skeleton[id,11].z) < 0.1f && Mathf.Abs(skeleton
[id,12].z - skeleton[id,13].z) < 0.1f)
        {
            if (skeleton[id,12].y > skeleton[id,11].y && skeleton[id,13].y > skeleton[id,12].y)
            {
                if (Mathf.Abs(skeleton[id,12].x - skeleton[id,11].x) < 0.1f && Mathf.Abs
(skeleton[id,12].x - skeleton[id,13].x) < 0.1f)
                {
                    return GesturePartResult.Succeed;
                }
                else { return GesturePartResult.Fail; }
            }
            else { return GesturePartResult.Fail; }
        }
        else { return GesturePartResult.Fail; }
    }
}
```

2）正手击球姿态

右手从右下挥到左上,如图 9.33 所示。

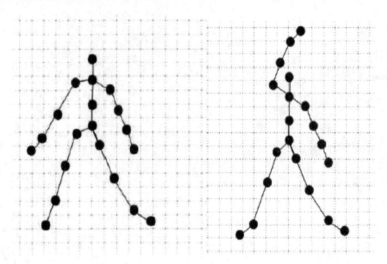

图 9.33　正手击球姿态快照 1、2

（1）正手击球快照 1 特征如下。

Y：右手在右肩下方。

X：右手在右肩右方一定距离处。

（2）正手击球快照 2 特征如下。

Z：右手在右肩前方一定距离处。

X：右手在右肩左右。

动作定义的关键代码如下。

```csharp
public class ForeHandSegment1 : IRelativeGestureSegment
{
    public GesturePartResult CheckGesture(Vector3[,] skeleton, int id)
    {
        if (skeleton[id,14].y < skeleton[id,11].y)
        {
            if (skeleton[id,14].x - skeleton[id,11].x > 0.3f)
            {
                return GesturePartResult.Succeed;
            }
            else { return GesturePartResult.Fail; }
        }
        else { return GesturePartResult.Fail; }
    }
}
public class ForeHandSegment2 : IRelativeGestureSegment
{
    public GesturePartResult CheckGesture(Vector3[,] skeleton, int id)
    {
        if (skeleton[id,11].z - skeleton[id,14].z > 0.3f)
```

```
        {
            if (Mathf.Abs(skeleton[id,14].x - skeleton[id,11].x) < 0.1f)
            {
                    return GesturePartResult.Succeed;
            }
            else{ return GesturePartResult.Fail; }
        }
        else { return GesturePartResult.Fail; }
    }
}
```

3）反手击球姿态

左手从左下挥到右上，如图 9.34 所示。

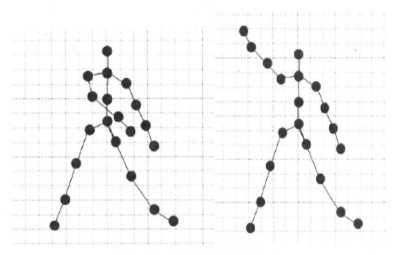

图 9.34　反手击球姿态快照 1、2

（1）反手击球快照 1 特征如下。

Y：右手在右肩下方。

X：右手在右肩左方一定距离处。

（2）反手击球快照 2 特征如下。

Z：右手在右肩前方一定距离处。

X：右手在右肩左右。

动作定义的关键代码如下。

```
public class BackHandSegment1 : IRelativeGestureSegment
{
    public GesturePartResult CheckGesture(Vector3[,] skeleton, int id)
    {
        if (skeleton[id,14].y < skeleton[id,11].y)
        {
            if (skeleton[id,11].x - skeleton[id,14].x > 0.2f)
            {
```

```
                    return GesturePartResult.Succeed;
                }
                else { return GesturePartResult.Fail; }
            }
            else { return GesturePartResult.Fail; }
        }
    }
    public class BackHandSegment2 : IRelativeGestureSegment
    {
        public GesturePartResult CheckGesture(Vector3[,] skeleton, int id)
        {
            if (skeleton[id,11].z - skeleton[id,14].z > 0.2f)
            {
                if (Mathf.Abs(skeleton[id,11].x - skeleton[id,14].x) < 0.1f)
                {
                    return GesturePartResult.Succeed;
                }
                else { return GesturePartResult.Fail; }
            }
            else { return GesturePartResult.Fail; }
        }
    }
```

　　在程序运行过程中,每一帧骨骼点的位置都可以被精确地识别和处理,然后,识别算法将会判断当前的动作是否满足预定义动作。由于正手挥拍和反手挥拍是连续时间内进行的动作,所以对这两个动作分别做了两个快照的定义。在动作识别的过程中,算法也会依次进行判断:只有满足快照1,才会对快照2进行判断;如果在一定时间(通常为几帧)内,两个快照同时满足,则判断当前动作被成功识别,并触发相应的功能。

　　同时,在挥拍过程中,Kinect也能较好地识别出手臂挥动的速度和方向,并进行相应处理,将其合理赋值为游戏场景中网球被击出瞬间的速度和方向,从而能够更加真实地模拟游戏比赛的效果。

　　此外,对于目前流行的体感游戏(如由 Microsoft Game Studios 推出的《Kinect 运动大会2》),每个 Kinect 最多只能跟踪识别两个玩家,且容易受到遮挡等干扰导致跟踪失败。另外,单个 Kinect 的监控范围有限,无法实现大范围场景的群体互动。因此,本系统采用了一种基于 Kinect 网络(由多个 Kinect 设备构成)的大规模场景的群体用户跟踪系统及方法,实现网球游戏中多玩家大范围的位置跟踪和动作识别。将每个 Kinect 计算得到的用户位置信息转换为大规模场景中的位置坐标,并连同玩家的动作信息发送给服务器,由服务器进行数据关联,完成对任意区域玩家的实时跟踪。利用 Kinect 网络,该系统不仅能够支持多个玩家更大范围的空间活动,使玩家在游戏过程中不受活动范围的限制自由地追球跑动,而且排除了关节点遮挡、玩家相互遮挡等干扰因素,从而更加精确地识别玩家的动作和位置,对于实现需要多人配合的大屏幕投影互动场景具有重要意义。如图 9.35 所示,利用 Kinect 网络,一个玩家可由原来只能在单个灰色区域(一个 Kinect 的有效可视范围)活动扩展到在两个灰色区域内活动。

3. 立体渲染模块

系统中利用 Unity3D 游戏渲染引擎的 Active Stereoscopic 3D for Unity3D 插件来对游

图 9.35　Kinect 网络增加了每个玩家的活动范围

戏场景进行立体渲染。每个虚拟游戏角色身上都装配有一个双目摄像机(Stereoscopic Main Camera)来模拟玩家双眼观看虚拟的网球游戏场景。类似立体电影的拍摄原理,该摄像机由两个并排安置的子摄像机组成(大约相隔 65mm),左右子摄像机交替工作来同步拍摄出两条略带水平视差的左右帧画面。配合 NVIDIA 3D Vision 驱动程式的支持,GeForce 显卡将左右帧画面交替显示在屏幕显示器上,通过刷新率达到 120Hz 的投影仪和 3D 快门眼镜,玩家便可观看到虚拟游戏场景的立体影像。在交互控制模块的支持下,通过捕捉玩家在真实场景中的位置,可以实时改变虚拟场景中游戏角色即立体摄像机的位置,从而能够较好地模拟玩家视点的改变。但由于 Kinect 无法跟踪玩家头部或者眼睛的朝向,所以该系统目前无法完全模拟玩家视点的朝向,游戏中仅默认设定在比赛过程中玩家的眼睛一直看向球(在真实比赛中玩家应该也是一直看向球的)。图 9.36 为场景立体摄像机拍摄到的某一游戏角色视角的左右画面。

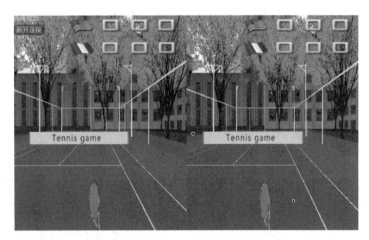

图 9.36　场景立体摄像机拍摄的游戏角色视角的左右画面

4. 双画投影显示模块

双画投影显示模块利用偏振式与主动式立体显示技术原理(参见第 4 章),使两玩家可以在同一屏幕显示器上观看到不同的立体画面。具体实现步骤如下:首先在两台 DLP 投影仪(刷新率可达 120Hz)前面分别加装水平和竖直偏振片,将立体渲染模块计算出的两组立体视频经过投影仪分别投射到屏幕上。这样,经过第一次过滤,水平和竖直方向的偏振光将分别搭载 A、B 两组立体视频投影到同一屏幕显示器上。然后,两位玩家分别佩戴水平和竖直方向的偏振眼镜,便可以分别观看到 A、B 两组立体视频。但是这时每组视频的左右帧画面仍是重叠在一起的,经过 3D 快门眼镜的分离,两组立体视频的左右帧画面便分别进入到了两玩家的左右眼。这样,玩家便可以观看到立体影像。图 9.37 为该系统立体双画显示技术实现原理。系统中对偏振眼镜和快门式 3D 眼镜进行了改造组合,以分别支持双画和立体显示的观看效果,玩家需佩戴改造后的眼镜在同一屏幕上观看到基于其视点的不同的立体画面(见图 9.38)。

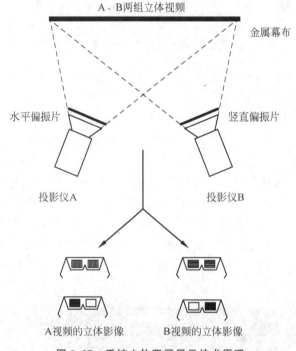

图 9.37　系统立体双画显示技术原理

图 9.38　基于玩家视点的不同的立体画面(左图为玩家 1 视角,右图为玩家 2 视角)

9.3　房间式互动投影系统

9.3节

　　CAVE 是一种基于投影的沉浸式虚拟现实显示系统,通过采用立体投影显示、多通道视景同步、音响、传感器等技术融合在一起,产生一个被三维立体投影画面包围的供多人互动体验的完全沉浸式的虚拟环境。一般地,CAVE 是由 3 个面以上硬质背投影墙组成的高度沉浸的虚拟演示环境。考虑到儿童不适宜长时间佩戴立体眼镜体验 VR 系统,本节介绍的房间式互动投影系统没有采用立体投影技术,但仍可为观众提供很好的沉浸感体验。

本系统基于多个投影仪、扬声器、红外线发射装置和红外摄像头,向大面积的墙面和地面投影虚拟场景,由红外摄像头检测运动,进行位置定位。系统是基于 Unity3D 平台开发,搭建了海底世界的沉浸式虚拟环境,目的是在自然的人机交互过程中提高儿童的认知能力和运动能力。本节给出了房间式互动投影系统的设计及具体实现。

9.3.1 系统设计

1. 系统架构

系统采用常见的 C/S 架构,将应用程序拆分为客户端部分和服务器部分。系统布置在一个长宽高约为 6.5m×5.6m×3.5m 的实体房间内,进入房间后的正面墙和地面会成为投影的屏幕,而房间左右两侧设计成了镜子,视觉上扩展了整个房间(见图 9.39)。儿童在足够大的空间里,会更加放松身心,容易获得沉浸感。那么问题来了,如此大面积的屏幕,如何能全面无缝投影呢?为了能将画面投射在墙面和地面上,一共在天花板上安装了 6 台投影仪,全部是吊装正投(见图 9.39)。吊装正投的安装方式节省了物理空间,降低了物资开销。

9.3.1节

图 9.39 房间式互动投影系统

房间内有两台主机,一台控制投影仪向墙面投影虚拟场景,另一台控制投影仪向地面投影虚拟场景。为了便于区分,称负责墙面投影的主机为墙面主机,负责地面投影的主机为地面主机。投影仪通过 HDMI 线连接在主机上,作为主机的显示扩展屏。墙面主机连接了两台投影仪,可在墙面上投射两幅画面。地面主机上连接了另外 4 台投影仪,可在地面上投射 4 幅画面。两台主机通过网线建立成一个小型局域网,所有的消息都会通过这个局域网转发、接收、响应。天花板上除了投影仪,还安装了 6 个红外发射器和 5 个红外摄像头。准确来说,5 个红外摄像头的其中 1 个,安装在了门所在的墙面上方,它主要是为了监控正墙面,返回以墙面为背景的视频画面,跟踪定位用户在墙面的位置;其余 4 个分块监控地面,协同工作返回以地面为背景的视频画面。红外发射器是红外线光源,使得房间内每个位置都能均匀地覆盖红外线,保证红外成像清晰。

整个房间式互动投影系统由四大模块组成:多投影拼接融合与显示模块、红外检测定位模块、网络通信模块和交互模块。其中,红外检测定位模块隶属于客户端,交互模块隶属于服务器端,至于多投影拼接融合模块和网络通信模块则是在两端都有。下面分别对这四个模块的设计展开阐述。

(1) 多投影拼接融合与显示模块,主要是用来把 6 台投影仪的投影画面,在房间屏幕(墙面和地面)上无缝拼接起来,而且平缓过渡融合区域。使用多通道校正软件对投影画面进行几何校正、边缘融合和亮度调节,生成拼接融合参数图。利用 Unity3D 的 Shader 和场景中的相机渲染投影仪画面,用投影仪投射到屏幕上,用户走进房间便可体验。

因此,多投影拼接融合模块有两个主要功能:一是对渲染画面进行预变形,二是将渲染画面分配到相应的投影仪去投影。利用多通道校正软件可以得到变形映射参数图和亮度颜色参数图,图像大小是屏幕的分辨率,因为投影仪的分辨率是 1024×768,即墙面是 2048×768,地面是 2048×1536。通过编写 Shader 读入参数图,对参数图解码,得到两种渐变因子的值,乘以原始图像的像素值,即可得到渲染图像的像素值,这便是预变形。那么如何让投影仪投射它该负责的部分呢?利用 Unity3D 的 Render Texture 和 Unity3D 场景中的相机位置,将相机绑定到不同的 display,再将投影仪与 display 一一对应,便可在屏幕上得到完整画面。

(2) 红外检测定位模块。该模块用于跟踪用户在房间内的位置,包括墙面位置和地面位置。此模块首先会从红外摄像头获取到视频流,再经算法的一系列分析计算得到用户在墙面和地面的二维位置,最终用户位置会通过网络通信模块提供给客户端的应用程序,位置信息最后会在交互模块中被用来判断交互状态和主机状态。

红外检测定位模块主要有从摄像头获取视频流,图像处理找到运动质点两大功能。具体地,系统使用大恒图像采集卡从摄像头获取图像到内存,图像卡采集图像时不占用计算机CPU 的时间,在采集这一帧图像的时候,图像处理程序对缓冲区里的上一帧进行处理,这便是第一个功能。用 OpenCV 将获取的图像建立纹理贴图,利用自带函数做灰度化、像素相减的图像处理,预设质点间最小距离,得到运动质点并把质点信息存入结构体。

(3) 网络通信模块,负责系统里的数据传输和网络通信,在服务器端和客户端之间建立连接,使系统能够对用户行为及时做出反应。墙面主机和地面主机通过有线连接组建成了一个小型局域网,网络通信模块一分为二,在客户端和服务器端各有一部分,在客户端的部分负责将用户信息按照一定格式打包成数据包,通过套接字传送到服务器端,而在服务器端的另一部分负责将数据包按照一定的格式解析出来,把用户位置提供给交互模块。

网络通信模块有三个功能:网络连接,发送数据包,接收数据包。模块分为两部分,在客户器端的是打包、发包的功能,在服务器端的是接收包、解析包的功能。客户端通过 UDP 与服务器端连接。数据包以一对尖括号作为数据包的头标和尾标,中间的内容是位置信息,包括 x 和 y 的坐标值,即 $<x,y>$。客户器端实现的是将位置信息包裹在数据包中发送出去,服务器端实现的是寻找到数据包的头标和尾标,掐头去尾,分离出中间的信息,传入公共数组存储,供其他线程访问使用。

（4）交互模块，是系统对用户行为做出反馈的模块，也是用户最直观感受到的部分。此模块输入的数据是用户的位置信息，数据传入挂载在场景生物上 Unity3D 脚本里，经过逻辑运算和判断，给出动画、声音的反馈，这个反馈会经过多投影拼接融合模块的处理，以投影画面的形式呈现在大屏幕上，伴随音响播放声音，最后被用户感知到。

因此，交互模块直观来说有两个功能，一个是用户行为识别，判断用户是否在触发虚拟物体响应的范围内；另一个是交互反馈，包括视觉与听觉反馈。交互模块得到位置信息，经过计算用户和虚拟物体之间的距离差值，判断是否低于阈值。这个阈值是开发者自定义的，通过个体测试得出。反馈出来的内容是在 Unity3D 内预设好的，通过动画组件把动画按照片段管理好，根据不同情况的需要，用脚本调用播放。音频也是如此，使用音频组件和脚本进行调用。

2. 系统工作流程

用户在房间内随意走动，5 台红外相机会不断得到红外图像视频流，经过红外检测定位模块中的算法计算，得到用户的位置信息，客户端的网络通信模块会把用户的位置信息按一定格式和规则打包，打包好的位置信息数据包将通过局域网发送到服务器，服务器的网络通信模块会解析数据包，把位置信息传入到交互模块中，数据被 Unity3D 脚本处理后，会驱动场景中的物体如动植物播放动画或发出声音，最后由 6 台投影仪将内容投射出来，至此用户才感受到交互和反馈。

系统包含多类硬件设备，需要按顺序启动并检查工作状态，排除故障，才能协同工作，并且客户端和服务器端也需要连接好，网络模块才能工作。只有各部分硬件都配合起来，数据才能正常传输，系统才能正常运转。

系统操作开始，首先开启红外摄像头组，使红外检测定位模块可以捕捉到红外画面，开启投影仪组，检查灯泡工作状态。然后开启主机，检查投影仪是否成功连接，运行客户端应用程序，检测投影仪和摄像头的工作状态，如果没有问题，则客户端初始化成功，运行服务器端应用程序。如果有问题，则排除故障，确定无误后，可以运行服务器端应用程序。服务器端与客户端建立网络连接，服务器端接收数据传输并做数据处理。客户端根据数据处理结果在屏幕投射显示内容，用户与系统交互。待到用户体验结束，按开启的逆顺序关闭系统各部分，系统操作结束。

3. 场景设计

本节通过房间式投影系统展示的是一个面向儿童互动学习的海底世界。在海底虚拟环境中训练儿童认知三种海洋生物。场景使用柔和的蓝色和黄色作为主色调，配合轻轻摇晃的波光和五彩斑斓的珊瑚、礁石，海底生物种类不宜过多，这里选择了三种生物：海马，贝壳，海星。它们的颜色设置成鲜艳且单一的，确保吸引到用户的同时不会造成视野混乱。与视觉效果相配合，背景音乐选择柔和的轻音乐，营造放松愉悦的氛围，当生物的自我介绍的声音响起时，不会非常突兀。用户步入房间后，他们首先会注意到整个海底场景和有动画的生物，这会吸引用户向这些生物走去。为了不让声音信息冗杂，只允许墙面场景中的生物发出自我介绍的声音，而地面的生物不发声。

墙面投影的场景和界面设计如图 9.40 所示。

墙面的场景大致可以分为前后景。前景中有礁石、珊瑚、海草等组合造型，布置在黄色沙滩上，使杂乱中呈现一定的规则，有张有弛。前景放置了几条在闲游的小鱼，还有三种会和用

图 9.40 墙面投影的场景和界面设计

户交互的海洋生物,从左往右有海马、贝壳、海星。空闲状态下,海马在空中摇晃着尾巴和鱼鳍,贝壳在沙滩上前后微微摇晃着,海星静静地躺在沙滩上等待响应。如果用户非常接近它们,会触发预设的行为。生物们会播放预设动画片段和音频,如"我是海马""我是贝壳""我是海星"。在后面的蓝色海洋背景中有鱼群,鱼群从屏幕左右两边淡入淡出地游动。考虑到儿童比较矮,将触碰后会有反馈的生物都放置在儿童的视线高度水平线上。

地面投影的场景和界面设计如图 9.41 所示。

图 9.41 地面投影的场景和界面设计

地面的场景是和墙面类似的海底生物和植物。当用户的脚踏在地面的生物周围时,生物们会做出响应,比如弹跳起来转圈或者俯仰开合。为了增加真实感和沉浸感,模拟了真实的海底情况,比如光线透过海水在海底形成一道道摆动着的波纹,海草在沙滩上投下的软阴影。可以看到沙滩上覆盖着一层水波纹。程序运行时这层水波纹会轻轻摇摆起来,营造一种波光粼粼的感觉。

4. 交互设计

房间式互动投影系统倾向于儿童用户,在开发过程中考虑增强儿童在虚拟环境中的真实感和沉浸感是必要的,不能让儿童为如何进行游戏而迷惑,交互流程应当简单、直接、明了。系统应当做到儿童步入房间即可全身心地沉浸在系统中,所以要尽量减少交互负担。

1) 用户交互

用户刚一进入房间时,会被墙面投影的场景及动画吸引,用户步入整个环境,地面生物会因为用户的经过而做出反馈,墙面生物亦然。只要用户在环境中漫步,系统就监听用户位置,等待响应,直到用户走出房间。用户交互逻辑如图 9.42 所示。

2) 海底生物互动

可交互的海底生物们被预先放置在场景里,每个生物每帧都在判断是否有用户靠近自己,如果有用户靠近,生物就做出预设好的反应,比如海马是游动和播放音频"我是海马",扇贝是打开贝壳摇晃和播放音频"我是贝壳"等。海底生物的交互逻辑如图 9.43 所示。

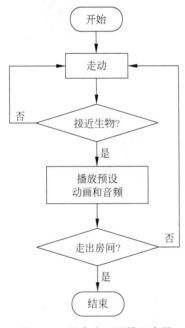

图 9.42　用户交互逻辑示意图

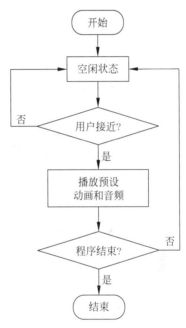

图 9.43　海底生物的交互逻辑示意图

9.3.2　系统实现

9.3.2 节

本节介绍系统各个模块功能的实现细节,并展示相关代码。

1. 场景搭建

系统场景的搭建都在 Unity3D 中完成,包括墙面场景(见图 9.44(a))和地面场景(见图 9.44(b)),两个场景搭建过程相似,这里以墙面场景为例进行说明。

场景中的所有模型以及模型上的动画都是在建模软件中制作的,建模软件需要将模型导出为.fbx 格式的文件,并选择附加材质信息。Unity3D 导入 FBX 文件时,会在资源文件夹中建立材质球并自动对应,这样只需要从资源里将需要用到的模型拖曳到层次视图(见图 9.45),再使用选择、移动、缩放、旋转工具对模型的位置进行调整就可以了。

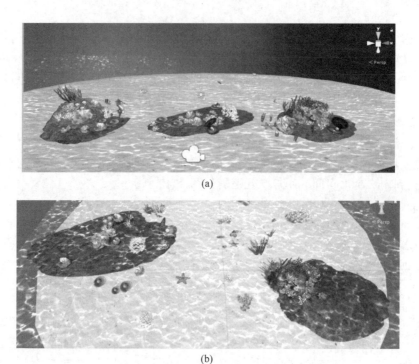

(a)

(b)

图 9.44　Unity3D 中的系统场景

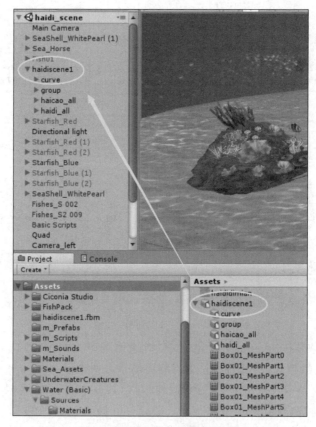

图 9.45　拖曳 FBX 模型到场景

2. 多投影拼接融合

想要对渲染图像进行变形,首先要获得前文提到的两张参数图。还是用墙面投影来举例,使用多通道校正软件 r1c2(见图 9.46)进行交互式几何校正和亮度融合。r1c2 的意思是一行两列的投影。使用 L 键即可进入网格编辑模式,如图 9.47 所示。通过移动网格点,使屏幕边缘与网格边缘完全对齐,投影重叠部分也完全对齐,并且要保证网格是均匀分布在整个屏幕上。几何校正的最终现场投影效果如图 9.48 所示。

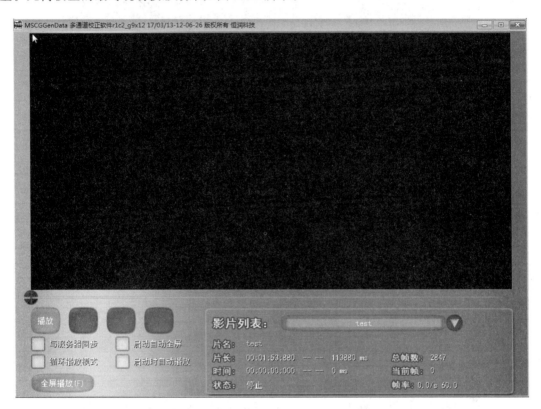

图 9.46　通道校正软件 **r1c2** 的界面

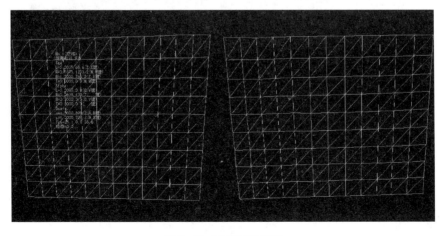

图 9.47　网格编辑工具

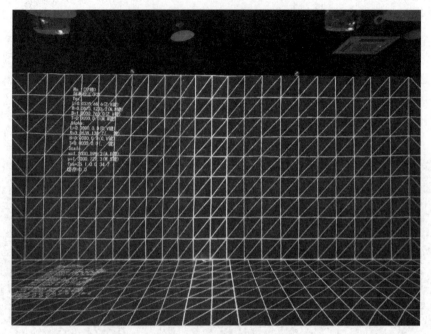

图 9.48　几何校正现场效果图

　　几何校正结束后,要对融合带的亮度/颜色映射关系进行调节。将网格编辑模式更换成融合区校正模式,可以拖动渐变因子曲线上的每个点,调节曲线直到获得最好的融合效果,如图 9.49 所示。

图 9.49　亮度/颜色融合现场效果图

　　以上两步都完成后,便可导出编码后的参数图了。一张是存储了变形映射表的 tex.png(见图 9.50(a)),另一张是存储了亮度颜色融合映射表的 alpha.png(见图 9.50(b))。

　　接下来在 Unity3D 中创建一个 render Texture 对象并将其设置为主相机的 target

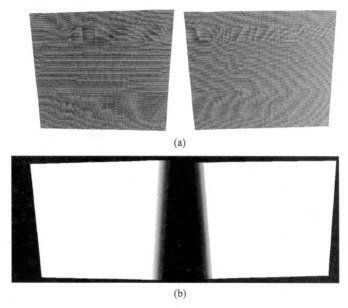

(a)

(b)

图 9.50 编码存储了映射表的两张参数图

Texture。摄像机所看到的画面就会渲染到缓存中,可以作为纹理传给材质球使用。声明一个 Texture2D,导入和存储 tex.png 和 alpha.png,使用 Shader 解码后获得渐变因子,对 render Texture 也即主相机画面进行图像变形及亮度/颜色融合。将材质球赋给一块 plane,再由输出相机监看。对于墙面的场景,设置两个输出相机,分别绑定 display1 和 display2,对应着两台投影仪,如图 9.51 所示。

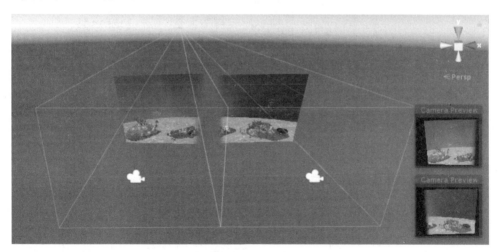

图 9.51 两个输出相机分别对应两个投影仪

用于解码参数图和预处理相机画面的 Shader 代码如下。

```
Shader "MyShader/UnlitTest"
{
    Properties
    {
```

```
            _MainTex ("Texture", 2D) = "white" {}
            _SamTex("SamTex", 2D) = "white" {}
            _BlendTex("BlendTex",2D) = "white"{}
    }
    SubShader
    {
        Tags { "RenderType" = "Transparent" "IgnoreProjector" = "True" }
        LOD 200

        Pass
        {
        ZWrite Off
        Blend SrcAlpha OneMinusSrcAlpha
            CGPROGRAM
            #pragma vertex vert
            #pragma fragment frag
            #pragma enable_d3d11_debug_symbols
            #include "UnityCG.cginc"

            struct appdata
            {
                float4 vertex : POSITION;
                float2 uv : TEXCOORD0;
            };

            struct v2f
            {
                float2 uv : TEXCOORD0;
                float4 vertex : SV_POSITION;
            };

            sampler2D _MainTex;
            sampler2D _SamTex;
            float4 _MainTex_ST;
            float4 _SamTex_ST;
            sampler2D _BlendTex;
            float4 _BlendTex_ST;

            v2f vert (appdata v)                          //顶点着色器代码
            {
                v2f o;
                o.vertex = UnityObjectToClipPos(v.vertex);
                o.uv = TRANSFORM_TEX(v.uv, _SamTex);
                return o;
            }

            fixed4 frag (v2f i) : SV_Target               //片元着色器代码
            {
                float2 uv = {i.uv[0],i.uv[1] };
                float4 cTexColor = tex2D(_SamTex, uv);    //取得 SamTex 中该像素颜色
```

```
            float2 temp = { i.uv[0],i.uv[1] };
            float4 cBlendColor = tex2D(_BlendTex, temp);    //BlendTex 中颜色
            float gray = dot(cBlendColor.rgb, float3(0.299, 0.587, 0.114));

            //计算 u 值
            //先将数值从 0~1 扩展到 0~255,g 是余数,r 是商,所以 fx = (r * 256 + g) * 255
            float fxTexH = round(cTexColor.r * 255.0f * 256.0f);
            float fxTexL = round(cTexColor.g * 255.0f);
            float fxTex = (fxTexL + fxTexH) /65535.0f;
            //计算 v 值
            float fyTexH = round(cTexColor.b * 255.0f * 256.0f);
            float fyTexL = round(cTexColor.a * 255.0f);
            float fyTex = (fyTexL + fyTexH) / 65535.0f;
            float2 tempTex = { fxTex,1.0f - fyTex };        //得到要显示的像素点的位置
            //sample the texture
            fixed4 col = tex2D(_MainTex, tempTex);
            fixed4 graycol = { col.rgb,col.a * gray };
            return graycol;
        }
        ENDCG
      }
    }
}
```

3. 红外检测定位

为了检测用户位置,配置了多个红外摄像头和红外线发射器(见图 9.52)获取数据。使用大恒图像采集卡采集红外图像,其大小为 768×576 像素。墙面上的摄像头负责定位用户在墙面屏幕的位置,天花板上的 4 个摄像头负责定位用户在地面屏幕的位置。图 9.53(a)和图 9.53(b)分别是监控墙面和地面的摄像头的真实图像。

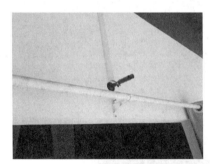

图 9.52　红外摄像头以及红外发射器

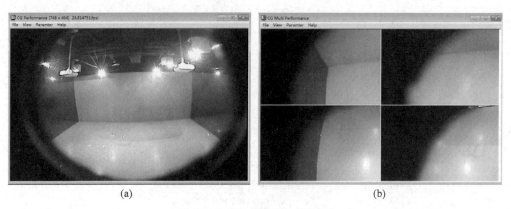

图 9.53　红外摄像头真实画面

　　客户端启动后首先会初始化视频。初始化一次,如果成功找到摄像头返回 true,否则返回 false。当有用户进入房间内,红外检测定位模块检测到有采集到新的图,这时用帧差法对视频流进行处理,通过比较两帧之间的灰度值找到运动的质点,得到质点在红外图像里的坐标值。根据红外图像的宽高和投影屏幕的宽高,可以进行坐标转换,从而得到屏幕坐标(x,y),再通过网络发送出去。如图 9.54 所示,黑底上白色的部分就是被判定为用户在运动的区域。其中,图 9.54(a)和图 9.54(b)分别是墙面和地面的例子。

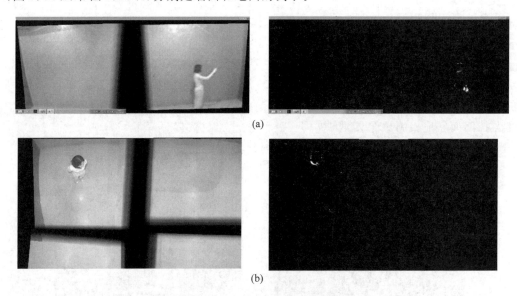

图 9.54　红外图像检测运动目标

红外检测定位模块的部分代码如下。

```
if (back && m_bEyeOK[k]){
    p->textureCreation(DRAW_MOTION_MODE,0);
    p->SOFindCenter(m_nMinDist, 0);
    for (int i = 0; i < DXFIPSnumCentroid; i++){
```

```
    if (p->SOcenter[i].avaiable){
      if (p->SOcenter[i].accout > 0){
        const float x = (p->SOcenter[i].x - p->xwidth * 0.5f) * g_s2cRx[k] + pos[k][0];
        const float y = (p->SOcenter[i].y - p->yheight * 0.5f) * g_s2cRy[k] + pos[k][1];
        D3DXVECTOR3 pt = D3DXVECTOR3(x, y, p->SOcenter[i].accout);
        ptlist.push_back(pt);}
      }
    }
}
```

4. 网络通信模块

网络通信模块分为客户端子模块和服务端子模块,客户端通过读取预先设定的 Socket 套接字,得到 IP 地址和端口号,实现与服务器端的网络连接。客户端的任务是打包、发包,服务器端的任务是收包、解包。

客户端子模块的部分代码如下。

```
bool CGame::SendMsgToAllHosts(char* szMsg)
{
        if (!m_udp.bConnected)
        {
            m_udp.ShutdownSocketUDP();
            m_udp.StartupSocketUDP(m_lLocalPort);
        }
        if (m_udp.bConnected)
        {
m_udp.SendMsgToRemote((char*)(m_host.m_szIPAddr),m_host.m_nUDPPort, szMsg, strlen(szMsg));
        }
    return true;
}
```

服务器端子模块的部分代码如下。

1) 接收数据包

```
static bool OnPackageData(byte rx, ref Package package)
{
    if (!package.m_bReceiveOK)                              //是否正确接收到指令
    {
        if(Package.s_HEAD == rx)                            //package head
        {
            package.m_bFoundHead = true;
            package.m_nReceiveCounter = 0;
        }
        else if (Package.s_TAIL == rx && package.m_bFoundHead)    //package end
        {
            package.m_bFoundHead = false;
            if ((package.m_nReceiveCounter < Package.MAXBUFSIZE + 1))
```

```
            {
                package.m_bReceiveOK = true;
                if (package.m_bReceiveOK)                    //找到一个完整的数据包
                {
                    package.m_bReceiveOK = false;
                    package.m_bFoundHead = false;
                    package.m_nReceiveCounter = 0;
                    return true;
                }
            }
            else
            {
                package.m_bFoundHead = false;
                package.m_nReceiveCounter = 0;
            }
        }
        else if (package.m_bFoundHead)
        {
            if (package.m_nReceiveCounter < Package.MAXBUFSIZE)
            {
                package.m_szTxt[package.m_nReceiveCounter++] = rx;
            }
            else
            {
                package.m_bFoundHead = false;                 //标准接收包起始标志
                package.m_nReceiveCounter = 0;
            }
        }
    }
}
```

2）解析数据包

```
while (PosUDPOK)
{
    try
    {
        byte[] buf = PosUDP.Receive(ref remoteHost);
        for (int i = 0; i < buf.Length; i++)
        {
            bool package_OK = OnPackageData(buf[i], ref m_posPackage);
            if (package_OK)                                  //解析完整数据包
            {
                s = Encoding.UTF8.GetString(m_posPackage.m_szTxt);
                string[] ss = s.Split(',');
                if (ss != null && 0 <= ss.Length)
```

```
                {
                    if (ss[0].ToUpper() == "P")              //判断字符串首位
                    {
                        Vector3 vec = new Vector3();
                        vec.x = float.Parse(ss[1]);          //触点位置的 x
                        vec.y = float.Parse(ss[2]);          //触点位置的 y
                        if (vec.y < 200)
                        {
                            pos.Add(vec);
                        }
                    }
                }
            }
        }
        pos.ForEach(i => pos2.Add(i));
        pos.Clear();
        Map.Mapposition = true;
    }
    catch (Exception e)
    {
        string log = DateTime.Now.ToString("yyyy - MM - dd hh: mm: ss") + e.Message;
        Debug.Log(log);
    }
}
```

5. 交互模块

首先交互模块实现了给定一个阈值,判断用户是否出现在生物周围。具体来说,就是通过个例测试确定了用户位置离生物还有 100px 的时候触发反馈是比较合适的。以海马举例,通过 tag 值"sea_horse"找到场景中的所有海马,存入数组。每一帧都遍历数组,判断每个海马的当前状态。如果有用户在周围,就是运动状态,没有则是空闲状态。相关代码如下。

```
public static bool isTouch(GameObject animal,Vector3 input,float delta)
{
    inputt = input;
    Vector2 pos = Camera.main.WorldToScreenPoint(animal.transform.position);
    float deltaX = pos.x - input.x;
    float deltaY = pos.y - input.y;
    if (Mathf.Abs(deltaX) <= delta && Mathf.Abs(deltaY) <= delta)      //阈值判断
    {
        return true;
    }
    return false;
}
```

使用 Unity3D 自带的动画组件(见图 9.55(a)),将模型上的动画按照帧数切割成动画片段,如此便可以在不同的情况下播放不同片段。因为空闲状态下生物也是有动画的,于是设置 Play Automatically 为 true,即运行自动播放 idle 动画,再使用脚本控制其他动画片段的播放。同理,使用音频组件管理音频(见图 9.55(b)),我们希望在空闲状态下是不播放语音的,所以设置 Play On Awake 为 false,使用脚本控制播放。

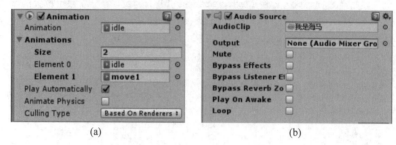

图 9.55　Unity3D 的动画组件

脚本中控制动画和音频播放的部分代码如下。

```
for (int j = 0; j < UDPInputManager.pos3.Count; j++)
{
    for (int i = 0; i < sea_horses.Length; i++)
    {
        Animation m_anim = sea_horses[i].GetComponent<Animation>();
        if (!m_anim.isPlaying)
        {
            //若没有动画播放,默认播放 idle 动画
            m_anim.Play("idle");
        }
        if (Touch.isTouch(sea_horses[i], UDPInputManager.pos3[j], 100))    //阈值判断
        {
        m_anim.Play("move1");    //播放动画
        if (!audio_source.isPlaying)
        {
            audio_source.Play();
        }
    }
    }
}
```

9.4　360°全景球幕播放系统

大空间投影 VR 环境可以为群体用户提供高质量的沉浸式显示效果,目前广泛应用于主题公园互动设施、博物馆科技馆大空间展示及各类大型文体活动及演出等领域。VR 全景球幕是近年来逐渐兴起的大空间投影显示环境,可以为群体用户提供 360°的包围式显示视角,在真实感及沉浸感方面较传统的平面幕、环形幕及半球幕有着显著的优势,已开始逐步应用于高端展示等商业领域,如迪拜的全景球幕、世博会中国台湾馆、韩国光洲科学馆、上海红星美凯龙 2050 未来体验馆等。本节介绍 360°全景球幕系统的设计与实现方法,主要包括播放子系

统和控制平台子系统等。

9.4.1 系统设计

1. 360°全景球幕环境

360°全景球幕环境是大空间包围式的 VR 显示环境,其外观及内部结构如图 9.56 所示。球形幕布的直径可以达到 12m,需要使用 16 台投影仪进行覆盖式投影显示。在全景球幕中央安装有纵向的观影廊桥,观众从一侧入口进入球幕影院内部,在廊桥上行走并观看球幕视频。由于全景球幕影院的播放画面是 360°的,观众可以从任意角度进行观看,产生包围式的高沉浸感观影体验。

图 9.56 球幕影院外观及内部结构

在全景球幕影院中,首先需要考虑的问题是投影仪的安装位置。理想情况下,如果所有投影仪均安装于球心位置,镜头朝向均匀分布,此时每台投影仪的投影成像区域在球幕上呈均匀分布。但在实际球幕影院环境中,观影廊桥横穿球心,无法进行投影仪安装。实际球幕影院中一般将各台投影仪安装在廊桥的进口和出口附近。如图 9.57 所示,球幕观影廊桥的出、入口处各安装了一组投影仪,每组含 8 台投影仪,5 台位于廊桥上方,其余 3 台位于廊桥下方,每组投影仪分别负责一个半球区域的投影,形成覆盖式显示效果。

AR 图标

图 9.57 球幕内部两侧投影仪分布

由于目前市面常见的显卡通常有 4 个显卡接口,因此至少需要 4 台主机进行播放。计算机主机等设备被安置在球幕外,通过音视频流传输线与投影仪相连。

为了方便对 4 台主机的播放控制,方便用户的操作,额外设置 1 台主机作为中控机。系统采用计算机集群的方式,将中控主机与 4 台播放主机通过局域网相连。中控主机负责统一调控调度各台主机的运作,用户通过中控主机对 4 台播放主机下达命令,完成播放暂停、切换视频等操作。为方便区分,将 4 台播放主机编号为 01~04,16 台投影仪编号为 101~116。每台播放主机与 4 台投影仪通过高清视频数据线相连。整个播放系统的物理结构示意图如图 9.58 所示。

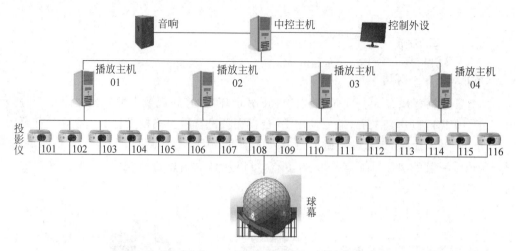

图 9.58　系统物理结构示意图

在全景球播放系统中,中控主机负责对 4 台播放主机的统一控制,需要频繁向播放主机发送指令,因此播放主机和中控主机之间应该可以方便地发送信息。另一方面,多个投影仪的画面之间应该保持同步,否则就会导致画面撕裂或模糊,影响系统的体验感。这就要求 4 台播放主机收到指令并响应的动作应当尽量同步。也就是说,指令信息在中控主机和播放主机之间传递时应尽量减少延迟。

系统采用 C/S 架构。中控主机作为服务器,通过局域网与 4 台播放主机相连。播放主机作为客户端,执行服务器的指令。指令信息通过局域网进行传递,局域网的传输速率较高,可以较好地避免出现信息传递延迟的问题,保证各播放主机接收信息的时间基本保持一致。播放列表等信息存储在中控主机,用户在服务器端获取影片文件信息并指定播放文件。为满足高清播放的要求,用于播放的视频文件分辨率极高,这导致视频文件所占内存空间极大,因此将视频文件直接存储在每个播放主机的本地磁盘,方便文件的快速读取。

2. 系统流程

在全景球播放系统中,读入视频源后,首先需要解码视频。为加快解码效率,提高播放帧率,可使用 GPU 进行解码,也就是硬件解码。解码后的视频并不能直接播放出来,还要经过变形融合处理。为了提高播放效率,变形融合处理同样应在 GPU 中进行。最后,播放端作为客户端接收服务器端的播放指令,将渲染处理后的画面送给投影仪并播放出来。因此,系统主要需要解决的问题有:画面矫正处理与无缝拼接,保证高分辨率视频的流畅播放以及提供良好的控制机制和交互界面等。针对这些需求,系统可以分为服务器端(中控端)和播放端两个部分。服务器端主要包括播放控制模块,播放端主要包括变形融合模块、播放模块。系统整体流程图如图 9.59 所示。

3. 播放端

播放端的播放流程如图 9.60 所示。视频播放器从本地播放一个视频,首先要进行视频解码。然后进行变形校正与亮度融合。

在全景球中,由于投影仪不是放置于球心位置,投影仪的画面投影到幕布上会产生畸变。为了消除这种画面畸变,需要对投影仪的播放画面进行畸变校正与处理,保证球面视频正常显示。

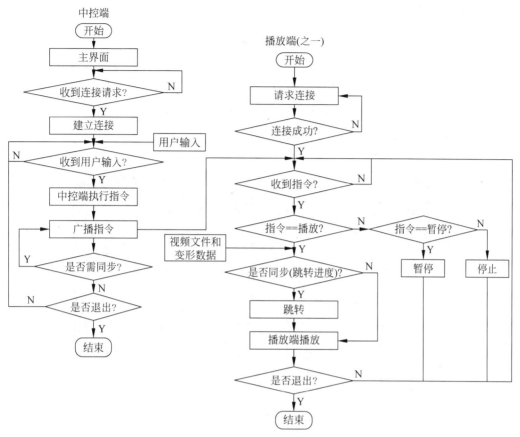

图 9.59 系统整体流程图

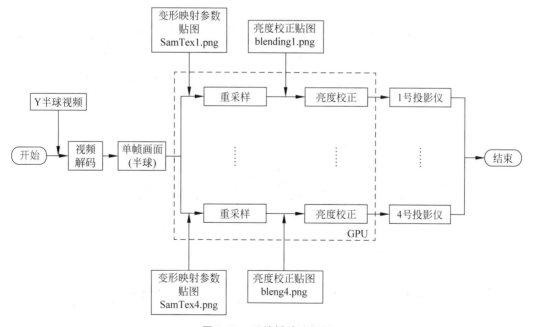

图 9.60 系统播放流程图

由于幕布是球形的,因此将其划分为左右两个半球,每个半球对应一个视频源。视频画面经过了鱼眼特效处理。所谓鱼眼效果,就是使用大于等于180°视角的广角镜头来拍摄,得到的画面除画面中心的景物保持不变外,边缘均出现畸变,且越接近画面边缘的位置变形越严重。如图9.61所示为左右两个视频源中同一时刻要播放的画面。我们可以想象一个球形,如果将如图9.61所示的两张图片(画面外的黑色部分视为透明)贴到球的表面,那么贴图中心的位置保持原状,越靠近画面边缘的位置受到的拉伸程度就越严重,刚好可以还原成变形前的画面,两张贴图可以拼成一个完整的球形画面。通过这种方式,就可以得到球形幕布上的真实画面。

图9.61 左、右半球对应的视频截图

根据投影仪的投射范围,左右两个视频源都被分为8个区域,如图9.62所示。因此,需要考虑如何对视频画面进行分割。另外,由于投影仪不是位于球幕球心的,每个投影仪的投射范围会是一个不规则的曲面四边形,导致画面出现畸变。为此,采用对源画面进行重采样的办法进行校正处理。

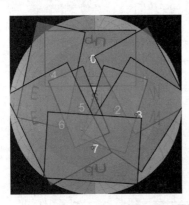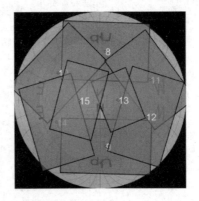

图9.62 画面分割示意图

图9.63给出了以1号投影仪为例的变形融合过程示意图。从图中可以看出,在变形校正中采用了变形映射参数贴图。

首先介绍一下变形映射参数贴图。对一个像素点进行重采样需要知道该像素点的位置信息,也就是(u, v)坐标,因此数据量非常大。我们的程序是使用Unity3D工具设计的,Unity3D中为开发者提供了一种名为Unity Shader图像编程接口,它实际上是一段直接运行在GPU上的代码,通过Shader开发者可以直接在GPU上编程,大大提高程序运行速度。

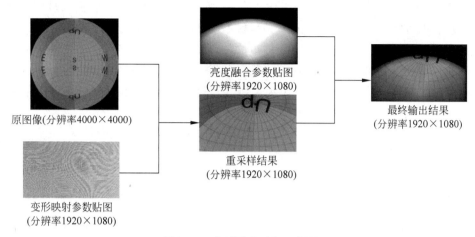

图 9.63 变形融合过程示意图

Shader 可以直接接收 .png 格式的贴图(即 Texture)作为参数,因此考虑将每个投影仪的像素点重采样信息都编译成一张图片,通过读取图片的方式获取每个像素点的原位置信息。最终获得的变形映射参数贴图如图 9.63 左下图所示,下面来介绍这张图是怎么编译出来的。

首先,对于原始图像 Img 中的像素点 $\text{Img}(u,v)$,假设经过变形后该像素由投影仪 Pro_i 进行投影,投影位置为 (u',v')。那么就做如下计算:将 u 坐标(水平坐标)值转为 16 位定点数据,高 8 位记作 r,低 8 位记作 g;将 v 坐标(垂直坐标)值转为 16 位定点数据,高 8 位记作 b,低 8 位记作 a。然后将 r、g、b、a 四个值依次存储为变形映射参数贴图在 (u',v') 处的 R、G、B、A 四个位面。对 $(0,0)$ 到 $(U_{\max},V_{\max})$ 的所有像素点都做此操作,就得到了一张如图 9.63 所示的变形映射参数贴图。这里把这张贴图命名为 $\text{SamTex}_i.\text{png}$。Shader 读取 $\text{SamTex}_i.\text{png}$ 后,就可以反向解码,得到像素点在原图像中的坐标数据,然后对原图像进行重采样,获得分割和变形后的图像,如图 9.63 所示。

此时得到的画面还不能直接由投影仪输出。前面提到,多个投影仪之间存在重叠投影区域,此时如果直接将变形后的结果投影到屏幕上,重叠区域的亮度会格外高,使得画面有亮有暗,严重影响观看体验。因此就要对投影的画面边缘进行亮度融合处理。每个投影仪都有对应的亮度融合参数贴图 $\text{Blending}_i.\text{png}$,将该贴图同样作为参数传递给 Shader,令像素点最终输出时的透明度值(即 A 位面值)为这一点的灰度值。灰度值由 RGB 值计算得来:

$$\text{Gray} = (R \times 299 + G \times 587 + B \times 114 + 500)/1000$$

综上所述,投影仪 Pro_i 所显示的最终图像 Img_i 是经过重采样和亮度融合两步得到的。

$$\text{Img}_i(u,v) = \text{Img}(\text{Map}(u,v)) \times \text{Gray}_i(u,v)$$

Shader 读取贴图并重采样的具体代码将在后面系统实现中加以说明。

4. 中控端

视频播放系统需要拥有良好的人机交互界面。在 360° 全景球中,如何让用户更加方便地对系统进行控制,同时又能保证系统的安全性(不被随意更改),是一个需要考虑的问题。因此在播放器之上添加一个抽象层,仅用于对播放的控制,与用户直接交互,称为控制中心。而播放端除接收控制指令外,不留任何交互接口,以此保证播放端的安全性。

为了更清晰地向用户展示系统的当前状态,为控制中心添加一个 Timeline。Timeline,即时间线,又被称为时间轴,沿着视频播放的时间方向即为 Timeline。控制中心需要根据用户的操作和 Timeline 当前状态对播放端发出指令,一条指令中包含文件名、播放进度、播放状态等多种信息。而接收端则需要解析指令内容,根据解析得到的结果执行指令。

此外,由于系统是由 4 台主机进行协同播放的,所以还要考虑多台主机之间的同步问题。由于指令在局域网中传递,所以不考虑网络延迟问题。令中控主机定时向 4 台播放主机发送一段用于定位时间进度的指令,4 台主机接收到指令后分别对自己的播放进度进行矫正,以此实现多台主机的同步。

9.4.2节

9.4.2　系统实现

本节详细介绍系统的具体实现步骤,并给出部分核心代码。

1. 控制端

控制端(服务器端)使用 C♯ 语言实现,开发时使用的编译器为 Visual Studio 2015。控制端主要包括时间线窗口、媒体文件列表窗口和预览窗口三大部分。

首先在 VS 2015 中新建一个 C♯ WinForm 工程文件,为此工程添加一个主窗口 MainForm(见图 9.64),作为其他所有窗口的父窗口。接下来对各个子窗口进行逐一介绍。

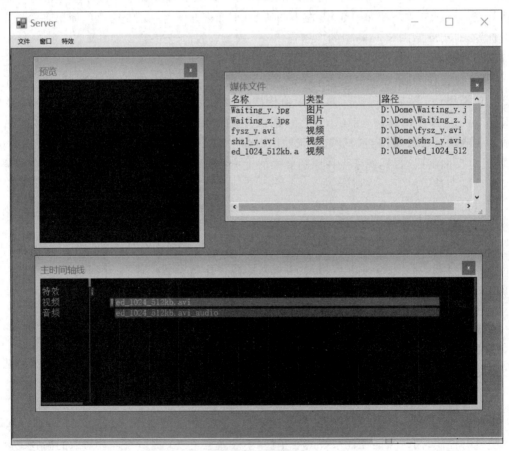

图 9.64　主窗口

1) 时间线

在主时间轴线窗口(见图 9.65)中,时间轴根据显示内容的不同分为三个轨道:特效轨道、视频轨道和音频轨道。

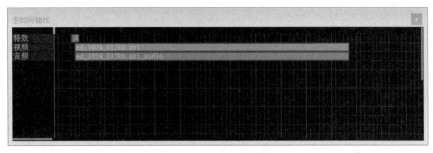

图 9.65 主时间轴线窗口

首先介绍 Timeline 中的数据格式。Timeline 中主要包括两种数据：轨道数据和轨道中的元素。其数据格式如下。

```
public class Track                          //轨道数据
{
    public int Index { get; set; }
    public string TrackName { get; set; }
    public Color _color { get; set; }
    public List < Parts > PartList { get; set; }
}
public class Parts                          //轨道中的元素数据
{
    //public Track track { set; get; }      //所属 Track
    //public int ID { set; get; }           //事件 ID
    public float Start { set; get; }        //开始时间
    public float Length { set; get; }       //持续时间
    public string Name { set; get; }        //事件内容,如淡入淡出等;如果是 video 或 image
                                            //则记录文件名
    public int Type { set; get; }           //事件类型,0 表示特效,1 表示视频,2 表示音频,
                                            //3 表示待机画面

}
```

Timeline 维护一个轨道列表：List < Track > _tracks。用户对 Timeline 的增删改操作实际上就是对_tracks 进行增删改操作。每次用户操作后,程序根据操作后的轨道列表_tracks 中的内容对窗口进行重绘。重绘轨道及其元素的代码如下。

```
//< summary >
// 绘制 timeline 中的轨道及其元素
//</ summary >
//< param name = "tracks"></ param >
private void DrawTracks(List < Track > tracks, Graphics graphics)
{
    Rectangle trackAreaBounds = GetTrackAreaBounds();
    //生成轨道颜色
    List < Color > colors = ColorHelper.GetRandomColors(_tracks.Count);
    foreach (Track track in tracks)
    {
```

```
            if (track.PartList == null) continue;
            foreach (Parts part in track.PartList)
            {
                if (part == null) continue;
                //轨道的范围,包括边界
                RectangleF trackExtent = BoundsHelper.GetTrackExtents(part, this);
                //目标区域外的轨道元素不绘制.
                if (!trackAreaBounds.IntersectsWith(trackExtent.ToRectangle()))
                {
                    continue;
                }
                //轨道索引
                int trackIndex = part.Type;
                if (trackIndex == 3) trackIndex = 1;
                //确定该轨道颜色
                Color trackColor = ColorHelper.AdjustColor(colors[trackIndex], 0, -0.1, -0.2);
                track._color = trackColor;          //保存轨道颜色
                Color borderColor = Color.FromArgb(128, Color.Black);

                if (_selectedParts.Contains(part))
                {
                    borderColor = Color.WhiteSmoke;
                }

                //绘制轨道主区域.
                graphics.FillRectangle(new SolidBrush(trackColor), trackExtent);
                graphics.DrawString(part.Name, _labelFont, Brushes.LightGray, trackExtent);

                //边框调整
                trackExtent.X += TrackBorderSize / 2f;
                trackExtent.Y += TrackBorderSize / 2f;
                trackExtent.Height -= TrackBorderSize;
                trackExtent.Width -= TrackBorderSize;

                 graphics.DrawRectangle(new Pen(borderColor, TrackBorderSize), trackExtent.X,
    trackExtent.Y, trackExtent.Width, trackExtent.Height);
            }
        }
    }
```

时间轴中的计时器设计如下。

```
    class TimelineClock: IClock
    {
    public double Value { get; set; }
    private Stopwatch _stopwatch = new Stopwatch();
    private bool _isRunning;
    public bool IsRunning { get { return _isRunning; } }
    private bool _isReseted;
```

```
        public bool IsReseted { get { return _isReseted; } }

        public void Pause()
        {
            _stopwatch.Stop();
            _isRunning = false;
            _isReseted = false;
        }

        public void Play()
        {
            _stopwatch.Start();
            _isRunning = true;
            _isReseted = false;
        }

        public void Reset()
        {
            _stopwatch.Reset();
            Value = 0;
            _isRunning = false;
            _isReseted = true;
        }

        public void Update()
        {
            if (IsRunning)
            {
                if (Value < 0)                    //clock 值不能小于 0
                {
                    Value = 0;
                }
                Value += _stopwatch.ElapsedMilliseconds;
                _stopwatch.Reset();
                _stopwatch.Start();
                _isRunning = true;
            }
        }
    }
}
```

2）媒体文件列表

媒体文件列表窗口负责显示系统中的可用资源。将媒体文件添加到列表后，用户可以选中文件并通过右键菜单对文件进行操作，如删除文件或添加到时间轴，如图 9.66 所示。

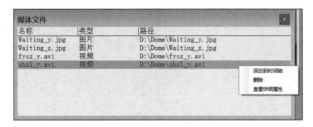

图 9.66　媒体文件列表窗口

媒体文件的数据格式如下。

```
public class mFileInfo
{
    public string FileName { get; set; }
    public string FileType { get; set; }
    public string FilePath { get; set; }
}
```

媒体文件列表窗口维护一个媒体文件列表 List < mFileInfo > theFileList。以添加一个媒体文件为例,其核心代码如下。

```
public void addFile(string fPath)
{
    string name = ""; string type = ""; string path = fPath;
    string[] sArray = fPath.Split(new char[2] { '/', '\\' });
    foreach(string s in sArray)
    {
        name = s;
    }
    string[] sName = name.Split('.');
    foreach(string s in sName)
    {
        type = s;
    }
    switch (type)
    {
        case "mp4":
        case "avi":
        case "MP4":
        case "AVI":
            type = "视频";
            break;
        case "jpg":
        case "png":
        case "JPG":
        case "PNG":
            type = "图片";
            break;
        default:
            break;
    }
    theFileList.Add(new mFileInfo { FileName = name, FileType = type,FilePath = path });
    Invalidate();                              //重绘窗口
}
```

3)预览窗口

预览窗口的作用是让用户可以通过服务器端查看当前的播放内容。当时间线开始播放时,预览窗口中可以显示当前正在播放的图片或视频。

对于静止待机画面(如 jpg 格式的文件和 png 格式的文件),本文采用 WinForm 自带的 PictureBox 控件。

对于视频文件的显示,本文采用 Windows Media Player 控件进行实现。Windows Media Player 是微软公司提供的一款免费的播放器插件,可以在下载相关组件后直接在 WinForm 程序中进行引用。首先将控件加载到工具箱,具体做法是,在 Visual Studio 2015 主菜单栏中选择"工具"→"选择工具箱项"→"COM 组件",找到 Windows Media Player 复选框并勾选,如图 9.67 所示。

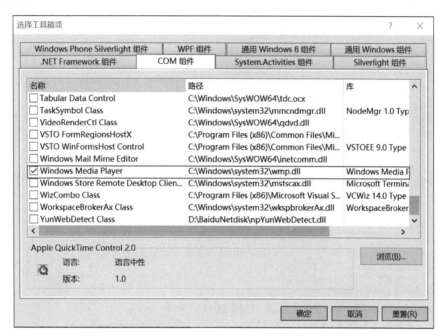

图 9.67　将 Windows Media Player 控件加载到工具箱

由于预览窗口不需要接收用户的输入,因此将界面模式设置为空。

```
this.axWindowsMediaPlayer1.uiMode = "None"
```

Windows Media Player 的操作如下。

```
public void play(string path, string value, string start)
{                              //视频播放
    double v = Convert.ToDouble(value);
    double s = Convert.ToDouble(start);
    Console.WriteLine("开始播放 当前值" + v + " 开始值" + s);
    if (axWindowsMediaPlayer1.URL != path)
    {
        this.axWindowsMediaPlayer1.URL = path;
    }
    if (v != s)
    {
        axWindowsMediaPlayer1.Ctlcontrols.currentPosition = (v - s);
    }
}
```

```
        this.axWindowsMediaPlayer1.Ctlcontrols.play();
    }

    public void pause()
    {//视频暂停
        if(videoVisable)
        this.axWindowsMediaPlayer1.Ctlcontrols.pause();
    }
    public void stop()
    {
        if (videoVisable)
            this.axWindowsMediaPlayer1.Ctlcontrols.stop();
        else
            pictureBox1.ImageLocation = null;
    }
    public void reset()
    {//重置
        if (videoVisable)
            this.axWindowsMediaPlayer1.Ctlcontrols.stop();
        else
            pictureBox1.ImageLocation = null;
    }
```

使用代码控制显示或隐藏 PictureBox 和 Windows Media Player 控件。

```
    public void VideoVisible(bool video)
    {                                   //图片不可见
        if (video != videoVisable)
        {
            if (video == true)           //显示 video,隐藏 picture
            {
                axWindowsMediaPlayer1.Visible = true;
                pictureBox1.Visible = false;
                videoVisable = video;
            }
            else                         //隐藏 video,显示 picture
            {
                axWindowsMediaPlayer1.Visible = false;
                pictureBox1.Visible = true;
                videoVisable = video;
            }
        }
    }
```

4) 发送消息

全景球播放系统支持网络同步的通信方式,采用 UDP,固定的接收数据端口为 7655。对于 Timeline 而言,窗口需要发送消息的情况一般有以下几种情况。

(1) 接收到用户键盘指令时,包括空格键(开始或暂停)、R 键(重置时间线状态)。

(2) 接收到用户鼠标单击指令并引起播放头跳转时。

（3）在 Timeline 播放过程中，播放头走到事件元素的开始或结束端时。

（4）播放过程中的定时进度校正指令。

综合以上几种情况，窗口在接收用户键盘输入、鼠标单击事件和画面刷新重绘时，判断是否需要发送信息，同时设定每 500ms 发送一次进度校正指令。部分相关代码如下。

```csharp
#region 响应用户操作并发送状态信息
        public event EventHandler GetValue;
        private void TimelineForm_KeyDown(object sender, KeyEventArgs e)
        {                                                   //鼠标输入事件
            double value = _clock.Value * 0.001f;

            if (e.KeyCode == Keys.Delete)                   //删除元素
            {
                timeline1.DeleteTrackPart();
                Console.WriteLine("delete");
            }
            if (e.KeyCode == Keys.Space)                    //开始或暂停播放
            {
                if (_clock.IsRunning)
                {
                    _clock.Pause();
                    Console.WriteLine("Space: Clock paused.");
                    for (int i = 0; i < TrackList.Count; i++)
                    {
                        foreach (Parts p in TrackList[i].PartList)
                        {
                            float start = p.Start;
                            float end = p.Start + p.Length;
                            if (value >= start && value <= end)
                            {
                                GetValue(i.ToString() + "," + p.Name + "," + value.
ToString() + "," + start.ToString() + "," + ActionMode.Pause, e);
                                //轨道号,文件名,当前时间线时间,该 Part 的开始时间,播放状态: 暂停
                                server.sendMsg(NewActionJson(i, p.Name, value, start,
ActionMode.Pause).ToString());              //NewActionJson 函数生成一段 JSON 代码
                            }
                        }
                    }
                }
                else
                {
                    _clock.Play();
                    Console.WriteLine("Space: Clock running.");
                    for (int i = 0; i < TrackList.Count; i++)
                    {
                        foreach (Parts p in TrackList[i].PartList)
                        {
                            float start = p.Start;
                            float end = p.Start + p.Length;
```

```
                        if (value >= start && value < end)
                        {
                            GetValue(i.ToString() + "," + p.Name + "," + value.
ToString() + "," + start.ToString() + "," + ActionMode.Play, e);
                            //轨道号,文件名,当前时间线时间,该 Part 的开始时间,播放状态: 播放
                                server.sendMsg(NewActionJson(i, p.Name, value, start,
ActionMode.Play).ToString());
                        }
                    }
                }
            }
        }
        if (e.KeyCode == Keys.R)                              //重置
        {
            _clock.Reset();
            Console.WriteLine("R: Clock reseted.");
            //重置全部状态,根据 stop 关键字,播放窗口不显示内容

            GetValue("1,Reset,0,0," + ActionMode.Stop, e);
                    //轨道号,文件名,当前时间线时间,该 Part 的开始时间,播放状态: 停止
            server.sendMsg(NewActionJson(1, "Reset", value, 0, ActionMode.Stop).ToString());

        }
    }
    private void timeline1_Paint(object sender, PaintEventArgs e)
    {                              //控件 timeline1 被重绘时回调委托,传给 mainform 字符串
        if (_clock.IsRunning)
        {
            if (GetValue != null)
            {
                double value = Math.Round(_clock.Value * 0.001f, 2);
                //Console.WriteLine(_clock.Value * 0.001f);

                for (int i = 0; i < TrackList.Count; i++)
                {
                    foreach (Parts p in TrackList[i].PartList)
                    {
                        float start = p.Start;
                        float end = p.Start + p.Length;
                        //Console.WriteLine(value.ToString() + " " + p.Start);
                        if (value + 0.05 >= start && value - 0.05 < start)
                        {
                            GetValue(i.ToString() + "," + p.Name + "," + value.
ToString() + "," + start.ToString() + "," + ActionMode.Play, e);
                            //轨道号,文件名,当前时间线时间,该 Part 的开始时间,播放状态: 开始播放
                                server.sendMsg(NewActionJson(i, p.Name, value, start,
ActionMode.Play).ToString());
                        }

                        if (value + 0.05 >= end && value - 0.05 < end)
                        {
```

```
                                    GetValue(i.ToString() + "," + p.Name + "," + value.ToString
() + "," + start.ToString() + "," + ActionMode.Stop, e);
                        //轨道号,文件名,当前时间线时间,该Part的开始时间,播放状态:开始播放
                                    server.sendMsg(NewActionJson(i, p.Name, value, start,
ActionMode.Stop).ToString());
                        }
                    }
                }
            }
        }
    }

    private void timeline1_Click(object sender, EventArgs e)
    {   //鼠标单击调整播放进度
        //播放状态下跳转
        //非播放状态(包括暂停和停止)跳转并等待播放
        double value = Math.Round(_clock.Value * 0.001f, 2);
        if (GetValue != null)
        {
            for (int i = 0; i < TrackList.Count; i++)
            {
                foreach (Parts p in TrackList[i].PartList)
                {
                    float start = p.Start;
                    float end = p.Start + p.Length;
                    if (value >= start && value <= end)
                    {
                        if (_clock.IsRunning)
                        {
                            GetValue(i.ToString() + "," + p.Name + "," + value.
ToString() + "," + start.ToString() + "," + ActionMode.Play, e);
                            //轨道号,文件名,当前时间线时间,该Part的开始时间,播放状态:开始播放
                            server.sendMsg(NewActionJson(i, p.Name, value, start,
ActionMode.Play).ToString());
                        }

                        else
                        {
                            GetValue(i.ToString() + "," + p.Name + "," + value.
ToString() + "," + start.ToString() + "," + ActionMode.Pause, e);
                            //轨道号,文件名,当前时间线时间,该Part的开始时间,播放状态:暂停
                            server.sendMsg(NewActionJson(i, p.Name, value, start,
ActionMode.Pause).ToString());
                        }
                    }
                }
            }
        }
    }
    #endregion
    System.Timers.Timer tmr = new System.Timers.Timer(500);  //500ms一个循环
    tmr.Elapsed += delegate
```

```
    {
        tlForm.GetValue += new EventHandler(SendValue);    //调用发送当前状态的信息函数
    };
    tmr.Start();
```

在全景球播放系统中,服务器端和客户端之间通信的数据都以 JSON 语言的形式传递。JSON 是一种轻量级的广泛应用于交换数据的文件格式。通信数据主要是服务器对客户端下达的控制指令,如播放、暂停等。每条 JSON 消息包含 5 条信息,其具体格式如图 9.68 所示。

```
{
    "Layer": 1,
    "Name": "Waiting_y.jpg",
    "Time": 39.95,
    "Start": 40.0,
    "State": 0
}
```

图 9.68 一条通信数据

每条信息的含义如表 9.1 所示。

表 9.1 通信数据格式及含义

	Layer	Name	Time	Start	State
类型	int	string	float	float	int
含义	该条消息对应第几条轨道	播放的文件名。同时可作为查找路径的依据	当前播放头位于时间线的位置	该元素在时间线中的开始位置。与 Time 值做差可以得到当前的播放进度,方便跳转	播放状态
取值范围	0,1,2				0,1,2

(1) Layer。Layer 声明了该条消息对应的是哪条轨道,不同的轨道中对应的消息内容是不同的。具体取值含义如表 9.2 所示。

表 9.2 Layer 值含义

Layer 值	0	1	2
含义	特效轨道,其元素代表一个特效	视频轨,其元素代表视频或者待机画面	音轨,其元素代表一段音频

(2) Name。Name 表示当前元素的文件名,如 fysz_y.avi。如果是一段特效,Name 的值就是特效的名称。接收方根据 Name 值,到指定的路径下寻找该文件并进行播放。

特殊情况:R 键重置时间线。这种情况下没有对应的文件名称,因此令 Name 值为 "Reset",表示时间轴被重置,所有播放内容清空。

(3) Time。Time 值表示当前时间线的播放进度,也就是播放头的位置。

(4) Start。Start 是指当前时间头所在位置上的元素在时间线中的开始位置。Start 值减去 Time 值可以得到播放进度,方便对视频的播放进度进行调整。

(5) State。State 声明播放状态,其具体取值含义如表 9.3 所示。当发送进度校正指令时,该字段的值会根据当前的播放状态而确定,如果视频正处于播放中,该字段的值就是 0。

表 9.3 State 值含义

State	0	1	2
含义	Play,播放中	Pause,暂停	Stop,停止

2. 播放端

前面提到,整个球形画面实际上有两个视频源,每个视频由 8 台投影仪进行播放,刚好覆盖一个半球。为了保证播放画面的清晰度,系统选用分辨率为 4000×4000 的高清视频源。

播放端是播放影片的主体,其主要工作是解码视频,并根据给定的参数文件对原始画面进行切割、变形处理,最后通过调整画面亮度,实现无缝融合效果。播放端采用 Unity3D 进行开发,硬件设备采用 Intel 8 代 i9 处理器和 NVIDIA GTX 1070。

1) 画面变形校正处理

前面已经介绍了画面变形校正处理的原理,下面具体介绍相关代码。新建一个 Shader 文件,在其中添加以下代码,实现对原图像的重采样。

```
sampler2D _MainTex;
sampler2D _SamTex;
float4 _MainTex_ST;
float4 _SamTex_ST;

v2f vert (appdata v)                              //顶点着色器代码
{
    v2f o;
    o.vertex = UnityObjectToClipPos(v.vertex);
    o.uv = TRANSFORM_TEX(v.uv, _SamTex);
    return o;
}

fixed4 frag (v2f i) : SV_Target                   //片元着色器代码
{
    float2 uv = {i.uv[0],i.uv[1]};
    float4 cTexColor = tex2D(_SamTex, uv);        //取得 SamTex 中该像素颜色

    float2 temp = { 1.0f - i.uv[0],1.0f - i.uv[1] };

    //计算 u 值
    //先将数值从 0~1 扩展到 0~255,g 是余数,r 是商,所以 fx = (r * 256 + g) * 255
    float fxTexH = round(cTexColor.r * 255.0f * 256.0f);
    float fxTexL = round(cTexColor.g * 255.0f);
    float fxTex = (fxTexL + fxTexH) /65535.0f;
    //计算 v 值
    float fyTexH = round(cTexColor.b * 255.0f * 256.0f);
    float fyTexL = round(cTexColor.a * 255.0f);
    float fyTex = (fyTexL + fyTexH) / 65535.0f;

    float2 tempTex = {fxTex,fyTex };              //得到要显示的像素点的位置

    //sample the texture
    fixed4 col = tex2D(_MainTex, tempTex);

    return col;
}
```

2) 亮度融合处理

当多个投影仪的投影范围有所重叠时,重叠区域的画面亮度就会因投影叠加而变高,使画

面亮度产生明显的不均匀现象。为了消除这种亮度不均匀的现象,系统需要对每个投影仪的画面进行亮度融合处理。亮度融合处理也是通过 Shader 实现的。

亮度融合需要一张亮度融合参数贴图。在该贴图中,投影仪每个像素点的亮度值都由该点处的灰度值决定。由 RGB 值计算灰度值的公式是:

$$Gray = (R \times 299 + G \times 587 + B \times 114 + 500)/1000$$

因此在前面的 Shader 基础上,修改为如下代码。

```
sampler2D _MainTex;
sampler2D _SamTex;
float4 _MainTex_ST;
float4 _SamTex_ST;
sampler2D _BlendTex;
float4 _BlendTex_ST;

v2f vert (appdata v)                        //顶点着色器代码
{
    v2f o;
    o.vertex = UnityObjectToClipPos(v.vertex);
    o.uv = TRANSFORM_TEX(v.uv, _SamTex);
    return o;
}

fixed4 frag (v2f i) : SV_Target             //片元着色器代码
{
    float2 uv = {i.uv[0],i.uv[1]};
    float4 cTexColor = tex2D(_SamTex, uv);       //取得 SamTex 中该像素颜色

    float2 temp = { 1.0f - i.uv[0],1.0f - i.uv[1] };

    float4 cBlendColor = tex2D(_BlendTex, temp); //BlendTex 中颜色
    float gray = dot(cBlendColor.rgb, float3(0.299, 0.587, 0.114));

    //计算 u 值
    //先将数值从 0~1 扩展到 0~255,g 是余数,r 是商,所以 fx = (r * 256 + g) * 255
    float fxTexH = round(cTexColor.r * 255.0f * 256.0f);
    float fxTexL = round(cTexColor.g * 255.0f);
    float fxTex = (fxTexL + fxTexH) /65535.0f;
    //计算 v 值
    float fyTexH = round(cTexColor.b * 255.0f * 256.0f);
    float fyTexL = round(cTexColor.a * 255.0f);
    float fyTex = (fyTexL + fyTexH) / 65535.0f;

    float2 tempTex = {fxTex,fyTex };             //得到要显示的像素点的位置

    //sample the texture
    fixed4 col = tex2D(_MainTex, tempTex);
    fixed4 graycol = { col.rgb,col.a * gray };

    return graycol;
}
```

此时将 Shader 运用到程序中,就可以得到较好的拼接结果了,如图 9.69 所示。接下来详细讲解如何搭建播放端的程序。

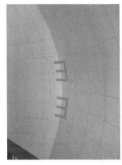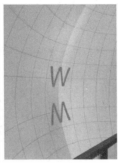

图 9.69 实际运行效果

3)搭建播放端程序

系统使用 AVPro Video 插件对视频进行播放。AVPro Video 对视频的解码流程进行了优化,提高了视频的播放效率。视频文件以 MovieTexture 的格式,作为播放面板的主贴图。为了更好地提高播放效率,同一台主机下的 4 台投影仪画面都由同一个视频源解析而来并拼接在一起。具体方法如下。

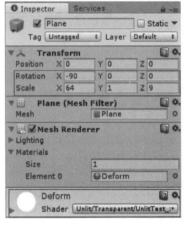

图 9.70 Plane 面板属性

(1)在 Unity3D 场景中添加一个 Plane 面板,并调整其 Transform 属性如图 9.70 所示。然后将编码好的 Shader 程序应用到播放面板的材质上。

(2)将屏幕比例设置为 64∶9。Unity3D 的默认屏幕尺寸中没有这个数值,如图 9.71 所示,可以单击"+"手动添加。

(3)将相机设置为正交模式,并将尺寸改为 45,这样相机可以正好拍摄整个 Plane 画面,如图 9.72 所示。

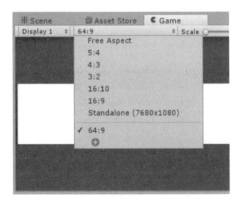

图 9.71 设置屏幕分辨率

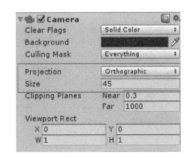

图 9.72 设置相机

(4)将 AVPro Video 插件导入到程序中。该插件的正式版是收费插件,可以去其官网上下载免费试用版。导入后选中 Plane 并右击,找到 AVPro Video-Media Player,将其添加到场景中。

（5）在 Media Player 的 Inspector 面板中选择视频的路径。单击 BROWSE 按钮可以在文件管理器中选择文件，如图 9.73 所示。

（6）在 Media Player 的 Inspector 面板中添加 Apply To Mesh 组件。然后将此 Media Player 拖到 Media 一栏，将 Plane 拖到 Mesh 一栏，如图 9.74 所示。

图 9.73　选择播放文件

图 9.74　设置 Media Player

（7）为 Plane 添加负责自动加载贴图的脚本。

```
//Use this for initialization
void Start()
{
    LoadSam(ClientNum);  //加载参数图片
    s1.GetComponent < MeshRenderer >().materials[0].SetTexture("_SamTex", SamTex);
                                    //将贴图 SampleTex 赋给 MatDeformer

    LoadBlendTex(ClientNum);               //加载亮度图片
    s1.GetComponent < MeshRenderer >().materials[0].SetTexture("_BlendTex", BlendTex);
                                    //将贴图 SampleTex 赋给 MatDeformer
}


//Update is called once per frame
void Update()
{
}
void LoadSam(int n)
{                                          //从本地加载参数图片并存为 Texture2D

        FileStream files = new FileStream(Application.streamingAssetsPath + "\\SamTex\\
SamTex" + n + ".png", FileMode.Open);
        byte[] imgByte = new byte[files.Length];
        files.Read(imgByte, 0, imgByte.Length);
        files.Close();
        files.Dispose();
    SamTex = new Texture2D(7680, 1080, TextureFormat.ARGB32, false);
    SamTex.LoadImage(imgByte);

}


void LoadBlendTex(int n)
```

```
{
        FileStream files = new FileStream(Application.streamingAssetsPath + "\\uvwarp\\
image" + n + ".png", FileMode.Open);
        byte[] imgByte = new byte[files.Length];
        files.Read(imgByte, 0, imgByte.Length);
        files.Close();
        files.Dispose();
        BlendTex = new Texture2D(7680, 1080, TextureFormat.ARGB32, false);
        BlendTex.LoadImage(imgByte);
}
```

（8）添加客户端接收并处理 UDP 信息的脚本。部分代码如下。

```
void SocketReceive()
{
    IPEndPoint remotePoint = new IPEndPoint(IPAddress.Any, 0);
    while (true)
    {
        //recvData = new byte[1024];
        try
        {
            byte[] recvData = uClient.Receive(ref remotePoint);
            //print("message from: " + uClient.ToString());          //打印服务器端信息
            recvLen = recvData.Length;
            recvStr = Encoding.UTF8.GetString(recvData, 0, recvLen);
            print("我是客户端,接收到服务器的数据" + recvStr);
            message = recvStr;
            Debug.Log("message = " + message);
        }
        catch (System.Exception ex)
        {
            Debug.Log(ex.Message);
        }
    }
}
```

（9）设置窗口分辨率。全景球播放系统的播放端需要全屏显示,为实现全屏效果,首先勾选 Unity3D 预设中的 Default Is Full Screen(默认全屏)属性。每台播放主机都与 4 台投影仪相连,因此每台播放主机可以识别到 4 个屏幕。通过脚本对屏幕分辨率进行控制,可以使得应用程序的画面可以在全部 4 个屏幕上做到整体全屏。脚本采用获取窗口句柄并规定窗口分辨率的方式实现。由于已知每台投影仪的分辨率都为 1920×1080,所以将窗口分辨率设置为 1920×1080×4。部分代码如下。

```
//public Rect screenPosition;
    [DllImport("user32.dll")]
    static extern IntPtr SetWindowLong(IntPtr hwnd, int _nIndex, int dwNewLong);
    [DllImport("user32.dll")]
```

```
    static extern bool SetWindowPos(IntPtr hWnd, int hWndInsertAfter, int X, int Y, int cx, int
cy, uint uFlags);
    [DllImport("user32.dll")]
    static extern IntPtr GetForegroundWindow();
    const uint SWP_SHOWWINDOW = 0x0040;
    const int GWL_STYLE = -16;
    const int WS_BORDER = -1;
    const int WS_POPUP = 0x800000;

    int _posX = -1;              //在屏幕的(-1,-1)点开始绘制窗口。这种方式存在1px宽的边
                                 //框,从(-1,-1)点开始可以让边框处于屏幕外
    int _posY = -1;
    int _Txtwith = 7682;         //显示画面的长和宽,给边框预留两个像素的宽度 1920×1080×4
    int _Txtheight = 1082;
IEnumerator Setposition()
    {
        yield return new WaitForSeconds(0.0f);
        SetWindowLong(GetForegroundWindow(), GWL_STYLE, WS_POPUP);                //无边框
        bool result = SetWindowPos(GetForegroundWindow(), 0, _posX, _posY, _Txtwith, _
Txtheight, SWP_SHOWWINDOW);      //设置屏幕大小和位置
    }
```

（10）添加指令解析脚本。

```
private void DataAnalyze(object sender, EventArgs e)
{
    string[] msg = new string[10];
    if (UDPTest.message != null && UDPTest.message != "")      //收到新消息
    {
        MsgInfo = UDPTest.message;
        UDPTest.message = "";
        Debug.Log(MsgInfo);

        MsgInfo = MsgInfo.Trim();
        MsgCount = MsgInfo.Length;
        msg = (MsgInfo.Trim()).Split('<', ',', '>');

            if (msg[4] == "Stop")
            {
                if (msg[1] == "Reset")
                {
                    //重置时间线,当前在播内容清空
                    mPlane.reset();
                }
                else if (msg[1].Contains("avi") || msg[1].Contains("mp4"))
                    mPlane.stop();
                else if (msg[1].Contains("png") || msg[1].Contains("jpg"))
                    mPlane.ClosePic();

            }
```

```
        else if (msg[4] == "Pause")
        {
            mPlane.pause();
        }
        else if (msg[4] == "Play")
        {
            if (msg[0] == "1") {                        //仅第二轨道
                if (msg[1].Contains("avi") || msg[1].Contains("mp4"))
                {   //播放之前先判断是否需要切换视频/图片窗口然后开始播放
                    path = mff.FilePath(msg[1]);
                    if (path != null)
                    {
                        mPlane.play(path, msg[2], msg[3]);
                    }
                }
                else if (msg[1].Contains("png") || msg[1].Contains("jpg"))
                {
                    path = mff.FilePath(msg[1]);
                    if (path != null)
                    {
                        mPlane.ShowPic(path);        //贴图加载静态图片
                    }
                }
            }
        }
    }
```

（11）运行程序。如图 9.75 所示,Shader 有三个参数贴图,程序运行时会自动将三张贴图分别传给 Shader,即可获得变形解码后的画面。在服务器端对播放进行控制,令其显示静态画面或视频,最终在 Unity3D 编辑器中呈现的画面如图 9.76 所示。

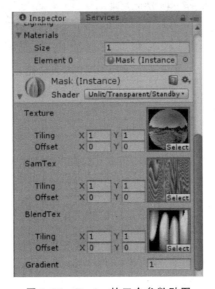

图 9.75　Shader 的三个参数贴图

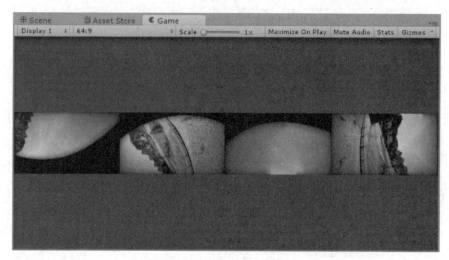

图 9.76　Unity3D 预览画面

将 4 个程序一一对应运行在 4 台主机上,最终得到的实际效果如图 9.77 所示,观众可以在球幕中的走廊上观看播放。

图 9.77　在全景球中观看播放

 习题

用 Unity3D 编写一个完整的程序,实现基于双画的虚拟网球游戏。

第 10 章

混合现实系统

与虚拟现实不同的是,混合现实既包含现实环境,也包含计算机生成的虚拟环境。本章介绍两个混合现实系统的例子。

 ## 10.1 基于 HoloLens 的计算机动画课程教学系统

本节介绍基于 HoloLens 的一个 MR 系统开发案例。该案例基于 HoloLens 实现了一个计算机动画课程教学系统,不仅支持师生可以通过可视化的方式观看,更支持用户在物理空间多角度观察和交互操作,为教师和学生提供一种新颖的课堂教学和学习工具,增加学生的学习兴趣,提高教学效率。图 10.1(a)给出的是教师监控画面,可指导学生学习;图 10.1(b)给出的画面中,学生在教室中多方位观看、操作课程内容,学习渲染算法。

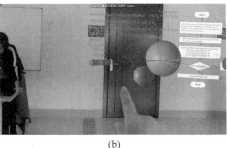

AR 图标

(a)   (b)

图 10.1　基于 HoloLens 的计算机动画课程教学系统

10.1.1 系统设计

系统架构如图 10.2 所示。系统采用微软 HoloLens(第一代)头戴式显示设备,基于 Kinect 进行手部跟踪,融合了多人协同、手势交互、语音交互等技术。系统的开发环境是 Windows 10 操作系统,主要使用的开发软件是 Unity3D 5.6.6,开发语言为 C♯,集成开发环境为 Visual Studio 2017。手势、语音交互技术使用了 HoloToolkit,多用户间的协同通信使用了 Socket 套件,教学内容中部分教学 3D 动画模型使用 Maya 制作。开发硬件设备有移动工作站 1 台、HoloLens 3 台。

系统主要包括以下模块:混合现实画面显示模块、教学内容学习模块、人机交互模块、多人协同模块、教学监控模块等。

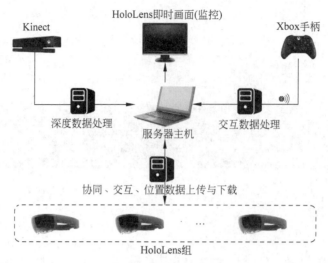

图 10.2　系统架构

1. 场景设计与画面显示模块

本系统是典型的虚拟与实际教学环境的结合。在系统的开发过程中由于涉及教学内容比较多,类型也比较多,并且教室的教学环境也比较复杂,需要设计在多种环境下的解决方案,让虚拟模型适应教学环境中的地面、桌面、墙面、黑板等,达到最优的显示效果。我们总结出常用的几种平面的交互:墙壁(黑板)交互,适用于算法参数的显示、流程图演示、结果分析等;地面交互,适用于利用地面大范围场景实现大场景交互以及展示部分。

除了需要选择适合此内容教学的交互平面,还要选择与此交互平面适配的交互技术,来达到好的教学体验。与此同时,交互界面的设计和优化也是用户体验部分必不可少的,后期用户测试完成之后收集用户体验可以更有针对性地对系统界面进行修改。

对于不同的教学内容,本系统也设计了不同的教学模型和动画,整体动画和模型风格基本一致,从而体现系统的完整性与协调性。系统场景主要与每一部分的教学内容、教学环境有关,根据环境的位置、大小、颜色、亮度,需要建立符合环境要求的模型,确定模型本身的大小、颜色、亮度、透明度等,实现操作的流畅与观感上的舒适。因此,本系统的界面设计以简洁的科技感为主,配合蓝白色的基调,视觉上比较柔和。

计算机动画课程涉及很多动态内容,主要涉及 3D 模型的动画内容,所以在内容设计过程中需要充分考虑算法的动态化展示以及教学流程的动画展示,以此来向用户具象化地解释算法的具体内容。在这个基础上需要设计制作交互动画、算法教学动画等。算法的教学动画跟每一部分的内容息息相关。在动画演示的过程中还需要文字面板的展示说明和语音、动画演示时音效的配合。

2. 教学内容学习模块

教学内容学习模块中,学生选择学习内容后可以在这个模块查看算法流程图动态详解,观看基于该算法作出来的模型动画,观察学习每一个参数的动态调整带来的结果的动态变化。学生还可以进行算法参数的调整练习。这个模块设计了多个可交互点,学生可以通过预设的交互方式对算法里涉及的参数进行手动调整。学生在这一过程中参与算法参数的设定,每一个设定所带来的结果可以实时观察,是一个自由学习观察的过程。

该系统涉及计算机动画课程中主要的算法学习内容,考虑篇幅所限,本书只对 Phong 模型算法和路径动画两个学习模块的实现进行介绍。

1）Phong 模型算法学习模块

Phong 模型是计算机图形学渲染中的重要知识点。Phong 模型算法学习分为教学模式和练习模式。两种模式均可多人协同学习。其中，教学模式主要用于演示 Phong 模型的渲染机制和着色机制。当光线照到物体表面时，光线会发生反射（Reflection）、透射（Transmission）、吸收（Absorption）等不同现象。此时光源被假定为手电筒发出的一个光束，用一个球体代替曲面，反射作用又被分为镜面反射（Specular Reflection）和漫反射（Diffuse Reflection）。入射光、反射光都有相应的角度标明。球体模型右侧设置相机模型模拟人眼效果，相机模型前放置有相纸像素网格面板。每个格子中心模拟发出一道光线到球体模型，若有交点则计算其 RGB 值并填充到相应像素格内，若无交点则保持原本面板的白色，最终在预制的像素格渲染板面上形成一个像素填充的渲染效果图来模拟演示渲染着色过程。在练习模式中，入射光束对应的手电模型可以通过手柄操作移动角度，相应的反射光、漫反射光、折射光线的位置和坐标角度都会随之改变。入射方向、视点方向（相机模型位置）、镜面程度的变化也会影响最终像素格上的渲染结果。

2）路径动画算法

路径动画部分介绍了三种曲线算法，分别为 Bezier，Hermite，CatmullRom 曲线。我们设计使用 HoloLens 扫描地面并赋于地面一个带 x,y 坐标轴的网格，网格边缘放置有垂直于地面的操作面板，面板上显示提示文字。面板右侧放置有五个按钮，分别为：关键点放置、Bezier 曲线、Hermite 曲线、CatmullRom 曲线、小球运动。系统中同时伴有语音提示本知识点内容的相关情况。首先用单击手势在地面网格上单击生成 4 个或 6 个（根据具体曲线函数需求的提示而定）红旗棋子，棋子上显示具体坐标位置，如（1.51，1.58）。生成相应数量坐标点后，单击面板右侧相应曲线名称，系统会依据曲线函数和坐标点的位置在地面网格上生成拟合坐标点位置的曲线。根据曲线函数中参数的不同，曲线生成后用户可以单击拖动坐标点位置或者用坐标点上生成的方向箭头调整曲线的形状。在调整的过程中用户可以实时观察曲线的变化，调整成满意程度后，用户可以单击“执行”按钮观察小球在相应曲线上的运动轨迹和运动速度。

3. 人机交互模块

由于本系统内容丰富，涉及范围较广，各部分内容适用的教学模型和参数类型不一，需要采取多种交互方式，依赖多种交互的实体平面进行设计和开发。系统中的交互方式主要有手势交互、语音交互、手柄操作等。

手势交互为 HoloLens 自带的手势，主要有以下手势：退出手势（Bloom 手势）、单击手势（Air tap 手势）、抓握手势、双手调整对象的大小和旋转对象，而光标位置是随着头部同步移动的凝视点。运用最多的是凝视点配合单击手势进行交互和操作。可以在 Manager 上添加 HandsManager 脚本组件，用于追踪识别手。凝视点组件的添加配合调用其他函数如单击拖动手势可得到不同交互效果。本系统主要实现了单击、拖动、放大缩小、退出等手势操作。

语音交互使用 Voice Command 方法，通过为相关命令和功能设定关键词以及触发的对应反馈的行为，来为用户提供语音命令体验。当用户说出关键词时，预设的动作就会被调用。

手柄交互使用 HoloToolkit 提供的 Socket 套件进行数据传输。本系统为手柄建立一个客户端捕捉手柄操作数据，并通过调用发送函数将数据发送给服务器，场景客户端通过绑定接收事件从服务器获取相应数据从而改变算法练习模型中的相关参数。

在这些交互手段可供选择的条件下，充分考虑和选择利用教学环境，利用 HoloLens 进行空间扫描，识别墙面、地面、桌面等教学环境中适合学习的平面，选取适当的教学案例在这些平面上展示学习,考虑每个平面的遮挡因素、模型规模、交互范围,因地制宜选择合适的教学位置达到优质的教学、学习效果。

主要交互方式的应用场景为教室空地自由行走区域(包括墙面和地面以及教室其他的空闲空间),这种区域范围面积大,适用手势、语音、手柄的交互方式。

4. 多人协同模块

该模块主要是实现学生与教师、学生与学生在同一个教学环境中的共同使用,互相操作与观看,达到同场景教与学的效果:即佩戴 HoloLens 的不同用户在同一时间可以看到位于同一位置、同一姿态的虚拟物体,当其中一个用户对虚拟环境中的模型进行移动或者其他操作后,其他佩戴者也能看到同样的变化。

在所设计的系统中,每一位用户都可以佩戴 HoloLens 参与学习,通过 Socket 通信方式实现与主服务器以及教师端的通信,可以实现学生与教师、学生与学生在课堂中的自由学习互动,提高课堂的交互性和参与性。学生可以看到具象化的算法内容进行体验学习,教师可以更为方便地讲解,提高课堂效率。

本系统采用 Socket 通信将一台计算机作为主服务器,将一台 HoloLens 作为主客户端,所有 HoloLens 都通过网络连接在主服务器中接收主客户端模型的位置信息,以及 HoloLens 开机时的锚点信息,在使用过程中不断进行数据的上传下载从而保证每一个用户看到的模型位置和变化都是一样的。

系统主要使用 HoloToolkit 提供的 Socket 套件进行数据传输。HoloToolkit 提供的 Socket 套件使用的是 RakNet,搭建了基础数据传输环境(包含一个 Socket 服务端程序和一个 Socket 客户端连接组件)。首先需要建立一个消息传递类,代码实现同步位置信息。利用空间锚点实现固化物体到空间,同步设备的世界坐标系,实现仿真的"共享"物体效果。

两台设备在同一房间开启空间扫描,得到基本一致的世界坐标参考系。其中一台设备在世界坐标系中设置一个锚点(坐标),并绑定到一个物体上(一般为一个根节点$(0,0,0)$),所有物体作为这个根节点的子集。这台设备开设房间即自己的世界坐标参考系,房间包含上面的锚点,并将锚点上传至服务器。其他设备加入房间,并下载房间中的锚点信息将锚点信息绑定到自己 App 的根节点$(0,0,0)$上,之后通过 Socket 技术,传递子集中的各种数据(如 Local Position 等)。系统要求设备扫描了同一空间,加入了同一房间,共享了同一锚点,锚点附加同一物体。

5. 教学监控模块

在传统教学模式里,教师扮演的角色一般都为传授者、讲解者,所以在这个过程中教师成为课堂的中心,但当我们修改教学模式时,让学生成为课堂的中心,让学生主动进行学习对课程内容进行初步的理解掌握,在这个过程中教师也必须扮演好自己的角色,所以在此设定了教师可以观看学生视角的监控功能。

在学生使用 HoloLens 进行学习的过程中,教师可以通过 HoloLens 前置摄像头捕捉的画面实时观看学生对虚拟教学模型的操作和他们的学习进度,这样就可以及时指导学生的学习或者收集信息以方便接下来对问题环节进行讲解。

10.1.2　系统实现

1. 场景画面显示模块

HoloLens 通过在不同角度获取的深度信息,完成真实环境的三维重建。HoloLens 中有些应用在体验前，会引导用户转动头部来扫描房间的信息，IR 摄像头通过测量各方向的深度信息，以生成房间的 3D 模型，在游戏过程中出现的 3D 效果都会和房间的实际结构相融合，从而达到 MR 的效果。

本系统对 Unity3D 中的场景模型添加了单击移动拖曳操作，可以将任意场景放置到扫描后的平面上，如渲染模块可以拖动至桌面观看，路径动画则可以贴在地面上，这些都是利用了 HoloLens 的空间扫描功能。

本系统根据对墙面的扫描和对教室环境的三维重建，在课堂使用中可以让学生将需要观看的流程图放置到任意方便观看的平面上，如黑板、墙壁等，避免遮挡教师教学和对教学模型的使用。

关于拖动面板并放置到指定地方的代码如下。

```
public virtual void OnInputClicked(InputClickedEventData eventData){
        IsBeingPlaced = !IsBeingPlaced;
    }
protected virtual void Update(){
        if (!IsBeingPlaced) { return; }
        Vector3 headPosition = Camera.main.transform.position;
        Vector3 gazeDirection = Camera.main.transform.forward;
        RaycastHit hitInfo;
        Vector3 placementPosition = SpatialMappingManager.Instance != null &&
            Physics.Raycast ( headPosition, gazeDirection, out hitInfo, 30. Of,
SpatialMappingManager.Instance.LayerMask)
                ? hitInfo.point
                : (GazeManager.Instance.HitObject == null
                    ? GazeManager.Instance.GazeOrigin + GazeManager.Instance.
GazeNormal * DefaultGazeDistance
                    : GazeManager.Instance.HitPosition);
        if (PlaceParentOnTap) {
            placementPosition = ParentGameObjectToPlace.transform.position +
(placementPosition - gameObject.transform.position);
        }
        interpolator.SetTargetPosition(placementPosition);
        interpolator.SetTargetRotation ( Quaternion. Euler ( 0, Camera. main. transform.
localEulerAngles.y, 0));
    }
```

2. 教学内容学习模块

1) Phong 模型算法学习模块

Phong 光照模型算法课程主要分为练习模式和教学模式，两个模式的基本教学内容一致，但是在练习模式里增加了对入射光线的调整、各光线分量参数的实时变化以及渲染画面的实时显示这三部分的内容。

Phong 光照模型涉及交互操作比较多，并且算法中涉及可供学生调整练习的参数也很多，所以这一部分本节简要介绍练习模式涉及的脚本和关键代码步骤。这部分主要利用手柄操作进行参数的细微调整，配合手势交互可以进行所有功能的实现。如图 10.3 所示展示了 Phong 光照模型算法课程学习实况图，图 10.4 展示了清晰的系统界面截图。

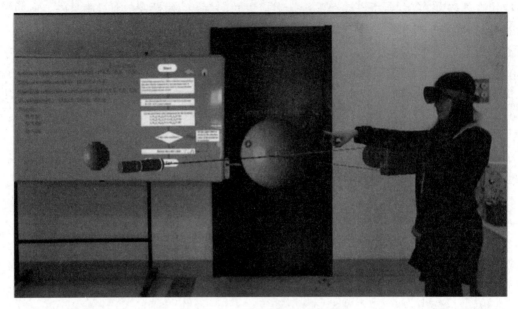

图 10.3　渲染模块学习实况图

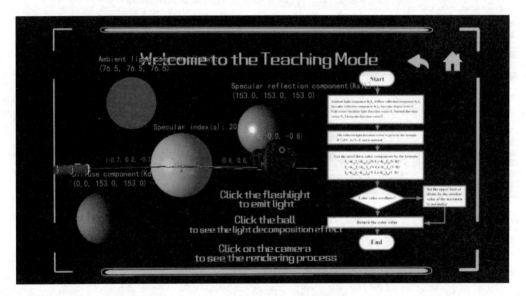

图 10.4　渲染模块学习界面截图

在 GamePadController 脚本中实现手柄交互控制,通过网络传输实现手柄对入射方向、视线方向和镜面程度指数的控制。TapToPlace 实现了让用户移动物体并将其放置在真实世界表面,用户将通过单击对象,改变凝视方向,再次单击就能实现物体的放置。在 LineReceiver 脚本里,通过绑定各种消息接收事件,实现入射光、反射光、法线、视线等方向、旋转和状态的同步。脚本 RotateInLight 通过绑定各种消息接收事件,实现手电筒位置和旋转、相机位置和旋转以及镜面程度指数的同步。图 10.5 展示了光线夹角和分量值在模型中的标记显示。在 BillboardDataReceiver 脚本中,系统通过绑定各种消息接收事件,实现数据面板中数据以及面板自身位置和旋转的同步。

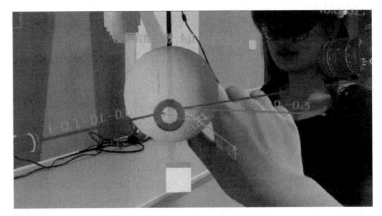

图 10.5 光线夹角和光线分量值标记显示图

关于手柄数据的代码如下。

```
void Update () {
        lightRotateAngle = Input.GetAxis("LeftHorizontal");
        conanRotateAngle = Input.GetAxis("RightHorizontal");
        changeGlossValue = Input.GetAxis("DPadY");
        lightRotate.GetComponent < Text >().text = "Light Rotate: " + lightRotateAngle;
        conanRotate.GetComponent < Text >().text = "Conan Rotate: " + conanRotateAngle;
        changeGloss.GetComponent < Text >().text = "Gloss Change: " + changeGlossValue;
        CustomMessage.Instance.SendMessage(lightRotateAngle, conanRotateAngle, changeGlossValue);
}
```

在 Phong 光照模型算法的教学内容里,通过 Reflect 脚本,获取来自 DrawRay 脚本的数据,在场景中画出入射光、反射光、法线及视线。DrawAngle 脚本画出入射光与法线、视线与法线之间的夹角。ShowMassage 可以在每一条光束上显示各方向向量(入射方向、反射方向、视线方向、法线方向)、夹角数据(入射角、视角)、分量数据(环境光分量、漫反射分量、镜面反射分量)及镜面程度指数,在这个脚本中进行计算和结果显示。FlowController 脚本控制流程图(Phong 模型流程图和光线投射流程图)的显示和切换、具体设计缓冲显示、放大缩小、单击详细观看等操作。

放大缩小面板时首先检测 Manipulation 手势,并检测该手势期间手在空间中的移动距离,取其中 x,y 方向上的距离$\times 1.5$ 作为缩放量,具体代码如下。

```
float speed = 1.5f;
    public void OnManipulationStarted(ManipulationEventData eventData)
    {
        originScale = transform.localScale;
    }

    public void OnManipulationUpdated(ManipulationEventData eventData)
    {
        Vector3 newScale = new Vector3(eventData.CumulativeDelta.x, eventData.CumulativeDelta.y, 0);
        transform.localScale = originScale + newScale * speed;
    }
```

渲染光线角度调整实时显示的代码如下。

```
private void OnMessageReceived(NetworkInMessage msg){
        msg.ReadInt64();
        lightRotateAngle = msg.ReadFloat();
        conanRotateAngle = msg.ReadFloat();
        changeGlossValue = msg.ReadFloat();
    }
    void Update () {
        if (lightObj.GetComponent < ClickToStart >().started){
            centerPosition = rotatePoint.transform.localPosition;
            lightObj.transform.RotateAround (centerPosition, new Vector3 (0, 1, 0), -
lightRotateAngle * 0.3f);
            conan.transform.RotateAround(ball.transform.position, new Vector3(0, 1, 0), -
conanRotateAngle * 0.3f);
            ball.GetComponent < Renderer >().material.SetFloat("_Gloss", ball.GetComponent
< Renderer >().material.GetFloat("_Gloss") + changeGlossValue * 0.5f);
            if (ball.GetComponent < Renderer >().material.GetFloat("_Gloss") <= 1){
                ball.GetComponent < Renderer >().material.SetFloat("_Gloss", 1);
            }
            if(ball.GetComponent < Renderer >().material.GetFloat("_Gloss") >= 255){
                ball.GetComponent < Renderer >().material.SetFloat("_Gloss", 255);
            }
        }
    }
```

系统通过脚本 ClickToStart 处理单击事件,单击手电筒,手电筒移动到入射点,相机移动到视点,开始光线投射过程的模拟。DrawRay 脚本实现从手电筒处发射线即为入射方向,通过射线碰撞判断入射点,根据入射点和法线方向计算反射方向,根据入射点和视点位置计算视线方向。脚本 ShowComponents 用于处理单击事件,单击球上的三个光照分量(环境光分量、漫反射分量、镜面反射分量)出现或隐藏。使相机始终正对球,单击相机开始光线投射过程,隐藏 Phong 光照模型相关的光线,显示光线投射过程相关的物体。RayCastTheory 脚本模拟光线投射过程中视线和物体有无交点的两种情况如何计算颜色值,说明光线投射渲染到屏幕的原理。

此时系统生成一个网格面板,20×20px,该面板是相机的一个子物体,代表人眼观看到的渲染结果。在 RenderDrawRay 脚本中,每个像素格使用光线投射进行渲染,这是一个动态的过程,可以将颜色填充到每一个代表像素的网格里。如图 10.6 所示显示了像素点出现的截图。另外还需要设置实现反射光的动态延伸,固定反射光的长度使其不能任意延伸下去,添加闪烁动画和闪烁时间、消失时间用来强调观看等细节。

图 10.6 渲染像素点出现过程

单击手电筒发出射线并响应的代码如下。

```
public void OnInputClicked(InputClickedEventData eventData){
    audioSource.Play();
    transform.localPosition = new Vector3(-0.333f, -0.007f, -0.411f);
    Vector3 rotateEular = new Vector3(0f, 48f, 0f);
    Quaternion originRotate = new Quaternion();
    originRotate.eulerAngles = rotateEular;
    transform.localRotation = originRotate;
    CustomMessage.Instance.SendLightTransform(transform.localPosition, transform.localRotation);
    conan.transform.localPosition = new Vector3(0.377f, -0.007f, -0.563f);
    Vector3 conanRotateEular = new Vector3(0f, -30.292f, 0f);
    Quaternion conanRotate = new Quaternion();
    conanRotate.eulerAngles = conanRotateEular;
    conan.transform.localRotation = conanRotate;
    CustomMessage.Instance.SendConanTransform(conan.transform.localPosition, conan.transform.localRotation);
    GetComponent<DrawRay>().enabled = true;
    directionLight.SetActive(true);
    started = true;
    CustomMessage.Instance.SendStartedState("Started");
}
```

像素点出现代码如下。

```
void FixedUpdate(){
    slightDirection = lightObj.GetComponent<DrawRay>().slightDirection;
    activePoint.transform.localPosition = new Vector3(pX, pY, pz);
    Debug.DrawRay(activePoint.transform.position, activePoint.transform.forward);
    if (attackTimer > 0)
        attackTimer -= Time.deltaTime;
    if (attackTimer < 0)
        attackTimer = 0;
    if(attackTimer == 0){
        if (counti <= 19 && countj <= 19){
            if (Physics.Raycast(activePoint.transform.position, activePoint.transform.forward, out hitInfo, 30, layerMask)){
                pixelColor[counti, countj] = CalculateColor(hitInfo);
                CreatePixel(activePoint.transform.localPosition, CalculateColor(hitInfo));
            }
            else{
                pixelColor[counti, countj] = new Color(0f, 0f, 0f);
                CreatePixel(activePoint.transform.localPosition, pixelColor[counti, countj]);
            }
        }
        if (countj <= 19){
            pX = pX + 7.5f;
            countj++;}
        if (countj > 19 & counti < 19){
            countj = 0;
```

```
                    pX = rayOriginPoint.transform.localPosition.x;
                    pY = pY - 7.5f;
                    counti++;
                }
                attackTimer = attackTime;
            }
    }
    private void CreatePixel(Vector3 position, Color color){
            GameObject pixelObj = Instantiate(pixelPlane, transform);
            position = new Vector3(position.x, position.y, position.z - 0.0042f);
            pixelObj.transform.localPosition = position;
            pixelObj.layer = 14;
            pixelObj.GetComponent<Renderer>().material.color = color;
            Vector3 rotateEular = new Vector3(0, -90, 90);
            Quaternion pixelRotate = new Quaternion();
            pixelRotate.eulerAngles = rotateEular;
            pixelObj.transform.localRotation = pixelRotate;
            pixelObj.transform.localScale = new Vector3(0.75f, 1, 0.75f);
    }
```

2) 路径动画算法课程

Path Animation 是讲解几个曲线生成算法的内容,具体场景内容见图 10.7。这部分教学可以完成在坐标系上放置关键点,让关键点生成三种不同的曲线,并使足球可以沿着曲线运动等一系列工作。关键点放置见图 10.8。

图 10.7　路径动画场景模型

首先是关于坐标系和坐标轴的实现方法,本系统使用一个带有纹理贴图(grim4k.jpg)的平面 Plane 作为坐标系的底面,使用各自具有不同颜色的材质的两个箭头模型 arrow 作为 x、y 坐标轴。

在用户单击 PlacePoint 开始放置关键点后,系统会不断求得用户在 HoloLens 中的视点中心的延长线与坐标系底面 Plane 的交点,并在用户单击后在交点位置创建一个新的"关键点"模型,并给出此点坐标。具体代码如下。

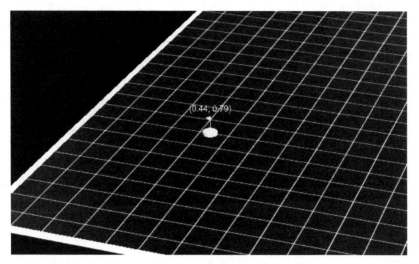

图 10.8 关键点放置

在 KeyPointController. cs 中：

```
public void OnInputClicked(InputClickedEventData eventData){
        audioSource.Play();
        if (!alive){
            PlaneController.instance.keyPointList.Remove(this.gameObject);
            Destroy(this.gameObject);
        }
        placing = !placing;
        if(placing){
            this.GetComponent<MeshRenderer>().material = selectedMaterial;
            PlaneController.instance.creating = false;
        }
        else{
            this.GetComponent<MeshRenderer>().material = unseclectedMaterial;
            StartCoroutine(WaitAWhile());
            PlaneController.instance.creating = true;
        }
    }
```

在 KeyPointCanvasController. cs 中：

```
void Update () {
        coordinateText = this.GetComponentInChildren<Text>();
        x = this.transform.position.x;
        x = (float)Math.Round((double)x, 2) + 1.75f;
        z = this.transform.position.z;
        z = (float)Math.Round((double)z, 2) - 0.75f;
        coordinateText.text = "(" + x.ToString() + ", " + z.ToString() + ")";
    }
```

在确认好用户需要的关键点后，用户可以选择三种曲线去生成。具体生成曲线见图 10.9。

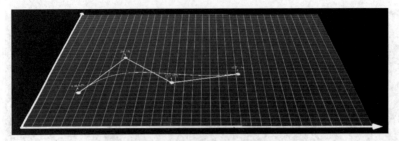

图 10.9　曲线生成界面截图

可以生成的三种算法的曲线分别是 Bezier、Hermite 和 CatumullRom 曲线。BezierCurveBuilder 脚本实现 Bezier 插值算法,根据四个关键点位置画出 Bezier 曲线。CatmullRomCurveBuilder 脚本实现 CatmullRom 插值算法,使用六个关键点画出 CatmullRom 曲线。HermiteCurveBuilder 脚本实现 Hermite 插值算法,使用六个关键点画出 Hermite 曲线。控制这三种曲线生成的算法类似,一般分为三大步骤:一是输入关键点坐标,二是计算出中间所有的插值点坐标,三是使用 Unity3D 自带的 LineRenderer 连接所有的插值点即可形成曲线。三种曲线在第二个步骤中的插值算法各有不同,都是根据曲线的数学定义公式推导并形成的代码,其具体代码如下。

在 BezierCurveBuilder.cs 中:

```
public void DrawBezierCurve(){
        Vector3 p0 = new Vector3(Target[0].x, Target[0].y + 0.005f, Target[0].z);
        Vector3 p1 = new Vector3(Target[1].x, Target[1].y + 0.005f, Target[1].z);
        Vector3 p2 = new Vector3(Target[2].x, Target[2].y + 0.005f, Target[2].z);
        Vector3 p3 = new Vector3(Target[3].x, Target[3].y + 0.005f, Target[3].z);
        for(int i = 0; i < interpolationPointNum; i++){
            float u = i / (float)(interpolationPointNum - 1);
            Vector3 p = CalculateInterpolationPoint(u, p0, p1, p2, p3);
            lineRenderer.SetPosition(i, p);
        }
}
public Vector3 CalculateInterpolationPoint(float u, Vector3 p0, Vector3 p1, Vector3 p2, Vector3 p3){
        float u2 = u * u;
        float u3 = u2 * u;
        float t = 1 - u;
        float t2 = t * t;
        float t3 = t2 * t;
        Vector3 p = t3 * p0 + 3 * t2 * u * p1 + 3 * t * u2 * p2 + u3 * p3;
        return p;
    }
```

在 HermiteCurveBuilder.cs 中:

```
public void DrawHermiteCurve(){
        for(int i = 0; i < 3; i++){
            Vector3 p0 = new Vector3(keyPoint[i].x, keyPoint[i].y + 0.01f, keyPoint[i].z);
            Vector3 p1 = new Vector3(keyPoint[i + 1].x, keyPoint[i + 1].y + 0.01f, keyPoint
[i + 1].z);
```

```
            for (int j = 0; j < 20; j++){
                float u = j / 19.0f;
                Vector3 p = CalculateInterpolationPoint(u,p0,p1,tangents[i],tangents[i + 1]);
                lineRenderer.SetPosition(j + i * 20, p);
            }
        }
    }
    public Vector3 CalculateInterpolationPoint (float u, Vector3 p0, Vector3 p1, Vector3 p0_,
    Vector3 p1_){
        float f0 = 2 * u * u * u - 3 * u * u + 1;
        float g0 = u * u * u - 2 * u * u + u;
        float f1 = - 2 * u * u * u + 3 * u * u;
        float g1 = u * u * u - u * u;
        Vector3 p = f0 * p0 + f1 * p1 + g0 * p0_ + g1 * p1_;
        return p;
    }
```

在 CatmullRomCurveBuilder.cs 中：

```
public void DrawCatmullRom(){
    for(int i = 3; i < 6; i++){
        Vector3 p0 = new Vector3(Target[i - 3].x, Target[i - 3].y + 0.01f, Target[i - 3].z);
        Vector3 p1 = new Vector3(Target[i - 2].x, Target[i - 2].y + 0.01f, Target[i - 2].z);
        Vector3 p2 = new Vector3(Target[i - 1].x, Target[i - 1].y + 0.01f, Target[i - 1].z);
        Vector3 p3 = new Vector3(Target[i].x, Target[i].y + 0.01f, Target[i].z);
        for (int j = 0; j < 20; j++){
            float u = j / 19.0f;
            Vector3 p = CalculateInterpolationPoint(u, p0, p1, p2, p3);
            lineRenderer.SetPosition(j + (i - 3) * 20, p);
        }
    }
}

    public Vector3 CalculateInterpolationPoint(float u, Vector3 p0, Vector3 p1, Vector3 p2,
    Vector3 p3){
    float t1 = 0.5f * (-u * u * u + 2 * u * u - u);
    float t2 = 0.5f * (3 * u * u * u - 5 * u * u + 2);
    float t3 = 0.5f * (-3 * u * u * u + 4 * u * u + u);
    float t4 = 0.5f * (u * u * u - u * u);
    Vector3 p = t1 * p0 + t2 * p1 + t3 * p2 + t4 * p3;
    return p;
    }
```

最后，在曲线确定后，用户还需让足球沿着曲线运动起来。足球的运动截图见图 10.10。

实现这部分算法主要分为两个步骤：首先，球的运动原理是逐帧变换球的坐标，而这些坐标即是上一步骤中求得的曲线的所有插值点。一般来说，每秒钟坐标变换越多，球体运动看起来越流畅；然后让球运动得更加自然还需要不断地使球沿着前进方向旋转。在算法中，不断求得球的此帧坐标和下一帧要变换的坐标，从而求出球体每帧运动的方向向量，沿着这个方向向量的方向使球体旋转即可。图 10.11 显示的是戴着 HoloLens 设备的学习者对这部分教学系统进行操作的图示。

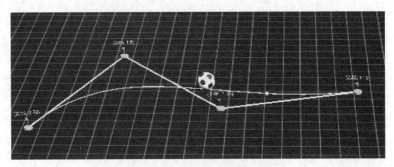

图 10.10　足球运动界面截图

图 10.11　路径动画学习画面

3. 交互方式实现

系统实现的交互方式如下。

1）单击手势

Air tap(点空气手势),将食指向下单击,然后再迅速返回。通过点空气手势结合凝视,用户便可以自由选取应用和其他的全息图。在系统开发中利用 ProcessManager 处理各种单击事件,如单击按钮、放置关键点等。

单击手势操作需要首先继承 IInputClickHandler 接口,然后实现 OnInputClicked()方法,大括号中为单击后应该执行的操作。

具体代码如下。

```
public class StartRender : MonoBehaviour, IInputClickHandler
{
    public void OnInputClicked(InputClickedEventData eventData)
    {
        //点击后要执行的操作
    }
}
```

2）拖动手势

按住需要拖动的流程图面板,直到可以拖动,然后慢慢移动视线和手,将其放到合适的位置完成拖动。

关于拖动手势的代码如下（HoloToolkit 自带的脚本，移动和放置都在 update（）方法里）。

```
public virtual void OnInputClicked(InputClickedEventData eventData)
        {
                //On each tap gesture, toggle whether the user is in placing mode.
                IsBeingPlaced = !IsBeingPlaced;
        }
```

3）语音交互

使用"OK"或者其他语音指令控制系统内的解说音频，也可以实现对虚拟模型的单击、移动和旋转等操作。

关于语音交互的代码如下（以 OK 为例）。

```
KeywordRecognizer keywordRecognizer = null;
Dictionary < string, System.Action > keywords = new Dictionary < string, System.Action >();

void Start () {
        keywords.Add("ok", () =>
        {
            Debug.Log("OK");
        });
        keywordRecognizer = new KeywordRecognizer(keywords.Keys.ToArray());
        //Register a callback for the KeywordRecognizer and start recognizing!
        keywordRecognizer.OnPhraseRecognized += KeywordRecognizer_OnPhraseRecognized;
        keywordRecognizer.Start();
    }
```

4）手柄操控

利用服务器通信，将手柄上的相关遥感和按钮绑定系统里的入射方向、视点方向、镜面程度，以此控制其变化。

关于手柄操控的代码如下。

```
void Update () {
        lightRotateAngle = Input.GetAxis("LeftHorizontal");
        conanRotateAngle = Input.GetAxis("RightHorizontal");
        changeGlossValue = Input.GetAxis("DPadY");
        lightRotate.GetComponent < Text >().text = "Light Rotate: " + lightRotateAngle;
        conanRotate.GetComponent < Text >().text = "Conan Rotate: " + conanRotateAngle;
        changeGloss.GetComponent < Text >().text = "Gloss Change: " + changeGlossValue;
        //发送手柄操作数据
        CustomMessage.Instance.SendMessage(lightRotateAngle, conanRotateAngle, changeGlossValue);
    }
```

5）手部跟踪交互

直接跟踪手部位置，获取触碰反馈，实现手直接对虚拟物体进行操作。

4. 多人协同模块

本系统需要实现多设备共享虚拟影像的功能,即实现在同一房间的人,看到"同一位置的同一物体"。在技术上要实现这个功能就要让每个人看到的相同教学模型的空间位置等信息相同。要实现这个功能,首先需要勾选开启设备设置面板中的空间感知功能即 Spatial Perception 功能。然后连接局域网,确保所有 HoloLens 和服务器接在同一无线网络环境中,并且所有设备处于同一个信号有效的房间内。本系统利用一台移动工作站作为主服务器,用户佩戴的 HoloLens 作为客户端,并设置其中一个设备为主客户端。主客户端设备可以上传和下载锚点,也可以上传对虚拟场景模型的操作信息,其他设备负责下载空间锚点信息和交互操作的数据,从而实现所有设备间的场景同步和操作反馈同步。

本系统的协同功能使用 Socket 协议传递数据,运用世界坐标系及空间锚点(WorldAnchor 和 WorldAnchorStore),使用 Sharing 组件实现锚点的上传和下载。利用锚点进行空间铆钉的功能是基于 SLAM 技术和微软的 HPU。

本系统因为涉及多个设备,需要上传下载多种数据,所以通信在系统中扮演了重要的角色。

通信部分主要代码如下。

```
private void ReceiveCallback(IAsyncResult ar)
{
        Client client = (Client)ar.AsyncState;
        #region
        lock (thisLock){
            callreceivecallback++;
            string data = "";
            try{
                int i = client.socket.EndReceive(ar);
                if (i == 0){
                    client.ClearBuffer();
                    return;
                }
                else{
                    data = Encoding.UTF8.GetString(client.buffer, 0, i);
                    Debug.Log(client.ip + "原始的 data 数据 + " + data);
                    if(data.Equals("Hololens Connected")){
                        hololensConn = true;
                        hololensIP = client.ip;
                    }
                    else if(!data.Equals("Hololens2 Connected")){
                        SendMsg(data);
                    }
                    client.ClearBuffer();
                    AsyncCallback callback = new AsyncCallback(ReceiveCallback);
                    client.socket.BeginReceive(client.buffer, 0, client.buffer.Length,
SocketFlags.None, callback, client);
                }
            }
            catch (Exception e){
```

```
            }
        for (int i = 0; i < kinectlist.Count; i++){
            try{
            }
            catch{
                Debug.Log("用户手动退出游戏客户端");
                if (kinectlist[i].ip != null){
                    kinectlist.Remove(kinectlist[i]);
                }
            }
        }
    }
    # endregion
}
```

打开 HoloLens 时,首先出现空间绘制空间映射(spatial mapping)的过程,利用 HoloLens 的深度摄像头对空间进行扫描。这时凝视点和空间锚把虚拟物体放在那里,并且虚拟物体的位置不改变。用户通过凝视移动物体,当将物体放置在那里时,凝视的射线和空间映射所形成的光标点(cursor)正是物体所在位置的空间锚点。这个功能被 HoloLens 称为 World-locked。空间锚点正是计算机视觉中的标志点(mark points)。所以两台设备在同一房间开启空间扫描,得到基本一致的世界坐标参考系。其中一台设备在世界坐标系中设置一个锚点(坐标),并绑定到本系统中的一个物体上,所有物体作为这个根节点的子集。这台设备开设房间即运用自己的世界坐标参考系,房间包含上面的锚点,并将锚点上传至服务器。其他设备加入房间,并下载房间中的锚点信息,将锚点信息绑定到自己系统的根节点(0,0,0)上,之后通过上文提到的 Socket 技术,传递子集中的各种数据(如 LocalPosition 等)。脚本 CustomMessage 中可以自定义要传递的消息类型,创建数据格式,定义数据发送方法。通过调用数据发送方法及传递相关参数可以进行数据传输。通过 ImportExportAnchorManager 管理锚点的创建和共享。BoardTransformSender 脚本发送数据面板的位置及旋转,同步到其他客户端。

5. 教学监控模块

教师在学生学习过程中也可以通过在计算机端通过 HoloLens 提供的网址,对学生使用的设备进行 IP 地址的连接,网端可以实时显示学生佩戴设备看到的内容,即传输 HoloLens 上 RGB 摄像头拍摄到的实际环境结合虚拟环境的内容。

学生在 HoloLens 中看到的所有内容都会实时显示在教师的显示器中,方便教师对课程进度和学生的学习情况进行把控,便于课堂上进行其他的补充讲解和疑难解答等。

如图 10.1 所示教师获取学生学习即时画面展示的是学生学习 Phong 光照模型时看到的虚拟场景和左侧的教师,教师在屏幕上可以看到学生正在操作虚拟手电筒,并且学生可以观看到教师身后的白板等。

10.2 基于鱼缸的混合现实教学系统

本节以儿童互动英语教学为目的,给出了一种简单的混合现实实例(见图 10.12),将虚拟的海底世界场景与真实的鱼缸环境结合在一起,用户在虚实结合的场景中与虚拟小鱼 Nemo

进行互动,练习英语对话,增强了沉浸感与趣味性。

图 10.12　基于鱼缸的混合现实教学系统

10.2.1　系统设计

鱼缸的混合现实模式开启后,虚拟的海底世界场景与真实的鱼缸环境叠加在一起,虚拟鱼与真鱼一同在鱼缸中游动,当用户单击鱼缸前面某个位置时,虚拟小鱼 Nemo 就会出现到该位置,并与用户进行英语对话。

1. 系统架构

系统组成如图 10.13 所示。混合现实鱼缸包括立体显示、触控交互及语音交互三个模块。其中,立体显示模块由置于鱼缸后面的立体投影仪及液晶调光膜组成,用于投影显示虚拟海底世界场景及虚拟小鱼 Nemo,用户佩戴快门式立体眼镜观看虚拟场景的 3D 效果。触控模块通过置于鱼缸前部的红外触控模块识别用户手指触控位置,并让虚拟小鱼 Nemo 移至此处。语音交互模块用于识别用户话语中的关键词,驱动 Nemo 与用户进行英语对话。

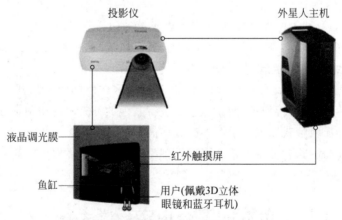

图 10.13　系统组成和结构示意图

1) 立体显示模块

立体显示模块由液晶调光膜和立体投影仪组成。液晶调光膜固定在鱼缸后的两片玻璃之间,通过胶合工艺形成可控的光电玻璃,其透光率可以通过电压控制快速转换。当混合现实模式关闭时,液晶调光膜处于通电状态,内部液晶分子规则定向排列,呈现透明状态,用户看到的是真实鱼缸环境;而当混合现实模式开启时,液晶调光膜切换至断电状态,调光膜内部液晶分子无规则排列,呈乳白色的半透明状态,可以作为背投式投影屏幕使用。

立体投影仪以背投方式在液晶调光膜上显示虚拟海底世界场景,形成虚实结合的显示效果。这里,商用投影仪采用的是主动式立体投影模式,以120Hz的画面刷新率交替显示左右眼画面,即每秒交替显示60帧左眼画面与60帧右眼画面。用户佩戴快门式立体眼镜,左右眼液晶镜片的开闭状态与投影仪的左右眼画面显示时段同步切换,使用户观看到立体画面效果。在Unity3D中需要设置左右两台虚拟相机构成虚拟立体相机,实时渲染生成虚拟场景的左右眼图像,并按顺序输出至投影仪显示,关于虚拟立体相机的设置及渲染流程控制在后面系统实现中给出。

2) 触控交互模块

本章实例中的触控模块采用红外触控技术实现,在鱼缸正面玻璃周围安装一个红外触摸框(见图10.14),以检测并定位用户的触摸位置。红外触摸框设计有电路板,从而在鱼缸四边排布红外发射管和红外接收管,一一对应形成横竖交叉的红外线矩阵。当有触摸时,手指或者其他物体就会阻断经过该位置的横竖红外线,由此计算判断出触摸点在鱼缸表面的(x,y)坐标。

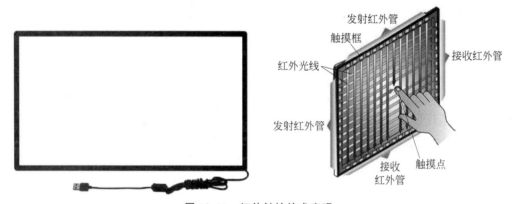

图 10.14　红外触控技术实现

红外触摸框自带的USB接口,接入系统主机之后被系统视为鼠标设备,无须安装驱动软件,即插即用,简单方便。其支持单点和多点触控,可响应Unity3D的鼠标点击事件和移动端的触摸操作。其中,鼠标点击事件包括单击和双击;移动端的触摸操作包括单个手指和多个手指操作,支持单点和多点触控,可以通过Unity3D中的Input.touches中的属性来获取在最近一帧中触摸在屏幕上手指的触控状态数据。当手指点击鱼缸表面时,系统进行响应并获取点击位置的(x,y)坐标,从而控制虚拟小鱼Nemo的位置。

3) 语音交互模块

系统中的语音交互模块用于实现用户与虚拟小鱼Nemo之间的英语对话过程。在实际使用中,用户佩戴着蓝牙耳机,内置的麦克风采集用户语音并输入系统主机,通过Unity3D内置的听写识别功能,提取出用户语句中的英文关键词,再根据特定关键词在预设的对话库中找出虚拟小鱼Nemo的回应语句文本,最后通过Windows 10系统自带的语音合成功能朗读文本,用户在蓝牙耳机中收听。

例如,如果识别出用户语句中含有"What's your name?",虚拟小鱼Nemo将按预设回答

"My name is Nemo，what's your name?"，如果识别出用户语句中含有"Where are you from?"，虚拟小鱼 Nemo 将按预设回答"I'm from the beautiful wetland park，and you?"。

本章实例采用的 Unity3D 内置的听写识别 API 具有调用方便灵活的优点，只需要对 Windows 10 系统的语音功能进行简单设置即可使用，适用于轻量级、语音识别任务，但仅适用于计算机端的 Windows 10 环境，不可用于手机端。由于本节实例中的英语对话文本相对固定，故选择 Unity3D 内置听写识别完成语音识别。

同时，在 Windows 环境下，通过 Unity3D 平台调用微软公司语音开发包 SAPI(Speech API)中的语音合成功能，从而合成虚拟小鱼 Nemo 的对话语音。SAPI 具有三个优点：一是和 Windows 原生，二是离线不需要网络，三是不需要任何插件。另外 SAPI 发音，尤其是英文发音，相对来说质量不错。

2. 系统流程

在系统运行前需要开启和设置各种硬件设备，具体包括：初始化立体投影机，在投影仪菜单中将投影机的 3D 模式设置为帧序列；将红外触摸框的 USB 数据线与主机进行连接；调整液晶调光膜透光率，使其成为投影幕；打开 3D 立体眼镜，打开蓝牙耳机，与主机建立连接，用户佩戴 3D 立体眼镜和蓝牙耳机。

完成硬件设置之后，运行混合现实鱼缸交互控制程序，程序进入场景并等待用户操作。此时如果用户点击鱼缸表面某处，则虚拟小鱼 Nemo 会游到该点位置处；如果用户没有再次点击鱼缸表面，则短暂延时后 Nemo 开始与用户进行对话，否则 Nemo 会游到用户新的点击位置。此外，在整个运行过程中，只有在 Nemo 不说话时点击鱼缸表面，Nemo 才会游到点击位置。如果用户在 Nemo 说话的过程中点击鱼缸表面，Nemo 不会游到新位置，而是在原地继续对话。

在对话系统中，提前设定了虚拟小鱼 Nemo 的提问序列，Nemo 按预设序列对用户进行提问。在 Nemo 与用户的对话过程中，存在一个计时器，当 Nemo 开始说话时，计时器开始计时，计时结束后，Nemo 会提出下一个问题。如果在对话过程中，用户提问了预设的关键语句，则 Nemo 会对该提问做出回答，否则将会在计时结束后继续提问原对话的下一问题。如果对话内的所有语句都已说完，则对话结束，若用户还想继续重复对话，可再次点击鱼缸表面，重复以上操作，否则可以后台关闭程序，完成操作。

10.2.2　系统实现

10.2.2 节

系统使用 Unity3D 引擎开发。本节主要介绍立体显示模块、触控交互模块和语音交互模块的代码实现。

1. 立体显示模块

本系统的立体显示效果需要立体投影，要求显卡相应支持立体显示模式，目前常见的英伟达(NVIDIA)系列显卡中，凡支持 3DVision 功能的型号都可配合立体投影仪进行立体显示。同时在 Unity3D 中需要在虚拟场景中设置虚拟立体相机，包含左右两台虚拟相机，分别负责渲染左眼与右眼画面，并将左右眼画面按顺序输出至显卡，为简化立体相机的设置与编码过程，采用 Unity3D 中的第三方插件 Active Stereoscopic 3D for Unity，可以方便地渲染生成虚拟场景的立体视频。

下面分别介绍英伟达显卡中 3DVision 功能的设置，及 Unity3D 中 Active Stereoscopic 3D for Unity 插件的使用。

本案例需要支持 3DVision 技术的显卡以及支持 3D 投影的投影仪,且在项目中也需要用到 3D 插件。3D 立体眼镜及投影仪属于硬件设备,具体描述见第 4 章,本节主要介绍主机如何设置 3D 立体视觉和如何在 Unity3D 中使用 Stereoskopix 3D 插件。

1) 英伟达显卡 3DVision 设置

在英伟达官网下载并安装显卡驱动;然后在计算机桌面用鼠标右击打开 NVIDIA 控制面板(见图 10.15);最后单击"3D 立体视觉"下的"设置 3DVision",在右侧勾选"启用 3D 立体视觉"复选框(见图 10.16)。

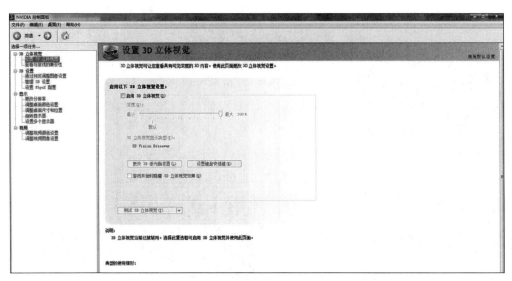

图 10.15 NVIDIA 控制面板

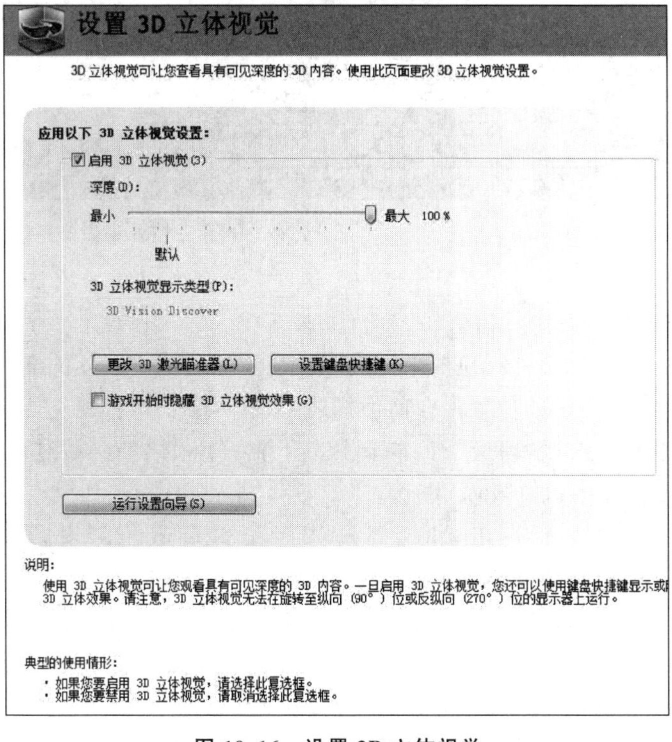

图 10.16 设置 3D 立体视觉

2) Active Stereoscopic 3D for Unity 插件使用

本系统的 Unity3D 开发中使用了 Active Stereoscopic 3D 插件实现虚拟场景的立体渲染，将 Active Stereoscopic 3D 插件导入 Unity3D 场景之后，用插件中的立体主相机 Stereoscopic Main Camera Prefab 替换默认主相机 Main Camera，这是一个立体摄像机，包括左右眼两个摄像机，如图 10.17 所示。同时，在 Stereoscopic

图 10.17　项目中的主摄像机

Main Camera 上面添加 Stereoskopix、Stereo Cam 和 Nv Stereo 三个脚本，如图 10.18 所示。项目运行后在计算机屏幕上看到显示效果为具有视差的左右分屏画面，当主机连接至立体投影仪时可实现立体投影显示，用户佩戴快门式液晶眼镜可以观看到立体显示效果(见图 10.19)。

图 10.18　挂在主摄像机上的脚本

图 10.19　开启立体效果后的系统运行界面

2. 触控交互模块

触控交互模块中，通过红外触摸框来识别用户在虚拟环境中触摸的准确位置，并使虚拟小鱼 Nemo 游到用户手指点击的位置。在前面描述了硬件实现原理，通过红外触摸框使系统可以在鱼缸的表面进行正常的触摸交互。本节主要介绍一下代码的实现过程。

1) 判断用户是否点击鱼缸表面

通过判断是否触发手指点击事件，判断用户是否点击鱼缸表面。具体通过 Input.GetMouseButtonDown() 来判断按钮是否按下，从而在 Unity3D 中响应点击事件，实现单点触控。此方法用于手指按下检测，需在 Update() 中调用。在用户按下指定按钮的那一帧返回 true，此后即使一直按着按钮，也不会返回 true，除非用户松开按钮并重新按下它。在本系统中，判断单个手指是否点击，使用 Input.GetMouseButtonDown(0)。

在判断手指点击鱼缸表面后，就可以获取点击的位置信息，并让虚拟小鱼 Nemo 游到这个位置了。但是在介绍接下来的操作前,首先需要解释两个 Unity3D 中常见的坐标系:世界坐标系(World Space)和屏幕坐标系(Screen Space)。

世界坐标系:简单来讲,我们通过 transform. position 或者 transform. rotation 获取得到的位置和旋转信息都是基于世界坐标系的,可以说,我们的大部分操作都是基于世界坐标系的。

屏幕坐标系:屏幕坐标和分辨率有关,是以像素来定义的,以屏幕的左下角为(0,0),右上角为(Screen. width,Screen. height)。比如分辨率为 500×600,则 screen. width=500,screen. height=600。

2) 获取用户点击鱼缸表面的位置信息

通过 Input. mousePosition 来获取手指的点击位置,此处获取的位置为基于屏幕坐标的。值得说明的是,通过该函数返回的是 Vector3 类型的变量,但 z 分量始终为 0。读者可以自行进行尝试。

由于此处获取的位置属于屏幕坐标,但下一步需要对虚拟小鱼 Nemo 的 transform. position 进行变换,这属于世界坐标。二者坐标系不同,不能直接进行计算,所以在进行下一步前,需先进行坐标变换,将屏幕坐标转换为世界坐标。

Unity3D 中的 ScreenToWorldPoint 函数,可将屏幕坐标转换为世界坐标,但是在实际应用中使用此函数,发现所有屏幕坐标均转换成了同一个世界坐标。分析发现是因为相机有两种模式:Orthographic 和 Perspective 模式。在 Perspective 模式下,摄像机的采像是锥形的,屏幕在世界坐标中相当于一个点,所以无论怎样转换,结果得到的都是摄像机的世界坐标。而在本节实例中,由于要实现立体效果,且在 Orthographic 模式下没有透视效果,所以必须选用 Perspective 模式,故造成 ScreenToWorldPoint 函数不能适用于本节实例。于是选择了另一种将屏幕坐标转换为世界坐标的方法。首先,在整个场景的前面,放置一个平行于摄像机的透明 Plane,并添加碰撞体。接着,使用 ScreenPointToRay 函数,从摄像机发出一条射线,并通过手指点击的位置,即 Input. mousePosition,从而将屏幕坐标变成一条射线。随后声明一个 RaycastHit 类型的 hit 变量,并使用 Physics. Raycast 方法,使变量 hit 拥有射线碰撞到那个物体的一些信息(这里碰到的是透明 Plane)。最后,需要获取 hit. point,即在世界空间中射线碰到碰撞体的碰撞点的位置信息,也就是最终需要的手指点击屏幕对应的世界坐标。

3) 使虚拟小鱼 Nemo 游动到用户点击的位置

通过 Unity3D 插值运算 Vector3. Lerp(),对虚拟小鱼 Nemo 的 transform. position 进行变换,使 Nemo 慢慢游到用户手指点击的位置,实现比较自然的游动效果。

Vector3. Lerp(Vector3 a, Vector3 b, float t):实现两点之间的线性插值。使用 t 在点 a 和 b 之间进行插值,其中,a 是起始的位置,b 是目标位置,$t\in[0,1]$。返回值的计算方法为 $v=a+(b-a)\times t$,当 $t=0$ 时,返回值为 a,当 $t=1$ 时,返回值为 b,当 $t=0.5$ 时,返回值为 a 和 b 之间的中点。

代码如下。

```
void Update()
{
    if(Input.GetMouseButtonDown(0) && !ta.audioSource.isPlaying)
    {
        Ray ray = Camera.main.ScreenPointToRay(Input.mousePosition);
```

```
        RaycastHit hit;
        if (Physics.Raycast(ray, out hit))
        {
            fish_goal = hit.point;
            touch = true;
        }
    }
    fish_goal = new Vector3(fish_goal.x, fish_goal.y, 1);
    fish.transform.position = Vector3.Lerp(fish.transform.position, fish_goal, 0.02f);
    Vector3 rotateVector = fish_goal - fish.transform.position;
    Quaternion newRotation = Quaternion.LookRotation(rotateVector);
    fish.transform.rotation = Quaternion.Slerp(fish.transform.rotation,newRotation, RotateSpeed *
Time.deltaTime);
    }
```

3. 语音交互模块

语音交互模块主要使用 Unity3D 的语音听写功能和微软 SAPI(Speech API)中的语音合成功能进行实现,只需要进行少量配置工作即可以方便地在 Windows 10 系统下运行。

在虚拟英语对话练习过程中,虚拟小鱼 Nemo 需要将指定的对话文本转换为语音朗读出来,这一功能通过 Unity3D 平台调用微软公司语音开发包 SAPI 中的语音合成功能来实现,只需将微软 SPAI 开发包中的语音合成功能编译为对应动态链接库(dll)文件,并导入 Unity3D 工程中后即可添加代码进行调用。

首先在 Visual Studio 中新建一个 C♯ 工程,并在代码文件中声明引用 Microsoft Speech Object Library 类,如图 10.20 所示。

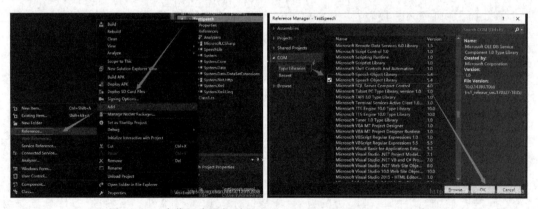

图 10.20 在代码中添加引用 Microsoft Speech Object Library 类

然后在项目属性中将目标框架更改为 .net3.5,如图 10.21 所示。

编译之后就可以在该 C♯ 工程里找到这两个动态链接库(dll)文件:CustomMarshalers. dll 和 Interop.SpeechLib.dll,将这两个 dll 文件复制入 Unity3D 工程文件夹中的 Plugins 文件夹内,就可以在 Unity3D 中进行调用,将指定文本合成为语音进行播放。

在 Unity3D 工程中新建一个名为 DialogManager.cs 的 C♯ 脚本,用于完成英语对话功能。首先声明引用 SpeechLib,即声明引用微软语音合成,随后在脚本中声明一个名为 NemoSpeech 的 SpVoice 型对象,用于进行虚拟小鱼 Nemo 的语音合成,在脚本的 Start()函数

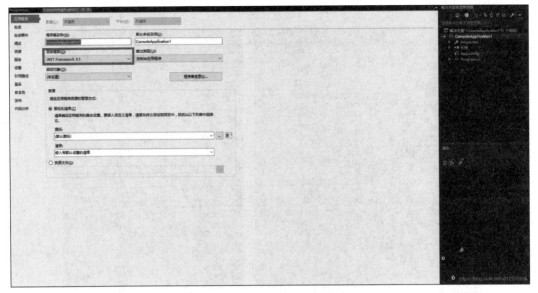

图 10.21　更改目标框架

体中对其进行对象创建,并设置合成发音人属性,然后调用 SpVoice 中的 Speak()成员函数,
将指定的字符文本合成为语音并播放,代码如下。

```
using UnityEngine;
using System.Collections;
using System;
using SpeechLib;                            //语音合成的头文件

public class DailogManager : MonoBehaviour {
    SpVoice NemoSpeech;                     //声明一个微软语音合成对象
    //Use this for initialization
    void Start () {
        NemoSpeech = new SpVoice();         //创建微软语音合成对象
        //选择默认的 0 号发音人
        NemoSpeech.Voice = NemoSpeech.GetVoices(string.Empty, string.Empty).Item(0);
        //进行一次发音测试
        NemoSpeech.Speak("Hello, my name is Nemo");
    }
    //Update is called once per frame
    void Update () {
    }
}
```

接下来在脚本中通过 Unity3D 自带的 DictationRecognizer,对用户语音进行听写识别。
听写即语音转文字,此前称之为 Speech to Text,同样是 Windows Store 应用特性之一。听写
特性用于将用户语音转为文字输入,同时支持内容推断和事件注册特性。

在使用 Unity3D 语音听写识别时,需要注意以下几点。

(1) 在应用中必须打开 Microphone 特性。在 Unity3D 编辑器中设置如下:Edit→
Project Settings→Player,在 Publishing Settings→Capabilities 中确认勾选 Microphone 复选

框(见图 10.22)。

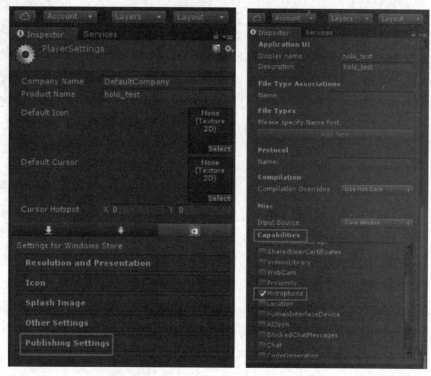

图 10.22　在 Unity3D 中勾选 Microphone

(2) 在计算机上开启隐私权限：设置→隐私→语音、墨迹书写和键入→打开语音服务和键盘输入建议。

(3) 在使用听写识别器前，计算机需要先联网，否则会出现网络故障错误。

使用 DictationRecognizer 的三个步骤如下。

1) 创建听写识别器对

```
DictationRecognizer dictationRecognizer = newDictationRecognizer();
```

2) 处理听写事件

听写识别提供了四种类型的注册事件：DictationResult、DictationHypothesis、DictationComplete 和 DictationError。

(1) DictationResult 事件：该事件在用户说话暂停时触发，通常是在句子的最后。将在这里返回完整的识别字符串。需要先订阅事件：

```
dictationRecognizer.DictationResult += onDictationResult;
```

然后处理事件：

```
void onDictationResult(string text, ConfidenceLevel confidence)
{
    //write your logic here
}
```

(2) DictationHypothesis 事件：此事件在用户说话时连续触发。当识别器侦听时，它将为此提供文本。需要先订阅事件：

```
dictationRecognizer.DictationHypothesis += onDictationHypothesis;
```

然后处理事件：

```
void onDictationHypothesis(string text)
{
    //write your logic here
}
```

（3）DictationComplete 事件：当听写识别器停止时触发此事件。识别程序可以通过调用 stop()方法、超时或遇到任何错误来停止。需要先订阅事件：

```
dictationRecognizer.DictationComplete += onDictationComplete;
```

然后处理事件：

```
void onDictationComplete(DictationCompletionCause cause)
{
    //write your logic here
}
```

超时条件：

① 如果识别器启动且 5s 内没有侦听任何内容，它将超时。

② 如果识别器给出了结果，然后它在 20s 内不监听任何内容，它将超时。

（4）DictationError 事件：当发生错误时将触发此事件。需要先订阅事件：

```
dictationRecognizer.DictationError += onDictationError;
```

然后处理事件：

```
void onDictationError(string error, int hresult)
{
    //write your logic here
}
```

3）开始识别

```
dictationRecognizer.Start();
```

Start()和 Stop()方法用于启用和禁用听写功能，在听写结束后需要调用 Dispose()方法来关闭听写页面。GC 会自动回收它的资源，如果不 Dispose 会带来额外的性能开销。其中，用到的类有 DictationRecognizer、SpeechError 和 SpeechSystemStatus。

代码如下。

```
using UnityEngine;
using System.Collections;
using UnityEngine.UI;
using UnityEngine.Windows.Speech;
using System;
using System.Text;

public class DictionManager : MonoBehaviour {
```

```csharp
[Tooltip("A text area for the recognizer to display the recognized strings.")]
public Text DictationDisplay;
private DictationRecognizer dictationRecognizer;

//Use this for initialization
void Start () {
    //创建听写识别器对象
    dictationRecognizer = new DictationRecognizer();
    //订阅事件
    dictationRecognizer.DictationHypothesis += DictationRecognizer_DictationHypothesis;
    dictationRecognizer.DictationResult += DictationRecognizer_DictationResult;
    dictationRecognizer.DictationComplete += DictationRecognizer_DictationComplete;
    dictationRecognizer.DictationError += DictationRecognizer_DictationError;
    //开始识别
    dictationRecognizer.Start();
}
private void DictationRecognizer_DictationError(string error, int hresult)
{
    DictationDisplay.text = "error";
}
private void DictationRecognizer_DictationComplete(DictationCompletionCause cause)
{
    DictationDisplay.text = "complete: ";
    //如果在听写开始后第一个 5s 内没听到任何声音,将会超时
    //如果识别到了一个结果但是之后 20s 没听到任何声音,也会超时
    if (cause == DictationCompletionCause.TimeoutExceeded)
    {
        //超时后本例重新启动听写识别器
        DictationDisplay.text += "Dictation has timed out.";
        dictationRecognizer.Stop();
        DictationDisplay.text += "Dictation restart.";
        dictationRecognizer.Start();
    }
}
private void DictationRecognizer_DictationResult(string text, ConfidenceLevel confidence)
{
    DictationDisplay.text = "result: ";
    DictationDisplay.text += text;
}
private void DictationRecognizer_DictationHypothesis(string text)
{
    DictationDisplay.text = "Hypothesis: ";
    DictationDisplay.text += text;
}
//Update is called once per frame
void Update () {

}
void OnDestroy()
{
    dictationRecognizer.Stop();
```

```
        dictationRecognizer.DictationHypothesis -= DictationRecognizer_DictationHypothesis;
        dictationRecognizer.DictationResult -= DictationRecognizer_DictationResult;
        dictationRecognizer.DictationComplete -= DictationRecognizer_DictationComplete;
        dictationRecognizer.DictationError -= DictationRecognizer_DictationError;
        dictationRecognizer.Dispose();
    }
}
```

在语音听写中,使用方法 DictationRecognizer_DictationResult()判断该语句是否是提前设定的关键语句,若是关键语句,则虚拟小鱼 Nemo 对用户的语句做出回应。示例如下。

```
private void DictationRecognizer_DictationResult(string text, ConfidenceLevel confidence)
    {
        DictationDisplay.text = " result: ";
        DictationDisplay.text += text;

        if (text. Equals ("hello"))
        {
            NemoSpeech.Speak("Hello, nice to meet you");
        }
        if (text. Equals ("what's your name"))
        {
            NemoSpeech.Speak("My name is Nemo,what's your name?");
        }
        if ((text. Equals ("where are you from"))
        {
            NemoSpeech.Speak("I'm from the beautiful wetland park,and you?");
        }
    }
```

 习题

练习用 HoloLens 设计一个博物馆漫游程序。

全息视频播放系统

无论是 2015 年春节联欢晚会上 4 个李宇春的同台表演,还是方特主题乐园打造的聊斋剧场项目等,都产生了震撼效果(见图 11.1)。这类虚实结合的魔幻表演主要是借助 3D 全息投影技术,加以真人演员配合走位表演完成的。作为在展示设计及舞台表演中常用的一类影像显示技术,全息投影技术与传统意义上通过光波的干涉及衍射现象实现的全息摄影技术是完全不同的两个概念。约定俗成的全息投影只是借用了光学技术中"全息"这一术语。全息投影是使用珮珀尔幻象、边缘消隐等方法实现的一类影像投影技术,可以使人裸眼看到空中悬浮的伪 3D 效果的图像。本文简单介绍如何制作实现此类全息视频播放系统。

图 11.1　基于 3D 全息投影技术的虚实结合的表演

 11.1　全息摄影与全息投影技术

在介绍展示设计领域常用的全息投影技术之前,本节首先对全息摄影(Holography)与全息投影技术进行简要介绍,在原理上明确二者是不同的概念。

11.1.1　全息摄影

Holography 这个单词特指英籍匈牙利裔物理学家丹尼斯·盖博于 1947 年发明的全息摄影技术,随后盖博用希腊语单词 Holos(全部)加上英语后缀 graphy 创造了 Holography 这个新单词。因发明全息摄影技术,盖博于 1971 年荣获诺贝尔物理学奖。

全息摄影是利用光的干涉与衍射现象,记录和重建物光波的振幅与相位信息,从而实现拍摄和显示物体的三维图像。激光全息摄影技术的光学实质是对波前(Wavefront)信息的记录与重构。

光是一种波,有波长、振幅及相位三个要素。光波经物体的反射进入人的眼睛,其中光的波长反映了颜色,光的振幅反映了亮暗,而光波动时的相位包含物体距离人眼的远近,即深度信息。如图 11.2 所示,物体上的点 A 亮而近,点 B 暗而远,A、B 两点的反射光进入人眼时,光波的振幅大小反映了两点的亮暗差异,而相位的差异体现了深度差异。同时记录波的振幅与相位,就同时记录了物体的亮度信息与深度信息,这称为波前(Wavefront)重构。

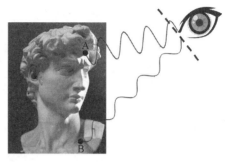

图 11.2　光波的相位差体现了深度差

传统的感光胶片及 CCD 摄像头记录的都是光的亮暗,即光的振幅。光的相位的记录,需要利用光的干涉现象来将相位差异转换为亮暗差异。光的干涉现象就是指两束相干光,即两束频率相同、相位差恒定的光波叠加在一起时,光波的振幅会出现周期性的增强与减弱(见图 11.3),拍摄下来就形成了干涉图样。干涉条纹图样中的周期性亮暗变化就反映了两束光波的相位差信息,这一信息也是能够被反向解调出来的。

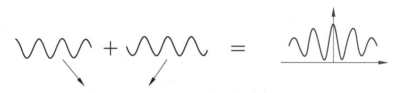

两束光波的频率相同并且相位差恒定的光波,就形成了相干光

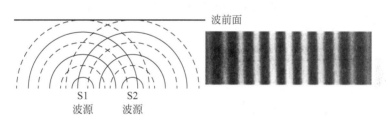

图 11.3　光的干涉现象

由于激光的振幅、频率、相位高度一致,形成的干涉条纹图样十分稳定,所以进行全息摄影时可以采用激光作为光源。如图 11.4 所示,在拍摄时,通过分光镜将激光光源分成两束,分别作为照射光波与参考光波。照射光波被所拍摄物体反射之后,振幅和相位都发生了相应变化,形成物光波。物光波与参考光波相叠加形成相干光,并在卤化银全息干板上曝光成像,形成干涉条纹图样。这样拍摄出来的全息胶片中并不是我们常见的物体或人物的图像,而是图 11.3 中的干涉条纹图样,其中包含被拍摄物体的振幅(亮暗)与相位(深度)信息。

全息干板上记录的是物光波与参考光波叠加形成的干涉条纹图样。想要从全息照片中看到物体的影像,就必须使用一个与拍摄过程中参考光波完全相同的激光光源照射全息干板。全息干板上明暗不一的干涉条纹形成了一个光栅结构,激光光源透过全息胶片发生了光的衍射现象,光源光线被分成了三束,其中一束仍沿着光源原始方向传播,称为直波;一束沿着原物体被拍摄时的方向传播,再现了原物体发出的物光波,当观众看到物光波时,相当于在胶片背面看到了原物体的虚像;最后一束沿着与物光波共轭方向传播,形成实像,如图 11.5(a)所

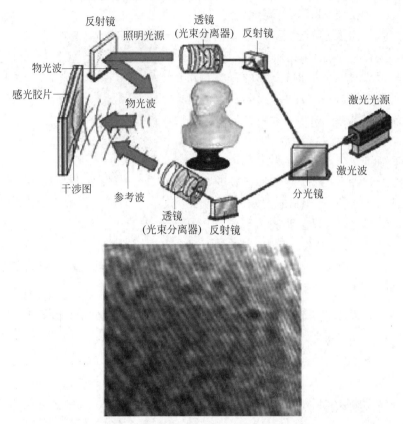

图 11.4　全息照片的拍摄过程与拍摄结果

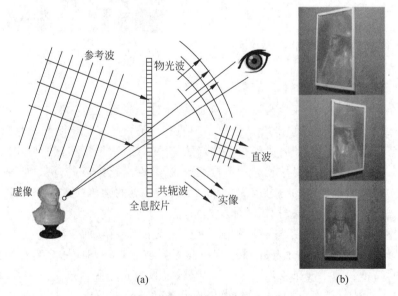

(a)　　　　　　　　　　　　(b)

图 11.5　全息照片再现原理与效果

示。由于物光波中再现了原物体的明暗变化,同时也再现了相位信息,因此能够使观众产生立体视觉。同时由于全息干板可以多次曝光,因此可以调整参考光波的方向,在一张干板上叠加拍摄物体在多个视角上的全息图像,在观看时调整参考光波的方向,观众可以看到不同视角的虚像。如图 11.5(b)所示,在同一张全息干板上拍摄记录了拿破仑雕像的正面、左侧、右侧三个视角,观众站在不同位置就可以看到不同的侧面。全息摄影的另一个特点是,全息干板的每一片碎片中都记录了物光波的所有信息,因此即使只保留一片碎片也能再现完整的物光波。

由于拍摄全息照片时需要具备激光干涉条件并使用卤化银干板等全息干板作为底片,传统的全息摄影技术适于拍摄静态实物,并不适于拍摄动态视频。为了提高全息摄影的适用度,20 世纪 90 年代开始了计算全息(Computer Generated Hologram,CGH)的研究。计算全息是指利用三维数字造型技术,根据三维模型的空间深度信息模拟和计算出不同视角下的干涉条纹图样,即通过计算得到数字化的数字全息照片。数字化的全息照片不需要在全息干板上进行曝光、定影成像,而是将数字全息图像输入空间光调制器(Spatial Light Modulator,SLM)设备,空间光调制器可对光波的振幅与相位进行调制,将非相干光转换为相干光,实现数字全息照片的再现。计算全息实现流程如图 11.6 所示。

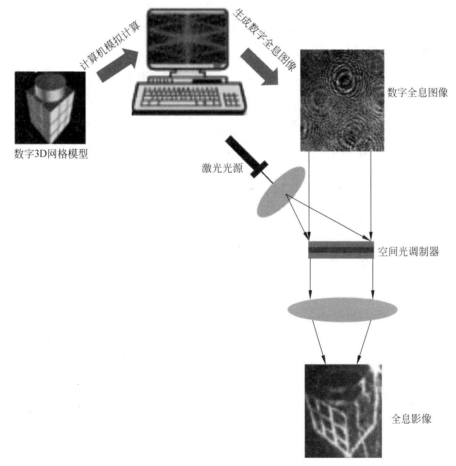

图 11.6 计算全息实现流程

计算全息无须使用全息干板进行实物拍摄,理论上可以制作和播放动态的全息视频,但目前计算全息的使用受到两个问题的制约:一个问题是计算量大。如果一个三维网格模型包含

p 个顶点,输出图像分辨率为 $m \times n$,则通过计算全息制作该模型的一帧数字全息图像的计算量为 $O(p \times m \times n)$。例如,一个中等精度的三维网格模型包含一万个顶点,输出图像分辨率为 1920×1080,那么计算单帧全息图像的计算量为 $O(10^{11})$。另外一个问题是用于播放数字全息图像的空间光调制器设备自身分辨率受限,只能实现 512×512 的振幅-相位调制,使得输出分辨率过低,图像清晰度不足,只适合显示较为简单的线框模型的全息影像。

自从全息摄影技术诞生已经过去七十余年,全息摄影技术不仅适用于光波,同样也适用于微波、声波。全息摄影技术在遥感测量、显微技术、光刻技术及防伪技术等领域获得了广泛应用。但在全息影视技术方面,目前仍受到技术瓶颈制约。如果相关光学器件技术能够得到突破,全息影视系统将大大改变现有的影视技术的面貌。

11.1.2　全息投影

目前在展示设计与舞台特效设计领域常用的全息投影,与上述的全息摄影技术的原理完全不同,是珮珀尔幻象(Pepper Ghost)的一种应用,是一种"伪全息"技术。珮珀尔幻象是 19 世纪英国物理学家约翰·珮珀尔发明的一种光学显示方法,通过调整玻璃的反射角度并配合光源投射角度,使观众能够在特定视角处看到真人演员或物体的虚像(见图 11.7),使观众们产生实物凭空出现与凭空消失的视觉效果。从 19 世纪起,珮珀尔幻象就被应用于魔术表演与舞台表演,魔术表演中的真人消隐效果很多都是通过珮珀尔幻象实现的。

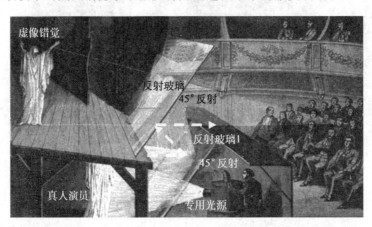

图 11.7　珮珀尔幻象在 19 世纪舞台表演中的应用

随着当代计算机动画、影视技术及高亮度投影仪设备的发展,利用珮珀尔幻象原理实现的全息投影效果更为逼真。首先制作出高清晰度的数字视频内容,如通过数字影视合成的虚拟李宇春、邓丽君角色及初音未来卡通角色,并用高清高亮投影仪设备投影到舞台前部 45° 斜置的全息投影膜上。全息投影膜具有良好的光线透射与反射效果,这样观众就可以在舞台前特定区域内看到非常清晰的珮珀尔幻象,同时配合舞台道具摆置及现场伴舞演员的表演,进一步提高了珮珀尔幻象与实际舞台环境的融合感(见图 11.8)。

全息投影技术也应用于展示设计,最为典型的形式是金字塔形全息投影展柜,全息投影展柜的四面均为等腰三角形形状的全息投影膜。放置在金字塔顶端的液晶显示器或投影仪在垂直方向上显示视频内容,视频的每一帧画面都由展示对象的前、后、左、右四个视图画面组合而成,展柜的前、后、左、右四面全息投影膜的 45° 反射,将对应视图画面沿水平方向反射到观众眼中(见图 11.9(a)和图 11.10)。由于物理结构的关系,观众会认定所看到的物体影像就是在

图 11.8 全息投影应用

金字塔中心悬浮着,观感较好。金字塔全息投影展柜的形状有正金字塔形与倒金字塔形,前者的显示设备置于上部,后者置于底部,但二者的显示原理与效果是相同的。金字塔形展柜可以产生较好的"立体"视觉,但在进行四视图组合时,各视图模型画面不得出现重合,以避免不同视图之间出现画面窜扰,导致每个视图画面的尺寸是受限的。此外还有 Z 字形全息展柜,这种形式结构简单,只有正面才可以看到全息影像(见图 11.9(b))。金字塔形展柜则可以 360°观看全息影像。

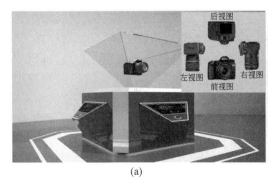
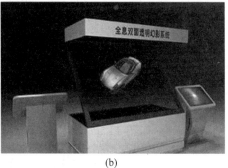

(a) (b)

图 11.9 全息投影展柜设备

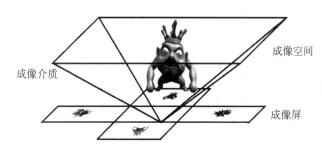

AR 图标

图 11.10 金字塔形设备全息展示的原理示意图

　　本章将介绍两种进行全息展示的方法:①利用 Maya 与 After Effect 等动画与影视编辑软件,预先制作出相应的 VR 视频文件,然后在 Unity3D 平台中用代码控制视频播放,播放平台为 Z 字形全息展柜;②使用 Unity3D 程序实时渲染输出视频,播放平台为金字塔形展柜。下面分别介绍这两类全息投影展示的制作流程与方法。

11.2　全息投影视频制作

本节介绍如何制作出相应的 VR 视频,然后用相应软件在全息展柜上进行播放展示。在全息设备上展示的是根据某企业需求专门制作的三维动画"分布式能源综合系统"。我们在三维模型制作、三维动画制作、灯光与渲染、特效制作及后期剪辑与输出得到视频后,实现全息显示。本节给出上述制作过程,也是对第 6 章建模基础知识的补充。

11.2.1　视频内容设计

视频分为公司的 Logo 演绎、全景介绍、局部介绍、总结展示 4 个部分。

(1) Logo 演绎部分内容为分公司的 Logo 围绕总公司的 Logo 旋转,将其演绎为月亮与地球的关系。

(2) 全景介绍部分内容为展示城市的全貌、煤改气前的污染情况以及分布式能源的构成模块,为下一部分的细分做铺垫。

(3) 局部介绍部分以商业分布式能源站、工业分布式能源站为基点,对其内部结构以及利用输出能源的周边功能型的建筑进行介绍。并在内部结构中展示出热水、冷气、蒸汽等能源的流动方向。

(4) 总结展示部分将一些数据直接呈现在观众面前,使其进一步了解分布式能源的优点。

全息投影的魅力在于真实的"模型感",运动中的三维模型会让观众产生物体在金字塔结构中心的错觉,这就要求所有镜头最好是运动镜头,让三维模型的角度发生变化,增强观感。

根据实际测试,灰度模型在同等情况下会比彩色模型的辨识度更高,因为物体真实的饱和度及亮度是偏暗的,在室内正常光照的条件下,很难看清楚全息投影成像。在提高饱和度以及亮度后,虽然可以看清,但是因为实际的颜色会和人脑内对物体本来的样貌产生偏差,会造成一种很假的感觉。因此,在本案例中模型采用黑白灰的基调作为主基调,一些修饰性文字以及管线的特效是彩色的配色方案。另外,如果画面的边缘有内容,画面就会严重平面化,严重影响观众的浸入感,如图 11.11(a)所示为屏幕边缘有内容的例子,如图 11.11(b)所示为屏幕边缘无内容的例子。因此在画面设计时,画面边缘有内容的镜头要尽可能避免。

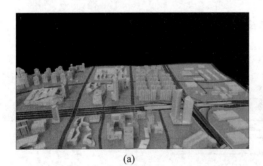
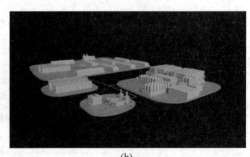

(a)　　　　　　　　　　　　　　　　(b)

图 11.11　画面的边缘有无内容影响全息展示的浸入感

11.2.2　三维模型制作

1. 人物模型

根据案例风格要求,人物的模型只有黑白灰这一单色基调,因此模型采用 Lowpoly 的制作手法进行制作,要求模型表面有硬朗的结构,去除五官,只保留大型,依靠光影获得一个相对优秀的观感(见图 11.12)。风格的特点是低细节,面又多又小,用三角形分割,以纯色填充。需要注意的细节就是 Lowpoly 模型简约而不简单,不是随意堆积的三角面,而是根据正常多边形模型进行破线制作的,所有的布线结构需符合正常运动原理。

图 11.12　制作的人物模型

2. 场景建模

场景模型和道具模型依然采用多边形网格建模方法,凸显模型的细节结构,让物体的外观看起来更和谐,与三角面的人物形成强烈的反差(见图 11.13)。

图 11.13　场景建模

11.2.3　三维动画制作

　　模型做好之后,需要根据剧本要求,对有动画需要的模型进行绑定制作,也就是装配制作。

　　首先把所有需要运动的物体列出来。一般来讲,运动的物体主要包含角色和道具,个别场景可能需要运动。

　　把需要运动的物体整理好之后,即开始进行绑定制作。人物模型一般以骨骼蒙皮来控制,再用控制器约束骨骼(见图11.14)。道具模型一般直接用控制器进行约束,以达到最终效果为主。绑定完成后,要把除控制器、模型以外的其他物体进行隐藏,比如骨骼、辅助约束参考等,并整理打组,梳理结构。原则上只允许存在一个组,最终呈现在动画师面前的是一个只有控制器和模型的干净文件。

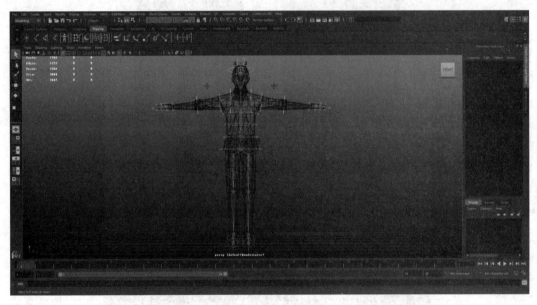

图 11.14　添加骨骼

　　绑定完成后,进入动画的 Layout 制作环节。首先根据镜头描述将每个镜头将要出现的资产以参考的形式载入 Maya 当中,然后创建相机,调整机位、焦距、画幅等(见图11.15),根据前期设定摆放角色的姿势,确定镜头时长。

　　在 Layout 通过之后,正式进入动画制作,对每个镜头的动画进行详细制作。掌握预备、动作、缓冲三要素,动作节奏到位(见图11.16)。摄像机动画要避免模型与屏幕的边缘发生穿插,在展示场景模型时,要维持缓动的运动形态。

　　动画全部完成后,整理镜头文件,清理掉无用的层,保存好文件和拍屏一并发给灯光环节。

11.2.4　灯光与渲染

11.2.4 节

　　灯光制作分为两个环节。第一个环节是标准光环节,就是根据气氛图进行灯光氛围的确定。通常在模型贴图结束后开始进入制作,角色和场景都要进行相应的标准光制作,道具材质效果跟随角色,无须单独制作标准光。对于 Lowpoly 的模型,风格以纯色为主,不需要绘制贴图,可直接进行材质球的制作调整,配以柔光效果(见图11.17)。场景也以角色风格为主进行材质制作,灯光与角色灯光共用一套。

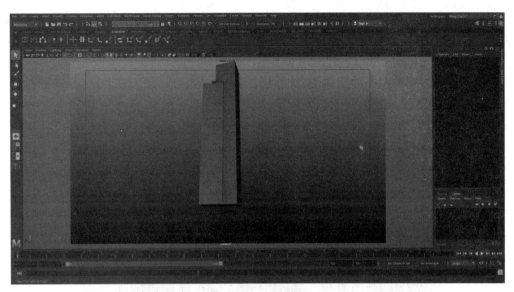

图 11.15　创建摄像机

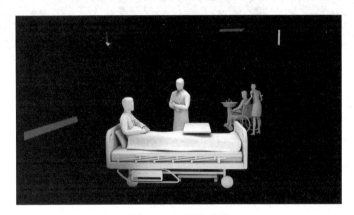

图 11.16　制作动画

图 11.17　赋予材质

标准光完成后,进入动画镜头的灯光分层制作。在动画文件里将原本使用的资产替换成调整好标准灯的资产(见图11.18),再根据镜头的需要进行灯光制作,对文件进行灯光分层。一般分为背景颜色层、角色颜色层、背景 Occlusion 层、角色 Occlusion 层、物体 Shadows 层。在 AOV 属性中,根据需要添加景深层、法线层、高光层、自发光层、ID 多通道层等,每层进行单帧渲染,渲染完得到每层单帧渲染图,进入 Nuke 进行多层合成,输出单帧效果提交给导演审核,并根据反馈进行修改,直至单帧通过。

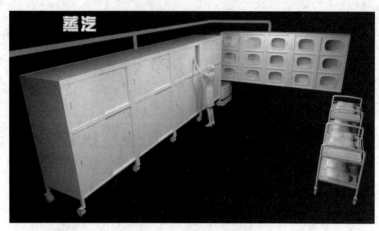

图 11.18　增加灯光

镜头单帧通过后,将分好层的灯光文件提交渲染序列。渲染完成后,进入 Nuke 合成环节,将分层序列导入到单帧合成的 Nuke 中,在每个镜头中将单帧合成时的图片替换成对应序列,最终输出完整的镜头序列,再将镜头序列移交给后期合成环节。

11.2.5　特效制作

11.2.5 节

影片中的特效有三维特效和平面特效两种形式。

1. 三维特效

根据需要用一些线的生长动画来体现高温蒸汽、暖气水、热水等资源的流入(见图11.19)。因为涉及旋转以及摄像机的运动,所以这部分运动必须用三维特效。本案例中,使用 Houdini 进行特效制作。

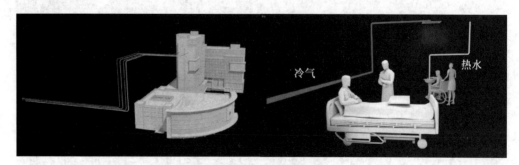

图 11.19　三维线条特效

在动画师完成动画后,将摄像机和数字资产分别导入到 Houdini 中,在三维空间里根据需求画出线条,让一定数量的粒子沿着线条出现,即可完成三维部分的特效。

2. 平面特效

平面特效分为文字类特效以及合成类特效两种。由于本影片的专业性较强,对于普通观众来讲并没有那么直观,因此需要加入一定的文字进行辅助的解释说明(见图 11.20 和图 11.21)。根据场景内容的不同,一共设计了四款文字形式。

图 11.20 三维文字类特效

图 11.21 平面文字类特效

其中,设备介绍、场景介绍的文字都是在软件 After Effect 中利用 Video Copilot 的插件 Element 生成三维文字,这样制作的文字可以跟随摄像机的运动而运动,也可以独立旋转,增强模型感。

在工作原理部分,采用了淡蓝色的文字以及一定的斜面效果,轻微增加其立体感。这部分文字的目的是在最短的时间内,让观众可以理解设备的工作原理,因此需要文字拥有一定的辨识度,并不需要有特别强的模型感。

在结尾部分采用了荧光文字效果,是利用 After Effect 软件中的 Saber 插件制作而成。全息投影反射的成像里,黑色即为透明,因此在实际观看时,荧光的发光字拥有镂空文字的发光效果。虽然牺牲了一部分的辨识度,但作为在画面中长时间出现的文字,有一个独一无二的效果会增强观众对内容的记忆。

合成类特效包含光、电、烟雾等特效以及管线路径生长的特效两种特效。如图 11.22(a)和图 11.22(b)所示分别给出了服务器灯光效果和路径生长效果的例子。

合成类特效都在软件 After Effect 中进行制作,利用跟踪软件对画面中的出风口、服务器等进行跟踪,然后得到位置移动信息,再将准备好的合成素材与这个位置移动信息相匹配。烟雾特效可以更具象化地体现设备的运行,增加画面的运动感,使得原有的画面变得更生动形象。

有管线的路径动画与之前提到的三维特效制作方式有所不同,但在三维模型已经存在的

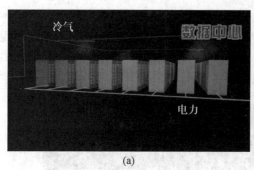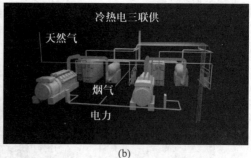

(a) (b)

图 11.22 合成类特效

基础上再为其增加生长动画的难度就降低了很多。首先根据用途的不同对管道进行分组,利用 exr 格式的文件可以输出多个渲染层的优势,可以在渲染管道的同时渲染每个分组的alpha 通道蒙版。在软件 AE 中导入 exr 文件,将渲染好的管道与分层通道的蒙版进行叠加,多次操作后便可得到分开后的管道,然后对每一层管道作遮罩动画,使其运动的方向与出现顺序与真实的设备相同。

11.2.6 后期剪辑与输出

后期剪辑使用 Adobe Premiere 软件进行影片的合成(见图 11.23)与输出,按照顺序将每一段视频铺在序列的时间线上,并在对应序列的上一轨道铺上特效层,在做剪辑时需要将视频卡边的地方进行剪切并叠化,尽可能地保证影片的观感。

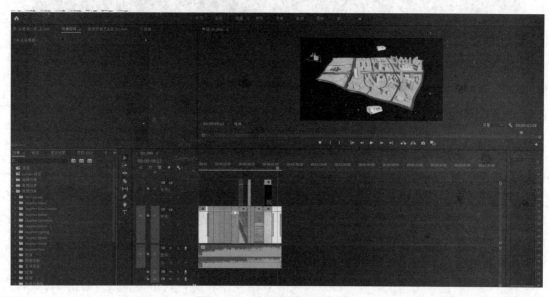

图 11.23 对视频进行剪辑合成

待视频剪辑结束后,对其进行调色,提高画面中的反差,并校准不同镜头之间的色差(见图 11.24)。

在视频渲染时,选择 H.264 编码的 MP4 格式视频,编码方式选择“VBR,1 次”,目标比特率设置为 10Mb/s,最大比特率设置为 15Mb/s(见图 11.25)。

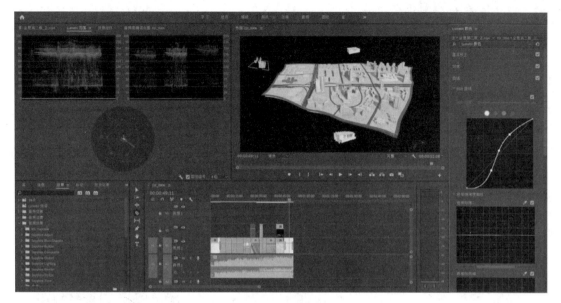

图 11.24　调色

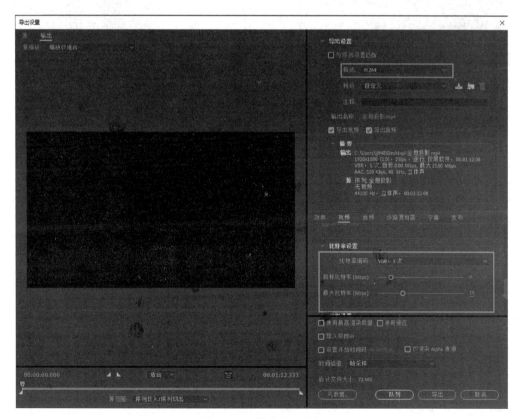

图 11.25　输出编码选择

11.2.7　Unity3D 设置视频输出及控制视频播放方法

下面介绍一下在 Unity3D 里面设置视频输出以及控制视频播放的方法。

（1）首先在 Unity3D 的 project 视图中新建一个 Render Texture（见图 11.26），命名为 Movie，并将它的分辨率改成所需的分辨率，例如 1280×720（见图 11.27）。

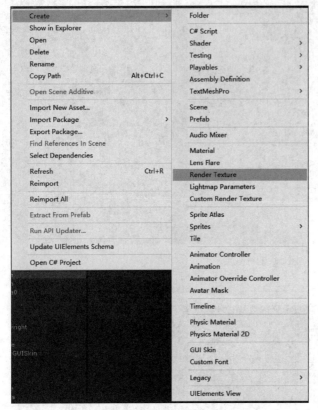

图 11.26　创建贴图　　　　　　　　　　　　图 11.27　修改分辨率

（2）创建视频播放器组件载体，在 Hierarchy 视图中新建一个 Raw Image，命名为 Movie（见图 11.28），在 Canvas 面板中将 Render Mode 改为 Screen Space-Camera，并将 Render Camera 改为默认摄像机 Main Camera（见图 11.29）。

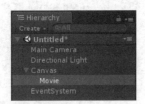

图 11.28　创建 Raw Image　　　　　　　　　图 11.29　修改 Render Mode

（3）为其添加组件 Video Player（见图 11.30）。将视频导入到 Unity3D 中，将 Raw Image 赋予先前创建的 Render Texture 贴图，并在 Video Player 组件的 Video Clip 设置中，选择想要播放的视频（见图 11.31）。

（4）将名为 Movie 的 Raw Image 在 Canvas 面板中将 Render Mode 改回为 World Space（见图 11.32）。

（5）为视频播放编制控制播放器的方法。

图 11.30 添加组件

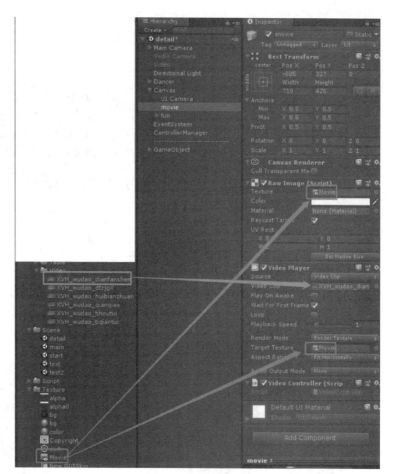

图 11.31 设置播放器

首先,在视频控制器脚本中定义变量,如图 11.33 所示。

图 11.32 修改 Render Mode 参数

图 11.33 定义变量

控制器的播放、暂停、停止功能是通过调用 Video Player 的方法来实现的,如图 11.34 所示。

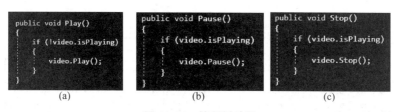

图 11.34 控制播放器

控制器提供播放上一个视频的功能,其原理是首先获取上一个视频的 ID(或者用唯一名字),之后在逻辑处理中将当前播放的视频修改为上一个视频的 ID,并调用播放方法。播放下一个视频的功能原理相同(见图 11.35)。

```
public void PlayPrevious()
{
    TableData.Entity tmp = GetPreviousEntity();
    if (tmp != null)
    {
        current = tmp;
        currentId = current.id;
        PlayCurrent();
    }
}
```
(a)

```
public void PlayNext()
{
    TableData.Entity tmp = GetNextEntity();
    if (tmp != null)
    {
        current = tmp;
        currentId = current.id;
        PlayCurrent();
    }
}
```
(b)

图 11.35　切换视频

11.3　Unity3D 实时渲染输出

11.3 节

本节介绍使用正金字塔形全息展柜时的四视图 VR 视频实时渲染生成实例。金字塔形全息投影展柜的 VR 视频画面格式与显示流程如图 11.36 所示。

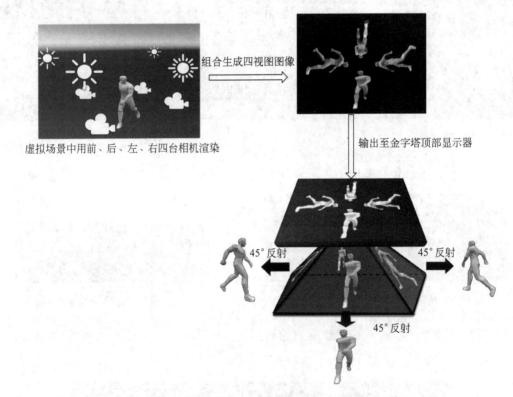

图 11.36　正金字塔形全息展柜显示流程

金字塔形全息展柜的视频画面包含展示对象的前后左右四视图画面,在制作时可在虚拟场景中对应设置前后左右四台虚拟相机,分别用于渲染生成对象的前后左右四幅画面。在使用 Unity3D 等游戏引擎制作四幅图画面组合时,采用实时渲染技术,通过代码将四幅画面进行组合。为了使全息展柜在进行 45°反射后观众能够看到正确的画面,需要对四视图画面进行相应旋转,后视图进行 180°旋转,左视图进行−90°旋转,右视图进行 90°旋转,使前后左右四视图画面中对象的头部都指向画面中心,这样才能产生正确的反射效果,在编写 Unity3D 画面组合代码时要注意这一要求。

下面给出一个 Unity3D 金字塔形全息投影视频画面组合输出实例。

首先在场景中导入显示对象模型,将模型摆置于场景中心,并设置好相应的动画与特效播放参数。随后在场景中创建四个方向光源,命名为 LightF、LightB、LightL、LightR,调整光源照射方向,使四个光源分别为模型的前、后、左、右四个方向进行打光,保证输出画面中模型前、后、左、右四视图画面的整体亮度均匀(见图 11.37)。

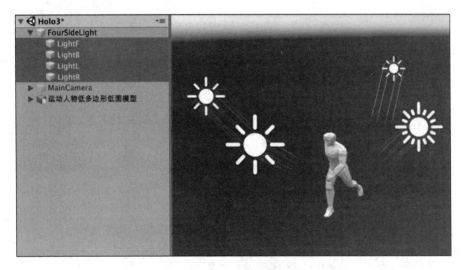

图 11.37　创建前、后、左、右四个方向光源

接下来在场景中创建四台相机,作为场景中主相机的子物体,分别命名为 CameraF、CameraB、CameraL、CameraR,分别负责渲染对象模型的前、后、左、右四视图画面。将四台相机等距离布置在模型的前、后、左、右侧,将四台相机的高度设置为相同数值,调整相机位置参数,使模型四个视图画面都位于对应相机画面窗口的中心,每个视图画面的四周都要保留足够的留白区域。需注意的是,最终输出的组合图像中,前、后、左、右四视图中的模型头部应指向图像中心,以保证在金字塔结构中获得正确的投影效果。为此,将后视图相机 CameraB 的旋转角度设置为(0°,180°,180°),将左视图相机 CameraL 的旋转角度设置为(0°,90°,90°),将右视图相机 CameraR 的旋转角度设置为(0°,−90°,−90°),四视图相机各自的位置及输出画面如图 11.38 所示。

最后,需要将前、后、左、右四台相机各自输出的画面组合在一张完整的画面中输出。此过程可用代码实现。首先在代码中为前、后、左、右四台相机分别设置一个 RenderTexture 区域,保存相机渲染结果,并把各台相机的分辨率设置为输出画面宽度与高度的一半。在对四视图进行组合时,由于左右视图的宽度分别为输出画面宽度的一半,因此会覆盖前后视图画面(见图 11.39(a))。一种简单的处理方法是,将左视图的右端与右视图的左端各自隐藏一段宽度(Offset),该变量为浮点数类型,表示对应画面整体宽度的比例(见图 11.39(b))。Offset 的取值可在代码中根据实际模型大小进行调整。

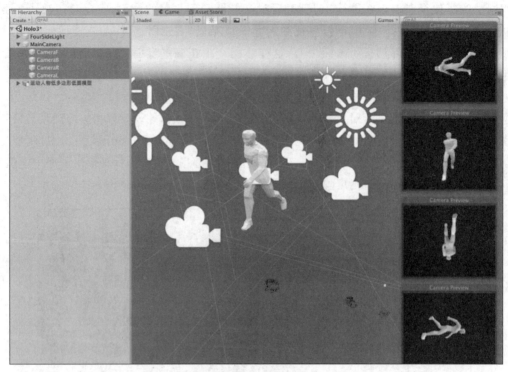

图 11.38　创建前、后、左、右四台相机

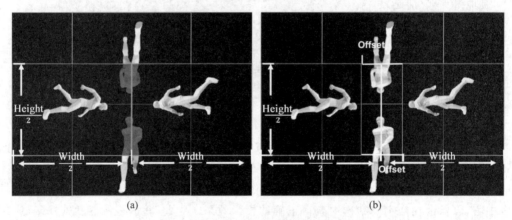

图 11.39　将前后左右四视图进行组合

四视图组合的代码如下,运行时将代码关联至场景主相机,并在 Inspect 窗口中将前后左右四个相机对象拖动至代码 Public 变量列表中。

```
 2  using System.Collections.Generic;
 3  using UnityEngine;
 4
 5  public class mHoloProjection : MonoBehaviour
 6
 7  {
 8      //前后左右四台相机的对象
 9      public Camera FrontCamera;
10      public Camera BackCamera;
11      public Camera LeftCamera;
12      public Camera RightCamera;
13      //前后左右四台相机的RenderTexture
14      private RenderTexture FrontCamera_texture;
15      private RenderTexture BackCamera_texture;
16      private RenderTexture LeftCamera_texture;
```

```
17      private RenderTexture RightCamera_texture;
18      //输出的RenderTexture:由前后左右四台相机的画面组合而成
19      private RenderTexture Output_texture;
20      //屏幕宽度与高度
21      private float  ScreenWidth, ScreenHeight;
22      //左右图像组合偏移量
23      public  float  Offset;
24
25      // Start is called before the first frame update
26      void Start()
27      {
28          //分配前后左右四台相机的RenderTexture
29          FrontCamera_texture=new RenderTexture(Screen.width/2, Screen.height/2, 24);
30          BackCamera_texture = new RenderTexture(Screen.width / 2, Screen.height / 2, 24);
31          LeftCamera_texture = new RenderTexture(Screen.width / 2, Screen.height / 2, 24);
32          RightCamera_texture = new RenderTexture(Screen.width / 2, Screen.height / 2, 24);
33          //分配输出四视图RenderTexture: 由前后左右四台相机的画面组合而成
34          Output_texture = new RenderTexture(Screen.width , Screen.height, 24);
35
36          //指定前后左右四台相机将图像渲染到对应的RenderTexture
37          FrontCamera.targetTexture = FrontCamera_texture;
38          BackCamera.targetTexture = BackCamera_texture;
39          LeftCamera.targetTexture = LeftCamera_texture;
40          RightCamera.targetTexture = RightCamera_texture;
41          //获取屏幕宽度
42          ScreenWidth = Screen.width;
43          //获取屏幕高度
44          ScreenHeight = Screen.height;
45
46      }
47
48      void OnRenderImage(RenderTexture source, RenderTexture destination)
49      {
50          //将前视图组合至输出画面
51          Graphics.CopyTexture(FrontCamera_texture, 0, 0,
52                              0, 0, (int)(ScreenWidth*0.5), (int)(ScreenHeight*0.5),
53                              Output_texture, 0, 0,
54                              (int)(ScreenWidth * 0.25f),(int)(ScreenHeight * 0.0f));
55          //将后视图组合至输出画面
56          Graphics.CopyTexture(BackCamera_texture, 0, 0,
57                              0, 0, (int)(ScreenWidth * 0.5), (int)(ScreenHeight * 0.5),
58                              Output_texture, 0, 0,
59                              (int)(ScreenWidth * 0.25f),(int)(ScreenHeight * 0.5f));
60          //将左视图组合至输出画面
61          Graphics.CopyTexture(LeftCamera_texture, 0, 0,
62                              0, 0, (int)(ScreenWidth * (0.5 - Offset)), (int)(ScreenHeight*0.5),
63                              Output_texture, 0, 0,
64                              (int)0, (int)(ScreenHeight * 0.25f));
65          //将右视图组合至输出画面
66          Graphics.CopyTexture(RightCamera_texture, 0, 0,
67                              (int)(ScreenWidth * Offset), 0, (int)(ScreenWidth * (0.5-Offset)), (int)(ScreenHeight*0.5),
68                              Output_texture, 0, 0,
69                              (int)(ScreenWidth * (0.5+Offset)), (int)(ScreenHeight * 0.25f));
70          //输出显示
71          Graphics.Blit(Output_texture, destination);
72
73      }
74
75  }
```

习题

1. 简述什么是全息摄影与全息投影技术。

2. 编写一个使用 Z 字形全息展柜时的 VR 视频实时渲染生成的实例。

第**12**章

VR系统评估

VR 系统的目标是构建沉浸、自然、舒适的体验,因此应该避免影响用户体验的问题。这些问题可能由于显示设备、内容设计等诸多原因导致。如何能有效发现 VR 中的用户体验问题,特别是如何选用恰当的测评工具并实施用户体验测试,对用户体验进行评估和测量,是保证 VR 系统带来良好用户体验的重要一环。本章将介绍 VR 中常见的用户体验问题,用户体验目标,以及用户体验测试方法,为 VR 系统开发和用户体验研究的初学者提供一些参考。

 ## 12.1　VR 系统评估的主要内容

本书将 VR 系统的评估分为 VR 系统可用性和用户体验两个方面的测试评估。可用性和用户体验两个概念经常被混淆。通常来说,可用性关注的是用户使用产品(如 VR 产品或 VR 系统)成功完成某任务时的能力和体验,而用户体验则着眼于一个更宏观的视角,强调用户与产品之间整体的交互,以及交互中形成的想法、感受和感知。图 12.1 直观地显示了用户体验和可用性目标之间的关系。可以认为,可用性目标是用户体验目标的基础,离开了这个目标,所设计的产品将是无源之水;反之,如果离开了用户体验的目标,这样的产品将不会令人愉快和满意。也就是说,可用性是产品应该做到的,理所应当的,而用户体验则是要给用户一些与众不同的或者意想之外的感觉,以及一些最佳的感受。从图 12.1 所呈现的模型来看,这些感受包括满意感、愉悦感、有趣、有益、情感上的满足、支持创造力、引人入胜、有价值、富有美感和激励,这些感受就是 VR 系统设计者要达到的用户体验目标。

虽然在宏观的用户体验概念下,可用性包含在用户体验之中,然而在 VR 产品的使用中用户体验有其特殊性。在这种情况下,图 12.1 中用户体验的外层成分与可用性之间有了更明显的区分性。因此,本书将可用性与用户体验区别开来进行介绍。相应地,也将 VR 系统评估分成了系统可用性评估和用户体验评估两部分。

12.1.1　可用性评估

1. 可用性介绍

可用性是指特定的用户在特定环境下,使用产品并达到特定目标的效力、效率和满意的程度。可用性概念的内涵可以从有效性(Effective)、效率(Efficient)、吸引力(Engaging)、容错能力(Error Tolerant)、易于学习(Easy to Learn)五个方面去理解,它们集中反映了用户对产品

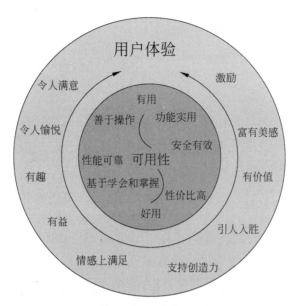

图 12.1   可用性目标和用户体验目标之间的关系

的需求。

（1）**有效性**：是指系统（或产品）在多大程度上能以用户预期的方式运行以完成任务或达到目标，以及用户使用它来完成目标的难易程度。

（2）**效率**：是指系统（或产品）快速、准确地完成用户目标的敏捷性，并让用户感知到这种敏捷性。

（3）**吸引力**：用户界面如何吸引用户进行交互，并使用户在使用中感到满意。

（4）**容错能力**：系统避免错误的发生并帮助用户修正错误的能力。

（5）**易于学习**：系统提供简易的方式来支持用户对系统的入门使用和使用过程中的持续学习，以及用户感觉到这一学习过程是容易的。

从以上对可用性各个方面的描述可见，可用性包含两个层面的含义：一方面是侧重系统或产品本身的性能，是从产品或系统的角度来描述和定义的可用性；另一方面是侧重用户的感知，是从用户体验的角度描述和定义的可用性。在用户对 VR 产品的体验过程中，VR 系统本身的设计、性能和功能是用户在使用 VR 系统的过程中感知到良好可用性的前提。用户的感知可用性直接反映出的是用户感知到当前使用的 VR 系统是否能满足完成任务的功能需求，以及使用起来是否易学、高效等。感知可用性是用户达到理想用户体验的基础，只有感知 VR 系统有较好的可用性，用户才有可能进一步达到更好的体验。

2. 可用性的测量

要评估 VR 系统的可用性需要进行可用性测试。可用性测试通常泛指评估产品或系统的方法。可用性测试的方法很多，本书中提及的可用性测试则特指招募用户作为测试的被试者，以他们作为目标受众来评估产品或系统满足特定可用性标准的程度。那么，如何制定可用性测量标准，以及采用什么工具来对可用性进行衡量？下面将从客观和主观两个方面来介绍常用的可用性测量指标和方法。

1）系统可用性的客观测量

可以通过让用户充分使用系统并完成一系列任务，在这个过程中收集一些客观、量化的数

据,从而对系统可用性进行性能评价。一些常用的测量指标包括:

(1) 完成特定任务的时间。

(2) 在给定时间内完成的任务数目。

(3) 发生错误的次数。

(4) 成功交互与失败交互的比率。

(5) 恢复错误交互所消耗的时间。

(6) 使用命令或其他特定交互特征(如快捷键)的数量。

(7) 测试完毕后用户还能记住的特定交互特征的数量。

(8) 使用帮助系统的频度。

(9) 使用帮助系统的时间。

(10) 用户对交互的正面评价与负面评价的比率。

(11) 用户偏离实际任务的次数。

2) 主观感知可用性的测量问卷

用户在产品功能性上的体验一般采用可用性评价相关量表进行测量。用户在完成对系统的实际操作任务后,填写标准化问卷,然后通过统计方法分析用户问卷数据来评估系统可用性。标准化问卷是指被设计为可重复使用的问卷,经过严格的问卷编制和检验过程,满足问卷质量所需达到的信度和效度。该测量方法能够衡量客观指标无法度量的方面,覆盖范围大,数据容易获取,结论清晰明了。目前已经有多种标准化的可用性问卷被国内和国际标准所引用。

(1) **软件可用性测试问卷**(Software Usability Measurement Inventory,SUMI)。SUMI 由爱尔兰大学人因工程研究组建立,由计算机用户满意度问卷(Computer User Satisfaction Inventory)发展而来。该问卷是从用户的角度测试软件可用性的一种方法,目的是测试典型用户的感知和感觉。SUMI 有五个因子:效率、情绪、帮助、控制和可学习性。

(2) **系统可用性整体评估问卷**(Post-study System Usability Questionnaire,PSSUQ)。PSSUQ 用于评估用户使用计算机系统或应用程序时感知的满意度。当前版本共 16 项问题,包括系统质量、信息质量和界面质量三个分量表。在 7 点 Likert 量表上从"不满意"到"满意"进行打分。PSSUQ 问卷测量后可获得四个分数,一个整体分数和三个分量表分数。

(3) **用户交互满意度问卷**(Questionnaire for User Interaction Satisfaction,QUIS)。QUIS 由美国马里兰大学帕克学院人机交互实验室开发,用于获取用户对特定人机交互方面的主观满意度,有长、简两种版本。长版包括 143 个项目,简版包括 27 个项目,均可以从屏幕因素、术语、系统反馈、学习因素、系统功能、技术手册、在线教程、多媒体、远程会议和软件安装等 9 个因素测量用户的主观满意度。QUIS 已经在许多交互类型的应用中取得了令人信服的结果。

(4) **有效性、满意度和易用性问卷**(Usefulness,Satisfaction,Ease of Use,USE)。该问卷包括 30 个评分项目,分为 4 个维度:有效性、满意度、易用性和易学性。每个项目都是正向陈述,如"我会把它推荐给朋友"这个评分项,用户需要在一个 7 点 Likert 量表上给出同意程度。

除此之外,常用的可用性量表还包括 Kirakowski 和 Corbet 设计的软件可用性测量表(Software Usability Measurement Inventory,SUMI),共有 50 项问题,涵盖了效率、情感、帮助、控制和易学性 5 个方面;Brooke 设计的软件可用性量表(Software Usability Scale,SUS),通过量表的 10 项问题可以计算获得一个总体得分。

由于具体的可用性测试方法从方法论上与用户体验测试具有相同的基础,因此将在12.1.2节介绍完用户体验后,在12.2节进行专门介绍。

12.1.2　用户体验评估

可用性是系统评估中基本的、重要的指标,但是要衡量 VR 系统是否能被用户认可和接受只有可用性是不够的,还需要考察系统是否能给用户带来良好的感受和积极的情绪、情感体验。用户体验侧重于用户使用一个产品的过程中建立起来的纯主观上的心理感受。下面将详细介绍 VR 中的一些常用用户体验目标和需要避免的一些用户体验问题,并提供了评估这些用户体验的常用测量工具。

1. VR 系统追求的积极体验

1) 存在感或临场感

存在感或临场感(Presence)被定义为个体处于一个特定地方或环境中的主观体验,即便他其实是身体处于另一个地方。在 VR 环境中,它是指个体感觉到自己身处于计算机生成的虚拟环境,而忽视了实际的物理场所的体验。

目前在虚拟环境的存在感研究中区分了以下四种不同的存在类型。

(1) **空间存在感**:强调一种身体上处于一个虚拟环境中的感觉。一般情况下所说的 VR 存在感侧重指空间存在感。

(2) **物理存在感**:强调与触碰、控制虚拟物体相交互时的感觉,能感觉到虚拟物体是真实的,有物理特性的。

(3) **自我存在感**:是指用户体验到他们的虚拟角色好像真的就是他们自己的一种状态,通常是在基于虚拟化身进行体验的 VR 环境中讨论。

(4) **社会存在感**:是指用户在存在虚拟人物的环境中进行互动时,感觉虚拟人的存在或者与虚拟人的互动就好像真的有他人在场,与真实的人互动一样。

存在感及其包含的指标体系可以全方面地衡量 VR 系统是否最终欺骗了用户的感官和信念,让他们不仅从感官上感到真的身处于 VR 环境中,而且可以从自我身份认同和信念上来衡量是否真的认为自己已经是虚拟环境中的一部分。

2) 心流体验

心流体验(Flow Experience)是人们完全投入到当前活动以至心无旁骛的一种状态。处于心流中的个体在当前活动中有很强的自发性、投入程度和沉浸感,此时他们自我意识消失,意识和行动与当下从事的活动相融合。体验本身是令人享受的,人们会出于自身意愿继续这一活动。它是一种操作中的心理状态。VR 中的心流体验就是用户在参与到 VR 环境中完成活动目标和任务的过程中产生的最佳体验。心流体验具有以下 9 个要素。

(1) 技能-挑战平衡:任务难度要和人的能力相匹配。

(2) 行动-意识融合:感觉行动自动地进行,不需要或基本不需要有意地分配注意力资源来执行行动。

(3) 清晰的目标:行动目标清晰流畅。

(4) 清楚的反馈:及时准确地获悉行动结果。

(5) 高专注:注意力高度集中到当前活动中。

(6) 控制感:感觉行动和进展都在掌控之中。

(7) 自我意识消失:自省式的想法和对社会评价的恐惧都消失。

（8）时间感扭曲：感觉时间比平时快或慢。

（9）自成体验：持续当前活动能给予内部满足。

Kiili 根据这 9 个心流要素，将心流体验分为以下三个过程(见图 12.2)。

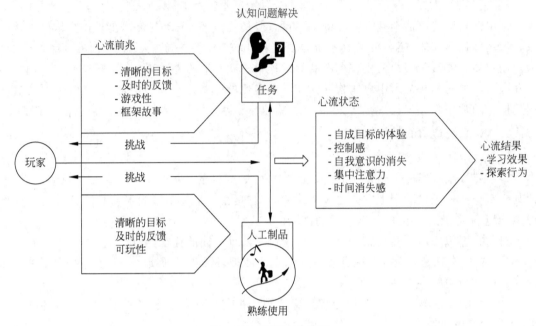

图 12.2　心流体验模型

（1）**心流前兆**（**Flow Antecedents**）：包括清晰的目标、及时的反馈、游戏性、故事情节等要素。

（2）**心流状态**（**Flow State**）：包括自成目标的体验、控制感、存在感、自我意识的缺失、集中注意力、时间消失感、积极情感等。

（3）**心流结果**（**Flow Consequences**）：包括学习效果、探索行为、未来的使用意向等。

心流体验的测评就是要对这些心流要素进行测量和评价。该模型涵盖了用户使用产品时的对人工制品(如 VR 系统)、任务和用户三个方面的体验要素，在帮助开发人员设计新产品或系统以及用户体验评估方面有很大帮助。

除了上述所介绍的存在感和心流体验两种通用 VR 用户体验目标之外，还有一些常用的用户体验目标，可以根据 VR 系统应用目标和使用目的不同而选择性地采用，比如兴趣、动机、自我效能感、社会互动、积极情绪等，本书不再逐一介绍。

2. VR 系统应避免的消极体验

1）视觉不适感

视觉不适感有时可与视觉疲劳互换使用，以描述可能伴随着使用成像技术而导致的不舒适的感觉。但是，Lambooij 等人建议区分这两个术语，这样可以更容易区分测量方法。

视觉疲劳是指由生理变化产生的视觉系统的性能下降。因此，视觉疲劳可以通过生理测量来评估，例如调节反应的变化，瞳孔直径和眼球运动特征等。相比之下，视觉不适是指伴随生理变化的主观不适感。因此，可以通过要求观察者报告他/她的感知视觉舒适度来测量视觉舒适度。

立体视觉引起疲劳的原因主要分为图像视差过大、融合和适应不匹配、画面超出人眼舒适的观看区域及立体失真等。

（1）**图像视差过大**：是指双眼的图像视差过大，大脑难以将其合成为正常画面，从而引起眼部不适。

（2）**融合与适应不匹配**：是指当双眼聚焦到某一个3D画面时，理论上其他不在该聚焦平面上的物体应该变得模糊，但实际上整个画面仍然保持一致的清晰，这与大脑中的经验产生冲突，这种冲突会导致视觉疲劳。

（3）**画面超出人眼舒适的观看区域**：是因为人眼视觉适应有一定的范围限制，超过这个范围，人眼再识别画面就要耗费更多的精力，产生视觉疲劳。

（4）**立体失真**：在进行3D内容显示时会出现问题，使得画面不真实，从而使眼睛感到疲劳。

由于VR系统不同于一般系统，尤为重视视觉体验，因此视觉不适感是衡量VR用户体验质量的重要指标。

2）VR疾病

由VR引起的疾病有很多种，包括晕动症（Motion Sickness）、晕屏症（Cyber-Sickness）和模拟器病（Simulator Sickness）等。这些术语通常可以互换使用，但并非完全同义，主要是根据其产生原因加以区分。

（1）**晕动症**：VR晕动症指用户体验过程中感到的强烈的头晕/痛、定向障碍、恶心，以及疲劳等不良生理反应。感觉冲突理论认为VR体验中的晕动症是由视觉系统、前庭系统和非前庭本体感觉这三种主要的空间感觉所接收的信号冲突所引起的。VR中的视、听觉线索来自于仿真，而前庭和本体线索来自于真实世界中的身体运动，对这些线索感知的不一致是导致晕动症的主要原因。

（2）**晕屏症**：是指由于沉浸在计算机生成的虚拟世界中的一种视觉诱导的晕动病。晕屏症是晕动症的一种子类型，由视觉运动刺激触发。VR应用中的晕屏主要是指由于VR显示内容的呈现所导致的晕屏。

（3）**模拟器病**：是由模拟的缺陷而不是由被模拟的内容引起的疾病。由于VR系统中常常会模拟运动，不仅通过模拟视觉场景运动来创造运动体验，还可以利用各种模拟器来创造运动体验。模拟器疾病通常是指由明显与真实物理运动不匹配的模拟运动引起的晕动，但也可能是由于视觉辐辏调节冲突和闪烁等VR中非运动刺激引起的。例如，不完善的飞行模拟器可能导致疾病，但如果用户在真实的飞机上，这种模拟器疾病实际上不会发生。

3．常见的用户体验测量问卷

常见的用户体验测量问卷包括以下几种。

（1）**临场感问卷（Presence Questionnaire，PQ）**。PQ是由美国陆军研究所的Witmer和Singer于1992年首次提出，并在1998年更新并验证了其信度。后来，他们在开发的PQ中把促进临场感的因素分为以下几类：控制、感官、分神以及真实度因素。几个因素互相之间几乎都有关联，一个因素可能也会影响别的因素。

（2）**虚拟游戏心流量表（E-game Flow Scale）**。Fu等人确定了虚拟游戏中心流体验的8个维度，分别是专注、清晰度、反馈、挑战、控制感、沉浸感、社会互动和知识提升，并基于这8个维度编制了一个E-game心流量表，在每个心流要素下设计了具体的测量题目，并在7点Likert量表上对每个题目进行评定。

（3）**简版心流量表（Flow Short Scale）**。心流体验用的简版心流量表已经被证明是一个有效的测量工具。该量表用10个项目来测量心流体验的所有组成部分。被试需要在7点

Likert 量表上对题目从 1(非常不符合)到 7(非常符合)进行评定。此外,该量表还包含三个额外的项目来衡量感知到的重要性:在 9 点量表上测量任务的经验难度、感知技能和感知到的两者之间的平衡。

(4) **模拟器不适感量表(Simulator Sickness Questionnaire,SSQ)**。SSQ 被广泛用于评估多种模拟器不适,以及如何为头戴式显示器提供最佳的虚拟环境。在 VR 系统中,SSQ 还用于研究头戴式显示器用户界面中的晕动病。该量表分为三个维度,分别是恶心、动眼神经问题和方向迷失。用户需要对 16 个标准症状按 4 分制打分:0 分无,1 分轻微,2 分中度,3 分严重。然后,按照权重计算总分。

常见的其他视觉不适感问卷还有:集合不足型视疲劳问卷(Convergence Insufficiency Symptom,CISS),改进的单刺激连续质量评价方法(Modified Single Stimulus Continuous Quality Evaluation,SSCQE),改进的双刺激连续质量评价方法(Modified Double Stimulus Continuous Quality Evaluation,DSCQE)和非标准的舒适度/质量评价。

前文列举了 VR 中的一些重要、常见的用户体验测量指标。然而,这些只是少数指标,用户体验还有众多其他指标。对于具体的不同 VR 系统,还应根据需要构建包含不同指标的测量指标体系。比如对于虚拟学习环境来说,除了视觉舒适度、沉浸感等指标,还需要测量与 VR 学习活动相关的学习兴趣、动机、情绪等用户体验指标。

12.1.3　常见的用户体验测量数据类型和采集方法

用户体验中数据来源,或者采集的数据类型有很多,其中最常见的可以分为三种:自我报告的指标、行为指标以及生理指标。

1. 自我报告的指标

用户体验研究的是用户交互过程的所有反应和结果,具有很强的主观性。因此,主观的自我报告测量成为常用的测量方法。有关用户体验数据的测量有一些规范的自陈式测量量表(如前文中所列量表),该类数据的获取通常是采取问卷调查的方式。另外,还可通过用户采访和放声思考法获取用户体验的信息。

问卷调查法有以下四个主要缺点。

(1) 评价是主观的。例如,没有明确的方法来校准在“1”级和“2”级的用户感到恶心是什么意思。单个用户甚至可能根据情绪或其他症状的发作给出不同的评分。

(2) 评价是回溯性、非实时性的,用户只能通过回忆已经发生过的体验来进行评价。

(3) 要求用户关注目标体验,这可能会影响他们对目标体验的感知。

(4) 为了进行问卷打分,用户的体验过程不得不中断。

为弥补主观测量方法的缺陷,基于客观数据的方法不断受到关注。大多数心理活动都会以使用者的外显行为或生理特征反应出来。虽然相比主观评价的资料,这些客观数据的收集更为困难,但这些指标却更为稳定、准确。因此,各个用户体验要素不仅能通过主观评定指标进行评价,也可以通过行为指标和生理指标这些客观指标来进行评价。这些方法为更加准确地衡量用户体验提供了可能。

2. 行为指标

行为指标属于更为客观的用户体验评价指标,以用户的外在行为特征作为测评对象,具体包括操作行为、面部表情、眼动行为等。

1）操作行为

操作行为包括完成特定任务时行为发生的频率、反应时间、持续时间、正确率、强度等。

（1）频率：是指在某一特定的时间内特定行为发生的次数。

（2）反应时间：指被试从接受刺激到对刺激做出反应所消耗的时间，常用作推断认知加工过程的依据。

（3）持续时间：是指被试者从行为发生到行为结束所消耗的时间，持续跟踪一个刺激的时间可以作为评价专注和兴趣的有效指标。

（4）正确率：任务完成和交互操作中的正确率可以作为交互效率和任务表现的指标。

（5）强度：行为强度也可以作为有效的评价指标。比如虚拟现实射击游戏中，用户在交互中的行为强度可以作为卷入感或者兴奋程度的一项有效用户体验指标，反映沉浸程度。

通常，这些行为指标可以在VR系统中通过使用行为记录和分析软件进行记录。

2）面部表情

用户在VR和交互体验过程中常常伴随着明显的情绪变化，而面部表情是情绪情感最重要的外部表现之一。对面部表情进行有效的测量和识别，可以有助于更好地了解用户当下的体验状态，比如通过测量积极情感来评估用户当前的心流体验。Zaman和Smith在研究中对面部表情分析系统应用在游戏体验中的有效性进行了验证。该面部表情分析系统是一个全自动的识别面部图像特性的分析系统，可以区分六种不同的情绪状态：高兴、悲伤、生气、惊讶、害怕、厌恶，适用于客观评估个人的情绪变化。类似地，在用户使用VR系统（如CAVE）进行体验的过程中，也可通过测量用户表达出来的面部表情，为评估其使用系统的体验质量提供有效参考。

3）眼动行为

眼动指标是通过眼动仪记录用户的眼球运动信息，来探索用户心理过程和体验状态的一种特殊行为指标。大量研究表明，对观察内容的注视频率、持续时间和瞳孔变化等眼动指标均可作为有效的指标，用来反映该内容对个体（如用户）的重要性或者个体对该内容的兴趣程度。例如，在VR海底漫游体验中，通过考察用户对不同海洋生物的注视次数和时间可以发现用户对哪些海洋生物的设计更感兴趣。

眼动模式与很多心理现象存在关联。眼动模式是指包括对特定对象的注视时间、注视次数和扫描轨迹等指标综合起来的眼动特点。眼动模式可以为所研究的心理过程提供实时、动态的信息。在认知作业中，注视时间通常表示对特定对象的信息加工时间；注视或回视次数一般反映个体对特定对象加工的熟练程度或加工深度，次数越多可能反映认知任务越困难，或加工程度越深；扫描轨迹则通常反映个体认知加工的顺序和历程。结合不同的任务，上述眼动模式可以为研究者提供丰富的有关各种任务认知加工机制的信息。

眼动模式在揭示复杂认知活动上的优势，使该技术可以用于评估VR中的用户体验。例如，当用户在观看各种虚拟交互界面和场景时，可以通过眼动数据了解其此时的扫视轨迹和注视过程，以及在多目标、多任务情况下，对不同位置、大小、颜色和速度的目标的眼动敏感度、延迟和反应速度等基本特性，从而深入了解用户的注意力分配情况。通过这些眼动数据，交互设计人员可以对交互模式或虚拟场景的设计做出合理的调整，从而获得最佳的人机交互体验效果，既降低了用户的使用负担，又能避免出错、提升用户满意度。

3. 生理指标

生理指标以伴随心理活动产生的生理反应作为测评对象。这种策略通常需要借助特殊的仪器，常见的生理指标有心血管活动指标、呼吸指标、电生理指标。这些生理指标可以用于注意力、兴趣、认知评价和情绪情感状态等用户体验要素的评价。

1) 心血管指标

心血管指标具体包括心率、血压和血流量等指标。心率是情绪研究中一个较敏感的指标。心率指的是单位时间内心脏搏动的次数,可以反映情绪和认知活动,对认知需求、时间限制、不确定性及注意水平敏感。个体在紧张、恐惧或愤怒时往往心跳加快,而在心里愉快惬意的时候往往心跳比较平稳。血压和血流量也与情绪状态有密切的关系。紧张的脑力工作、生气、害怕和接受新异刺激会使个体的皮肤血管收缩,动脉压升高,从而使更多的血液流入脑中。

2) 呼吸指标

呼吸具体涉及动脉血压水平、肺内二氧化碳水平、呼吸频率、呼吸深度等诸多参数,越来越多的研究发现呼吸活动相关指标与很多心理因素有关,可以帮助揭示唤醒、情绪和情感状态。在一些人机交互中的用户体验测评中,呼吸指标也可以作为一种重要的参考指标。例如,它们可以用于评价 4D 交互影院中逼真的场景是否能带给用户预期的紧张感和刺激体验,也可以作为反映心流要素中沉浸感和存在感的有效指标。

3) 电生理指标

电生理技术的引入为用户体验研究提供了新的方法和思路,从而可以更加深入地了解用户在人机交互过程中的情感和认知体验。

(1) 心电(Electrocardiography,ECG)。

心电是常用的生理测量指标,指的是每次心动周期所产生的电活动变化,通过贴在四肢或胸部的成对电极进行测量。心电包括很多指标,前文提到的心率可以由心电数据而计算得到,另外,心率变异性(Heart Rate Variability,HRV)也是用户研究领域一个比较敏感的指标。心率变异性指的是心跳快慢的变化情况,由两个相邻的 R−R 间期(从一次心室除极化开始到下一次心室除极化开始所需要的时间)的时间长短确定,其频谱成分可单独反映交感和副交感神经的活动,是人机交互过程中监控心理负荷和情绪状态的有效指标。

(2) 皮肤电(Electrodermal Activity,EDA)。

皮肤电与汗腺分泌活动有密切关系,而汗腺分泌活动通常能对情感和认知活动的变化做出反应。活动区域和非活动区域之间电极的电位就叫作皮肤电位。在测量中,具体的测量参数包括皮肤的导电性、皮肤的阻抗,还有反应波幅、潜伏期、上升/下降时间和反应频率等。皮肤电活动测量可以广泛应用于各种刺激引起的唤醒水平的研究。

皮肤电导在人机交互领域常被用于心理负荷和情绪状态的研究。皮肤电导可反映用户的情绪唤醒度。Mandryk,Inkpen 和 Calvert(2006)探索了使用生理指标评测用户玩计算机游戏时的情感体验的有效性。相关分析的结果发现,皮肤电导反应与自我报告的有趣程度正相关,与挫折感负相关。

皮肤电导与用户界面的友好程度相关。研究结果发现,相对于用户友好的界面,使用不友好的界面完成任务时的皮肤电导水平更高。研究者认为不友好的界面导致交感神经的兴奋,可能与战斗或逃跑的反应有关。皮肤电导水平还可作为认知努力程度的指标。当用户遇到可用性问题时,皮肤电导水平会较高。

(3) 脑电(Electroencephalography,EEG)。

脑电是指伴随大脑皮层和中脑结构大量神经元活动的电活动。脑电活动能够反映出由心理活动引起的中枢性变化。脑电指标具体包括自发电位(EEG)、事件相关电位(ERP)、平均诱发电位(AEP),以及由脑电流产生的脑磁场(MEG)。利用脑电设备可以把不同认知唤醒水平、不同情绪状态或执行不同认知过程时大脑不同部位电位差的变化记录下来。其中事件相关电位是现代认知神经科学中应用最广泛的指标之一。诱发电位可广泛用于知觉、注意、记忆、语言、意识、情感等多种心理过程的研究和评价，当然也可以用于用户体验中的感知觉评价和情绪情感体验评价，从而作为其他评价方法的重要补充。

在用户体验研究领域应用较多的是脑电波的频谱分析，其中以 α 波和 β 波为比较常用的指标，涉及的研究内容包括用户的情绪体验、认知负荷及个体经验等多个方面。EEG 可用来测量用户在人机交互过程中的情绪体验。Hu 等人（2000）将 EEG 用于测量用户在软件使用过程中由可用性引起的情绪变化，证明了 EEG 用于可用性研究的有效性。EEG 也可以用来评估软件使用过程中的认知负荷。Stickel 等人（2007）探讨了脑电模式与软件的易学性之间的关系，以 EEG 不同频段的波幅作为软件易学性的指标。研究假设在软件的使用过程中，如果软件容易学习，则 α 波（8～12Hz）在用户的 EEG 频谱中占主导地位；如果软件较难学习，则 β 波和 γ 波（25～40Hz）占主导地位。与皮电和心电相比，脑电的测量为我们了解用户体验过程中的认知情绪变化提供了更加直接的证据。由于脑电的时间分辨率更高，因此其适用于测量用户体验过程中情绪体验随时间的实时变化。

（4）肌电（Electromyogram，EMG）。

肌电是指与肌肉纤维收缩有关的电位。这种电位持续时间非常短，一般为 1～5ms。对评价人在人机系统中的活动具有重要意义。可以采用专用的肌电图仪或多导生理仪进行测量。静态肌肉工作时测得的该图呈现出单纯相、混合相和干扰相三种典型的波形，它们与肌肉负荷强度有十分密切的关系。当肌肉轻度负荷时，图上出现孤立的、有一定间隔和一定频率的单个低幅运动单位电位，即单纯相；当肌肉中度负荷时，图上虽然有些区域仍可见到单个运动单位电位，但另一些区域的电位十分密集不能区分，即混合相；当肌肉重度负荷时，图上出现不同频率、不同波幅且参差重叠难以区分的高幅电位，即干扰相。该图的定量分析比较复杂，必须借助计算机完成。常用的指标有积分肌电图、均方振幅、幅谱、功率谱密度函数及由功率谱密度函数派生的平均功率频率和中心频率等。肌电记录在情绪研究中具有很大的应用价值，如 Surakka 和 Hietanen 通过情绪反应的面部肌电记录发现，真正的微笑和假装出来的微笑有不同的肌电活动模式。该指标不但可用于情绪情感的测评，在情感识别和情感交互中也具有重要意义。

4. 常用采集设备

1）BioNomadix 遥测式生理数据采集分析系统

美国 BIOPAC 公司生产的 BioNomadix 遥测式生理数据采集分析系统，图 12.3（a）是 MP150 系统，图 12.3（b）是 MP160 系统，是目前常用的一种多导电生理仪。目前最新版的完整数据采集和分析系统包括三部分：MP150/160 主机（当前最新为 MP160），BioNomadix 发射器、接收器，以及 AcqKnowledge 软件（当前最新为 5.0 版本）。

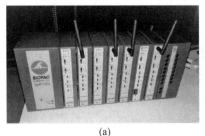

（a）　　　　　　　　　　　　（b）

图 12.3　BioNomadix 遥测式生理数据采集分析系统

（1）MP160 主机。

MP160 只需快速、简单的设置，主机通过网线与计算机连接，能够在网络上查看和控制系统，系统可提供多种配置以适用于个性化研究和教学需求，并以不同采样率记录多个频道的数据，最高采样率可达 400kHz(合计)。模块化的设计可以在采集生理数据的同时，同步采集第三方设备的数据，如外部触发信号、汽车模拟器里的信号等。

（2）BioNomadix 发射及接收器。

BioNomadix 系统通过多个双通道无线发射及接收器进行生理信号采集，可以采集心电、脑电、肌电、眼电、胃肠电、皮电、呼吸、体温，脉搏、心输出量、三轴加速度等多种类型的生理数据，并且支持 16 通道同时采集。然后将信号送入 MP160 数据采集分析系统进行分析处理。被试者可以舒适地在自然的室内环境中自由活动，BioNomadix 为特定信号类型进行优化，提供高质量适用于高级分析的数据。

（3）AcqKnowledge 软件。

AcqKnowledge 软件提供强大的数据处理和分析功能，可对采集的数据进行分析和计算。

2）Tobii Pro VR 眼动仪

目前眼动仪种类繁多，其中，Tobii Pro VR 眼动仪允许研究人员在完全受控的虚拟环境中执行眼动研究，可方便地重复利用研究场景和刺激物，同时保持眼动数据的采集，完全不会影响 VR 体验。该研究工具能够提供高质量的眼动数据，可有效追踪绝大多数的被试人群。

Tobii Pro VR 眼动仪是对 HTC VIVE 头戴模块的加装。眼动追踪模块隐藏在镜片后，使其不影响正常的 VR 体验。眼动追踪与沉浸式 VR 结合将为研究执行的方式带来转变并为专业研究领域带来新的可能性，如心理学、消费行为研究、培训和效能评估。

眼动数据可实时获取，也可用于后期分析，使用 Tobii Pro SDK 和 Unity3D 引擎来创建研究场景。Tobii Pro SDK 提供了多种后期数据处理工具，研究人员可创建基于 Matlab、Python、C 语言或 .NET 的分析应用。Tobii Pro VR Analytics 数据分析工具支持在 Unity3D 环境下的眼动数据采集与回放，同时提供了可应用于广泛的人类行为研究的眼动数据与交互行为自动可视化与分析工具。

12.2　VR 系统评估测试的实施

可用性评估和用户体验测试具有相同的方法论基础，可选用的方法众多，例如启发式评估法、放声思考法、用户观察法、事后问卷调查法、访谈法、焦点小组法、用户反馈法等，这些方法在通用性的可用性研究中应用广泛。然而，本书重点介绍一种主要的方法，即需要用户参与的实验测试方法。

12.2.1　伦理问题

涉及人类受试者的科学实验必须坚持高标准的伦理道德，因为这涉及人类的权利，研究中必须避免影响其隐私或健康的实验。

涉及人类被试的实验和测试必须遵循以下伦理原则。

（1）保障被试的知情同意权。被试有权利了解实验目的和内容，并仅在自愿同意的情况下参与实验。

（2）保障被试退出的自由，被试应当被告知自己有权利随时选择放弃或退出实验。

（3）保护被试免遭伤害。实验进行中及完成后,都必须确保被试不会因为实验而产生任何不良反应。

（4）保密原则就是指在未经被试许可的条件下,研究者不应泄漏被试在实验中的任何表现和个人信息。

目前,世界各地正在认真对待人类研究的伦理标准。在美国,涉及人类受试者的实验需要由法律机构审查委员会(RB)批准。在中国,涉及人体的实验也均需要通过伦理委员会的审查。并且参加测试的被试具有知情同意权并签署知情同意书。一般情况下仅涉及虚拟现实的实验不存在伦理学问题上的争议,但如果实验涉及心理或生理方面的信息或者可能造成负面影响时,则需要特别注意。

12.2.2 基本流程

为了有效地进行测试,需要正确设计测试内容、充分准备和执行实验。实验正式实施前,要熟悉测试的流程。一个测试基本流程如表12.1所示。

表 12.1 测试基本流程

阶 段	工 作 内 容
1. 制定研究假设	根据研究目的,结合相关理论和分析,精确地制定假设。比如 VR 设计如何①提高舒适度；②提高解决任务的效率；③提升心流体验
2. 制定测试计划	计划的主要部分包括：制定实验方案、目标用户选取要求、测试环境和工具要求、测试任务和流程、需要收集的数据,以及数据分析方案等
3. 选择被试	根据目标用户特征选择有代表性的被试,避免无关因素干扰
4. 准备测试材料	包括： (1) 测试指导书,说明测试的目的,介绍测试注意事项等； (2) 背景问卷,用来搜集被试的有关信息,以便在测试过程中更好地理解他们的表现； (3) 训练脚本,精确描述正式测试步骤,演示测试中的各种要求； (4) 任务场景描述,给被试的指导语； (5) 数据采集表格和测试后问卷。针对要测量的用户体验准备高信效度的测量量表或问卷,用以收集被试测试中的感受、建议等； (6) 准备事项表。最后将要做的事情按时间顺序列成表格备查
5. 执行引导测试	向被试讲述对整个测试程序执行的指导语,确定被试清楚地了解测试的操作、目标和流程
6. 执行正式测试	执行测试。测试过程中不要给用户干扰,记录任务执行过程中的被试数据；测试结束后完成测试问卷或调查访谈；对特别有趣的问题和发现的问题保存屏幕快照；深入了解测试笔记中记录的问题；复查测试后的调查问卷；整理观察者提出的问题等
7. 分析最终报告	汇编和总结测试中获得的数据,例如,完成时间的平均值、中间值、范围和标准偏差,被试成功完成任务的百分比,对于单个交互,被试做出各种不同倾向性选择的直方图表示等。 分析数据,找出那些发生错误的或使用比较困难的交互；逐个分析它们的原因；并根据问题的严重程度和紧急程度排序。撰写最终测试报告

12.2.3 被试选择

选择目标被试要考虑诸多筛选因素。避免或者控制具有干扰性的个体差异,需要根据研究目的准确地定义目标被试的特征以及干扰特征,严格地确定目标被试群体并筛选被试。从被试数量上,一般而言是越多越好,较理想的情况是每个测试条件不少于30人。

最终测试样本的选择需要采用抽样方法。抽样的方法很多,比如随机抽样、分层抽样、整群抽样等。但在VR用户体验研究实践中最常用到的取样方法有两种:随机取样和方便取样。简单随机抽样法是对总体调查对象不加任何区分和限制,保证每一个调查对象都有均等机会成为被抽到的调查对象。方便取样则是指从最方便可得的被试中抽取样本的方法,如大学里的研究者常常以大学生为被试。特点是方便、省时,属非随机取样。

12.2.4　研究设计

实验设计方法种类很多,这里介绍常用的三种设计方法:被试间设计(Between-subjects Design)、被试内设计(Within-subjects Design)和混合设计(Mixed Design)。同时,介绍一种实验中用来平衡实验顺序误差的拉丁方设计。

1. 被试间设计

被试间设计是指尽管自变量有多种水平,但要求每个被试(组)只接受其中一种自变量水平的处理。所以,被试间设计是在不同被试之间进行比较。被试间设计中的自变量称作被试间因素。例如,要考察不同的VR显示方式是否影响体验式学习中的沉浸体验,这里自变量(被试间变量)是不同的VR显示方式:立体投影 VS. VR头盔(见图12.4(a)和图12.4(b))。在实验中选取60个被试进行测试。被试间设计意味着被试需要被分成尽量同质的两组,每组30人,一组分配到立体投影式VR条件下进行体验,另一组分配到VR头盔显示器条件下进行体验,对两组被试的沉浸感水平分别进行一次测量。

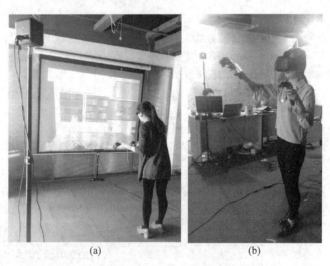

(a)　　　　　　　　(b)

图 12.4　两种 VR 显示方式下进行体验式学习

被试间设计的优点:每一个人只接受一种处理方式,理论上一种处理方式不可能影响或污染另一种处理方式,因此避免了练习效应和疲劳效应等由实验顺序造成的误差。

被试间设计的缺点如下。

(1) 由于每一个自变量的每一个水平都需要不同的被试,当实验因素增加时,实验所需要的被试数量就会大量增加。

(2) 由于接受不同处理的总是不同的个体,因此被试间设计从根本上不能排除个体差异对实验结果的干扰,而匹配和随机化技术也只是尽可能地缓解而不是根本解决这一问题。

2. 被试内设计

被试内设计是指每个被试接受所有自变量水平的实验处理的实验设计。其特点是所有的被试都受到每一个水平自变量的影响。这种设计的特点是,每名被试都接受全部水平或水平结合,或者说都参加所有实验条件。被试内设计中的自变量称作被试内因素。以图 12.4 中的例子作为对比,仍以考察不同的 VR 显示方式(立体投影 VS. VR 头盔)是否影响沉浸体验为例,在被试内设计中,不同显示方式作为被试内变量,这就意味着不需要将 60 个被试进行分组,所有被试作为一组既要在立体投影式 VR 条件下进行体验,又要在 VR 头盔显示器条件下进行体验,然后每个被试在两种条件下都要对沉浸感进行一次测量。

被试内设计的优点如下。

(1) 被试内设计需要的被试较少。

(2) 被试内设计比被试间设计更敏感。

(3) 被试内设计消除了被试的个体差异对实验的影响。

被试内设计的缺点如下。

(1) 不同实验条件下的操作将会相互影响,从而造成练习效应或者疲劳效应。

(2) 被试内设计的方法不能用来研究某些被试特点自变量之间的差异。

(3) 如果实验中每种实验条件需较长时间的恢复期,就不宜使用被试内设计。

(4) 当不同自变量产生的效果不可逆时(例如学习某一技能是不可逆的),不宜使用被试内设计。

3. 混合设计

这种设计的特点是,研究中既有被试间因素(可以是被试变量,也可以是刺激或任务变量),又有被试内因素(只能是刺激或任务变量)。还是以上文中考察不同的 VR 显示方式是否影响沉浸体验为例子,如果将原来一个自变量扩展为两个,并且两个变量分别作为被试内变量和被试间变量,比如一个 2(VR 显示方式:立体投影 VS. VR 头盔)×2(被试年龄:10～12 岁 VS. 20～22 岁)的设计,就是一个混合设计,其中被试年龄为被试间因素(因为被试变量根本不可能作为被试内变量来研究),VR 显示方式为被试内因素。

优点:混合设计是现代心理学实验中应用最为广泛的一种实验设计。由于同时包含被试间和被试内这样两种不同的变量,因此混合设计同时兼备被试间设计和被试内设计的优点。与被试间设计相比,混合设计不仅可以节省被试,而且可以更好地控制无关变异,从而获得更好的实验精度。

4. 拉丁方设计

拉丁方设计是实验中用来抵消误差的一种平衡设计,是为减少实验顺序对实验结果的影响而采取的一种平衡实验顺序的技术。通常使用拉丁方格的形式作为辅助。拉丁方格就是由需要排序的几个变量构成的正方形矩阵,其具体的顺序如下:横排顺序:$1,2,n,3,n-1,4,$ $n-2,\cdots(n$ 代表要排序的条件编号/自变量的水平数),随后竖排的次序是在第一个次序的数字上加"1",直到形成拉丁方格,如图 12.5 所示。通过这种处理,自变量的各个条件分配到拉丁方格的各单元中,某一变量条件在其所处的任意行或任意列中只出现一次,并且各个条件在顺序上都有同等机会出现互为前后,从而处理实验顺序造成的干扰。

1	2	6	3	5	4
2	3	1	4	6	5
3	4	2	5	1	6
4	5	3	6	2	1
5	6	4	1	3	2
6	1	5	2	4	3

图 12.5　拉丁方格示例

12.2.5　实验环境和材料的准备

1. 测试环境准备

（1）要确保测试环境的舒适。最理想的情况是布置一个专门的测试实验室。要求是安静的房间，隔绝无关他人或环境因素的干扰，为被试调整到舒适的环境亮度、温度等。

（2）布置好 VR 系统和设备。实验室中布置好 VR 系统，反复测试系统性能和任务流程，避免因系统本身的性能和故障问题影响测试中的用户体验。

（3）准备好数据采集设备。布置好记录测试过程需要的摄像机、三脚架、麦克风、记录软件或问卷等。

2. 测试过程中的角色分配

测试过程中的主试可分为以下 4 种角色。

（1）测试负责人：负责全面控制测试，执行所有指导语、访谈，以及撰写任务报告等。

（2）数据记录员：记录测试过程中的重要事件和活动。

（3）摄像操作员：对整个测试过程进行录像，包括开始的介绍和最后的任务报告部分。

（4）程序操作员：负责在测试之前为每个被试准备交互的初始界面和在系统崩溃、死机时进行重新启动等处理。

12.2.6　数据分析和呈现

12.2.6节

测试后采集到的数据类型可能有所不同，因此首先要对采集的数据进行数据整理和分析。对数据进行整理后，根据研究假设以及要考察的研究问题，采用恰当的统计和分析方法进行分析和检验。常用的分析方法包括描述统计、相关分析和差异检验等。统计分析可以通过一些常用统计分析软件来实施，常用软件包括 SPSS、STAT、Amos 等。本书中将以 SPSS 16.0 为例来介绍一些常用检验方法的实施。SPSS 基础可参考《SPSS 统计分析——从入门到精通》。

1. 描述统计

描述统计是通过可视化的图表或数学方法，对数据资料进行整理，并对数据的分布状态、数字特征和随机变量之间的关系进行估计和描述的方法。描述统计主要包括集中趋势分析和离中趋势分析。集中趋势分析主要靠平均数、中数、众数等统计指标来描述，比如被试沉浸感体验的平均得分是多少。离中趋势分析主要靠全距、四分差、平均差、方差、标准差等统计指标来描述。

在 SPSS 16.0 中可以很方便地进行描述统计。本书以对"两种 VR 学习系统中用户在心流体验、学习动机、社会临场感和学习表现等方面得分的描述统计"为例，具体的操作如下：依次选择 Analyze→Descriptive Statistics→Descriptives 命令，打开描述性分析的主设置页面，如

图 12.6 所示。在此从左侧的变量列表中选择需要统计分析的变量,如图 12.7 所示。然后,单击 Options 按钮,弹出如图 12.7(b)所示对话框,选择要计算和输出的统计量,如图 12.8 所示。之后单击 Continue 按钮返回主设置界面,最后单击 OK 按钮输出统计结果。图 12.9 呈现的是示例中的描述统计结果,显示在两种 VR 条件下,用户在一些用户体验和学习相关指标上的描述统计结果,统计了平均数和标准差两个指标。

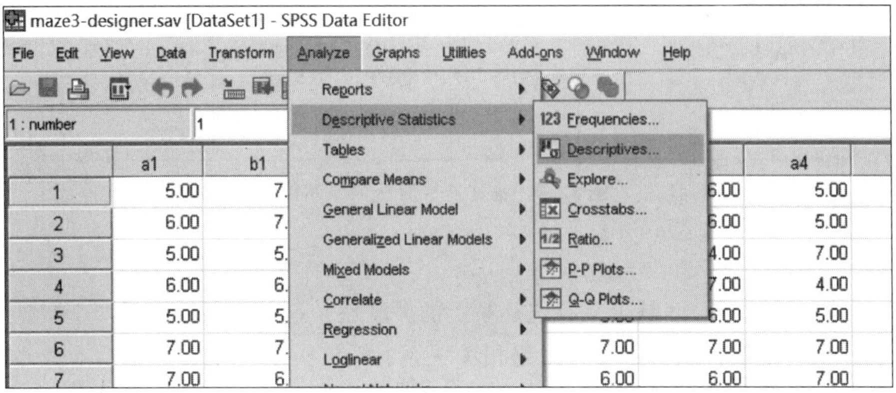

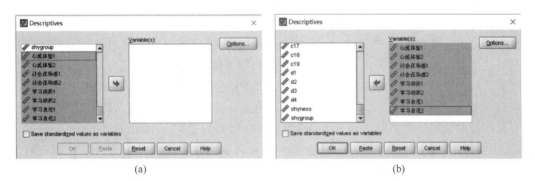

图 12.6　SPSS 中描述统计分析的菜单选择

(a)

(b)

图 12.7　描述统计分析的主界面((a)到(b)为变量选择过程)

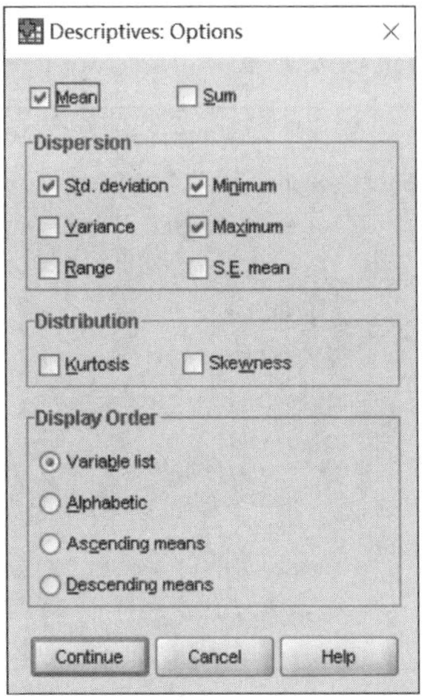

图 12.8　描述统计分析的参数设置

Descriptive Statistics

	N	Minimum	Maximum	Mean	Std.Deviation
心流1	16	24.00	46.00	35.1875	5.74130
心流2	16	26.00	46.00	36.8750	5.45130
社会临场感1	16	4.00	10.00	6.8125	1.32759
社会临场感2	16	3.00	8.00	5.8750	1.45488
学习动机1	16	7.00	15.00	10.9375	2.71953
学习动机2	16	6.00	13.00	9.7500	2.23607
学习表现1	16	15.00	100.00	60.8750	20.79383
学习表现2	16	13.00	86.00	53.0623	22.11024
Valid N (listwise)	16				

图 12.9　描述统计分析结果示例

2. 相关分析

相关分析探讨数据之间是否具有统计学上的关联性。这种关系既包括两个数据之间的单一相关关系,也包括多个数据之间的多重相关关系;既包括线性相关也包括非线性相关;既可以是正相关关系,也可以是负相关关系。通过分析,可以获得两变量共同变化的紧密程度——相关系数。求得相关系数后,还可以根据回归方程,进行 A 变量到 B 变量的估算,即回归分析。

在 VR 用户体验研究中,经常会通过相关分析方法探讨与用户体验相关的因素(比如 VR 中的不适感是否与视力有关)。本书以分析"在使用 VR 学习系统中,用户的社会临场感与心流体验之间是否具有显著相关性"为例,在 SPSS 中进行相关分析的具体的操作如下:选择 Analyze→Correlate→Bivariate 命令,执行变量相关分析过程,主要设置界面如图 12.10 所示。从变量列表中选择需要进行分析的变量(见图 12.11),勾选 Correlations 的三个复选框。然后,单击 Options 按钮,弹出对话框,设置输出变量和缺失值处理方式,如图 12.12 所示。之后单击 Continue 按钮返回主设置界面,最后单击 OK 按钮输出统计结果。在图 12.13 的例子中,"相关性"表格给出的是 Pearson 相关系数及其检验结果。从相关系数表格给出的结果可以看出,心流体验和社会临场感之间的相关系数为 0.591,在 0.05 水平上显著,从而得出两个变量之间存在较高且非常显著的正相关关系。

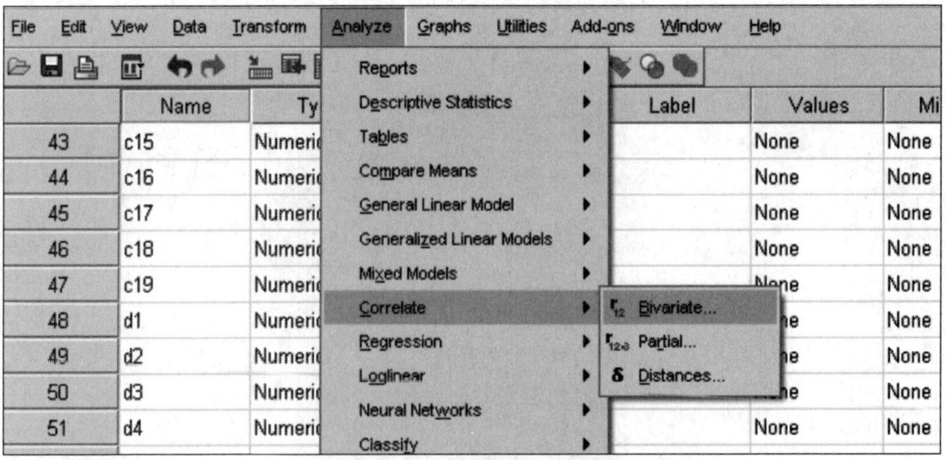

图 12.10　SPSS 中相关分析的菜单选择

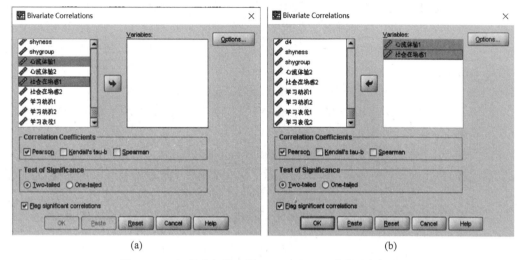

图 12.11　相关分析的主界面((a)到(b)为变量选择过程)

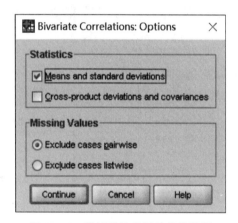

图 12.12　描述统计分析的参数设置

Correlations

		心流1	社会临场感1
心流1	Pearson Correlation	1	.591*
	Sig.(2-tailed)		.016
	N	16	16
社会临场感1	Pearson Correlation	.591*	1
	Sig.(2-tailed)	.016	
	N	16	16

*. Correlation is significant at the 0.05 level(2-tailed).

图 12.13　描述统计分析结果示例

3. 差异检验

1)t检验

t检验也称为 student t 检验,主要用于比较两个平均数的差异是否显著,分为单总体 t 检验和双总体 t 检验。

单总体 t 检验是检验一个样本平均数与一个已知的总体平均数的差异是否显著。双总体 t 检验是检验两个样本平均数与其各自所代表的总体的差异是否显著。双总体 t 检验又分为两种情况:一是独立样本 t 检验,该检验用于检验两组非相关样本被试所获得的数据的差异性(适用于被试间设计);另一种是配对样本 t 检验,用于检验匹配而成的两组被试获得的数据或同组被试在不同条件下所获得的数据的差异性(适用于被试内设计)。

以"检验两组被试在使用当前 VR 系统完成任务时在心流体验上的差异性为例",在 SPSS 中进行独立样本 t 检验的具体操作如下。

选择 Analyze→Compare Means→Independent-Samples Test 命令(见图 12.14),执行独立样本 t 检验过程,主要设置界面如图 12.15(a)所示。从变量列表中选择需要比较的变量,将其选入 Test 框。然后,将分组变量选入 Grouping 选框,单击 Define Groups 按钮,弹出如图 12.15(b)所示对话框,分别输入要分析的 Type 变量。之后单击 Continue 按钮返回主设置界面,最后单击 OK 按钮输出统计结果。

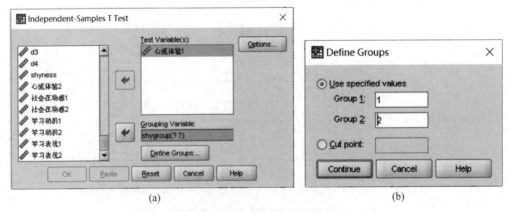

图 12.14　SPSS 中单独立样本 t 检验的菜单选择

(a)　　　　　　　　　　　　(b)

图 12.15　相关分析的主界面

"独立样本检验"结果表格给出了关于方差齐性的 Levene 检验和关于均值相等的 t 检验结果,如图 12.16 所示。从统计量 F 的 Sig 值 0.512>0.05 来看,两组方差符合齐性假设,应该参考第一行的 t 检验结果。从第一行 t 检验的双侧 Sig 值 0.372>0.05 来看,两组被试在使用当前 VR 系统完成任务时在心流体验上的差异不显著。

Group Statistics

Shy group		N	Mean	Std.Deviation	Std.Error Mean
心流1	1	6	37.6677	5.42832	2.21610
	2	6	34.1667	7.38693	3.01570

Independent Samples Test

		Levene's Test for Equality of Variances		t-text for Equality of Means						
		F	Sig.	t	df	Sig(2-tailed)	Mean Difference	Std.Error Difference	95% Confidence Interval of the Difference	
									Lower	Upper
心流1	Equal variances assumed	.461	.512	.935	10	.372	3.50000	3.74240	−4.83859	11.83859
	Equal variances not assumed			.935	.181	.374	3.50000	3.74240	−4.94053	11.94053

图 12.16　描述统计分析结果示例

2) 方差分析

方差分析(Analysis of Variance,ANOVA),又称"变异数分析",用于两个及两个以上样本均数差别的显著性检验。较常用的分析方法为单因素方差分析、重复测量方差分析。

(1) 单因素方差分析。

单因素方差分析是用来研究一个控制变量的不同水平是否对观测变量产生了显著影响。这里,由于仅研究单个因素对观测变量的影响,因此称为单因素方差分析。单因素方差分析适用于检验多组条件下用户体验的差异性(适用于组间设计)。

比如要检验 VR 中不同的视场角($90°$/$100°$/$110°$/$120°$)对沉浸体验的影响,或者对于几类不同 VR 熟悉度(低/中/高)的用户在进行一项 VR 游戏体验时产生的心流体验程度是否有差异。以后者为例,在 SPSS 中进行 ANOVA 的操作如下:选择 Analyze→General Linear Model→Univariate 命令(见图 12.17),执行单因素方差分析过程,主要设置界面如图 12.18 所示。从变量列表中选择 VR 头盔游戏体验中的心流体验得分作为因变量,将其选入 Dependent Variable 框。然后,将用户的 VR 熟悉度分组作为组间变量选入 Fixed Factor 选框。如果希望结果输出中包含描述统计结果或者其他一些检验,可以单击 Options 按钮进行选择。然后,单击 Continue 按钮返回主设置界面,最后单击 OK 按钮,进行 F 检验。输出统计结果如图 12.19 所示。

从结果可知,不同 VR 熟悉度的用户在 VR 头盔中体验游戏时产生的心流体验水平有显著差异($F=3.973$,$p=0.033<0.05$)。需要注意的是,F 比值显著虽然能说明不同 VR 熟悉度的用户在 VR 心流体验水平上有显著差异,但因为 VR 熟悉度有三个水平,而 ANOVA 并没有显示究竟哪一对或哪几对水平之间存在显著差异。为弄清差异具体发生在哪几个水平之间,需要进行事后两两比较。SPSS 中的操作方法是在图 12.18 的 Univariate 对话框中,单击 Post Hoc 按钮。在对话框的列表中,选择因素"VR 熟悉度"进入 Post Hoc Tests for 框(见图 12.20),然后选择希望进行的检验,如 Tukey 检验。单击 Continue 按钮,返回到 Univariate 对话框。然后单击 OK 按钮,输出事后检验结果。

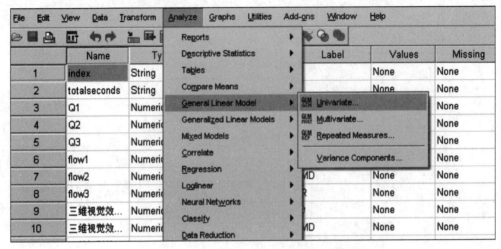

图 12.17　SPSS 中单因素方差分析的菜单选择

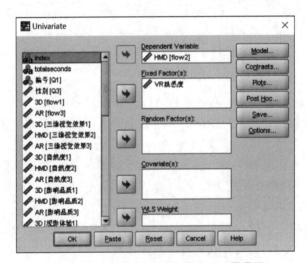

图 12.18　单因素方差分析的主要设置界面

VR熟悉度	Mean	Std.Deviation	N
1	60.3333	9.01388	9
2	61.50000	8.70140	8
3	69.2222	1.64148	9
Total	63.7692	8.04143	26

Tests of Within-Subjects Effects

Source	Type Ⅲ Sum of Squares	df	Mean Square	F	Sig.
Corrected Model	415.060	2	207.530	3.973	.033
Intercept	150126.409	1	105126.409	2.012E3	.000
VR熟悉度	415.060	2	207.530	3.973	.033
Error	1201.556	23	52.242		
Total	107346.000	26			
Corrected Total	1616.615	25			

图 12.19　单因素方差分析结果示例

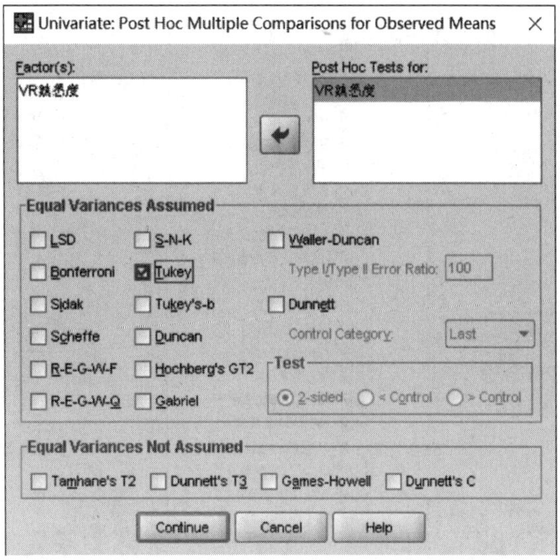

图 12.20 事后多重比较的设置界面

(2) 重复测量方差分析。

对于被试内(被试内因素有三个及以上水平)设计,需要用重复测量的方差分析来检验不同水平之间的差异。举个最简单的例子,例如,考察三种不同 VR 显示方式是否影响沉浸体验,这里自变量(被试间变量)是不同的 VR 显示方式:立体投影 VS. VR 头盔 VS. MR 头盔,所有用户都要在这三种条件下进行体验。在 SPSS 中进行重复测量方差分析的操作如下:选择 Analyze→General Linear Model→Repeated Measures 命令(见图 12.21),执行重复测量方差分析过程,主要设置界面如图 12.22 所示。在此界面中定义因素设置面板。在 Factor Name 中输入"VR 显示方式",在 Number of Levels 中输入"3",单击 Add 按钮,将"VR 显示方式"加入因素列表框;单击 Define 按钮完成因素定义,并进入重复测量方差分析设置主界面,如图 12.23 所示。然后,在变量列表中选择三个条件下的沉浸感分数选入右侧的列表框;本例子中是单因素的情况,因此不需要考虑 Between-Subjects Factors 选框,如果是混合实验设计的数据分析,则需要将组间因素输入该选框。如果希望结果输出中包含描述统计结果或者其他一些检验,可以单击 Options 按钮进行选择。然后,单击 Continue 按钮返回主设置界面,最后单击 OK 按钮,进行 F 检验。输出主要统计结果示例如图 12.24 所示。

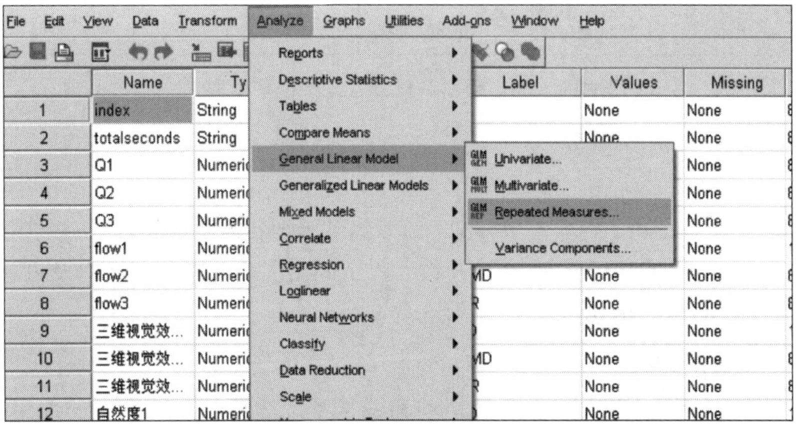

图 12.21 SPSS 中重复测量因素方差分析的菜单选择

图 12.22　重复测量方差分析的
主要设置界面

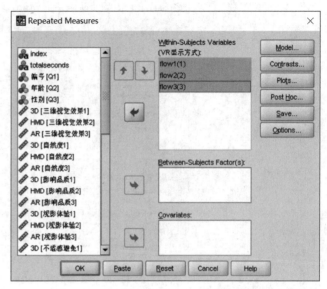

图 12.23　重复测量方差分析的主要设置界面

Tests of Within-Subjects Effects

Measure: MEASURE_1

Source		Type III Sum of Squares	df	Mean Square	F	Sig.
VR显示方式	Sphericity Assumed	1823.410	2	911.705	6.206	.004
	Greenhouse-Geisser	1823.410	1.719	1060.543	6.206	.006
	Huynh-Feldt	1823.410	1.834	994.098	6.206	.005
	Lower-bound	1823.410	1.000	1823.410	6.206	.020
Error(VR显示方式)	Sphericity Assumed	7345.256	50	146.905		
	Greenhouse-Geisser	7345.256	42.983	170.888		
	Huynh-Feldt	7345.256	45.856	160.181		
	Lower-bound	7345.256	25.000	293.810		

图 12.24　重复测量方差分析结果示例

12.2.7　讨论

本节基于对结果的分析,讨论是否达到了预期的可用性和用户体验目标,或者是否存在可用性和用户体验问题,并深入分析原因,提出建议。以下列出了一些常见问题以及可能的诱因。

1. 视觉不适感的可能诱因

1) 视觉辐辏调节冲突

这是人眼在观看到立体图像时,会聚运动和视觉系统的调节功能产生的冲突,这种冲突会导致视觉不舒适。

2）视差分布

视觉不舒适感不仅会由绝对视差大小引起，还会由视差大小在时间和空间上的变化引起，就如同在虚拟环境中观看运动物体带来的效果一样。

3）双眼感知到的图像不匹配

由于立体显示器不能完全展示在自然条件下视觉系统所感知到的所有立体信息，导致立体显示器上显示的立体图像与人眼从自然场景中实际观看到的情况有所不同，从而导致观看立体图像时产生视觉不舒适。

4）深度信息不一致

由于视差错误导致的深度信息冲突称为深度不一致。典型的例子就是采用深度图在左图像和右图像之间嵌入水平视差引起的深度冲突。

5）感知和认知的矛盾

感知源于外界对人的物理刺激，认知则是人的经验积累与心理作用的综合产物。感知和认知的矛盾也会导致视疲劳的发生。当人眼感知到的图像与在真实世界中经验积累下认知的图像不一致时，就会发生这种矛盾。

6）其他因素

2. 可用性问题

可用性测评分数较低或者一个系统的可用性比竞品的可用性低，则表明出现了可用性问题。可用性问题可以从以下方面进行分析和排查。

1）过于聚焦于设备或系统的研发

因为系统或产品的研发目的是提升用户在某个领域的表现，因此要充分考虑用户、活动和环境三个基本要素。而系统的开发者往往倾向于聚焦在活动（VR系统和内容）上，而忽视用户和环境因素，也因此忽视了三者之间的交互关系。

2）VR系统本身存在设计缺陷

系统设计时没有充分考虑系统的设计原则。系统设计者和开发者通常并没有很好地了解以用户为中心的设计原则。如忽视容错性，每次出错后缺乏有效方式进行恢复。

3）没有找到最好的实现方式

关键技术没有达到要求。如交互的准确性不够，选择目标难度较大；VR显示效果不佳，影响交互的准确性；语音识别准确度不够等。这类可用性问题需要继续解决技术问题才能得以解决。

4）其他因素

3. 心流体验差的可能诱因

图12.2的心流模型中已经详细列出了三个心流前兆因素以及相应的内容，前兆因素决定了心流体验是否发生以及心流的强度，因此可以从心流的前兆因素入手进行问题排查。

1）人工制品因素

（1）VR系统的显示和呈现不够清晰、舒适。

（2）交互工具不足以流畅地执行交互功能。

（3）交互模式不够自然，或者不够符合用户的使用习惯。

（4）交互工具与VR内容之间的设计具有脱节特征，不能良好融合。

（5）具有容易产生分心的因素。

（6）其他因素。

2）任务因素

（1）任务不能提供清楚的任务目标。

（2）任务没有提供及时、恰当的反馈。

（3）任务难度的设置不当,不能与用户的技能水平相匹配。

（4）任务背景和故事线交待的不够清楚。

（5）其他因素。

3）用户因素

（1）忽视了用户的感知、认知特点。

（2）忽视了个体差异因素。

（3）其他因素。

12.3　VR 系统测试案例

12.3.1　案例 1:基于虚拟迷宫系统的测试

该案例中开发了一个基于手机的 VR 迷宫游戏系统(系统的详细介绍和技术实现见本书第 8 章),支持以自由行走的交互模式进行体验,并提供了多种体验模式。测试的主要目的是考察自然交互模式以及体验模式设计是否能有效提升 VR 中的游戏体验。

为检验这些问题,本案例设计了三个实验对其进行了测试。

1. 提出假设

实验 1 用来测试系统的可用性和不同交互模式的有效性,实验 2 和实验 3 分别用来测试不同任务模式和体验模式的有效性。基于之前的发现和相关理论分析,提出以下假设。

假设 1:与非走动的交互模式相比,真实走动的交互模式能带来更好的心流体验。

假设 2:与预先在虚拟场景中设置好虚拟物体相比,实时向虚拟场景中放置虚拟物体能带来更好的用户体验,尤其是趣味性、行为意向和社会互动。

假设 3:与单人体验模式相比,多人体验模式能带来更好的心流体验。

2. 实验设计

用户测试包括三个实验,每个实验采用单因素被试内设计,三个实验中采用的自变量分别如下。

1）交互模式(模式 I)

包括三种模式:第一,被试坐在座位上,通过显示器、鼠标、键盘与虚拟世界实现交互(模式 I_1);第二,被试坐在座位上,通过头戴虚拟现实显示设备和手柄与虚拟世界进行交互(模式 I_2);第三,被试通过在物理空间中的真实走动,通过头戴虚拟现实显示设备和跟踪设备 Kinect 与虚拟世界进行交互(模式 I_3)。

2）任务模式(模式 D)

包括两种模式:第一,体验之前在虚拟场景中布置好虚拟物体(模式 D_1);第二,在体验的过程中,实时向虚拟场景中添加虚拟物体(模式 D_2)。

3）体验模式(模式 P)

包括两种模式:第一,单人体验模式(模式 P_1);第二,多人体验模式(模式 P_2)。

因变量为用户体验指标,包括生理指标、主观心理体验和其他用户体验指标。为平衡顺序效应带来的潜在影响,对自变量的处理顺序进行了平衡。

3. 被试

61 名大学生被招募志愿参加这一实验,其中 31 名被试(21 男,10 女)参加实验 1,其余 30

名被试(16 男,14 女)参加实验 2 和实验 3。样本的年龄从 19 岁到 28 岁($M=22.58$ 年,$SD=$ 2.17 年)。被试被要求将他们对类似游戏的熟悉程度从 1(非常不熟悉)到 7(非常熟悉)进行自我评定。在后续的分析中,对类似游戏的熟悉程序进行了控制。

4. 测试环境和装备

图 12.25 Cardboard 3D 眼镜

该 VR 迷宫系统作成了一个 Android APP(称为 Ubimaze),可以运行在装有 Android OS 的手机上。本系统还包含 Cardboard 虚拟现实眼镜(见图 12.25)和跟踪设备。Cardboard 虚拟现实眼镜用来显示立体图像,由一个虚拟现实眼镜盒和智能手机组成。使用 Kinect 作为跟踪设备,捕获用户的位置和动作以提供自然交互。

5. 实验任务

1) 实验 1

首先,被试被要求完成可用性测试。被试被要求完整体验第 8 章所设计的系统,包括物理空间中虚拟迷宫的设计和虚拟空间中的沉浸式体验,具体说明如下。

(1) 设计迷宫。

被试被要求利用绘制工具,如粉笔、彩带等,在物理空间中设计迷宫的结构。物理空间地上的标记表示虚拟迷宫中的墙壁。

(2) 生成虚拟迷宫。

当物理空间中的迷宫设计好后,被试被要求在智能手机上利用系统提供的三维场景生成软件完成虚拟迷宫的生成。迷宫中的虚拟物体(如虚拟金币)随机生成,并且初始位置也是随机的。

(3) 体验设计的迷宫。

被试被要求佩戴 VR 眼镜,在 Kinect 的捕获区域内完成与虚拟迷宫的互动。被试的第一个任务 T_1 是在虚拟迷宫中寻找并收集五个虚拟物体(如虚拟金币)。当被试在虚拟场景中发现虚拟物体后,需要走近虚拟物体,并举起手臂与之交互。如果虚拟物体消失且伴有声音提示,则表明被试成功收集到虚拟物体。当被试收集到五个虚拟物体时,被试的第二个任务是 T_2 寻找迷宫的出口。

然后,被试被要求用不同的交互模式、按照规定的顺序,体验另一个提前设计好的迷宫。体验过程分为两个阶段。在第一个阶段中,被试需要完成两个任务:T_1 收集五个虚拟物体和 T_2 寻找迷宫出口;在第二个阶段中,T_3 图像匹配和 T_4 寻找迷宫出口。其中,图像匹配的任务是:虚拟墙壁上放有四幅雪人标记的图像,背面包含不同的图画内容。被试要求寻找雪人标记图像,并通过举手操作将其打开,根据背面的图画内容,寻找相同内容的另一幅图像,直到四幅图像都完成匹配。如图 12.26(a)所示为虚拟迷宫的全景图,如图 12.26(b)所示的是虚拟墙壁上放的雪人标记,如图 12.26(c)所示为背面包含的图画。

交互模式 I_1:鼠标、键盘交互模式。被试坐在 19 英寸平板显示器前面,鼠标用来控制虚拟场景中用户的视点方向,键盘用来控制虚拟场景中用户的移动和收集虚拟物体的动作。

交互模式 I_2:手柄交互模式。被试佩戴头戴式 VR 眼镜观看虚拟场景,通过头部转动控制虚拟场景中用户的视点方向,通过手柄控制虚拟场景中用户的移动和收集虚拟物体的动作。

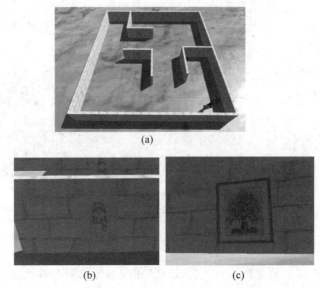

(a)

(b) (c)

图 12.26　迷宫游戏第二阶段场景界面截图

交互模式 I_3：物理空间中实际运动和手势交互。被试佩戴头戴式 VR 眼镜观看虚拟场景,通过头部转动控制虚拟场景中用户的视点方向,被试在物理空间中的运动和手势被跟踪设备 Kinect 识别,并触发虚拟场景中的相应操作,控制虚拟场景中用户的移动和收集虚拟物体的动作。

2) 实验 2

被试要求为另一个体验者在物理空间中设计迷宫,并以两种方式向虚拟迷宫中放置虚拟物体。体验者以交互模式 I_3 完成虚拟迷宫中的任务 $T_1 \sim T_4$。

模式 D_1：被试在设计部分将虚拟物体放置完毕。在体验者体验虚拟迷宫时,虚拟场景中的虚拟物体位置已经固定,而且不能被修改。

模式 D_2：当体验者在体验虚拟迷宫时,被试要求实时向虚拟迷宫中放置虚拟物体。

3) 实验 3

被试要求以不同的体验模式进行沉浸式体验,以交互模式 I_3 完成虚拟迷宫中的任务 $T_1 \sim T_4$,且所体验的迷宫由系统提前设计好。

模式 P_1：单人体验模式。

模式 P_2：多人体验模式。两个被试一起参与到游戏中,并协同完成任务。

6. 测量

每个实验中采用的测量指标如表 12.2 所示。

表 12.2　每个实验中采用的测量指标

实　验	测 量 指 标
实验 1	感知可用性
	心流体验(生理)
	心流体验(主观)
	偏好调查

续表

实　　验	测 量 指 标
实验2	感知趣味性
	行为倾向
	社会互动
	偏好调查
实验3	心流体验(生理)
	心流体验(主观)
	偏好调查

1) 生理心流测量

为了客观评估任务中的心流体验,本实验选择了三个生理指标:皮肤电、心率、呼吸率,这些指标已经被证明可以有效反映心流体验。使用配有 AcqKnowledge 4.3 分析软件的无线 BiopacMP150 生理数据采集系统采集被试的生理数据,所有通道都使用 1000Hz 采样率,所有的测量采用 BioNomadix 系统推荐的标准过滤器设置。

2) 问卷调查

衡量心流体验最常用的方法是问卷法。心流体验用心流简版量表进行测量,从而为评估上述生理指标提供参考校标。该量表已经被证明是一个稳定的测量工具。被试需要在 7 点 Likert 量表上对题目从 1(非常符合)到 7(非常不符合)进行评定。心流简版量表在本实验中的信度良好(Cronbach's $\alpha = 0.851$)。被试在完成实验任务后立即完成量表。

3) 可用性测量

为了评估系统的有效性,采用 PSSUQ 测量感知可用性。

4) 其他游戏体验指标

除以上指标,本实验还测量了三个游戏体验指标:感知到的趣味性、行为意向和社会互动感。所有项目均在 7 点 Likert 量表中对题目从 1(非常符合)到 7(非常不符合)进行评定。

另外,在每个实验结束后,本测试还设置了偏好调查,由一个或两个问题组成。

实验 1 的偏好问卷:①您更倾向于哪种 VR 游戏的方式? ②您对哪种交互模式更感兴趣?

实验 2 的偏好问卷:您更倾向于哪种任务模式?

实验 3 的偏好问卷:您更倾向于哪种体验模式,单人体验还是多人体验?

7. 实验过程

1) 实验 1

实验 1 包括两项任务。

(1) 任务 1。

首先,主试向被试清晰地传达实验指导语,确保每一位被试了解如何使用该系统设计和生成迷宫,并体验(见图 12.27)。然后,被试进行实验任务。任务结束后,被试要立刻完成一个可用性问卷。

(2) 任务 2。

首先,主试向被试清晰地传达实验指导语。然后,被试按照一定的顺序体验不同的交互模式(见图 12.28(b)和图 12.28(c)),进行实验任务。最后,任务结束后,被试要完成一项问卷。

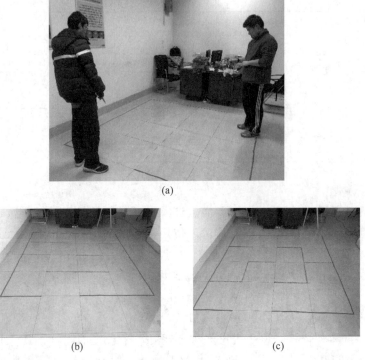

图 12.27 被试设计迷宫的场景

在实验之前,被试要带上胸带和表面电极,坐靠在座位上并处于身体放松状态,并进行至少 5min 的基线测量(见图 12.28(a))。在基线测量之后,被试对不同的交互模式进行体验(见图 12.28(b)和图 12.28(c)),每个任务的持续时间为 3~6min,具体取决于被试的表现。

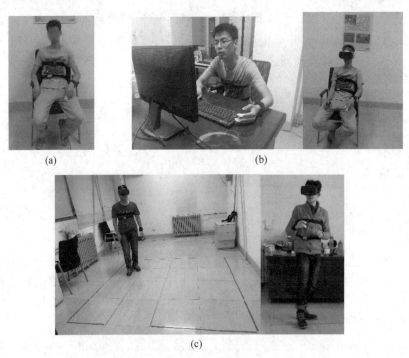

图 12.28 测试场景

2）实验 2

首先,主试向被试清晰地传达实验指导语。然后,被试进行实验任务。最后,任务结束后,被试要求立刻完成一个用户问卷。

3）实验 3

同实验 2。

8. 实验结果及分析

1）系统可用性分析

为了评估系统的可用性,首先对系统质量、信息质量和整体质量得分进行描述统计。然后,与参考分进行比较。如果系统所得分数高于参考分,可以认为系统可用性较好。实验结果显示,本章所设计系统在三项指标上所得分数都要高于参考分(见表 12.3),表明系统具有较好的可用性。

表 12.3　Ubimaze 得分与参考分比较

测量指标	Ubimaze 系统得分	参考分
整体质量	5.78	3.02
系统质量	6.05	3.02
信息质量	5.88	3.24

2）不同交互模式中心流体验的差异性

图 12.29 显示了不同交互模式的心流分数。进一步地,采用配对样本 t 检验方法,检验不同交互模式中心流体验的差异。结果表明,交互模式 I_3 的心流分数要显著高于交互模式 I_1 ($t=2.427$,$p=0.021<0.05$)和交互模式 I_2 ($t=2.540$,$p=0.016<0.05$)。与交互模式 I_1 (56.91 ± 8.39)和 I_2 (56.75 ± 9.89)相比,I_3 能带来更好的心流体验。此外,交互模式 I_1 和 I_2 之间不存在显著差异($t=0.087$,$p=0.931$)。

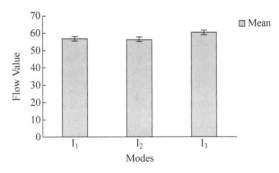

图 12.29　不同交互模式的心流体验描述统计

3）不同交互模式中生理心流指标的差异性

首先,对实验所采用的三个生理指标进行基线校正:

$$\Delta \mathrm{Val}_i = \mathrm{Val}_i - \mathrm{ValBase}_i$$

$\Delta \mathrm{Val}_i$ 表示被试在实验中的生理指标变化,Val_i 表示被试在各实验条件下获取的生理指标数值,$\mathrm{ValBase}_i$ 表示被试放松状态获取的生理指标数值。

皮肤电(Electrodermal Activity,EDA)、心率(Heart Rate,HR)和呼吸率(Respiratory Depth,RD)是生理唤醒的常见指标,这些指标可以反映交感神经系统活动水平,正向预测心流水平。使用配对样本 t 检验方法,检验三种交互模式在各个指标上是否存在差异性。

如图 12.30 所示,皮肤电在三种交互模式上存在显著差异。交互模式 I_2 和 I_3 的皮肤电指标要显著高于交互模式 I_1($t=2.408$,$p=0.022<0.05$;$t=2.506$,$p=0.018<0.05$),交互模式 I_2 和 I_3 之间没有显著差异($t=1.068$,$p=0.294$)。

图 12.30(b)显示,心率在三种交互模式上存在显著差异。交互模式 I_2 和 I_3 的心率指标要显著高于交互模式 I_1($t=5.318$,$p<0.001$;$t=9.019$,$p\leqslant0.001$),而且交互模式 I_3 的心流指标要显著高于交互模式 I_2($t=2.609$,$p=0.014<0.05$)。

图 12.30(c)显示,呼吸率在交互模式 I_2 和 I_3 上存在显著差异($t=2.015$,$p=0.053$),而且交互模式 I_3 的呼吸率指标要高于交互模式 I_2。

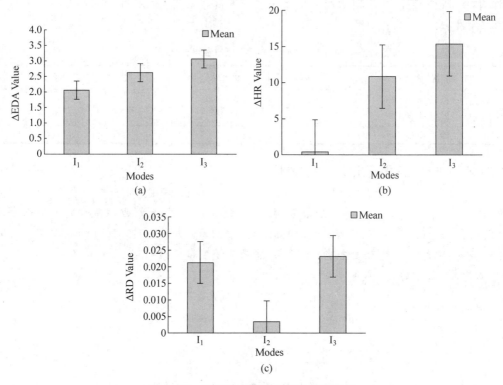

图 12.30　不同交互模式的用户生理指标

综合上述主观心流评估和生理指标评估结果可以得出,交互模式 I_3 下被试有比交互模式 I_1 和 I_2 更好的游戏体验。

4) 不同任务模式中其他游戏体验的差异性

实验结果表明这些指标在两种任务模式上存在显著差异。在设计方法 D_2 中,用户有更高的兴趣($t=3.253$,$p<0.01$)、更强的行为意向($t=3.109$,$p<0.01$)和更强的社交互动感($t=3.539$,$p<0.01$)。

5) 不同体验模式中心流体验的差异性

基于上述分析,可以得出结论:交互模式 I_3 比其他两种交互模式 I_1 和 I_2 要好。相对而言,交互模式 I_3 能激发更高的兴趣,带来更好的心流体验。因此,基于这种交互模式,系统中提供了两种体验模式:单人体验模式 P_1 VS. 多人体验模式 P_2。此外,为了检验设计两种体验模式的必要性,测试了心流体验在两种体验模式下的差异性。

实验结果表明,主观心流评估在两种模式下不存在显著差异,心率和呼吸率指标在两种模式下也不存在显著差异。但是,皮肤电指标在两种模式下存在显著差异($t=2.074,p=0.046<0.05$),多人体验模式 P_2 的皮肤电指标要高于单人体验模式 P_1(见图12.31)。

测试还调查用户对不同模式的偏好,各个问题及作答统计结果如表12.4所示。问卷统计结果表明:

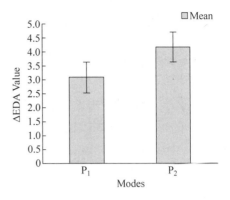

图12.31　不同体验模式的皮肤的指标

表12.4　用户偏好调查结果

问　　题	选　　项	百分比/%
1. 您更倾向于哪种虚拟现实游戏方法	在物理世界参与设计游戏场景,并在虚拟场景中进行沉浸式体验	85.7
	直接在设计好的虚拟场景中进行沉浸式体验,不参与设计过程	14.3
2. 您对哪种交互模式更感兴趣	交互模式 I_1	4.2
	交互模式 I_2	16.7
	交互模式 I_3	79.2
3. 在体验过程中,您更倾向于哪种任务模式	任务模式 D_1	73.3
	任务模式 D_2	26.7
4. 您更倾向于哪种体验模式	体验模式 P_1	37.5
	体验模式 P_2	62.5

(1) 大多数用户倾向于自己参与设计的迷宫系统,这表示第8章提出的系统与用户需求是一致的。

(2) 大多数用户倾向于交互模式 I_3,这与实验1的结果一致。

(3) 虽然大多数用户倾向于多人体验模式 P_2,但是仍有 37.5% 的用户倾向于单人体验模式 P_1,这并不是一个小数目。这表明设计两种体验模式的必要性。

(4) 在设计部分,设计模式 D_2 虽然能带来更高的趣味水平、更强的行为倾向和社交行为;但是在体验部分,作为体验者,用户更倾向于设计模式 D_1。

12.3.2　案例2:基于虚拟射击影院系统的测试

本案例中所涉VR系统的详细介绍见第9章。由于本案例重在介绍测试的基本方法,因此测试中在第9章介绍的原系统的基础上去掉了动感座椅设备,仅使用整个VR系统中基于交互枪的部分工作进行示例测试,以降低测试场景的复杂性从而减少无关变量。

1. 提出假设

为了检验系统的设计质量以及对用户体验的提升效果,本案例提出了一个评估模型,包括三个成分,如图 12.32 所示:第一个成分从实枪设计、虚枪设计和融合设计三个方面反映了射击识别系统的设计质量(本系统提出的设计标准见表12.5);第二个成分反映了系统的用户体验质量;第三个成分反映了用户的使用意向。本节将通过实验检验这三个方面,并提出以下假设。

假设 1:我们的射击识别系统的设计质量优于市面上流行的仿真游戏枪设计系统。

假设 2:我们的射击识别系统带来的用户体验质量优于市面上流行的仿真游戏枪设计系统。

假设 3:我们的射击识别系统带来的用户使用意向高于市面上流行的仿真游戏枪设计系统。

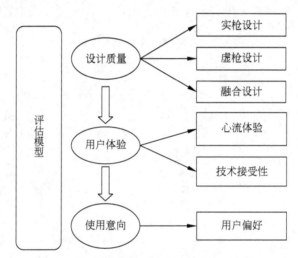

图 12.32 评估模型

表 12.5 射击游戏交互设备的设计标准

项 目	设计要素	设计要点	设 计 标 准	体 验 标 准
实枪	功能设计	瞄准,扣扳机,换弹夹等	—	包含所有常用功能
	外观设计	外形、颜色	仿真设计	外观精致,逼真
	触觉设计	持握感	—	持、握时感觉舒适
		质感	—	材料有质感
		重量及分布	基于真枪按比例减轻重量,参考真枪重量分布	重量适中,重量分布适中
	交互设计	速度	—	交互速度快
		精度	如何实现准确地瞄准等	交互准确
		自然性	自然地瞄准(三点一线的射击原理),换弹药等方面	交互自然
	反馈设计	视觉反馈	模拟光效	光效自然逼真
		听觉反馈	模拟声效	声效自然逼真
		触觉和力反馈	振动和后坐力的强度、频率等	振动和力反馈效果逼真,强度适中
		嗅觉反馈	气味材料模拟火药味	效果逼真

续表

项　目	设计要素	设计要点	设计标准	体验标准
虚拟枪	外观设计	外形、颜色	—	精致、美观、逼真等
		准星	—	易识别和瞄准
	反馈设计	视觉反馈	开枪时的粒子效果等	效果自然逼真
		听觉反馈	虚拟场景中的声效	声效自然逼真
虚实枪融合	外观设计	形状、颜色等的融合	虚实枪可视部分的长度、形色的设计	感觉融为一体
	交互设计	速度	如何消除延迟	联动即时,无延迟
		准确性	虚实枪头角度、姿态的联动;虚实枪头抖动范围、频率的一致;换枪和换弹时的联动效果设计等	移动,抖动等效果都准确匹配
	反馈设计	视觉反馈	虚实枪光效的融合	融合效果好
		听觉反馈	虚实枪声效的融合	融合效果好

2. 被试

共 22 名大学生(16 男,6 女)被招募志愿参加这一实验。样本的年龄从 19 岁到 24 岁 ($M=22.29$ 岁,SD$=1.55$)。每个被试被随机分配到一种实验条件中。

3. 测试环境

为了更好地对系统进行测试,选用了市面上较为流行的 MAG P90 仿真游戏枪作为本系统的对比系统,MAG P90 官方宣传的参数如表 12.6 所示。

表 12.6　系统主要参数对比

	本系统仿真枪	MAG P90
传感器	9 轴	9 轴
采样率	1000Hz	200Hz
光标控制方法	姿态映射	偏移量控制
后坐力模拟方式	冲击振动	旋转振动
校准频率	第一次需要校准	每次都需要校准
是否支持枪托击打	是	否
价格	小于 300 元	980~1280 元

在对比被试使用两把枪的操控体验时,使用了室外和室内两个测试场景(见图 12.33)。并在操控上尽量把 MAG P90 的相关参数调整到最佳。

(a)　　　　　　　　　　　　　　　(b)

图 12.33　大屏幕显示的两个虚拟场景图

由于 MAG P90 在每次使用前都需要校准,并且学习如何校准需要一定的时间,所以在每次使用 MAG P90 进行测试前,会有专人帮助被试校准,消除因校准差异对实验带来的影响。

4. 实验设计

实验采用被试内实验设计。自变量为射击识别系统类型,包括两种:一是我们设计的射击识别系统,二是市场上现有的一种 MEMS 游戏枪。为了评价两套系统,在两个虚拟游戏场景中(见图 12.33)进行了测试。因此共有四种实验条件:场景 1 配系统 1(A),场景 1 配系统 2(B),场景 2 配系统 1(C),场景 2 配系统 2(D)。不同条件的呈现顺序进行了平衡。因变量是用户体验指标,包括生理心流、主观心流和技术接受性。另外,我们评估了射击识别系统的设计质量以及系统的使用偏好。

5. 测量和设备

1) 生理测量

为了客观评估任务中的心流体验,实验测量了肌电(EMG)、皮肤电(EDA)、心率(HR)和呼吸率(RR),这些指标已经被证明可以有效反映心流体验。另外,我们测量了肱桡肌肌电,这是一块和射击过程相关的前臂肌肉。假设玩家在游戏中有更好的心流体验时会更沉浸,情境体验更真实,可能会更用力地抓握枪和扣动扳机,因此会有更高的肌电水平。配有 AcqKnowledge 4.3 分析软件的无线 Biopac MP150 生理数据采集系统来采集生理数据。

2) 自陈问卷

用心流简版量表对心流体验表进行测量,从而为评估这些生理测量提供参考校标。该量表已经被证明是一个稳定的测量工具。被试需要在 7 点 Likert 量表上对题目从 1(非常不符合)到 7(非常符合)进行评定。心流简版量表在本研究中的信度良好(Cronbach's $\alpha = 0.890$)。

技术接受性代表用户接受新技术的程度。技术接受性问卷被用于评价对两个射击识别系统的接受性,含 5 个方面:可用性、趣味性、满意感、使用意向和存在感。所有项目均在 7 点 Likert 量表中以 1(非常不符合)到 7(非常符合)进行评定。

为考察使用意向,使用了一个 3 项目的偏好问卷。3 个项目分部是:①你对哪把枪更感兴趣?②你感觉哪把枪能更有助于完成任务?③任务中哪把枪让你感觉更真实?

6. 分析和结果

1) 设计质量分析

为检验系统的设计质量,本研究进行了主观和客观评估。

主观评估部分中,考虑到两个系统中虚拟枪是相同的,因此主要考察了它们在实枪设计和融合设计方面的差异(见图 12.34)。结果显示,在这两个因素上两个系统均有显著差异($t = 7.834, p \leqslant 0.01$;$t = 4.227, p = 0.003 < 0.01$),具体指标上的差异显示在图 12.35 的雷达图中。差异分析结果显示,系统 1 中各指标上的得分显著高于系统 2($ps < 0.05$,ps 表示多个 p 值),表明我们研发的系统有更好的设计。融合设计中各指标的检验结果也发现,系统 1 的各项得分显著高于系统 2($ps < 0.05$),如图 12.36 所示。

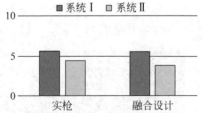

图 12.34　两个系统的系统质量分数

在客观评估中比较了射击的成绩和准确率,这两个指标反映了易用性和效率。结果发现两个系统在射击成绩上没有显著差异($F = 0.080, p = 0.780$),然而系统 1 的准确率显著高于

系统 $2(F=5.779,p=0.026<0.05)$。

综上所述,自主研发的射击识别系统的射击质量更优,支持了假设1。

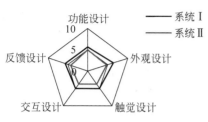

图 12.35　实枪设计各指标得分

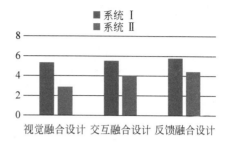

图 12.36　两系统在融合设计各指标上的得分

2)不同条件中心流体验的差异检验

分析之前需要对各指标去除基线,计算公式如下。

$$\Delta \mathrm{Val}_i = \mathrm{Val}_i - \mathrm{ValBase}_i$$

EDA 是反映生理唤醒的可靠指标。另外,HR 和 RR 也是唤醒的常用指标。这些指标的值可以反映交感神经系统活动水平,可以正向预测心流水平。方差分析结果表明,两个系统条件下,$\Delta \mathrm{EDA}(F=23.125,p<0.01)$、$\Delta \mathrm{HR}(F=26.806,p<0.01)$ 和 $\Delta \mathrm{RR}(F=5.361,p=0.031)$ 三个指标上均有显著的差异。使用系统 1 时被试的 $\Delta \mathrm{EDA}$、$\Delta \mathrm{HR}$ 和 $\Delta \mathrm{RR}$ 值显著高于系统 2。另外,两个系统条件中 $\Delta \mathrm{EMG}$ 上的差异也显著($F=6.455,p=0.019$),使用系统 1 时的值显著高于系统 2。

通过综合主观报告和生理测量结果可以得出,被试对系统 1 更感兴趣,他们在使用系统 1 时有更高的唤醒和卷入程度。这意味着被试使用系统 1 时有更好的体验,支持了假设 2。

3)两个系统技术接受性上的差异检验

为了全面评估用户体验,进一步检验了用户对系统的接受性。一系列独立样本 t 检验结果表明,两个系统在可用性($t=2.399,p=0.026$)、趣味性($t=2.079,p=0.050$)、存在感($t=2.890,p=0.009$)上均有显著差异,在行为意向($t=2.020,p=0.056$)和满意感($t=1.911,p=0.060$)得分上有边缘显著的差异。被试感觉系统 1 更为可用,有更多的趣味性和真实感,他们对该系统更为满意,也更倾向于使用这一系统。结果支持了研究假设 2 和假设 3。

7. 结论

基于心流理论对该系统游戏枪进行了对比测试,从设计质量、玩家的技术接受性、主观心流体验和生理心理状态方面进行评价。玩家问卷数据和生理数据的分析结果表明,本文设计的游戏枪和识别系统比目前市面上主流的交互枪有更好的技术接受性,而且有更好的设计质量,也更有利于提升玩家的心流体验和使用意向。

12.3.3　案例 3：三类 3D 显示技术的比较研究

本节介绍对基于三类 3D 显示技术的虚拟学习系统进行的一个对比研究,从而更直观地介绍用户测试的基本方法。本实例对沉浸式 VR HMD、3D 投影和 MR HMD 这三类 3D 显示技术进行了了对比,从而评估用于虚拟体验式学习环境的最佳 3D 显示技术。

1. 研究假设

首先,结合已有研究系统分析一下三种显示技术的特点。

VR头盔显示器能够提供大视场,而MR头盔显示器(如HoloLens第一代)只能提供一个无法填充用户视场的小虚拟窗口。VR HMD也可以创造出比VR投影更身临其境的体验。此外,在MR模式下,用户佩戴的眼镜不会遮挡真实世界,而是将全息图像叠加显示到真实世界中,供用户进行观看与交互。因此,在这种显示方式下,真实世界环境很容易干扰对虚拟对象的观察。而VR HMD可以通过提供与虚拟对象的适当距离和避免现实世界中对象的视觉干扰来提供更好的体验。因此,本节提出如下三个假设。

假设1(H_1):3D显示技术会显著影响视觉舒适度,VR HMD模式会带来最佳的视觉舒适度。

假设2(H_2):3D显示技术会显著影响交互体验,VR HMD模式下被试会感知到系统有最佳的感知有用性和易用性。

假设3(H_3):3D显示技术会显著影响学习体验,VR HMD模式会带来最佳的心流体验和其他学习体验。

对这些假设的检验,将有助于阐明不同3D显示技术对动手操作的虚拟体验学习的影响,也有助于判断哪种3D显示技术在改善体验式学习体验和效果方面具有优势。

2. 实验设计

采用单因素被试内实验设计。被试内因素为三种类型的3D显示技术:VR HMD、3D投影、MR HMD。除显示技术外,其他因素在三种条件下都保持一致。因变量包括视觉舒适度、交互体验和学习体验。用拉丁方设计方法对不同3D显示条件的体验顺序进行平衡。

3. 被试

招募36名大学生志愿者(男15名,女21名)参加实验。对于最初愿意参与的人先要填写一份问卷,包括人口统计信息以及对VR和MR系统的熟悉程度。只有那些没有体验过VR和MR的人才能参加正式实验。被试按拉丁方平衡顺序体验这三种显示技术所呈现的虚拟学习环境。测试后被试会得到小礼物作为奖励。

4. 环境和设备

为了检验假设,采用两个数学知识体验式学习情境作为实验情境。情境1是"圆锥体积计算",情境2是"汉诺塔问题"。

1) 场景1:圆锥体积计算

圆锥体积计算是一个基本的数学几何知识,它是具有相同半径和高度的圆柱体积的三分之一:圆柱体积的公式是$V_{cylinder}=\pi r^2 h$,圆锥体积的公式是$V_{cone}=\frac{1}{3}\pi r^2 h$。如图12.37所示,我们创建了一个虚拟教室,其中有一个实验台,上面有一些虚拟数学教具,包括:一个虚拟锥形容器、一个虚拟圆柱形容器和一个装满水的虚拟水壶。用户能够直接动手操纵虚拟道具来体验圆锥和圆柱的数学关系。

用户可以用手柄控制器(HTC VIVE手柄)操纵虚拟手拿起虚拟教具进行观察和比较。他们可以用水装满圆锥容器,然后把水从锥形容器转移到圆柱形容器中。通过重复这一步骤三次,圆柱形容器将被充满水。通过直观体验,很容易理解圆锥体的体积是具有相同半径和高度的圆柱体体积的三分之一。

2) 场景2:汉诺塔问题

汉诺塔是一个数学问题。它由3个木钉和许多可滑动到任何木钉上的不同大小的环形盘

图 12.37 虚拟数学学习场景 1

组成。该题的初始状态是环形盘整齐地堆叠在一个木钉上,并按大小递增的顺序排列,最小的在顶部,从而形成圆锥形。游戏的目的是将所有环形盘移动到另一个钉上,遵循以下简单规则:①一次只能移动一个环;②每次移动包括从其中一个堆栈中取出顶部的环并将其放在另一个木钉的顶部;③大环不能放在小环上面。

使用 3 个环,可以通过 7 个步骤解决这个问题。解决"汉诺塔"难题所需的最小移动数为 $2n-1$,其中 n 是环数。

本研究构建了汉诺塔问题的体验环境。在虚拟教室的虚拟实验台上,放置了一个包含三个环的虚拟 3D 汉诺塔,如图 12.38 所示。在这个场景中,目标是在 7 步中使用 3 个环解决汉诺塔问题。重复这个过程 3 次,这样学习者就可以通过直观的实践经验来理解汉诺塔问题。

图 12.38 虚拟数学学习场景 2

3) 三种显示技术

两个场景使用三种显示技术来呈现:HTC Vive 的 VR HMD(见图 12.39(a))、主动快门式 3D 眼镜的 3D 投影(见图 12.39(b))和 MR HMD HoloLens(见图 12.39(c))。

VR HMD 提供了一个完全沉浸式的 VR 体验,被试以第一人称视角体验,就像在一个模拟的教室中。3D 投影和 3D 眼镜提供了部分沉浸式的 VR 体验,而 HoloLens 提供 MR 体验。与其他两种模式相比,MR 模式的虚拟教具并没有放在虚拟实验桌上,而是放在了真实的桌子上。

5. 流程

首先,我们向参与者解释这两个体验式学习场景中的任务,并指导被试如何双手使用游戏

(a)　　　　　　　　(b)　　　　　　　　(c)

图 12.39　三种 3D 显示条件下的体验式学习示例

控制器。然后,他们按特定顺序依次在三种条件下体验两个虚拟场景的学习内容,被试每体验完一种显示条件后,都要立即完成一份问卷。

6. 测量

1) 视觉舒适度

采用视觉舒适问卷(VCQ)对被试在互动过程中的视觉舒适性进行评价。该问卷从 8 个方面评估 3D 环境中的视觉体验:3D 体验、自然度、图像质量互动中的观看体验、稳定性、流畅性、视角舒适感、晕眩感规避和疲劳感规避。使用 Likert 量表和形容词[bad]-[poor]-[fair]-[good]-[excellent]对这些项目进行评估。

2) 交互体验

交互体验测量包括感知有用性(PU)和感知易用性(PEoU)。它们是基于技术接受模型进行测量的。本研究的测量项目是从 Yu 等人(2013)的问卷发展而来。这些项目采用 Likert 式 7 分制测量,从"1"(完全不同意)到"7"(完全同意)。

3) 学习体验

学习体验包括 5 个指标:心流体验、内在兴趣、专注度、行为意向和临场感。

心流体验:心流代表了一种高度愉快的精神状态,在这种状态中,个体完全沉浸在活动中并参与其中。心流用"Flow Short Scale"来测量。该量表已被证明是一种可靠的测量工具。项目采用 Likert 量表从"1"(非常不同意)到"7"(非常同意)进行评分。

基于以往的虚拟学习研究,实验中还测量了一些其他学习体验,包括:内在兴趣、行为意向、专注度和存在感,这些项目也使用 Likert 式 7 分制量表进行测量。

7. 结果

1) 不同显示条件下的视觉舒适度对比

为了检验不同显示技术对视觉舒适度的影响,采用了一系列重复测量方差分析。结果发现,不同的显示技术对视觉舒适感有显著影响。具体来说,不同的 3D 显示技术在 3D 体验($F=3.404, p=0.041$)、自然度($F=2.933, p=0.063$)、交互观看体验($F=12.532, p<0.001$)、避免不适感($F=3.638, p=0.033$)方面存在显著或边缘显著的差异。

为了进一步明确不同显示技术之间的差异,进行了两两比较。图 12.40 将两两之间比较的 p 值和差异显著性直观地进行了标注,分别显示了不同 3D 显示条件下被试在 3D 体验、自然性、交互中的观看体验和不适感避免四个方面的差异。结果显示，VR HMD 条件的因变量各项指标显著高于 3D 投影和 MR HMD 条件(ps<0.05)。3D 投影与 MR HMD 仅在观看体验方面差异显著($t=2.214, p<0.05$)，其他的大部分指标上均不显著。这些结果都支持 H_1。

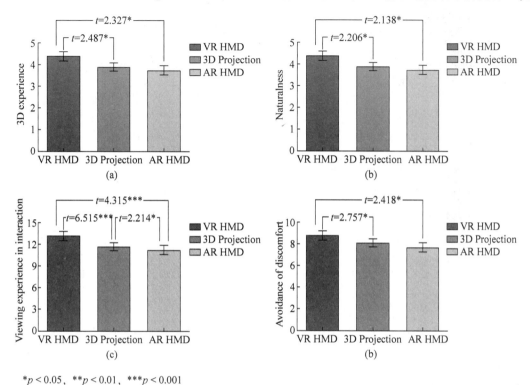

*$p<0.05$，**$p<0.01$，***$p<0.001$

图 12.40　不同 3D 显示条件下被试在 3D 体验、自然性、交互中的观看体验和不适感避免四个方面的差异

2) 不同显示条件下的交互体验对比

为了探讨不同显示技术对交互体验的影响，进行两次重复测量方差分析。不同显示技术的 PU 和 PEoU 得分见表 12.7。结果表明，不同的 3D 显示技术对 PU 的影响不显著($F=1.198, p=0.31$)，但对 PEoU 的影响显著($F=3.540, p=0.036$)。两两比较结果显示，VR HMD 评分显著高于 MR HMD($t=2.239, p=0.034$)。这些结果部分地支持 H_2。

表 12.7　不同显示条件在交互体验指标上的描述统计结果

显 示 条 件	PU M(S.D)	PEoU M(S.D)
VR HMD	24.46(4.62)	25.50(3.30)
3D Projection	23.46(3.69)	24.35(2.99)
MR HMD	22.35(5.93)	22.38(5.91)

3) 不同显示条件下的心流和其他学习体验对比

为考察不同显示技术对学习体验的影响，又进行了一系列重复测量方差分析。结果表明，3D 显示对心流体验有显著影响($F=6.206, p=0.004$)。VR HMD 条件下的心流评分明显高于 3D 投影和 MR HMD 条件。这些结果支持了 H_3。图 12.41 分别显示了不同 3D 显示条件下被试在心流体验、内在兴趣、行为意向和临场感四个方面影响的差异。

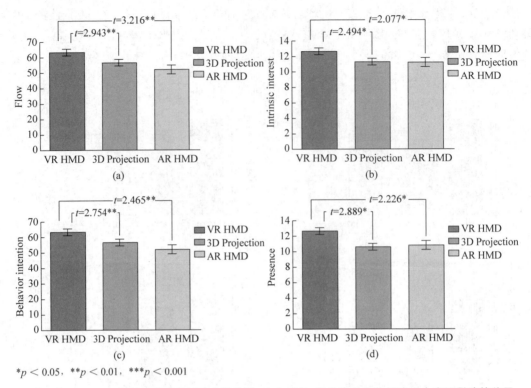

*$p < 0.05$，**$p < 0.01$，***$p < 0.001$

图 12.41 不同 3D 显示条件下被试在心流体验、内在兴趣、行为意向和临场感四个方面影响的差异

8. 讨论

为对比三种主流的 3D 显示技术并检验出最适合虚拟体验式学习的 3D 显示技术,本研究具体选择了 VR HMD、3D 投影、MR HMD 三种不同显示技术来进行对比测试。实证结果有助于阐明 3D 显示特征与体验式学习之间的关系。

1) 显示技术对视觉舒适感的效应讨论

根据对 H_1 的检验,3D 显示条件的确是影响视觉舒适度的重要因素。对于大多数视觉舒适度指标(3D 体验、自然性、交互观影体验、不适感避免),VR HMD 下的值明显优于 3D 投影和 MR HMD 条件。在 VR HMD 条件下,用户在体验学习中获得了最佳的 3D 体验和自然性,也获得了最佳的观看体验,最大程度上避免了不适。视觉是成功的关键,而 MR 技术在提供理想视觉体验方面存在一定局限。相反,VR 系统在提供临场感,以及实现适当的景深、焦点深度、视场和图像分辨率的阈值方面可用性更好。

VR 投影与 MR HMD 在大部分指标上的差异不显著,但 3D 投影与 MR HMD 交互的观看体验差异显著。这意味着,只有在参与者进行实际操作任务时,这种差异才会显现出来。原因也可能是视野有限:MR HMD 的视野较小,在支持理想的动手交互体验方面尚存在一定局限。

2) 显示技术对交互体验的效应讨论

不同的三维显示技术在视觉舒适性上存在差异时,它们对交互体验(H_2)和学习体验(H_3)的影响也不同。

从交互体验的结果来看,虽然不同 3D 显示技术对 PU 的影响不显著,但 VR HMD 条件下的描述性统计得分仍然最高。3D 显示条件对 PEoU 的影响是显著的:VR HMD 的 PEoU

得分显著高于 MR HMD,得分也高于 3D 投影。这些结果与视觉舒适度上的结果相一致,支持了研究假设:对于视觉舒适度最高的 3D 显示技术,用户将获得最佳的交互体验。基于这些结果,可以得出结论:三种技术带来的视觉体验差异并没有影响系统的 PU,而是影响 PEoU。也就是说,具有最佳视觉体验的 3D 显示技术提高了参与者的直觉交互,降低了认知负荷。

在观察学习体验的结果时,尽管显示技术对注意力没有显著影响,但它确实显著影响了心流体验、内在兴趣、行为意向和存在感。VR HMD 评分明显高于 3D 投影和 MR HMD 评分。这些结果也与视觉舒适度的结果一致,支持了理论框架:在视觉舒适度最高的 3D 显示技术下,用户将获得最佳的学习体验。

这说明 VR HMD 的体验明显优于 3D 投影或 MR HMD。可见,不同的显示技术会导致不同的视觉舒适度,进而影响交互和学习体验。此外,可能还有其他原因,例如,被试可能感觉 VR HMD 条件中的虚拟手最真实。因此,他们可能会感觉更符合直觉,就像用自己的手执行任务。相比之下,MR HMD 的显示质量不够理想,降低了交互效率和体验。3D 投影也有明显的缺点。在 3D 投影环境中,用户与虚拟物体之间的位移是非常不自然的,因此用户很难将虚拟的手视为自己的手。

 习题

1. 列举 VR 中的典型积极和消极体验。
2. 简述常见的可用性和用户体验测量指标和测量方法。
3. 简述 VR 系统评估测试的实施流程。
4. 练习用户研究的实验设计方法和对应的数据分析方法。
5. 结合本章介绍的方法,围绕一个 VR 系统设计并实施可用性和用户体验测试。

旋转轴-旋转角与旋转矩阵之间的转换推导

首先推导出空间向量 p 绕旋转轴 $n=(n_x,n_y,n_z)$ 旋转 θ 角的公式,再据此推导出对应的旋转矩阵形式。

给定一条过原点的旋转轴 $n=(n_x,n_y,n_z)$,空间向量 p 绕该轴旋转 θ 角得到空间向量 p',要根据已知数据 n、θ 及 p 来计算出 p',计算求解的思路是将这个空间三维旋转变换转换为一个垂直于旋转轴的平面 PL(见图 A.1 中阴影部分)上的二维旋转。

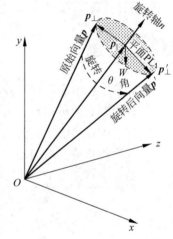

图 A.1　绕过原点的旋转轴
$n=(n_x,n_y,n_z)$
旋转 θ 角

为此,首先将向量 p 分解为 $p_\parallel$ 与 $p_\perp$ 两个向量之和,即 $p=p_\parallel+p_\perp$,其中,向量 $p_\parallel$ 平行于旋转轴 n,向量 $p_\perp$ 垂直于旋转轴 n。由于向量 $p_\parallel$ 与旋转轴 n 平行,在绕旋转轴 n 转动的过程中不受影响,始终不变,因此只要计算出向量 $p_\perp$ 绕旋转轴 n 旋转 θ 角后的向量 $p'_\perp$,就可以得到原向量 p 旋转后的结果 $p'=p_\parallel+p'_\perp$。

(1) 首先计算 $p_\parallel$。$p_\parallel$ 与旋转轴 n 平行,所以 $p_\parallel$ 是原向量 p 在旋转轴 n 上的投影,可以通过向量点乘运算得到 $p_\parallel=(p\cdot n)n$。

(2) 再计算 $p_\perp$。根据向量加法与减法的定义可以直接写出 $p_\perp=p-p_\parallel$,$p_\perp$ 垂直于旋转轴 n。

(3) 现在可以把 $p_\perp$ 绕旋转轴 n 转动 θ 角的空间三维旋转,转换为 $p_\perp$ 在垂直于旋转轴 n 的平面 PL 上的二维平面旋转,这里可以直接将 $p_\perp$ 作为平面 PL 上的水平坐标轴向量,现在需要计算出平面 PL 上的垂直坐标轴向量 w。由于 w 同时与向量 $p_\perp$ 与 n 垂直,于是 w 可以通过二者的叉乘运算得到,这里按习惯规定旋转方向为逆时针方向,故采用右手螺旋法则得 $w=n\times p_\perp=n\times(p-p_\parallel)$。考虑到 $p_\parallel$ 与 n 平行,故 $n\times p_\parallel=0$,所以 $w=n\times p$。

(4) 在垂直于旋转轴的平面 PL 上,直接使用平面二维旋转公式可得,p_2 逆时针旋转 θ 角后的结果为 $p'_\perp=p_\perp\cos\theta+w\sin\theta$。

(5) 最后得到空间向量 p 绕旋转轴 n 旋转 θ 角的结果为:

$$p'=p_\parallel+p'_\perp=(p\cdot n)n+(p-(p\cdot n)n)\cos\theta+(n\times p)\sin\theta$$

根据上面的计算公式,可以进一步推导出绕旋转轴 n 旋转 θ 角对应的旋转矩阵表示。在

2.2.1 节中分析过,组成旋转矩阵的三个列向量分别是对原直角坐标系的三个坐标轴 $x = \begin{bmatrix} 1 \\ 0 \\ 0 \end{bmatrix}$、$y = \begin{bmatrix} 0 \\ 1 \\ 0 \end{bmatrix}$ 及 $z = \begin{bmatrix} 0 \\ 0 \\ 1 \end{bmatrix}$ 进行旋转的结果,结合上面推出的旋转轴-旋转角公式,可得旋转矩阵 $\boldsymbol{R}$ 的第一列为:

$$r_1 = (x \cdot n)n + (x - (x \cdot n)n)\cos\theta + (n \times x)\sin\theta$$

$$= (n_x^2(1-\cos\theta)+\cos\theta, n_x n_y(1-\cos\theta)-n_z\sin\theta, n_x n_z(1-\cos\theta)+n_y\sin\theta)$$

旋转矩阵 $\boldsymbol{R}$ 的第二列为:

$$r_2 = (y \cdot n)n + (y - (y \cdot n)n)\cos\theta + (n \times y)\sin\theta$$

$$= (n_x n_y(1-\cos\theta)+n_z\sin\theta, n_y^2(1-\cos\theta)+\cos\theta, n_y n_z(1-\cos\theta)-n_x\sin\theta)$$

旋转矩阵 $\boldsymbol{R}$ 的第三列为:

$$r_2 = (z \cdot n)n + (z - (z \cdot n)n)\cos\theta + (n \times z)\sin\theta$$

$$= (n_x n_z(1-\cos\theta)-n_y\sin\theta, n_y n_z(1-\cos\theta)+n_x\sin\theta, n_z^2(1-\cos\theta)+\cos\theta)$$

于是得到对应的旋转矩阵为:

$$\boldsymbol{R} = \begin{bmatrix} n_x^2(1-\cos\theta)+\cos\theta & n_x n_y(1-\cos\theta)+n_z\sin\theta & n_x n_z(1-\cos\theta)-n_y\sin\theta \\ n_x n_y(1-\cos\theta)-n_z\sin\theta & n_y^2(1-\cos\theta)+\cos\theta & n_y n_z(1-\cos\theta)+n_x\sin\theta \\ n_x n_z(1-\cos\theta)+n_y\sin\theta & n_y n_z(1-\cos\theta)-n_x\sin\theta & n_z^2(1-\cos\theta)+\cos\theta \end{bmatrix}$$

反之,已知旋转矩阵

$$\boldsymbol{R} = \begin{bmatrix} r_{11} & r_{12} & r_{13} \\ r_{21} & r_{22} & r_{23} \\ r_{31} & r_{32} & r_{33} \end{bmatrix}$$

$$= \begin{bmatrix} n_x^2(1-\cos\theta)+\cos\theta & n_x n_y(1-\cos\theta)+n_z\sin\theta & n_x n_z(1-\cos\theta)-n_y\sin\theta \\ n_x n_y(1-\cos\theta)-n_z\sin\theta & n_y^2(1-\cos\theta)+\cos\theta & n_y n_z(1-\cos\theta)+n_x\sin\theta \\ n_x n_z(1-\cos\theta)+n_y\sin\theta & n_y n_z(1-\cos\theta)-n_x\sin\theta & n_z^2(1-\cos\theta)+\cos\theta \end{bmatrix}$$

求对应的四元数的过程相对简单,首先矩阵的主对角线三个元素相加为:

$$r_{11}+r_{22}+r_{33} = (n_x^2+n_y^2+n_z^2)(1-\cos\theta)+3\cos\theta$$

考虑到旋转轴为单位向量,$n_x^2+n_y^2+n_z^2=1$,得到 $r_{11}+r_{22}+r_{33}=2\cos\theta+1$,同时旋转角度 $\theta \in [0,\pi]$,于是可以先求出旋转角 $\theta = \arccos\left(\dfrac{r_{11}+r_{22}+r_{33}-1}{2}\right)$。

考虑等式 $r_{23}-r_{32}=2n_x\sin\theta$、$r_{13}-r_{31}=2n_y\sin\theta$ 及 $r_{12}-r_{21}=2n_z\sin\theta$,可以得到旋转轴为:

$$n = (\boldsymbol{n}_x, \boldsymbol{n}_y, \boldsymbol{n}_z) = \left(\frac{r_{23}-r_{32}}{2\sin\theta}, \frac{r_{13}-r_{31}}{2\sin\theta}, \frac{r_{12}-r_{21}}{2\sin\theta}\right)$$

附录·Ⓑ

四元数旋转公式的推导与理解

结合附录 A 中推导出的绕旋转轴 $n=(n_x,n_y,n_z)$ 旋转 θ 角的公式,对通过四元数进行旋转变换的公式进行推导。

在 2.2.4 节中给出了四元数旋转公式:空间向量 $\boldsymbol{p}=\begin{bmatrix}x\\y\\z\end{bmatrix}$ 绕旋转轴 $n=(n_x,n_y,n_z)$ 旋转

θ 角的公式,用四元数形式表示为:

$$p'=q\hat{p}q^*$$

其中,单位四元数 $q=\left(\cos\left(\dfrac{\theta}{2}\right),\sin\left(\dfrac{\theta}{2}\right)n_x,\sin\left(\dfrac{\theta}{2}\right)n_y,\sin\left(\dfrac{\theta}{2}\right)n_z\right)$,同时此公式中,需要把空

间向量 $\boldsymbol{p}=\begin{bmatrix}x\\y\\z\end{bmatrix}$ 扩展为四元数形式 $\hat{p}=(0,x,y,z)$,运算得到的结果为 $\hat{p}'=(0,x',y',z')$,转

换为空间向量 $\boldsymbol{p}'=\begin{bmatrix}x'\\y'\\z'\end{bmatrix}$ 就是旋转结果。

为证明此公式,我们采用四元数的等效表示方式 $q=(w,x,y,z)=(w,\boldsymbol{v})$ 进行推导,采用这种形式,单位四元数 q 表示为 $q=(w,\boldsymbol{v})=\left(\cos\left(\dfrac{\theta}{2}\right),\sin\left(\dfrac{\theta}{2}\right)n\right)$,空间向量对应的四元数 $\hat{p}$ 表示为 $\hat{p}=(0,x,y,z)=(0,\boldsymbol{p})$。

再结合四元数乘法的等效表示形式

$q=q_1q_2=(w_1,\boldsymbol{v}_1)(w_2,\boldsymbol{v}_2)=(w_1w_2-\boldsymbol{v}_1\cdot\boldsymbol{v}_2,\boldsymbol{v}_1\times\boldsymbol{v}_2+w_2\boldsymbol{v}_1+w_1\boldsymbol{v}_2)$,可以得到:

$p'=q\hat{p}q^*$

$=(w,\boldsymbol{v})(0,\boldsymbol{p})(w,-\boldsymbol{v})$

$=(w,\boldsymbol{v})(\boldsymbol{p}\cdot\boldsymbol{v},-\boldsymbol{p}\times\boldsymbol{v}+w\boldsymbol{p})$

$=(w\boldsymbol{p}\cdot\boldsymbol{v}-(-\boldsymbol{p}\times\boldsymbol{v}+w\boldsymbol{p})\cdot\boldsymbol{v},\boldsymbol{v}\times(-\boldsymbol{p}\times\boldsymbol{v}+w\boldsymbol{p})+w(-\boldsymbol{p}\times\boldsymbol{v}+w\boldsymbol{p})+(\boldsymbol{p}\cdot\boldsymbol{v})\boldsymbol{v})$

$=(0,\boldsymbol{v}\times(-\boldsymbol{p}\times\boldsymbol{v}+w\boldsymbol{p})+w(-\boldsymbol{p}\times\boldsymbol{v}+w\boldsymbol{p})+(\boldsymbol{p}\cdot\boldsymbol{v})\boldsymbol{v})$

$=(0,\boldsymbol{v}\times\boldsymbol{v}\times\boldsymbol{p}+w(\boldsymbol{v}\times\boldsymbol{p})-w(\boldsymbol{p}\times\boldsymbol{v})+w^2\boldsymbol{p}+(\boldsymbol{p}\cdot\boldsymbol{v})\boldsymbol{v})$

考虑到任意三个向量进行叉乘的公式:$\boldsymbol{u}\times(\boldsymbol{v}\times\boldsymbol{w})=(\boldsymbol{u}\cdot\boldsymbol{w})\boldsymbol{v}-(\boldsymbol{u}\cdot\boldsymbol{v})\boldsymbol{w}$,可知上式中的

$v \times v \times p = (v \cdot p)v - (v \cdot v)p$，将其代入上式后得：

$$p' = q\hat{p}q^*$$
$$= (0, (w^2 - v \cdot v)p + 2w(v \times p) + 2(p \cdot v)v)$$

再考虑到单位四元数 $q = (w, v) = \left(\cos\dfrac{\theta}{2}, \sin\dfrac{\theta}{2}n\right)$，代入上式得：

$$p' = q\hat{p}q^*$$
$$= (0, (w^2 - v \cdot v)p + 2w(v \times p) + 2(p \cdot v)v)$$
$$= (0, (w^2 - v \cdot v)p + 2w(v \times p) + 2(p \cdot v)v)$$
$$= \left(0, \left(\cos^2\frac{\theta}{2} - \sin^2\frac{\theta}{2}\right)p + 2\cos\frac{\theta}{2}\sin\frac{\theta}{2}(n \times p) + 2\sin^2\frac{\theta}{2}(p \cdot n)n\right)$$
$$= (0, (\cos\theta)p + sin\theta(n \times p) + (1 - \cos\theta)(p \cdot n)n)$$
$$= (0, (p \cdot n)n + (p - (p \cdot n)n)\cos\theta + (n \times p)\sin\theta)$$
$$= (0, p')$$

即 $p' = (p \cdot n)n + (p - (p \cdot n)n)\cos\theta + (n \times p)\sin\theta$。

对比附录 A 中得到的空间向量 p 绕给定旋转轴进行旋转的公式，可知四元数旋转公式 $p' = q\hat{p}q^*$ 等价于使向量 p 绕旋转轴 $n = (n_x, n_y, n_z)$ 旋转 θ 角。

立体显示投影矩阵推导

首先通过图 C.1 推导一下立体相机满足零视差面约束条件时对视差的影响。

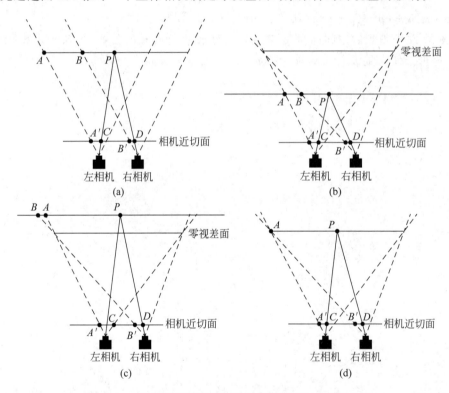

图 C.1　立体相机满足零视差面约束条件时对视差的影响

如图 C.1(a)所示,如果左、右两台相机仅是单纯进行平移,视锥体不满足零视差面约束,对于空间任意一点 P,在左相机近切面上的投影点为 C,在右相机近切面上的投影点为 D,P 点在左眼图像上投影点的水平坐标与 A′C 成正比,在右眼图像上投影点的水平坐标与 B′D 成正比,设 P 点的深度为 z,则有比例关系:$\dfrac{A'C}{AP} = \dfrac{B'D}{BP} = \dfrac{\text{Near}}{z}$,如图 C.1(a)所示,AP>BP,所以 A′C>B′D,这意味着对于空间任意一点 P,在左眼图像上投影点的水平坐标始终大于在右眼图像上投影点的水平坐标,即只有负视差情况,而没有零视差及正视差情况。

在图 C.1(b)～图 C.1(d)中,左、右相机满足零视差面约束,即左、右相机的视锥体在零视差面上完全重合,现在分析一下视差情况。

图 C.1(b)中,空间点 P 的深度小于零视差面,并满足 $\dfrac{A'C}{AP}=\dfrac{B'D}{BP}=\dfrac{\text{Near}}{\text{Convergence}}$,由于 $AP>BP$,所以 $A'C>B'D$,即空间点 P 的视差为负视差。

图 C.1(c)中,空间点 P 的深度大于零视差面,并满足 $\dfrac{A'C}{AP}=\dfrac{B'D}{BP}=\dfrac{\text{Near}}{\text{Convergence}}$,由于 $AP<BP$,所以 $A'C<B'D$,即空间点 P 的视差为正视差。

图 C.1(d)中,空间点 P 位于零视差面上,并满足 $\dfrac{A'C}{AP}=\dfrac{B'D}{AP}=\dfrac{\text{Near}}{\text{Convergence}}$,得到 $A'C=B'D$,即空间点 P 的视差为零视差。

下面推导一下左、右相机满足零视差面约束的条件下,透视投影矩阵参数的计算公式。如图 C.2(a)所示,零视差面约束可以表述为,左、右相机的初始位置重合在一起,之后左相机沿 x 轴向左平移眼间距参数的一半距离,即 $\dfrac{\text{Interaixal}}{2}$,右相机沿 x 轴向右平移眼间距参数的一半距离,随后调整相机视锥体参数,使左、右相机的视锥体在深度等于会聚距离处的截面与初始位置处的相机视锥体完全重合,该截面就是零视差面。

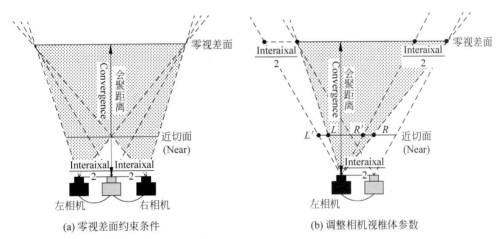

(a) 零视差面约束条件   (b) 调整相机视椎体参数

图 C.2 零视差面约束条件和调整相机视锥体参数

以左相机为例计算视锥体的参数。由于左相机及其视锥体只在水平方向上发生了平移,以满足零视差面约束,因此视锥体的 Top、Bottom、Near、Far 四个参数不受影响,而 Left 与 Right 两个参数则需要根据眼间距(Interaixal)及会聚距离(Convergence)两个参数重新进行计算,如图 C.2(b)所示,由于视锥体参数是以相机自身坐标系为参照的,因此左相机仅向左平移之后,视锥体的 Left 与 Right 两个参数保持不变,在图 C.2(b)中分别用 L' 与 R' 加以表示,随后左相机的视锥体需要向右侧偏移,在零视差面上与初始位置处的相机视锥体完全重合,此时视锥体的 Left 与 Right 两个参数也会分别右移到 L 与 R 位置,如图 C.2(b)所示,等式 $\dfrac{L-L'}{\dfrac{\text{Interaixal}}{2}}=\dfrac{R-R'}{\dfrac{\text{Interaixal}}{2}}=\dfrac{\text{Near}}{\text{Convergence}}$ 成立,因此可以得到:

$$L = L' + \frac{\text{Interaixal} \times \text{Near}}{2 \times \text{Convergence}} = -\text{Aspect} \times \text{Top} + \frac{\text{Interaixal} \times \text{Near}}{2 \times \text{Convergence}}$$

及

$$R = R' + \frac{\text{Interaixal} \times \text{Near}}{2 \times \text{Convergence}} = \text{Aspect} \times \text{Top} + \frac{\text{Interaixal} \times \text{Near}}{2 \times \text{Convergence}}$$

右相机向右平移后,其视锥体要相应向左偏移,以满足零视差面约束,此时右相机视锥体的Left 与 Right 两个参数也可以类似推导。

参 考 文 献

［1］ Alavi M,Leidner D E. Research commentary：Technology-mediated learning—A call for greater depth and breadth of research［J］. Information systems research,2001,12(1)：1-10.

［2］ Alhalabi W. Virtual reality systems enhance students' achievements in engineering education［J］. Behaviour & Information Technology,2016,35(11)：919-925.

［3］ Aoki H,Oman C M,Buckland D A,et al. Desktop-VR system for preflight 3D navigation training［J］. Acta astronautica,2008,63(7-10)：841-847.

［4］ Assfalg J,Del B A,Vicario E. Using 3D and ancillary media to train construction workers［J］. IEEE MultiMedia,2002,9(2)：88-92.

［5］ Baydas O,Karakus T,Topu F B,et al. Retention and flow under guided and unguided learning experience in 3D virtual worlds［J］. Computers in Human Behavior,2015：96-102.

［6］ Benbunan-Fich R,Hiltz S R. Mediators of the effectiveness of online courses［J］. IEEE Transactions on Professional communication,2003,46(4)：298-312.

［7］ Berta R,Bellotti F,De Gloria A,et al. Electroencephalogram and Physiological Signal Analysis for Assessing Flow in Games［J］. IEEE Transactions on Computational Intelligence and AI in Games,2013,5(2)：164-175.

［8］ Bian Y,Yang C,Gao F,et al. A framework for physiological indicators of flow in VR games：construction and preliminary evaluation［J］. Personal and Ubiquitous Computing,2016,20(5)：821-832.

［9］ Bian Y,Zhou C,Chen Y,et al. Explore the Weak Association between Flow and Performance Based on a Visual Search Task Paradigm in Virtual Reality［C］//2019 IEEE Conference on Virtual Reality and 3D User Interfaces (VR). IEEE,2019：852-853.

［10］ Bian Y,Yang C,Zhou C,et al. Exploring the Weak Association between Flow Experience and Performance in Virtual Environments［C］//Proceedings of the 2018 CHI Conference on Human Factors in Computing Systems,2018.

［11］ Bian Y,Zhou C,Chen Y,et al. The Role of the Field Dependence-independence Construct on the Flow-performance Link in Virtual Reality［C］//Symposium on Interactive 3D Graphics and Games,2020：1-9.

［12］ Bian Y,Yang C,Guan D,et al. Effects of pedagogical agent's personality and emotional feedback strategy on Chinese students' learning experiences and performance：a study based on virtual Tai Chi training studio［C］//Proceedings of the 2016 CHI Conference on Human Factors in Computing Systems,2016：433-444.

［13］ Campbell F W,Green D G. Optical and retinal factors affecting visual resolution.［J］. Journal of Physiology,1965,181(3)：576-593.

［14］ Chen C M,Tsai Y N. Interactive augmented reality system for enhancing library instruction in elementary schools［J］. Computers & Education,2012,59(2)：638-652.

［15］ Cheng K H,Tsai C C. Children and parents' reading of an augmented reality picture book：Analyses of behavioral patterns and cognitive attainment［J］. Computers & Education,2014,72：302-312.

［16］ Darwin D E. New Experiments on the Ocular Spectra of Light and Colours. By Robert Waring Darwin,M. D.；Communicated by Erasmus Darwin,M. D. F. R. S［J］. Philosophical Transactions of the Royal Society of London,1786,76：313-348.

［17］ Dasgupta B,Mruthyunjaya T S. The Stewart platform manipulator：a review［J］. Mechanism and machine theory,2000,35(1)：15-40.［2020-05-23］. https://www. sciencedirect. com/science/article/

abs/pii/S0094114X99000063. DOI：10.1016/S0094-114X(99)00006-3.

[18]　Dede C. Immersive interfaces for engagement and learning[J]. Science,2009,323(5910)：66-69.

[19]　Demiralp C,Laidlaw D H,Jackson C,et al. Poster：Subjective Usefulness of CAVE and Fish Tank VR Display Systems for a Scientific Visualization Application[C]//IEEE Visualization 2003,2003.

[20]　Dourish P. Where the action is：the foundations of embodied interaction[M]. MIT press,2004.

[21]　Dudu Dark. Unity 调用 C♯ Speech 类将文字转换为语音[EB/OL].(2019-4-23)[2020-5-23]. https://blog.csdn.net/u012970538/article/details/89467826.

[22]　Feng S,Gai W,Xu Y,et al. Shooting Recognition and Simulation in VR Shooting Theaters[C]//CCF Chinese Conference on Computer Vision. Springer,Berlin,Heidelberg,2015：286-292.

[23]　冯乐乐. Unity Shader 入门精要[M]. 北京：人民邮电出版社,2016.

[24]　Furió D, Juan M C,Seguí I,et al. Mobile learning vs. traditional classroom lessons：a comparative study [J]. Journal of Computer Assisted Learning,2015,31(3)：189-201.

[25]　Gai W,Yang C,Bian Y,et al. Supporting Easy Physical-to-Virtual Creation of Mobile VR Maze Games：A New Genre[C]//Proceedings of the 2017 CHI Conference on Human Factors in Computing Systems,2017：5016-5028.

[26]　Gai W,Lu L,Yang C,et al. Computing realistic images for audience interaction in projection-based multi-view display system[C]//2014 IEEE 11th Intl Conf on Ubiquitous Intelligence and Computing and 2014 IEEE 11th Intl Conf on Autonomic and Trusted Computing and 2014 IEEE 14th Intl Conf on Scalable Computing and Communications and Its Associated Workshops. IEEE,2014：789-793.

[27]　Gauthier G M,Robinson D A. Adaptation of the human vestibuloocular reflex to magnifying lenses[J]. Brain Research,1975,92(2)：331-335.

[28]　Goldstein E B. Sensation and Perception[M]. Wadsworth,1999.

[29]　Mather G. Foundations Of Perception[J]. Psychology Press,2006.

[30]　Gogel W C. An analysis of perceptions from changes in optical size[J]. Perception and Psychophysics,1998,60(5)：805-820.

[31]　Guan D, Yang C, Sun W, et al. Two kinds of novel multi-user immersive display systems[C]//Proceedings of the 2018 CHI Conference on Human Factors in Computing Systems,2018：1-9.

[32]　Guna J,Jakus G,Pogačnik M,et al. An analysis of the precision and reliability of the leap motion sensor and its suitability for static and dynamic tracking[J]. Sensors,2014,14(2)：3702-3720.[2020-05-23]. https://www.mdpi.com/1424-8220/14/2/3702. DOI：10.3390/s140203702.

[33]　Hsu T C. Learning English with augmented reality: Do learning styles matter?[J]. Computers & Education,2017,106：137-149.

[34]　Huang T C,Chen C C,Chou Y W. Animating eco-education：To see,feel,and discover in an augmented reality-based experiential learning environment[J]. Computers & Education,2016,96：72-82.

[35]　Huang H M,Liaw S S,Lai C M. Exploring learner acceptance of the use of virtual reality in medical education：a case study of desktop and projection-based display systems[J]. Interactive Learning Environments,2016,24(1)：3-19.

[36]　Huang Y C,Backman S J,Backman K F,et al. Exploring user acceptance of 3D virtual worlds in travel and tourism marketing[J]. Tourism Management,2013,36：490-501.

[37]　Huh C,Singh A J. Families travelling with a disabled member：Analysing the potential of an emerging niche market segment[J]. Tourism and Hospitality Research,2007,7(3-4)：212-229.

[38]　Jin X,Bian Y,Geng W,et al. Developing an Agent-based Virtual Interview Training System for College Students with High Shyness Level[C]//2019 IEEE Conference on Virtual Reality and 3D User Interfaces (VR). IEEE,2019：998-999.

[39]　姜文刚,尚婕,李建华,等. 三自由度动感电影系统研制[J]. 电气自动化,2006,28(1)：64-65.[2020-05-23]. http://www.cnki.com.cn/Article/CJFDTotal-DQZD200601023.htm. DOI：CNKI：SUN：

DQZD. 0. 2006-01-023.

[40] Johnson L F, Levine A, Smith R S, et al. Key emerging technologies for elementary and secondary education[J]. The Education Digest, 2010, 76(1): 36.

[41] Keshavarz B, Hecht H, Lawson B D. Visually induced motion sickness: Characteristics, causes, and countermeasures［M］//Handbook of Virtual Environments: Design, Implementation, and Applications, 2014.

[42] Kim M, Jeong J S, Park C, et al. A situated experiential learning system based on a real-time 3D virtual studio［C］//Pacific Rim Knowledge Acquisition Workshop. Springer, Berlin, Heidelberg, 2012: 364-371.

[43] Kirk R E. Kirk, Roger E. Experimental design: Procedures for the behavioral sciences[M]. 4th ed. Thousand Oaks, CA: Sage, 2013.

[44] Kolb D A. Experiential Learning[J]. Englewood Cliffs, NJ: Prentice Hall, 1984.

[45] Ku Y C, Chu T H, Tseng C H. Gratifications for using CMC technologies: A comparison among SNS, IM, and e-mail[J]. Computers in human behavior, 2013, 29(1): 226-234.

[46] Kulik A, Kunert A, Beck S, et al. C1x6: a stereoscopic six-user display for co-located collaboration in shared virtual environments[J]. ACM Transactions on Graphics (TOG), 2011, 30(6): 1-12.

[47] Lambooij M, IJsselsteijn W, Bouwhuis D G, et al. Evaluation of stereoscopic images: Beyond 2D quality [J]. IEEE Transactions on broadcasting, 2011, 57(2): 432-444.

[48] Lambooij M, Murdoch M J, IJsselsteijn W A, et al. The impact of video characteristics and subtitles on visual comfort of 3D TV[J]. Displays, 2013, 34(1): 8-16.

[49] Lanman J, Bizzi E, Allum J. The coordination of eye and head movement during smooth pursuit[J]. Brain Research, 1978, 153(1): 39-53.

[50] Lawson B D. Motion Sickness Scaling[M]//Handbook of Virtual Environments, 2014.

[51] Lee E A L, Wong K W, Fung C C. How does desktop virtual reality enhance learning outcomes? A structural equation modeling approach[J]. Computers & Education, 2010, 55(4): 1424-1442.

[52] Leigh R J, Zee D S. THE NEUROLOGY OF EYE MOVEMENTS[J]. Optometry & Vision Science, 1984, 61(2): 139-140.

[53] Li H, Zhou S, Zhang F, et al. Immersive VR Theater with Multi-device Interaction and Efficient Multi-user Collaboration[J]. Procedia Computer Science, 2019, 147: 468-472.

[54] Lin C, Sun X, Yue C, et al. A novel workbench for collaboratively constructing 3D virtual environment [J]. Procedia Computer Science, 2018, 129: 270-276.

[55] Liu J, Li H, Zhao L, et al. A Method of View-Dependent Stereoscopic Projection on Curved Screen[C]// 2018 IEEE Conference on Virtual Reality and 3D User Interfaces (VR). IEEE, 2018: 623-624.

[56] Liu T C, Lin Y C, Tsai M J, et al. Split-attention and redundancy effects on mobile learning in physical environments[J]. Computers & Education, 2012, 58(1): 172-180.

[57] Liversedge S P(Ed), Gilchrist I D(Ed), Everling S(Ed). The Oxford handbook of eye movements. [J]. 2011.

[58] Marshall P, Antle A, Hoven E V D, et al. Introduction to the special issue on the theory and practice of embodied interaction in HCI and interaction design［J］. ACM Transactions on Computer-Human Interaction, 2013, 20(1): 1-2.

[59] Martín-Gutiérrez J, Mora C E, Añorbe-Díaz B, et al. Virtual technologies trends in education［J］. EURASIA Journal of Mathematics Science and Technology Education, 2017, 13(2): 469-486.

[60] Martin S B, Joohwan K, Takashi S. Insight into vergence/accommodation mismatch[C]//Spie Defense, Security, & Sensing. International Society for Optics and Photonics, 2013.

[61] Mccauley M E, Sharkey T J. Cybersickness: Perception of Self-Motion in Virtual Environments[J]. Presence Teleoperators & Virtual Environments, 1992, 1(3): 311-318.

［62］ 孟祥旭,李学庆,杨承磊,等.人机交互基础教程［M］.3 版.北京：清华大学出版社,2016.

［63］ Microsoft. Azure Kinect 与 Kinect Windows v2 的比较［EB/OL］.(2019-06-26)［2020-04-30］.https://docs. microsoft. com/zh-cn/azure/kinect-dk/windows-comparison.

［64］ Microsoft. What is the Mixed Reality Toolkit［EB\OL］.［2020-05-23］.https://microsoft. github. io/MixedRealityToolkit-Unity/README. html.

［65］ Microsoft. Using the HoloLens Emulator［EB\OL］.［2020-05-23］.https://docs. microsoft. com/en-us/windows/mixed-reality/using-the-hololens-emulator.

［66］ Mohammadyari S,Singh H. Understanding the effect of e-learning on individual performance：The role of digital literacy［J］.Computers & Education,2015,82：11-25.

［67］ 欧阳盛劼.虚拟现实环境的视听体验设计［J］.中国传媒科技,2018,(5)：38.

［68］ 潘溯源.虚拟现实艺术作品中的声景设计浅析［J］.科技风,2015,02(03)：251-258.

［69］ Park G D,Allen R W,Fiorentino D,et al. Simulator Sickness Scores According to Symptom Susceptibility,Age,and Gender for an Older Driver Assessment Study［J］. Human Factors and Ergonomics Society Annual Meeting Proceedings,2006,50(26)：2702-2706.

［70］ Parmar D,Bertrand J,Babu S V,et al. A comparative evaluation of viewing metaphors on psychophysical skills education in an interactive virtual environment［J］.Virtual Reality,2016,20(3)：141-157.

［71］ Pelargos P E,Nagasawa D T,Lagman C,et al. Utilizing virtual and augmented reality for educational and clinical enhancements in neurosurgery［J］.Journal of Clinical Neuroscience,2017,35：1-4.

［72］ Peli E. The visual effects of head-mounted display (HMD) are not distinguishable from those of desktop computer display［J］.Vision Research,1998,38(13)：2053-2066.

［73］ Pelz J,Hayhoe M,Loeber R. The coordination of eye,head,and hand movements in a natural task［J］. Experimental Brain Research,2001,139(3)：266-277.

［74］ Piccoli G,Ahmad R,Ives B. Web-based virtual learning environments：A research framework and a preliminary assessment of effectiveness in basic IT skills training［J］.MIS quarterly,2001：401-426.

［75］ 秦溥,杨承磊,李慧宇,等.采用 MEMS 传感器感知的虚拟现实射击识别设备与系统［J］.计算机辅助设计与图形学学报,2017,11：2083-2090.

［76］ Robert M S. Phi is not beta,and why Wertheimer's discovery launched the Gestalt revolution［J］.Vision Research,2000.

［77］ Rolfs M. Microsaccades：Small steps on a long way［J］.Vision Research,2009,49(20)：2415-2441.

［78］ Ruddle R A,Lessels S. The benefits of using a walking interface to navigate virtual environments［J］. ACM Transactions on Computer-Human Interaction,2009,16(1).

［79］ Salzman M C,Dede C,Loftin R B,et al. A model for understanding how virtual reality aids complex conceptual learning［J］.Presence：Teleoperators & Virtual Environments,1999,8(3)：293-316.

［80］ Sekhar L N,Tariq F,Kim L J,et al. Commentary：virtual reality and robotics in neurosurgery［J］. Neurosurgery,2013,72(suppl_1)：A1-A6.

［81］ Sharda R,Romano Jr N C,Lucca J A,et al. Foundation for the study of computer-supported collaborative learning requiring immersive presence［J］.Journal of Management Information Systems,2004,20(4)：31-64.

［82］ Shelhamer M,Robinson D A,Tan H S. Context-specific adaptation of the gain of the vestibulo-ocular reflex in humans［J］.Journal of Vestibular Research,1992,2(1)：89-96.

［83］ Shibata T,Kim J,Hoffman D M,et al. The zone of comfort：Predicting visual discomfort with stereo displays［J］.Journal of Vision,2011,11(8)：11-11.

［84］ Short D B. Teaching Scientific Concepts Using a Virtual World—Minecraft［J］.Teaching science,2012,58(3)：55-58.

［85］ 舒华,张亚旭.心理学研究方法：实验设计和数据分析［M］.北京：人民教育出版社,2008.

[86] Song Y,Zhou N,Sun Q,et al. Mixed Reality Storytelling Environments Based on Tangible User Interface：Take Origami as an Example[C].//2019 IEEE Conference on Virtual Reality and 3D User Interfaces (VR). IEEE,2019：1167-1168.

[87] Stanney K M,Kennedy R S. Aftereffects from Virtual Environment Exposure：How Long do They Last? [J]. Human Factors & Ergonomics Society Annual Meeting Proceedings,1998,42(21)：1476-1480.

[88] Stanney K,Kennedy R. Simulation Sickness[M]//Human Factors in Simulation and Training,2008.

[89] Steven M L. Virtual Reality[M]. University of Illinois. Cambridge University Press[M],2017.

[90] Su C H,Cheng T W. A sustainability innovation experiential learning model for virtual reality chemistry laboratory：An empirical study with PLS-SEM and IPMA[J]. Sustainability,2019,11(4)：1027.

[91] Sun X,Wang Y,De M G,et al. Enabling Participatory Design of 3D Virtual Scenes on Mobile Devices [C].//Proceedings of the 2017 International World Wide Web Conference the web conference,2017：473-482.

[92] Sun Q,Gai W,Song Y,et al. HoloLens-Based Visualization Teaching System for Algorithms of Computer Animation[C]//2019 IEEE International Conference on Computer Science and Educational Informatization (CSEI). IEEE,2019：55-58.

[93] Tamaddon K,Stiefs D. Embodied experiment of levitation in microgravity in a simulated virtual reality environment for science learning [C]//2017 IEEE Virtual Reality Workshop on K-12 Embodied Learning through Virtual & Augmented Reality (KELVAR). IEEE,2017：1-5.

[94] 特里斯. 用户体验度量[M]. 北京：机械工业出版社,2009.

[95] Usoh M,Arthur K,Whitton M C,et al. Walking＞walking-in-place＞flying, in virtual environments [C]//Proceedings of the 26th annual conference on Computer graphics and interactive techniques,1999：359-364.

[96] Unity 强化篇（二）——适用于 Unity 的 HTC Vive 教程（一）[EB/OL]. (2019-02-13)[2020-05-27]. https://www. jianshu. com/p/2e213140164b.

[97] Unity 中单点和多点触控[EB/OL]. (2018-05-31)[2020-5-23]. https://blog. csdn. net/qq_34444468/article/details/80520215.

[98] Wan Z,Fang Y. The role of information technology in technology-mediated learning：A review of the past for the future[J]. AMCIS 2006 Proceedings,2006：253.

[99] 汪成为. 灵境(虚拟现实)技术的理论,实现及应用[M]. 北京：清华大学出版社,南宁：广西科学技术出版社,1996.

[100] 王晶,倪剑虹. 计算机虚拟现实技术在现代体育中的应用[J]. 煤炭技术,2011,30(06)：238-240.

[101] Webster R. Declarative knowledge acquisition in immersive virtual learning environments [J]. Interactive Learning Environments,2016,24(6)：1319-1333.

[102] Wei X,Weng D,Liu Y,et al. Teaching based on augmented reality for a technical creative design course [J]. Computers & Education,2015,81：221-234.

[103] Weichert F,Bachmann D,Rudak B,et al. Analysis of the accuracy and robustness of the leap motion controller[J]. Sensors,2013,13(5)：6380-6393. [2020-05-23]. https://www. mdpi. com/1424-8220/13/5/6380. DOI：10.3390/s130506380.

[104] Whitton M C,Cohn J V,Feasel J,et al. Comparing VE locomotion interfaces[C]//IEEE Proceedings. VR 2005. Virtual Reality,2005. IEEE,2005：123-130.

[105] Windows 10 平台下 Unity3d 的语音识别——听写识别[EB/OL]. (2018-12-19)[2020-5-23]. https://blog. csdn. net/weixin_41743629/article/details/85080794.

[106] Wolfe J,Sunderland Associates Inc. Sensation and Perception[J]. international journal of psychology,2016,51(Supplement S1)：1007-1027.

[107] Wright A F,Chakarova C F,El-Aziz M M A,et al. Photoreceptor degeneration：Genetic and

mechanistic dissection of a complex trait[J]. Nature Reviews Genetics,2010,11(4)：273-284.

[108] 向辉,孟祥旭,杨承磊. 山东大学考古数字博物馆设计与实现[J]. 系统仿真学报,2003,(03)：319-321.

[109] 谢菠荪. 虚拟听觉在虚拟现实、通信及信息系统的应用[J]. 电声技术,2008,32(01)：70-75.

[110] Xing H,Bao X,Zhang F,et al. Rotbav：A toolkit for constructing mixed reality apps with real-time roaming in large indoor physical spaces[C]//2019 IEEE Conference on Virtual Reality and 3D User Interfaces (VR). IEEE,2019：1245-1246.

[111] 徐舒婕. 虚拟现实在教育领域的应用：机遇与挑战[J]. 中小学电教,2019,(06)：31-34.

[112] Yan X,Fu C W,Mohan P,et al. Cardboardsense：Interacting with DIY cardboard VR headset by tapping[C]//Proceedings of the 2016 ACM Conference on Designing Interactive Systems,2016：229-233.

[113] Yu H D,Li H Y,Sun W S,et al. A two-view VR shooting theater system[C]//Proceedings of the 13th ACM SIGGRAPH International Conference on Virtual-Reality Continuum and its Applications in Industry,2014：223-226.

[114] Zhang T,Li Y T,Wachs J P. The effect of embodied interaction in visual-spatial navigation[J]. ACM Transactions on Interactive Intelligent Systems (TiiS),2016,7(1)：1-36.

[115] 钟力,胡晓峰. 全景视频的信息组织和实现方法[J]. 小型微型计算机系统,1996,017(012)：1-5.

[116] 中国信息通信研究院. 虚拟(增强)现实白皮书(2018年)[R/OL]. (2019-01-23)[2020-04-25]. http://www.caict.ac.cn/kxyj/qwfb/bps/201901/P020190313396885029778.pdf.

[117] Zhou F,Duh H B L,Billinghurst M. Trends in augmented reality tracking,interaction and display：A review of ten years of ISMAR[C]//2008 7th IEEE/ACM International Symposium on Mixed and Augmented Reality. IEEE,2008：193-202.

[118] Zhou Y,Ji S,Xu T,et al. Promoting knowledge construction：A model for using virtual reality interaction to enhance learning[J]. Procedia computer science,2018,130：239-246.

[119] 周士胜. 基于多通道交互方式的互动影院游戏系统的设计与实现[D]. 济南：山东大学,2017.

[120] QinPing Zhao. A survey on virtual reality,Science in China Series F：Information Sciences volume 52,pages 348-400,2009.

[121] Liu Juan,Bian Yulong,et al. Designing and Deploying a Mixed-Reality Aquarium for Cognitive Training of young Children with Austim Spectrum Disorder[J]. SCIENCE CHINA：Information Sciences,MOOP,64,154101,2021.

图书资源支持

感谢您一直以来对清华版图书的支持和爱护。为了配合本书的使用,本书提供配套的资源,有需求的读者请扫描下方的"书圈"微信公众号二维码,在图书专区下载,也可以拨打电话或发送电子邮件咨询。

如果您在使用本书的过程中遇到了什么问题,或者有相关图书出版计划,也请您发邮件告诉我们,以便我们更好地为您服务。

我们的联系方式:

地　　址:北京市海淀区双清路学研大厦 A 座 714

邮　　编:100084

电　　话:010-83470236　010-83470237

客服邮箱:2301891038@qq.com

QQ:2301891038(请写明您的单位和姓名)

资源下载:关注公众号"书圈"下载配套资源。

资源下载、样书申请

书圈

获取最新书目

观看课程直播